中国科协学科发展研究系列报告

中国科学技术协会 / 主编

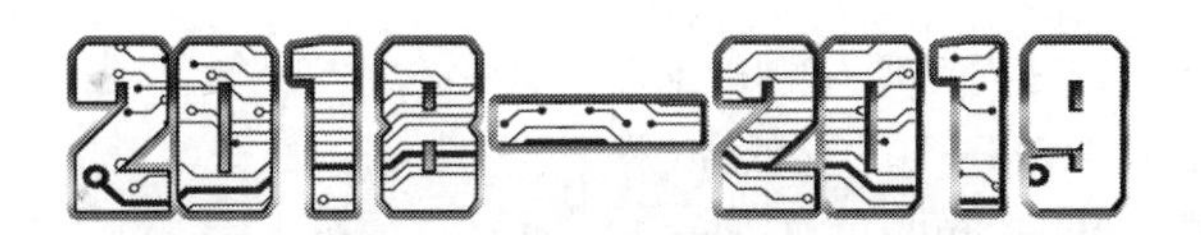

制冷及低温工程学科发展报告

—— REPORT ON ADVANCES IN ——
REFRIGERATION AND CRYOGENICS

中国制冷学会 / 编著

中国科学技术出版社
·北 京·

图书在版编目（CIP）数据

2018—2019 制冷及低温工程学科发展报告 / 中国科学技术协会主编；中国制冷学会编著．—北京：中国科学技术出版社，2020.7

（中国科协学科发展研究系列报告）

ISBN 978-7-5046-8518-6

Ⅰ. ① 2… Ⅱ. ①中… ②中… Ⅲ. ①制冷工程—学科发展—研究报告—中国—2018—2019 ②低温工程—学科发展—研究报告—中国—2018—2019 Ⅳ. ① TB6-12

中国版本图书馆 CIP 数据核字（2020）第 036892 号

策划编辑 秦德继 许 慧
责任编辑 许 慧
装帧设计 中文天地
责任校对 焦 宁
责任印制 李晓霖

出 版 中国科学技术出版社
发 行 中国科学技术出版社有限公司发行部
地 址 北京市海淀区中关村南大街16号
邮 编 100081
发行电话 010-62173865
传 真 010-62179148
网 址 http：//www.cspbooks.com.cn

开 本 787mm × 1092mm 1/16
字 数 423千字
印 张 21
版 次 2020年7月第1版
印 次 2020年7月第1次印刷
印 刷 河北鑫兆源印刷有限公司
书 号 ISBN 978-7-5046-8518-6 / TB · 113
定 价 103.00元

2018—2019
制冷及低温工程学科发展报告

首席科学家　王如竹

专家组组长　王如竹

副　组　长（按姓氏笔画排序）

邢子文　杨一凡　邱利民　张小松　陈光明
罗二仓

成　　　员（按姓氏笔画排序）

丁国良　马　涛　王　博　王丹东　王丽伟
公茂琼　甘智华　申　江　田长青　白　涛
庄大伟　刘　静　刘立强　刘宝林　杜　帅
李　勇　杨灵艳　杨　昭　杨鲁伟　宋昱龙
张学军　陆冰清　陈江平　邵双全　林文胜
周新丽　赵　刚　赵延兴　胡海涛　胡　斌
施骏业　胥　义　钱小石　钱苏昕　徐　伟
徐洪波　徐震原　殷勇高　曹　锋　梁彩华
葛天舒　谢晓云　詹飞龙　翟晓强

秘　　　书　王　丹　徐震原

当今世界正经历百年未有之大变局。受新冠肺炎疫情严重影响，世界经济明显衰退，经济全球化遭遇逆流，地缘政治风险上升，国际环境日益复杂。全球科技创新正以前所未有的力量驱动经济社会的发展，促进产业的变革与新生。

2020 年 5 月，习近平总书记在给科技工作者代表的回信中指出，“创新是引领发展的第一动力，科技是战胜困难的有力武器，希望全国科技工作者弘扬优良传统，坚定创新自信，着力攻克关键核心技术，促进产学研深度融合，勇于攀登科技高峰，为把我国建设成为世界科技强国作出新的更大的贡献”。习近平总书记的指示寄托了对科技工作者的厚望，指明了科技创新的前进方向。

中国科协作为科学共同体的主要力量，密切联系广大科技工作者，以推动科技创新为己任，瞄准世界科技前沿和共同关切，着力打造重大科学问题难题研判、科学技术服务可持续发展研判和学科发展研判三大品牌，形成高质量建议与可持续有效机制，全面提升学术引领能力。2006 年，中国科协以推进学术建设和科技创新为目的，创立了学科发展研究项目，组织所属全国学会发挥各自优势，聚集全国高质量学术资源，凝聚专家学者的智慧，依托科研教学单位支持，持续开展学科发展研究，形成了具有重要学术价值和影响力的学科发展研究系列成果，不仅受到国内外科技界的广泛关注，而且得到国家有关决策部门的高度重视，为国家制定科技发展规划、谋划科技创新战略布局、制定学科发展路线图、设置科研机构、培养科技人才等提供了重要参考。

2018 年，中国科协组织中国力学学会、中国化学会、中国心理学会、中国指挥与控制学会、中国农学会等 31 个全国学会，分别就力学、化学、心理学、指挥与控制、农学等 31 个学科或领域的学科态势、基础理论探索、重要技术创新成果、学术影响、国际合作、人才队伍建设等进行了深入研究分析，参与项目研究和报告编写的专家学者不辞辛劳，深入调研，潜心研究，广集资料，提炼精华，编写了31卷学科发展报告以及1卷综合报告。综观这些学科发展报告，既有关于学科发展前沿与趋势的概观介绍，也有关于学科近期热点的分析论述，兼顾了科研工作者和决策制定者的需要；细观这些学科发展报告，从中可以窥见：基础理论研究得到空前重视，科技热点研究成果中更多地显示了中国力量，诸多科研课题密切结合国家经济发展需求和民生需求，创新技术应用领域日渐丰富，以青年科技骨干领衔的研究团队成果更为凸显，旧的科研体制机制的藩篱开始打破，科学道德建设受到普遍重视，研究机构布局趋于平衡合理，学科建设与科研人员队伍建设同步发展等。

在《中国科协学科发展研究系列报告（2018—2019）》付梓之际，衷心地感谢参与本期研究项目的中国科协所属全国学会以及有关科研、教学单位，感谢所有参与项目研究与编写出版的同志们。同时，也真诚地希望有更多的科技工作者关注学科发展研究，为本项目持续开展、不断提升质量和充分利用成果建言献策。

中国科学技术协会

2020年7月于北京

制冷及低温工程学科为人类社会生产、生活发挥着重要作用，它从制造、维持封闭空间的低温度环境和其他介质的低温度状态，不断拓展到对室内建筑空间的湿度调节、热泵技术的应用等。随着我国的基础科学技术的不断突破、经济建设的快速发展，制冷及低温工程学科技术体系呈现多样化的发展趋势。受新材料和新物理原理的推动，为本学科技术提升带来了新的发展空间。由于经济快速发展所带来的环保、节能和减排压力，给学科的发展提出了新的要求和挑战。

近些年，国内外不断研发的一些新原理、新技术、新材料和新应用促使制冷及低温工程学科从内在科技驱动到外在需求牵引得到长足的发展提升，并与多个学科及应用产生了新的交叉与分支方向。持续开展对本学科发展动态的研究，对比国内外发展现状，探讨学科可持续健康发展，更好地服务于人类社会经济建设和国家重大需求具有重要的意义。中国制冷学会继《制冷及低温工程学科发展研究（2010—2011）》再次承担中国科学技术协会学科发展研究项目，通过比对该学科国际领先技术及研究趋势，力求总结我国近阶段学科发展现状，提出未来发展方向。

研究报告基于学科现实和拓展应用的需求，结合相关学科发展以及本学科研发方向和新的分支方向，按照“制冷及低温工程学科相关技术现状”与“清洁能源及余热高效利用的制冷、热泵及新能源技术”开展重点研究。针对“制冷及低温工程学科相关技术现状”，从环保替代制冷剂、空调换热器、制冷技术、热湿环境控制、冷冻冷藏装置和低温技术，并结合新的分支方向等内容，对学科基础技术进行了较为全面的总结形成综合报告，对分支方向各自的最新发展技术细节总结形成专题报告。针对“清洁能源及余热高效利用的制冷、热泵及新能源技术”，结合国家重大需求所衍生出的新型应用和学科交叉领域，着重对“空气源热泵”“太阳能制冷”“余热回收热泵系统”“电动车热管理”和“液化天然技术”做了专题研究，旨在为北方清洁供暖、可再生能源利用、工业节能减排、新能源汽车以及能源安全发挥本学科作用。

按照中国科协的统一部署，中国制冷学会成立了以王如竹教授为首席科学家、30 多名知名专家学者组成的研究团队，对制冷及低温工程学科所涉及的 6 个专业基础领域的 18 个分支领域以及 5 个专题应用的 14 个分支方向开展研究，写作和编辑出版得到中国科协和业内众多高校、研究院所和企业的大力支持，在此一并表示衷心的感谢。

中国制冷学会

2019 年 10 月

综合报告

专题报告

ABSTRACTS

Comprehensive Report

Reports on Special Topics

综合报告

制冷及低温工程学科发展报告

1. 引言

制冷及低温工程是研究获得并保持不同于自然界温湿度环境的原理、技术和设备，并将这些技术应用于不同场景的一门学科。除了狭义的冷量输出维持低温外，除湿、环境参数调节、热泵等技术也应用本学科原理而实现。由于人类生活、生产需求的不断提升，制冷空调技术被评选为20世纪20项对人类贡献最大的工程技术之一，成为人类健康、食品保鲜不可缺少的设施，使人们可以在地球上最冷和最热的地方工作和生活。经历几十年的快速发展，制冷空调技术又在众多新兴领域有了新的发展和应用。

随着全球科技发展加速升级，制冷及低温技术的研究也受到各国的重视，并争相抢占相关技术的制高点，除了政策和市场驱动的技术更新换代外，还涌现出一批着眼于未来发展并利用新型材料和新原理的制冷及低温技术。一方面学科通过基础科学发展和前沿技术推动自身发展；另一方面学科自身发展也服务于新兴科学技术。在这种科学技术快速发展的新业态下，及时根据国家发展需求调整学科重点发展方向，同步跟进国际新兴研究方向而保持完善的技术储备，对于制冷及低温工程学科对国民经济可持续发展的支撑作用至关重要。

在《制冷及低温工程学科发展研究（2010—2011）》研究的新型制冷技术、制冷工质、低温生物医学、低温工程技术、压缩机和制冷设备、冷冻冷藏储运、热泵空调、空调制冷、吸附制冷和吸收式制冷等内容的基础上，本报告结合国内外能源与环保发展趋势和学科发展及研究热点，重点从低臭氧层破坏和低温室效应的有机制冷剂和天然制冷剂的制冷剂物性、压缩机、换热部件以及系统集成，零制冷剂泄漏的固态制冷剂等尚处于实验室研究阶段的新兴的研究方向，以及本学科与其他学科和应用交叉内容开展研究，包括以新能源和互联网等具有特色的经济发展驱动的技术融合发展趋势；配合我国在节能环保、煤改电和大力发展氢能政策和冬季奥运会需求技术；在清洁取暖、城市区域供暖扩容、数据中心冷却、生鲜物流、余热回收和低温大科学工程等方向发展的新技术，以及支持前沿基础研究的多种大科学工程等。

2. 近年来的重要研究进展

近年来，制冷及低温工程学科围绕国际科技前沿、国家重大需求和节能减排国家战略，坚持需求牵引和问题导向，从学科研究、应用和发展的角度，在换热技术、制冷技术、热湿环境控制、冷链装备技术以及低温技术等方面都涌现出一批科学意义重大且社会经济效益显著的科技成果，为降低建筑能耗、清洁供暖、余热回收、新能源利用、食品安全、物流和大科学工程等众多领域的发展起到了强有力的支撑作用。

2.1 空调换热器

换热器是制冷空调装置中不可缺少的重要组成部分，其导致的热力学不可逆损失是造成制冷空调装置实际能效远低于逆卡诺循环能效的主要原因。制冷空调换热器的主要型式包括翅片管式换热器、板式换热器、印刷板路换热器、插片式微通道换热器和微管通道换热器，其中翅片管式换热器应用最广泛，主要用于空调器的蒸发器和冷凝器；其他类型的换热器因结构紧凑、换热性能更高效，在逐步降低其生产成本的基础上，应用范围和数量呈现出快速增长的趋势。

管翅式换热器紧凑化的趋势是采用更小管径的换热管。我国房间空调器开始批量生产时，换热管的外径大多为 9.52mm，通过后续研发主流的管外径降低到 7mm 及以下，目前 5mm 管已得到批量应用。减小换热器中的换热管直径，能够明显减少铜的消耗，降低换热器生产成本。管径变小不仅可以实现管内传热系数提高，而且还增加了管壁的耐压强度，从而可以降低铜管的壁厚。由于铜管的成本占换热器材料成本的 80% 以上，这就意味着采用更小管径可以降低换热器的成本；此外，换热器管径的缩小也带来了制冷剂充注量的减少，从而降低了制冷剂对于环境的影响和因采用可燃制冷剂空调器的危险性，对目前可燃工质制冷剂（R32、R290）的应用起到极大的推动作用。

换热管采用细径薄壁管，带来了换热管与换热器制造装备的升级。换热管传统生产工艺，是将行星轧制后的软态管材直接进行盘拉加工，极易导致产品表面擦伤，在后道工序中形成缺陷，甚至出现断管现象。为此，在轧制和盘拉之间嵌入二联拉工艺，通过加工硬化显著提高了管材的强度和表面硬度，管材质量和成材率得到大幅提高。对于换热器加工过程的胀管，传统胀管机胀管采用压胀方式，使得铜管有弯曲变形的倾向，胀头在铜管里的阻力会增大，铜管在胀管时的收缩率出现非常明显的不一致，导致铜管端口的高低不一致，产生成品合格率降低的情况。新发明的新型强制式胀管机胀管工艺，当胀头进入换热器 20~50mm 的这一区段内进行压胀，在管两端被夹紧的状态下，其余部分铜管的受力由压力变为拉力，铜管在长度方向没有变形，是一种变薄拉伸过程，在这一区段的胀管对铜管的各种缺陷、对胀管合格率影响变得很小，从而强制式胀管机在胀小管径换热器时，可以大幅增加胀管长度范围，不合格率降低至 0.3% 以下。

板式换热器的热力性能主要由换热板的波纹形式决定。人字波板片出现较早，点波波纹的板式换热器则是近年来新出现的产品类型。板式换热器用作多联机的经济器，具有较大的市场前景。低温热泵配合使用板换经济器与喷液增焓的压缩机后，可以改善制冷能效比 EER 达 10%，低温环境下可改善制热性能系数 COP 达到 20%。使用板换作为经济器的带喷液增焓系统可以给压缩机提供保护，大幅改善低温环境下的制热可靠性。

印刷板路换热器，由多层经过化学腐蚀后的薄板经扩散连接后形成的换热器芯体和封头组成，利用化学腐蚀在换热板上蚀刻出微细流道的方式加工，换热面热流密度高达 $2500m^2/m^3$，远高于紧凑式换热器性能标准；利用扩散连接将换热板连接成换热器芯体，能大大提高焊缝可靠性，焊缝的机械强度几乎与母材相同，在高压、晃荡、交变应力等条件下具有较高的可靠性。该型换热器被认为是高压、受限空间下高效换热的首选，但由于其价格较高，应用范围和规模受到一定限制。

为解决一般微通道散热器纹波状翅片易结霜的问题，新型插片式微通道换热器在翅片上加入导流结构代替一般的波纹形翅片，同时翅片与微通道扁平管之间采用卡合固定，确保二者充分接触以提高换热效率。这类换热器用作商用多联机蒸发器、商用热泵系统蒸发器及汽车空调蒸发器等方面，具有较大的潜力。

制冷空调装置长期运行出现的效率降低，换热器表面积尘是主要原因之一。对于换热器积尘导致的长效性能衰减研究，主要包括换热器性能衰减评估和长效性能改进。评估换热器性能衰减状况的研究，涵盖长效节能评价标准的建立、加速积尘测试技术的开发、灰尘沉积模型的开发。改进换热器长效性能，则主要立足于开发换热器除尘技术。

2.2 制冷技术

2.2.1 压缩式制冷

为了响应《蒙特利尔议定书 – 基加利修正案》制冷剂替代进程，并兼顾工商业的发展以及居民日常生活水平，全世界的制冷行业在压缩机及与制冷系统匹配方面进行了针对性的研发，出现了明显的产品转型。

压缩机的大型化和小型化是近年来压缩机发展的两个主攻方向。其中，大型机始终是工商制冷行业中不可或缺的部分，如磁悬浮离心压缩机在冷水机组行业仍占据相当一部分市场，其推广应用可有效实现节能减排、绿色环保，符合我国能源发展战略定位，具有很好的发展前景；螺杆压缩机除了向大型化发展之外，通过单机双级等方式来迎合高压比的工况需求也是其另一个主要的技术突破。作为小型机的滚动转子压缩机正在逐渐侵占家用空调、除湿机、热泵烘干机、热泵热水器及小型商业装置等传统制冷市场，而滚动转子压缩机的相关研究主要集中在结构设计优化、容量调节、多级压缩、喷气增焓、故障诊断等方面。总的来说，滚动转子压缩机的发展方向是高效节能、智能变容、小型化、低噪声和高可靠性。而传统的活塞压缩机在小流量、高压比的工况领域仍然有着不可替代的优势。

制冷剂的替代，对于制冷系统本身的影响更为严重，在传统的单级亚临界制冷循环中，R718、R717、R290 与 R32 是全世界制冷行业所重点关注的兼顾热物性与经济性的四种典型替代工质。R718 和氨气（NH_3）作为自然工质，是环境友好型制冷剂，在一定的工况，具有较高的节能效果，适用于高温热泵、冷冻冷藏等应用场合；R32 与 R290 虽然同样属于天然工质，且热物理性能十分优异，但其可燃性一直制约了它们的发展与应用，对于充注量较小的场合，在可期的未来应用条件下，这两种冷媒的空调产品都将会占有一定的市场。

跳出亚临界循环的限制，R744 工质的跨临界循环方式以其出色的制热性能与高温制热能力、低环境温度适应性等，在热泵热水器、热泵供暖、商超制冷和汽车空调热泵领域，具有着不可比拟的性能优势。从一定程度上说，跨临界二氧化碳（CO_2）制冷系统的产业化已经是大势所趋，R744 几乎被广泛视为是一种理想的制冷剂替代方案，不仅如此，跨临界 CO_2 制冷技术仍然在持续快速发展，吸引着国内外学者、生产商和政策制定者的目光。在一些超低温制冷领域，复叠制冷系统与自复叠制冷系统仍然是首选方案。在环保要求逐渐提升的行业背景下，寻找合适的混合工质配比难度日益加大，复叠制冷系统和自复叠制冷系统所使用的制冷剂类型也逐渐向天然工质制冷剂和 HC 类制冷剂的方向靠拢。

2.2.2 吸收式制冷

在能源与环境问题日趋凸显的背景下，利用可再生能源和余热回收的吸收式制冷与热泵技术具有显著节能减排的社会意义。此外，由于余热回收系统每年运行时间较长，采用吸收式制冷与热泵技术进行余热回收也展现出了较强的经济性，得到了较好的发展。相关研究的主要进展包括如下几个方面。

（1）工质方面：除了最常用的溴化锂水溶液和氨水溶液工质对外，近年来关于离子液体作为吸收剂的吸收式工质对也得到了广泛研究，主要原因是离子液体的低蒸气压和不结晶特性，但仍需解决离子液体的高黏度和高成本问题。

（2）流程方面：吸收式制冷与热泵目前的主要发展仍然是在往高效率方面努力。一方面是通过多次内回热的多效结构达到更高的效率，典型技术为三效吸收式制冷机；另一方面是通过与热源的匹配达到更高的效率，这方面具有代表性的技术是为中温太阳能利用所设计的变效吸收式制冷机和针对余热回收中热源具有较大温度变化所设计的多段吸收式机组。除了传统系统，部分研究者也开展了关于混合吸收 – 压缩以及开式吸收式制冷与热泵技术的研究，但仅停留在实验室研究阶段。

（3）应用方面：近年来吸收式制冷与热泵的主要应用在太阳能制冷、工业余热回收和供暖领域。由于集热器技术的发展，近年来采用中温集热器进行太阳能吸收式制冷的案例在增加，但大都面临制冷季较短投资回收期较长的问题，这一问题可以通过结合太阳能冬季供热进行解决；在工业余热回收方面吸收式制冷与热泵技术广泛应用于不同工业流程，具体技术仍需针对具体工业流程进行选取；在供热领域主要包括采用结合吸收式热泵与换热器的吸收式换热技术进行大温差区域供热以解决供热扩容问题，以及采用燃气驱动的氨水空气源热泵达到清洁高效供热。

2.2.3 吸附式制冷

采用吸附式制冷可以将存在于过程工业、交通运输业以及环境热源的大量的难以被利用的 60℃ ~150℃低品位热能，转化为这些行业所需要的冷能，实现显著的节能减排。我国近几年在吸附式制冷方向上的研究总体上逐渐从相对粗放式转向精细化的研究，表现为从传统吸附材料的应用转向先进吸附材料的研发、从系统实验分析转向计算材料模拟与实验并行的构效研究。

本学科的新理论及新成果包括：①建立了适合于多类物理吸附孔径分布的吸附率方程，发现了均匀孔径吸附剂的高效吸附选择特性。揭示了化学吸附性能衰减规律，并在多类孔径吸附剂的研究基础上，提出了利用物理吸附剂等多孔材料丰富的微孔结构为基质与化学吸附剂相互嵌入来解决传质衰减现象的复合吸附思想，并验证了这种复合吸附剂具有高效和稳定的吸附 / 解吸特性。②提出了利用循环解吸床与吸附床之间的压力势差，在切换期间实现制冷剂蒸气从解吸床向吸附床有效转移的回质循环。并在此基础上建立了回质和回热相结合的循环新方法，这些循环不仅降低了对驱动热源温度品位的需求，而且显著提升了循环热力性能。③建立了吸附床的耦合传热传质理论模型，确定了性能分析优化准则。通过引入非金属基质如膨胀石墨实现了固化吸附床的传热与传质协同强化。提出了采用分离热管实现吸附床无驱动部件的高效相变加热及冷却。创建了毛细辅助蒸发换热理论模型，实现了吸附床的毛细辅助蒸发冷却以及低压制冷剂毛细辅助蒸发换热。经试验验证可实现吸附制冷系统的小温差换热。所建立的实验系统实现了吸附式制冷 COP 和 SCP 的显著提升。

近年来吸附式制冷不断拓展新材料应用，采用金属有机框架材料（MOFs）和共价有机框架材料（COFs）等新型高性能多孔材料，并将机器学习和高通量筛选等先进技术手段应用在吸附式制冷的基础研究中。

2.2.4 喷射制冷

近年来，热驱喷射制冷以及采用喷射器回收膨胀功的蒸气压缩式制冷技术得到了快速发展，并研发了用于热驱多喷射器串（并）联的喷射制冷循环、采用背压分流、高压分流等不同形式的蒸气压缩式制冷循环，并在余热利用、冷冻冷藏和热泵系统增效方面进行了深入研究。其中，适应不同的环境工况及多支路制冷负荷的变化的喷嘴可调式喷射器和用于多制冷回路的多喷射器并联技术也取得了重要进展，并在大型二氧化碳商超制冷系统中得到初步应用，运行结果表明其年耗电量较常规商超制冷系统降低 15% 以上。

2.2.5 固态制冷

在一揽子新型制冷技术的研究中，卡效应（Caloric Effects）固态制冷技术的基本原理与蒸气压缩式制冷类似，均通过工质在不同外加广义力场（电场、磁场、机械力场）下的相变构建制冷循环实现热量从冷端向热端的搬运。不同的是，卡效应固态制冷技术采用的制冷工质为固态或凝聚态材料，所涉及的相变一般为固－固相变，不会出现气体泄漏、排放等对环境造成破坏。

弹热制冷，是利用单轴应力驱动形状记忆合金产生奥氏体到马氏体的固－固相变，利用卸载相变产生制冷效应的技术，其驱动力可来源于回收的机械能和低品位热能，而小驱动位移的特性带来了低振动、低噪声的优势。弹热制冷的基准工质（镍钛形状记忆合金）在半个世纪前问世，并在近十年迅速应用于制冷技术，近年来的重要进展如下：①工质方面：应用晶格适配理论设计低回滞特性的形状记忆合金，使用增材制造工艺的纳米复合结构形状记忆合金，具有低应力特性的铁磁形状记忆合金体系。②流程方面：除了传统的单级回热式绝热加载循环、单级等温加载循环流程，主动回热式循环在弹热制冷系统中得到了应用，可实现 22.5K 的制冷温差；另一方面是通过卸载功回收、动能回收技术提升循环效率。③驱动源方面：除了传统的直线拉伸、压缩驱动方式，扭转驱动方式能产生同样的相变潜热；将高温形状记忆合金热机作为驱动器，可使用 70℃的低品位热源驱动制冷循环。④系统集成方面：研发了间歇型运行的大容量水冷原型机和用于电子冷却的固－固接触紧凑型原型机，以及连续型运行的旋转拉伸型原型机，现阶段弹热制冷系统可达到 28K 的制冷温差、160W 的制冷量和 3.2 的 COP。

磁制冷，是利用变化磁场驱动磁性制冷工质磁矩有序度发生变化从而在退磁阶段产生制冷效应。低温绝热退磁制冷机是 mK 级和 μK 级制冷的重要技术，在低温物理、航天领域已有长期应用。室温磁制冷机作为产品已步入商业化的进程。近年来的重要进展有以下方面：①低温磁制冷：使用液氦温区的小型制冷机作为热汇，多级绝热退磁技术能够维持稳定的 mK 级至 1K 级低温端，可用于航天和低温大科学工程。②室温磁制冷工质：20 世纪末，多个大磁热效应工质体系相继被发现，为了提高这些工质的有效温区，近年来磁工质复叠技术得到了快速发展；磁回热器的增材制造技术近年来也引起了学界的关注。③室温磁制冷系统：高效二维海尔贝克磁体阵列技术、旋转式磁制冷机及多组磁回热器流量分配技术、新型结构的磁回热器等重要技术进步极大地促进了近十年来室温磁制冷机性能的快速发展，行业已开发了适用于空调、酒柜、（冷藏）冰箱、地源热泵温区的多种原型机，现有样机已实现超过 40K 的制冷温差、3kW 的制冷量和 18% 的热力完善度。

电卡制冷技术利用了巨电卡效应原理，使用电场驱动绝缘材料中可逆的偶极子有序－无序相变，并使用该相变热组成制冷循环用于制冷和制热。电卡制冷循环与传统蒸气压缩式制冷有可类比的热力学循环。作为一种场效应，其循环不可逆损失极小，在理论能源效率上有很大的优势；该技术直接使用电能驱动相变焓的吐纳，避免了其他制冷技术中涉及的电-机械-热、电-磁-热等二次能量转换中的不可逆损失和器件复杂度，在设计微型、轻型、可集成、可穿戴制冷器时有不可忽视的优势。近年来，电卡制冷技术的主要进展体现在：①在关键性能表征手段上，建立了包括基于朗道理论与麦克斯韦关系的间接测试方法，基于热流计、热电偶、红外相机等热学表征手段的直接表征方法，以及基于原位实时校准的无损直接测试方法的体系。三种评价手段同时在不同材料体系中综合使用，因此如何实现更加准确的“绝热温变”测量依然是领域内一个广泛而重要的难点。②在材料上，2006年首先在含铅铁电氧化物薄膜中预测了巨电卡效应，其次在高分子聚合物材料中测得了巨电卡效应，温度变化达到12℃以上。早期的巨电卡效应仅仅存在于居里温度附近很窄的环境温度区间，在室温附近电卡效应非常小。2012—2014年，一系列基于铁电弛豫体的电卡制冷固态材料被发现，其中包括P（VDF-TrFE）基的三元共聚物，或电子束轰击的弛豫铁电高分子；基于多相共存的无铅铁电陶瓷材料Ba（ZrTi）O_3材料等。这些新材料的巨电卡效应拥有超过50℃的温度窗口，大大简化了电卡制冷器件设计难度。在氧化物薄膜材料中，研究人员进一步利用衬底效应提高电卡制冷材料的电致温度变化，发现了PLZT薄膜材料中存在大于40℃的电卡温变，然而衬底效应增强往往随着薄膜材料厚度的增加而显著降低，材料在进一步集成、工业制成放大的过程中，如何保持衬底效应存在一定难度。③材料集成和放量工艺是电卡制冷材料产生大制冷量的关键技术，在两种主要的电卡制冷材料：陶瓷和高分子中，工业界均已经存在成熟的材料集成技术。例如：多层陶瓷电容器制备技术和高分子电容器卷到卷制备技术。这一系列技术在电卡制冷材料上的应用，促进了电卡制冷技术从实验室逐步走向产业化。

2.3 热湿环境控制

2.3.1 溶液除湿技术

近年来，我国众多科研单位在溶液除湿技术所涉及的新型工质和关键设备研发、传热传质过程强化和系统构建及应用等方面，取得了一系列成果，主要包括以下几方面。

（1）在新型工质和除湿/再生装置研发方面，研制出低腐蚀性且除湿效果优良的除湿剂，提出了接触表面改性方法，增强了装置抗腐蚀性和表面润湿性，提高了除湿性能；提出了替代传统吸湿溶液的经济型多元溶液配制方案，在除湿性能相近的前提下，多元溶液的成本可降低一半；研制出由导热塑料制造的抗腐蚀性内冷/热型除湿/再生器，其传热传质性能与由金属材料制造的装置相当；提出了一种基于质子交换膜的电解除湿新方法和装置，具有紧凑质轻、无运动部件、可在0℃以下连续使用等优点；利用超声雾化技术增大气液接触面积，提高了溶液除湿/再生器的传质性能；验证了电渗析技术应用于除湿空调中溶液再生的可行性，在此基础上提出了太阳能光电光热一体化溶液再生系统。

（2）在溶液除湿/再生过程传热传质机理及强化技术研究方面，通过解析、数值模拟和试验测试的方法揭示了膜流道传热传质机理，提出了多种传热传质强化技术并优化了平板/中空纤维膜组件的结构参数；基于计算流体动力学方法建立了除湿/再生器中热质交换过程的动态数学模型，结合实验测量揭示了降膜流动特性及对传热传质过程的影响，有利于准确描述传热传质与流动过程的耦合特性。

（3）在系统构建及应用方面，研发出热泵式热回收型/预冷型溶液调湿新风/全空气机组并将其成功应用于舒适性空调、洁净空调等多种场合，节能效果显著；分级利用冷凝热加热溶液和空气实现溶液再生，进一步提升了热泵式溶液调湿新风机组的性能；研制出热泵驱动的膜式溶液除湿空调装置，彻底解决了液滴夹带问题；提出了利用溶液除湿技术回收冷凝排热实现蒸气压缩制冷循环过冷的新方法，显著提升了冷水机组能效；提出了溶液除湿通风与辐射供冷一体化空调方法，实现了温湿度独立控制，大大改善了室内热舒适性；构建了一种溶液除湿蒸发冷却冷风系统，可充分利用工业建筑中的低品位余热实现通风降温；对太阳能溶液除湿空调系统进行了性能模拟研究和经济性分析，得到了该系统应用于不同气候区的节能潜力；将溶液除湿与吸收式制冷技术相结合，提出了一种可以梯级利用工业低温余热实现空气深度除湿的新型除湿方案，具有较大节能潜力；提出了一种利用空压机废热驱动溶液再生的溶液式压缩空气干燥新技术，相比传统冷冻干燥和固体吸附干燥法具有更低的能耗；搭建了利用溶液回收烟气余热和水分的开式吸收式系统，全热回收量和供水温度均高于传统冷凝式余热回收系统。

2.3.2 固体除湿技术

近年来，固体除湿空调在内冷固体除湿、冬季无水加湿空调及各种低温废热固体除湿空调方面取得了重要的研究进展，主要内容如下。

（1）常规固体除湿空调以固定式除湿床及除湿转轮为主，固体干燥剂在吸附除湿过程中释放吸附热，它们都无法克服动态除湿过程中吸附热的影响，导致其热力过程是一个典型的升温除湿过程。为此与可实现内冷得液体除湿相比，固体除湿通常驱动热源温度较高。为解决这一局限，近来研究者们聚焦到一种新型的再生式除湿换热器装置即将固体干燥剂涂敷于常规金属换热器表面，当外掠空气通过换热器翅片时管内流体及管外干燥剂可同时实现耦合降温除湿热力过程。这样一方面通过内冷源冷却可有效降低固体干燥剂的动态吸附除湿温度，从而大大提高了干燥剂的动态吸附能力；另一方面，换热器管内流体的对流换热系数明显高于常规固定床/除湿转轮的空气侧对流换热系数，换言之干燥剂再生得更加充分，二者综合作用实现了 20℃ ~40℃小温差驱动的固体干燥剂除湿再生。在此基础上，通过结合不同的内冷热源模式，基于除湿换热器分别构建了太阳能固体除湿空调及除湿热泵空调，实现了 45℃低温热源（太阳能、冷凝废热）驱动的高效降温除湿。

（2）在冬季取暖季节，室内环境由于空气加热造成严重的干燥问题，常规电加湿器采用直接加热液态水蒸发提高室内湿度，但是这种液体水的堆积会导致细菌滋生和蔓延，带来严重的环境健康问题。固体除湿系统的再生过程可对空气实现无水加温加湿，成为一个冬季加湿的良好解决途径，为此近来针对固体除湿无水加湿性能的研究受到越来越多的关注。从常规除湿转轮到新型的除湿换热器，国内外众多学者在不同的冬季环境下对固体除湿的无水加湿性能进行了理论预测与实验研究，结果显示在50℃以上的再生温度下通常可满足室内加湿需求。

（3）固体除湿空调具有热再生特性，为此如何与低品位热源相结合一直是固体除湿空调的研究热点。其中太阳能以其获取广泛、清洁的特点成为驱动固体除湿空调的首选，国内外众多研究者都将太阳能与固体除湿结合构建了不同的系统，特别是国际能源署 IEA 总结了近百例全球太阳能固体除湿空调系统的运行，总结出其具有良好的节能潜力。随着固体除湿空调再生热源温度需求的较低，近年来在太阳能驱动固体除湿空调研究的基础上，也出现了越来越多的其他低品位废热驱动固体除湿空调的研究。例如，采用生物质气化所排放的70℃ ~80℃废热驱动固体除湿转轮系统可实现对空气的有效除湿。此外，发动机运行中的缸套水也可被有效回收利用用来驱动固体除湿空调运行。而且随着除湿换热器的提出和研发，常规空调系统低温的冷凝废热也可被有效回收用于制冷。

2.3.3 温湿度独立控制

温湿度独立控制空调系统是为了解决常规空调系统采用冷却盘管同时处理热湿负荷带来的能效过低问题，将空调系统分成温度控制子系统和湿度控制子系统，采用不同的方式分别处理显热和潜热负荷。该系统形式提出后，各种显热末端、高温冷源和新风处理机组等相关设备得到了广泛应用，主要进展如下。

（1）常规显热末端包括辐射末端和干式风机盘管，辐射末端相关的研究主要包括辐射末端的供冷 / 热能力提升和防结露方法及其热舒适性的优化。干式风机盘管的研究主要集中在根据干工况特征优化换热器结构，采用新型开窗铝翅片、采用更接近理想逆流换热的流程或采用“线性设计外形 + 贯流风机”“吊灯型 + 轴流式风机”以及落地安装的立柱式风机盘管等新形式。

（2）高温冷源的相关研究主要集中在高效利用自然冷源和开发高性能机械冷源设备。在环境条件允许时，地下水换热、土壤换热和蒸发冷却等常规自然冷源可得到较好的利用。高温冷水机组通过针对性地对压缩机、换热器和回油系统进行优化，性能得到不断提高。在冷冻水出水温度 16℃、冷却水进水 30℃的工况下，离心式和螺杆式冷水机组满负荷 COP 分别高达 9.47 和 7.8。磁悬浮离心式冷水机组在部分负荷下，COP 最高可超过 30，逐渐被应用于工程项目中。干式多联机无二次换热损失且能效比较高，广泛应用于温湿度独立控制空调系统中，相关研究主要集中在如何更好地实现末端冷量按需分配、小压比下的高效运行和大风量下的低噪音运行等。

（3）新风处理设备，除了溶液除湿和固体除湿外，还包括冷凝除湿和薄膜除湿等相关设备。冷凝除湿新风机组的研究集中在避免热湿新风与低温冷水直接换热造成的品位损失以及解决将已除湿空气直接送风造成的房间局部过冷问题，相应的解决方案包括利用排风、除湿后的空气、高温冷源对新风预冷和利用排风、新风、热泵冷凝器对送风再热等。

薄膜除湿设备的膜材料、膜组件形式及其与热泵、太阳能等结合以提高系统性能方面的研究也逐渐受到更多的重视。

2.3.4 数据中心冷却

数据中心作为电子信息产业的主要建筑场所，随着5G移动通信、物联网、云计算、大数据、人工智能等应用的快速发展，其能耗也迅猛增长。为了保障数据中心的安全稳定高效运行，数据中心冷却技术取得了一系列进展。

（1）传热环节优化：数据中心显热负荷大、潜热负荷小且运行稳定，其冷却主要通过温差驱动的散热，并将电子器件散发热量通过服务器、机柜和房间一直传递到室外环境中，因此背板冷却、列间空调和冷热通道封闭等技术通过传热路径和传热环节的优化，有效降低了传热的温差损失，提高了冷却系统运行效率。此外，随着边缘计算和集成化微模块数据中心的兴起，从整体上进行数据中心各个组成部分的优化，不但简化了冷却系统的传热过程也降低了能量损失。

（2）液体冷却：受电子元器件发热而引起的“热障”所限制，快速、及时排走服务器芯片散热的高性能冷却技术引起高度关注。芯片冷却技术中涉及的冷源设备大多位于芯片或者服务器的外部，而应用在芯片内部与芯片相同体量的微型制冷压缩机技术也处于研发阶段。液体冷却技术可以达到比空气冷却更高的传热系数和热流密度，目前较为成熟的芯片液体冷却技术主要有浸泡式液冷、喷淋式液冷、直接接触冷板式液冷、热管式液冷等。

（3）自然冷却：由于数据中心全年进行制冷，在过渡季和冬季室外温度低于机房内温度控制要求的时候，利用室外自然冷源获得的冷风、冷水或冷媒向室内供冷可以大幅度降低冷却系统能耗，特别是利用重力热管技术传送相变冷媒，可降低冷却介质的流量和输送能耗。利用直接或间接蒸发冷却技术（尤其是露点蒸发冷却技术）可将所制取的冷水、冷风、冷媒的温度从接近室外空气干球温度进一步降低至接近室外空气湿球温度甚至露点温度。此外，海水、湖水等作为自然冷源也在一些数据中心得到了应用。传统的蒸气压缩式制冷系统在提升自身效率（如磁悬浮压缩机技术、高温冷水机组技术）的同时，也纷纷与自然冷却相结合互为补充，如利用风冷式冷凝器、蒸发冷却冷凝器甚至是冷却塔等形式的制冷机组都结合自身的系统特点构建了多种形式的与自然冷却相结合一体式制冷机组，并且在很多项目中获得了应用。

（4）热回收：数据中心全年稳定运行，特别是为了充分利用自然冷能，更趋向建设于气候寒冷地区，回收数据中心所排放的热量作为周边地区建筑的供热热源，是能源综合利用的有效方式，特别是利用耐高温的芯片与液体冷却技术相结合，可以获得更高品位的热能（如55℃甚至更高）以便于直接应用于建筑供暖，在北欧国家和我国北方地区都得到了应用。

2.3.5 近零能耗建筑技术与系统

近零能耗建筑相关技术引入我国较晚，但是在近年国家能源环境政策的支持下，近零能耗建筑作为一种建筑节能综合技术，得到了快速发展。2017 年，中华人民共和国住房和城乡建设部《建筑节能与绿色建筑发展“十三五”规划》提出，积极开展超低能耗建筑、近零能耗建筑建设示范，引领标准提升进程，在具备条件的园区、街区推动超低能耗建筑集中连片建设。到 2020 年，建设超低能耗、近零能耗建筑示范项目 1000 万平方米以上。为实现这一目标的，近零能耗建筑技术取得了一系列进展。

（1）近零能耗建筑技术体系不断完善：我国地域广阔，各地区气候差异大，在室内环境、建筑特点、居民生活习惯和建筑用能强度等方面都有独特之处，且无发达国家成熟经验可供参考，这些特征都增加了我国近零能耗建筑技术体系的研发难度。需要科学合理的技术路线，从而保障技术的顺利实施。近零能耗建筑技术以主被动技术和关键产品研发为支撑，以设计方法、施工工艺和检测评估协同优化为主线。2019 年 3 月《近零能耗建筑技术标准》发布，建立了以性能为导向的指标化技术体系，为推动我国近零能耗建筑的快速发展提供了有力的技术支撑。

（2）具有中国特色的高性能产品研发：近零能耗建筑由于采用了高性能的围护结构，建筑具有较好的气密性，负荷需求大幅度降低。建筑的单户负荷需求采用集中式能源系统来满足，对其灵活性和调节性能都提出了新的挑战。因此，各类分散式微能产品的开发成为热点。此外，合理有效的通风换气模式对近零能耗建筑非常重要。新风系统不但是保持室内空气清洁的途径，更是保证人员健康需氧量的必备系统。如何通过高效新风热回收把建筑排风中的热量高效回收，同时兼顾利用自然冷源有效降低建筑年累计能耗，是近零能耗居住建筑面临的关键问题。在此背景下，我国研发了兼具供冷、供暖和新风功能的一体化收设备，为近零能耗建筑环境提供了能源和新风一体化解决方案，产品的退出与我国建筑节能工作发展相适应，与未来供暖终端装置电气化的趋势相符合，得到了迅速的应用和推广。

（3）近零能耗与装配式相结合：装配式建筑为国家积极推广的新型建筑方式，其部分或全部建筑构件在工程预制完成，运输至现场，通过可靠的连接方式组装而成。装配式建筑具有施工进度快、节能环保、工程造价低等优点，可解决我国传统建筑寿命短、抗震性能差等问题。将装配式建筑和近零能耗建筑技术及系统相结合，通过关键节点技术问题的解决，两个技术体系的优点相结合，建筑的质量和节能环保水平进一步上升。

2.4 冷链装备技术

我国易腐食品的种植和养殖总量最多，但是易腐食品综合冷链流通率很低。冷链装备是冷链流通体系的核心组成部分，是冷链流通可持续发展的关键。近些年，冷链装备技术已成为人们关注和技术人员研究热点，新技术和新产品不断涌现，主要体现在以下几个方面。

2.4.1 冷冻冷藏工艺

对于大多数冻结食品来讲，-18℃是最经济的冻藏温度，以牛羊肉和猪肉为例，-18℃

储藏温度基本可以保证肉品品质维持 5~6 个月。近年来，国际上冷藏库的储藏温度趋于低温化，如英国推荐后被欧洲大多数冷库所采用的 -30℃储藏冻结鱼虾类制品，美国则认为应在 -29℃以下，日本专用冷库一般在 -25℃左右或以下，而国内水产冷库的冻藏温度大多在 -20℃左右。另外，对于大多数果蔬以及带鱼等水产，采用微冻技术可以最大程度保持食品品质，有利于营养成分的保留。

2.4.2 冷加工装备

主要分为预冷、速冻和物理场辅助冻结技术。①现有预冷方式主要有压差预冷、真空预冷、冰水预冷等。针对现有压差预冷装备存在造价高、使用率低等问题，近年来，国内一些企业开发了撬装式压差预冷技术，装备可移动，解决了原有差压预冷装备移动性差的问题，提高了设备使用率。而双向交替送风压差预冷方式可以显著降低预冷所需时间和果蔬降温过程中的不均匀性。流态冰预冷具有比热容大、流动性好的优点，既可以直接对果蔬预冷又可以制取低温高湿空气对果蔬预冷，还可以与冰水预冷、压差预冷和真空预冷进行结合，形成不同的组合预冷方式，降低设备和运行成本。②冲击式速冻相比于传统的隧道式速冻机，由于采用高速冷气流冲击食品方式，具有换热速率高、体积小、效率高等优势。除此之外，冲击式速冻能够显著减少冻结时间，在一定程度上能够降低冻结能耗。但也存在气流组织不均匀，导致运行效率低、风机能耗高等问题。③超低温速冻技术主要是利用低温工质（如液氮、液体 CO_2、LNG 等）对食品进行速冻处理，在一些高经济价值水产品如金枪鱼、虾、蟹等的速冻上已开始得到应用。④物理场辅助冻结技术是近几年来出现的新兴技术，主要有电磁场辅助冻结、微波辅助冻结、射频辅助冻结、超声波冻结、压力辅助冻结（高压辅助冻结和压力转换辅助冻结）等。但这些技术需要进一步通过实验研究其对食品的影响，从微观机理进一步证实，距离大规模应用还有一定的距离。⑤其他冻结方法中，脱水冷冻是让食品先进行一定程度的脱水后再冻结，水分的减少可以降低冰点，并减少在冻结过程中产生的热量。该种方法已经得到使用并取得了较好的效果。

2.4.3 冷库用制冷系统

冷库用制冷系统，国内外基本采用压缩式机械制冷系统。大型冷库的制冷系统，制冷剂以氨为主导，小型冷库基本采用氟利昂制冷系统。近些年，CO_2 制冷系统、宽温区冷热联供集成系统等应用也得到快速发展。冷库用 CO_2 制冷系统一般采用亚临界循环，亚临界循环主要是保证冷凝侧常年处于恒定且较低的温度，使系统处于亚临界循环状态；宽温区冷热联供集成系统主要是回收利用制冷系统的冷凝热，集成低温制冷、高温制热、谷电蓄热、微压蒸气及蒸气增压等系统于一体，目前该系统可提供 50℃ ~180℃的热水，2 ~8bar（1bar=10^5Pa）的蒸气，实现节能目的。

冷库氨制冷系统的安全措施主要体现在制冷剂充注减量技术、氨制冷系统安全控制技术。其中氨制冷剂充注减量技术可采用分散式制冷系统，将大的冷库制冷系统分割为多个小的系统，降低单个制冷系统的氨充注量；针对氨制冷系统的供液方式，强制供液的氨制冷系统更加注重系统的氨制冷剂的需求量，采用低循环倍率的氨泵供液系统；根据系统的特点在直接膨胀供液的氨制冷系统也进行了很多研究和工程实践；冷库冷藏间用蒸发器，带翅片铝合金排管及复合材料的铝合金排管的应用与传统光管蒸发器相比，由于其传热面积的增加，相对降低了系统液氨充注量，但采用冷风机作为蒸发器将是最佳的解决方案；间接式制冷系统，如 NH_3/CO_2 载冷剂制冷系统和 NH_3/CO_2 复叠式制冷系统等，由于氨制冷剂仅用于系统高压侧，因此也降低了制冷系统总的氨使用量。氨制冷系统的安全控制，借鉴发达国家经验，在充注量较大的氨制冷系统的储液器出口增设了紧急切断阀；针对我国由于违规作业所造成的热氨融霜事故频发现象，在相关标准中强制要求采用全自动融霜系统，并将氨泄漏报警与系统控制联动，采用自动结合手动控制模式，在最短的时间内控制氨泄漏。

2.4.4 冷藏运输技术

冷藏运输主要有公路、铁路、水路、航空等形式，其中公路冷藏运输占最大比例。冷藏运输设备主要采用带保温箱体的冷藏车、冷藏集装箱等，其制冷方式以机械制冷系统为主。其研发方向包括：厢体隔热材料与隔热厢体制作技术，以减少厢体的漏热损失；压缩/喷射制冷系统，以降低车辆能耗；多温区和多空间冷藏车，实现多种货物同一批次的运输，降低运输成本；气调冷藏车，通过气调来控制车厢内的气体成分，抑制果蔬的呼吸作用，延长果蔬储存寿命；蓄冷式冷藏车，故障率低、使用寿命高；电动冷藏车，可满足城市冷链配送的“最后一公里”需求。

2.4.5 冷藏销售

销售环节的冷藏设备主要有：超市冷柜、生鲜配送柜、生鲜自动售货机等。这些设备研发方向是如何进一步提升机械制冷系统系统能效，包括箱体保温、柜门/窗展示效果与保温效果的结合以及箱体内部的气流组织等；再者就是采用环保制冷剂与系统安全和能效联合研发，而采用天然工质制冷剂 CO_2 由于其良好的热物理特性，日益得到重视。另外，销售环节的配送柜、自动售货机等的智能化和网络化，以及与生鲜电商紧密结合在保鲜配送等方面在我国正在快速发展。

2.5 低温技术

低温技术在空间探测、军事侦察、低温物理、生物医疗、能源超导等领域具有重要而不可替代的作用，近年来低温技术的快速发展有力地推动了科学技术进步和人民生活水平的提高，主要发展体现在以下几个方面。

2.5.1 低温制冷及大科学工程

航空航天技术的发展，对低温制冷技术的配套提出了更高的要求，包括：10 年的寿命，低至 mK 级的制冷温区等。对此，主动式机械制冷技术以其高效紧凑和长寿命等优势展现出强大的潜力和竞争力。

以斯特林制冷机、脉管制冷机和GM（Gifford-McMahon）制冷机为代表的小型回热式低温制冷机是主动式机械制冷技术最核心的组成部分，经过不断的优化和改进，这几种制冷机在制冷效率、可靠性和制冷能力等方面都有了长足的进步，展现出更多的发展趋势。

自1964年问世以来，对脉管制冷机制冷机理的探索就从未停止。近年来，多个研究团队通过热力学理论、流体数值仿真计算及实验等各种方式寻求对脉管制冷机机理研究，这种机理的研究是脉管制冷机不断发展演进的可靠基础。受空间探测需求、LNG以及超导体冷却等需求牵引，脉管制冷机的研发主要集中在进一步降低制冷温度以实现液氦温区的高效制冷，通过声功回收等方式进一步提高脉管制冷机在各个制冷温区的效率，进一步增大脉管制冷机的冷量以及小型化甚至微型化等。

与脉管制冷机类似，斯特林制冷机虽然经历了近百年的发展历程，但随着新的应用领域的出现，这种历史悠久的回热式低温制冷机仍然展现出多个不同的发展方向，如多级化、大冷量、小型化等。尤其是民用需求量的增长，促进了斯特林制冷机批量化生产，生产成本大大降低。此外，由于电子元器件冷却需求的不断提高，斯特林制冷机因其结构简单，在小微型冷却需求方面潜力巨大，对于微型化的研究力度也不断增加，目前已经有研究机构设计并测试了厘米级的微型斯特林制冷机。

值得一提的是，高频脉管制冷机和斯特林制冷机的发展进步与其中的驱动源线性压缩机息息相关。线性压缩机最早由牛津大学研究人员提出，又称为牛津型线性压缩机。该种压缩机的发明使得脉管制冷机和斯特林制冷机的可靠性大大提高，寿命得到延长，结构更加紧凑。高效的线性压缩机是实现上述两种制冷机高效制冷的必要条件，压缩机功率的提升也有助于增大制冷机的冷量，实现更低温区的制冷。目前国内已有多个研究机构掌握线性压缩机的设计和加工技术，并进行不断地优化和改进。

GM制冷机也是一种目前发展比较成熟的制冷机。该制冷机最初由吉福德（Gifford）和麦克马洪（McMahon）研制，目前能实现液氦温区制冷的两级GM制冷机已经商业化，并在天然气液化回收、氦气纯化回收、超导磁体冷却和量子领域研究等多个实用场景付诸应用。近年来，GM制冷机的发展方向主要集中在提高制冷机的可靠性，抑制整机的振动，以实现长寿命、高可靠性的稳定制冷性能。此外，通过改进压缩机，实现GM制冷机小型化、轻量化也是另一个重要发展方向。

除了上述几种主要的回热式低温制冷机类型，近年也出现了一批新型的复合型回热式低温制冷机：即把两种不同的制冷机耦合起来以扬长避短，实现更高效、更可靠的制冷。例如，斯特林/脉管复合型制冷机、VM脉管制冷机等。其中20世纪90年代发明的斯特林/脉管复合型制冷机是一种集合了脉管制冷机与斯特林制冷机优点的新型制冷机，该制冷机相比传统空间用多级制冷机具有潜在的效率优势。目前国内已有研究机构针对该型制冷机进行了进一步的研发。

对于所有回热型低温制冷机而言，寻找新型的回热填料始终都是一个很有价值的研究方向。回热填料是制冷机的核心部分之一，主要起到回热、与工质进行换热的作用。从最初的金属棉到铅丸及其他金属微球，再到不锈钢丝网及磁性材料，回热式制冷机的不断进步离不开回热填料的发展。高性能的回热填料可以减小制冷机内部的阻力损失和换热损失，使得制冷机的性能得到提升。目前，主要通过从理论上精准刻画换热的过程以及从实验中寻找合适的尺寸结构来开发新型高效的回热填料。

间壁式制冷机是除了回热式低温制冷机以外另一个重要的制冷机类型，其中最具有代表的是 J–T 节流制冷机。随着制冷温度的降低，氦气的体积比热容随着温度的降低而显著增加，而常用的回热填料比热容则随着温度的降低而快速下降，使得固 – 气之间的体积比热容比急剧下降，导致回热器的回热能力严重不足，从而使液氦温区回热式制冷机效率低下。同时，氦气的非理想气体效应也会使回热器的效率大幅降低，最终使回热式制冷方式无法高效获得液氦温区。而 J–T 制冷技术恰恰利用了氦气的非理想气体性质，从而使整机拥有较高的效率。J–T 制冷机凭借其独特的制冷机理得到了广泛的关注和应用。当前空间用液氦温区的制冷技术主流是回热式制冷机预冷的 J–T 制冷机，它结合了回热式制冷与 J–T 制冷在不同温区的优势。近年来，J–T 制冷机主要向高效率、大冷量、多工作温区、微型化与深低温方向发展。

在低温系统大科学工程方面，超导无法脱离低温独立存在，为满足超导线圈长时间处于低温（20K 以下）状态并保证一定温度余量的要求，以氦为工质的低温制冷技术不可或缺。氦液化技术始于 1908 年的荷兰，昂纳斯（Onnes）采用预冷并节流的方法成功液化氦，而后的卡皮查（Kapitza）循环使得氦液化不再需要液氢预冷，柯林斯（Collins）循环则使得氦液化器小型化，并得以进入实验室。20 世纪 80 年代起，受可控核聚变实验装置、同步辐射光源、自由电子激光及粒子对撞机等大科学工程应用需求的牵引，大型商用氦液化 / 制冷装置得到了广泛的研究与应用。大型氦低温系统主要包括压缩机站、冷箱以及用户，压缩机站负责提供常温高压的氦气，氦气在冷箱中，通过预冷、膨胀及节流等过程被降温或是液化，最终通过管道输送至用户侧。目前国内大科学工程的低温系统仍主要依赖国外厂商，但国内也已经具备大科学工程低温系统设计和制造能力。

2.5.2 混合工质制冷

通过采用不同沸点组元构成的混合物作制冷剂，混合工质节流制冷机能够在 80K~230K 的广阔温区工作，在能源、材料、生物医学等众多领域具有广泛而重要的需求。混合工质回热循环的优势在于非共沸混合工质相变过程具有温度滑移，可以与冷热源以及回热过程冷热流体进行更好的温度匹配，并降低传热过程的不可逆损失。多元混合工质的采用也带来了新挑战，内在挑战体现在：一般含有 2~10 种工质，各组元沸点各异，热物理性质较为复杂，这对理解多元复混合工质循环系统中不同工质的有效作用温区以及回热换热机理带来困难；外在挑战体现在：其优化自由度多，系统最优化困难，存在多个“最优”解，且易受混合工质变浓度的不利影响。集中在深冷混合工质节流制冷系统中的上述问题体现了混合物热物性、深冷混合物多相流动及传热等工程热物理学科的基础及前沿内容，蕴含丰富而重要的学术研究价值。近几年取得重要进展如下。

在流体热物性方面，建立了混合工质相平衡、流体密度、比热和流体黏度等多种实验平台，获得了关键物性数据，并发展了关联或预测模型。其中，表征温度－压力－组分关系的相平衡特性是关键的基础热物性。通过相平衡数据推导的混合物状态方程是描述混合物流体性质的基本工具。结合理想气体比热参数，利用热力学模型可直接推算焓、熵等量的热物性，进而即可对混合工质制冷循环特性分析。

在两相流动传热方面，当前对混合工质流动与传热传质特性的研究主要基于实验，测量了多种工况下氮－烃类或烷烃类混合物的相变传热特性，并发展了相应的关联式。沸腾过程中的气泡行为对工质的传热性能有重要影响，建立了准确的气泡脱离直径测量方法，并采用统计学方法得到气泡采样样本容量阈值，提出了基于气泡脱离直径的新传热关联式，对纯质及混合物均取得良好预测效果。针对两相流动传热问题建立了低温多元混合物流动沸腾传热实验台和流动冷凝实验台，研究了纯质及混合物系的流动传热、流型变化和阻力降特性，获得了体系的流动沸腾传热及两相流特性实验数据，填补了低温物系在流动传热方面的实验研究空白，支撑了回热换热器的优化设计。

在制冷流程及应用方面，揭示了回热在混合工质深度制冷中的热力学作用机制，阐明了非共沸混合物通过调控组元及浓度实现高效回热制冷的深层热力学机理，澄清了结构形式最简单的一次回热循环结构具有最高的热力学效率。对比分析了混合工质节流制冷循环（MJTR）和纯工质逆布雷顿循环（RBC）的热力性能，㶲分析表明 90K 及以上温区 MJTR 优于 RBC，80K 温区 RBC 优于 MJTR；MJTR 中回热器㶲损最大，而 RBC 中膨胀机与回热器㶲损最大。围绕在天然气液化、空气液化、低温储存、高温超导、环境模拟等 80K~230K 温区的应用需求，研制了不同规格的混合工质回热节流制冷装置。

2.5.3 生命科学与制冷技术

低温生物医学是低温、制冷、医学及生命科学的交叉学科方向，根据应用目的，既可以保护或保存生物活体，也可以对生物活体进行破坏或者疾病治疗。低温生物医学技术与低温保存、冷冻干燥、低温医疗、基因等领域密切相关，相应的低温设备，如低温保存箱、血液操作台、血液冰箱、低温治疗仪、药品干燥机等应运而生，并发展迅速。

低温能抑制生命体的新陈代谢，因而被广泛应用于生物组织、细胞、器官等的低温保护或保存。60 多年来，人体的一些重要细胞组织低温保存和移植的成功，使得低温制冷技术在临床医学精准治疗、动植物种质资源、新药研制和保护等方面的应用，已经给医学、生物、农业等带来了巨大的效益，同时也使得低温生物医学成为颇受人们关注的交叉学科。在我国，低温生物医学的研究从 20 世纪 80 年代初开始兴起，至今已在离体生物细胞、组织和器官的低温保存等领域都取得了突破性进展。

尽管细胞、组织等可以在低温下实现长期保存，但如果操作不当，在细胞、组织的冷冻过程中也会造成低温损伤，包括胞内冰、溶液损伤、冷冲击、低温断裂等。此外，深低温或玻璃化保存的生物样品在复温过程时，如果复温方式和复温速率不当，很可能存在因为过慢复温所导致的再结晶（或反玻璃化）损伤或过快复温所导致的热应力机械损伤，这也是目前较大体积生物材料深低温保存后没有成功复活的关键因素。当然，低温对于生物体来讲是一把“双刃剑”，众多研究者扬其长、避其短，利用低温造成细胞损伤，开展临床的肿瘤低温治疗，或者采用低温－高温循环的技术，提高肿瘤细胞的杀伤率，大大丰富了低温生物医学的内涵，同时推进了低温外科的发展。

低温生物医学的研究和应用，不仅促进了生物学、医学等基础学科的发展，而且为农业、畜牧业、医药工业、肿瘤治疗、医学转化以及食品工业的发展也带来了巨大的效益。特别是近几年，血液制品的低温保存、临床生物样本库的建设和管理、生物药品的冷冻干燥、低温外科以及与低温生物相关关键设备的研发等领域有了很大的进步，已成为该领域新的增长点。

近年来，随着“个性化医疗”和“精准医疗”概念的提出，我国各大医院都在不遗余力地进行生物样本库的建设；而随着冻干食品、药品和生物制品需求量急剧增长，其冷冻干燥保存方法研究及其技术开发都有非常大的潜力。目前，低温医疗装备正逐渐成为临床“绿色疗法”的优选方法，低温生物医学相关科学和应用的仪器与装备亟待发展突破。

2.5.4 氢液化技术

氢能被视为 21 世纪最具发展潜力的清洁能源，但储运效率低是影响氢能应用的一个制约因素。以液氢的方式储存和运输氢，可大幅提高能量密度，有效降低氢的远距离运输成本，是氢储运的最佳方案。正是液氢的不可替代性，使得氢液化技术成为氢能利用技术链条上重要的一环。

氢的液化需要经过原料气的纯化、降温、正仲氢转化、液化等环节来完成。氢的正－仲转化技术可分为等温转化、绝热转化和连续转化三个类型，其中连续转化耗功最小，是目前最为先进的正－仲氢转化技术，被广泛应用于现代的大型氢液化装置中。为了适应液氢需求量的不断增大，同时也为提高氢液化效率、降低氢液化成本，研发并使用液化能力在 5TPD（吨 / 天）直至 50TPD 的大型氢液化器势在必行，这也使得大规模氢液化技术成为氢液化技术研究的焦点。

大型氢液化技术主要涉及大型氢液化系统的核心部件技术和高效的流程组织技术两个方面。氢膨胀机是大型氢液化系统中唯一的产冷部件，也是液化系统低温范围内唯一的运动部件，因此是最为核心的部件。动压气体轴承氢透平膨胀机以其无污染、结构紧凑、可靠性高、免维护、不使用过程气、绝热结构优良等优点，是目前氢膨胀机中技术最为先进的一种形式。然而由于氢气具有相对分子量小、密度小、黏度小、易燃易爆、氢脆等特点，给气体轴承氢透平膨胀机的研制带来一系列问题，使其具有很大的技术难度。2004 年，动压气体轴承氢透平膨胀机研发成功，并在大型氢液化器上累计成功运行超过 16 000 小时，开启了动压气体轴承氢透平膨胀机的实用时代。

在大型氢液化系统流程组织的发展方面，经过科学家和工程师们数十年的共同努力，系统流程已逐渐形成了以下特点：①总体上，采用带液氮预冷的修正的氢克劳德循环作为制冷循环，来直接冷却液化路的氢气，以获得较高的循环效率。但其中的液氮预冷方式，虽然具有简单、便利的特点，却存在换热温差大、有效能损失大的弊端。为此众多学者提出了混合工质节流等预冷概念，以期减小预冷段的换热温差，提高系统的经济性。②在压缩机技术方面，使用大型活塞压缩机作为主循环压缩机，以使系统具有较高的技术成熟度和效率。③在原料气纯化技术方面，采用在仅液氮温区吸附器中进行原料气纯化的方式，以获得较高的系统紧凑性。④在正－仲氢转化技术方面，采用置于换热器内部的正－仲氢连续转换器的技术，以获得较高的系统效率。⑤在节流技术方面，采用喷射器作为一级节流设备，用来吸收液氢储罐中的闪蒸气，以实现原料氢气的 100% 液化。

现代大型氢液化系统的比能耗普遍处于 10~12kW·h/kgH_2 的水平，而氢能大规模应用的经济性则要求氢液化的比能耗不得超过 5kW·h/kgH_2。由此可见，氢液化技术的发展任重而道远。

3. 国内外研究进展对比

通过分析我国制冷及低温工程学科的重要进展，同时对比国际学科发展新趋势与新特点，进而明确我国制冷及低温工程学科发展的优势与差距，对进一步明确学科发展方向和制定学科发展战略具有显著指导意义。整体来说，经过近几十年的发展我国已经在制冷多方面的技术处于领先状态，结合我国特有的发展需求开辟了具有特色的研究方向，但在部分研究方向布局的前瞻性上还有待进一步加强。

3.1 空调换热器

国内制冷空调换热器行业，在前期引进吸收国外先进生产和开发技术基础上，通过自主研发得到了快速发展，总体上达到国际先进水平。

翅片管式换热器的小型化方面，国内充分发挥贯穿全产业链的产学研合作优势。成立了由上海交通大学担任理事长单位，由空调器整机企业、换热管生产企业、制造装备企业、铜生产组织作为成员的制冷空调换热器技术联盟，帮助小管径换热器及在空调器应用的技术水平处于国际先进水平。中国在小管径换热铜管及空调器的生产规模方面处于全球遥遥领先的地位，占据了约全球 80% 的市场份额。

板式换热器在高效板片开发上，仍是国外老牌的企业处于技术领先地位。但在研发小型板式换热器并用作多联式空调机组的经济器方面，国内企业竞争力明显。目前国内主流的多联机生产企业中，已正在从外资品牌向民族品牌转变。

印刷板路换热器首先由国外企业开发，并推广应用。国内企业在引用国外技术的基础上，进行了自主创新，所生产的产品得到了小规模的应用。

插片式微通道换热器的基本型式，由国外企业率先开发成功，并得到应用。国内目前也有换热器企业进行了产品开发，由通过与高校及整机企业的合作，正在解决换热器本身以及在整机中应用的技术问题。

换热器的长效性能研究方面，国内已提出了长效性测试方法，形成了长效性标准，以及能够改进换热器长效性能的设计方法，成果超过国外。

3.2 制冷技术

3.2.1 压缩式制冷

近年间，国内外学者对于压缩机的研究出现了不同的侧重：欧美学者更加偏重于压缩机热力学模型的准确建立，例如回转式压缩机的CFD深度数值模拟等，着重研究压缩机内流动过程、泄漏、油气混合机理等；国内学者的研究重点则偏向于利用压缩过程的通用热力学模型来准确预测压缩机的等熵效率、容积效率和指示效率的方法，进而为工程应用提供直接的便利。随着近年间计算机技术的飞速发展，压缩机行业必将迎来一轮针对高精度模拟仿真、数值模型工程化修正和逻辑控制策略上的研究高潮，而与压缩机行业息息相关的制冷领域也同样会迎来一次发展的机遇。

而在制冷系统的学术研究方面，国内学者在天然制冷剂方面的研究已经走在了世界前列，且大多数研究都已经进入初步工程应用的阶段。同时，国外学者的研究大部分都基于制冷或空调应用条件而展开，而国内学者还在热泵、供暖等方向上做出了卓越的研究工作。

3.2.2 吸收式制冷

近年来，吸收式制冷的发展主要集中在针对太阳能和余热利用而发展的具有高灵活性的吸收式制冷技术，针对这部分的发展国内外均有一些进展。代表性的进展包括国内学者针对太阳能热源的不稳定性和间隔性所提出的变效溴化锂吸收式制冷技术、单双效吸收式制冷技术和精馏热回收的氨水吸收式冷冻技术，国外学者提出的变级氨水吸收式制冷技术等，在这部分研究中国内学者的研究相对领先。此外，美国学者开始在开式吸收式制冷系统中开始进行一些尝试性的研究，这部分国内学者也有跟进但相对技术开发进度较慢。

相对吸收式制冷较为零散化的发展，吸收式热泵的发展则更为迅速，且在吸收式热泵的发展上国内发展明显快于国外，这主要是受到我国北方清洁供暖和工业余热回收等环保节能政策影响。基于这些供暖需求涌现出了一批新型的吸收式热泵技术和应用，包括应用于集中供热的吸收式换热技术、应用于工业余热回收的多段吸收式热泵以及应用于空气源热泵的氨水吸收式热泵和压缩吸收混合式热泵等。

3.2.3 吸附式制冷

在吸附循环构建与吸附系统应用领域，国内研究都处于国际前沿水平。作为解决低品位能源高效利用的有效方式，吸附式制冷研究发展迅速，鉴于传统吸附式制冷材料、系统的研究趋于完善，目前国际上最新的研究热点为以 MOFs 为代表的新型纳米、复合材料在吸附式制冷中的应用研究，体现出材料、化学与能源方向的结合趋势。此外，以吸附技术为牵引的热化学储热近年来成为国际研究学术前沿，物理 / 化学吸附储热已经成为储热技术的最重要研究方向，其丰富的闭式 / 开式吸附储热技术体系和工质选择体系已经可以满足不同场景的储热需求。

3.2.4 喷射制冷与固态制冷

在喷射制冷方面我国学者提出了多种喷射器增效制冷循环，系统性地研究了喷射器在冷藏、冷冻、低温制冷设备中的节能潜力，但在实际制冷系统中的应用经验尚与国外存在差异。在新型固态制冷研究领域，我国科研机构在开发低驱动应力制冷工质、热驱动型弹热制冷新型循环等方面形成了自己的研究特色，但弹热制冷原型机性能尚不如美国、丹麦、德国的研究机构；我国学者在磁制冷工质等领域已取得优势，多家机构已推出磁制冷酒柜和冷藏柜的样机；电卡制冷技术的器件研究依然集中在欧美科技强国的研究所内。美国著名 500 强企业联合技术公司在 2017 年报道了其研制的新型电卡固态制冷机，实现了室温附近 14℃的器件温宽。国内在电卡制冷领域的研究依然集中在材料性能改进方面，截至目前未见器件方面的工作。

3.3 热湿环境控制

3.3.1 溶液除湿技术

在膜除湿技术方面，国外的研究集中于新型高性能膜材料的制备及表征、膜蒸馏再生方法及流程、膜换热器中析晶结垢的探测方法，国内对如何实现溶液除湿装置小型化、紧凑化和家用化的研究较少，也比较缺乏溶液除湿在冷热电联产系统中的集成与应用研究。在太阳能溶液除湿空调领域，国外开展了大量真实气象环境下系统的性能测试，对动态特性和储能特性的研究较多；我国则进行了大量的性能模拟研究和关键部件的实验研究，缺少对整个系统实际运行效果的评估。在涉及工质物性和传热传质机理等的基础研究方面，国内以实验研究为主，理论研究较国外欠缺。国外通过分子动力学等方法研究工质热物性及其与分子结构间的关系并结合实验数据进行验证，为开发新型工质提供了有力指导；揭示气液吸收 / 解吸过程的微观机制，有利于提出新型传热传质强化方法。

3.3.2 固体除湿技术

针对目前固体除湿的几个前沿热点方向，我国在固体除湿装置、耦合传热传质分析及循环热力学构建方面具有不可代替的优势，尤其是除湿换热器及相关空调循环系统的构建研究有重要意义，尤其是将商业化 MOF 应用于固体除湿领域是现金研究热点。

3.3.3 数据中心冷却

传热环节优化、液体冷却、自然冷却和热回收等数据中心冷却技术在国内外都得到了推广和应用，数据中心能源利用效率（PUE）都达到了 1.1 左右。

在数据中心冷却所涉及的多个技术环节中，国内的相关研究与应用已经能够紧紧跟随国外的先进理念和技术，甚至在一些环节有所领先。如制冷与空调工程师学会（ASHRAE）多次修订数据中心机房的空气温度和相对湿度的标准，为数据中心冷却充分利用自然冷源奠定了基础，我国也相应地修改了相关标准。国外在芬兰、冰岛、加拿大等近北极寒冷地区建立了多座数据中心，我国也在黑龙江、内蒙古、宁夏、河北、新疆、贵州等气候比较寒冷且较接近能源供给的省区建立了多座数据中心，以充分利用室外自然冷源和较容易获得电力供应（特别是风电等清洁可再生能源）。美国、芬兰等地区利用海水作为数据中心冷却的自然冷源，我国也在千岛湖、东江湖等利用湖水作为数据中心冷却的自然冷源。

当然，在基于高功率密度的电子器件（尤其是 CPU、芯片等）的散热设计、在数据中心的余热回收、液体冷却（特别是冷却液）等方面，我国与国外还有一定的差距。

3.3.4 近零能耗建筑技术与系统

纵观世界各国“近零能耗建筑”发展历程，在探讨技术路线同时，各主要国家都建造了大量工程示范项目，早期示范建筑面积普遍较小，目前大型和综合性的建筑案例不断增加，示范建筑覆盖了从严寒寒冷气候区到热带气候区的广泛地域。

近零能耗建筑技指标的表现形式，欧洲采用能耗数值的方式，日本和美国采用相对节能率的方式。能耗的评价方式以一次能源消耗为主，对建筑负荷、能耗的同时约束，体现了对近零能耗建筑技术路线的约束。近零能耗建筑的能耗范围普遍仅考虑与建筑服务有关的能耗，一般包括供暖、通风、空调、照明、生活热水的能耗，能耗评价以设计阶段计算的能耗作为评价基准。受建筑体量、类型、所在气候分区的影响，不同建筑的能耗表现千差万别，相对节能率的方式避免了建筑自身特性的差异的影响，所以可操作性更强。

我国将两者相结合，对居住建筑采用能耗数值方式，公共建筑采用节能率方式，提高适用于我国的技术体系的针对性、适用性和可操作性。

3.4 冷链装备技术

纵观近年来国外研究情况，其发展现状主要为：①食品冻藏温度趋于低温化，特别是鱼虾类水产品，-18℃不再是最佳推荐冻藏温度；②在食品冻结技术方面，物理场辅助冻结技术得到了持续关注和研究发展，主要有电磁场辅助冻结、微波辅助冻结、射频辅助冻结、超声波冻结等方式；③在冷藏库制冷系统方面，发展了 CO_2 天然工质作为载冷剂或低温级的复合系统，并发展了冷热联供集成系统；④在超市制冷系统方面，为了解决 CO_2 制冷系统在炎热地区高室外温度制冷性能不佳的问题，发展了采用喷射器辅助压缩制冷系统。

与此同时，近年来国内冷链装备技术也得到迅速发展，主要表现在：①对肉类的最佳经济适宜冻藏温度进行了研究，根据不同肉类、冻藏时间，最佳冻藏温度有所区别，并开展了果蔬等易腐食品的微冻技术研究，对水产品的适宜冻藏温度也逐步开展研究；②在冷加工方面，发展了包括撬装式差压预冷、双向交替送风压差预冷、低温天然工质超低温速冻、冲击式速冻和磁场辅助冻结等技术和装备；③在冷库用制冷系统方面，开发了氨/CO_2复合系统、低充注氨制冷系统、宽温区冷热联供集成技术（集成了低温制冷、高温制热、谷电蓄热、微压蒸汽及蒸气增压等系统于一体，可实现 -55℃ ~ 180℃温度范围内的高效环保冷热联供功能）、地源 CO_2 亚临界循环制冷系统（采用地埋管植入式冷凝器，使系统处于亚临界循环状态）；④在冷藏销售方面，配合生鲜电商需求，开发了生鲜配送柜等装置。总体来讲，国内冷链装备技术与国外发达国家的差距进一步缩小，行业总体技术处于国际先进水平。

3.5 低温技术

3.5.1 低温制冷及大科学工程

在低温制冷机发展研究方面，美国、法国、日本等国家具有较强的技术实力。美国多家研究机构凭借其在航空航天领域的雄厚基础，开发了多款成熟的低温制冷机，如美国国家航空航天局（NASA）、雷神公司（Raytheon）、诺思罗普·格鲁曼公司（Northrop Grumman）等。法国的 Thales 公司开发了多款商用的脉管制冷机和斯特林制冷机产品。日本的住友集团（Sumitomo）具有世界领先的 GM 制冷机制造技术。国内的研究机构和企业近年来在低温制冷机领域也获得了长足的发展和进步，研制了多款高性能的制冷机。

低温系统大科学工程方面，近年来，中国、日本、印度、美国、韩国、欧洲等国家和地区均建起了冷量不一的大型氦低温系统。欧洲核子研究中心（CERN）的大型强子对撞机（LHC）是目前世界上能量最高的粒子加速器，其低温系统包括 8 个冷量为 18 kW@4.5K 的低温设备，这些设备为 2.4 kW@1.8K 的机组供冷，最终通过超流氦冷却磁体。国际热核聚变实验堆（ITER）的低温系统包括氮系统及氦系统，氮系统用于冷却冷屏（830 kW@80K）、氦系统的预冷（280 kW@80K）以及超导的备用冷量（300 kW@80K）；氦系统用于冷却磁体、电流引线、分配系统等，由于脉冲热负荷巨大，其当量制冷量接近 70 kW@4.5K。欧洲散裂中子源（ESS）的低温系统由三个独立的氦制冷/液化装置组成：加速器低温装置（ACCP）、靶站低温装置（TMCP）和试验仪器低温装置（TICP），此外还包括一个低温分配系统（CDS）。ACCP 主要用于动力耦合器冷却，TMCP 用于冷却靶周围中子慢化剂中的超临界氢，TICP 为低温模块试验台提供冷量。

在我国，广东、上海、台湾、兰州等地均有已建成的大型氦低温系统。在建中的上海硬X射线自由电子激光装置（SHINE），其低温系统冷量分配约4 kW@2.0K+1.3 kW@5K+15 kW@35~40K+15 g/s的液氦，主要冷却对象为超导高频直线加速器、超导波荡器及低温分配系统。此外，还需一套独立的低温系统用于低温超导模组的各项测试。

3.5.2 混合工质制冷

近几年来，中国、印度、韩国、美国、以色列等国学者在混合工质低温制冷领域较为活跃。其中印度学者侧重于混合工质循环的热力分析、变浓度特性和整机性能研究；韩国和德国学者系统研究了应用于超导体冷却的不可燃混合工质技术；美国和以色列学者则注重微型混合工质节流制冷技术的应用研究。我国学者则围绕低温冰箱、天然气液化、环境试验箱等低温制冷应用，开展了工质热物性、两相流动及传热、循环流程、系统构建等方面的系统研究，部分成果已实现产业化。

混合工质制冷技术由国外引进，目前经过几十年的发展，国内外在该技术研究方面已处于并跑状态并各有侧重，其中国外在微型制冷技术应用方面具有优势，而国内在变浓度、两相传热等关键基础问题上开展的研究较早，以低压混合工质循环实现了高制冷效率（尤其体现在微小型天然气液化方面），并在基础研究—核心技术—应用技术中实现了成体系发展，系统用于低温超导模组的各项测试。

3.5.3 生命科学与制冷技术

低温医疗作为生物医学工程学领域内的一门新兴的交叉学科，是近年来涌现出的一种相当有效的物理疗法。其原理在于：通过低温治疗疾病，改善机体功能，促进人体健康。主要特点包括：治疗快速，副作用小，止血无痛，患者生活质量高等。以肿瘤冷冻治疗为例，目前我国已有超过100家医院开展肿瘤冷冻治疗业务，并呈快速增长趋势；而在美国，开展冷冻治疗的医院已超过450家。低温医疗装备研发空前活跃，最近一些年，全球多个区域还纷纷成立冷冻治疗学会，旨在推进这一新型高效肿瘤疗法的研究推广和低温医疗设备应用。

3.5.4 氢液化技术

氢液化技术于20世纪50年代得到迅猛发展，首批大型氢液化工厂在美国建造。目前北美大型氢液化工厂15座，总生产能力大于400 TPD（吨/天），欧洲大型氢液化工厂4座，总生产能力20 TPD，亚洲大型氢液化工厂16座，总生产能力50 TPD。国际上氢液化工厂普遍采用修正的氢克劳德循环，即使用基于氢膨胀机的氢制冷循环，直接冷却液化路氢气的流程组织方式，传热温差小，系统效率高，最佳比能耗可达到10~12 kW·h/kg（LH_2）水平。我国液氢生产规模小，总产能低于5 TPD，本土氢液化技术水平仍处于初级研发阶段。曾经研制出的基于高压林德循环的名义液化率为1200L/h的氢液化器，因老旧与低效率，已停止使用，致使目前氢液化设备全部依赖进口。2014年以来，随着国内需求的日益增长，多家单位已开始自主研制大型氢液化器，目前首要任务是突破氢气透平膨胀机、连续正-仲氢转化换热器等关键技术。

4. 发展趋势及展望

在分析了空调换热器、制冷技术、热湿环境控制、冷链装备技术和低温技术等制冷学科分支方向近年来的发展现状，并对比了国内外研究进展后，明确各个方向有待解决的关键科学与技术问题，提出发展战略与技术展望，有助于促进制冷学科快速可持续发展。由于制冷学科所包含的内容较广，不同分支方向所面临的问题也各不相同，整体上来说环保、节能、提升效率和舒适性、降低成本并拓展应用方向是不同学科分支方向未来发展的驱动力。

4.1 空调换热器

换热器的强化换热技术需要考虑实际应用的需要，考虑强化换热措施的生产成本、加工难度、性能持久性。

翅片管式换热器的发展趋势是采用更小管径的换热管。综合小管径带来的材料成本下降的好处，带来的制造难度的上升，目前较有经济性的换热管最小直径为5mm。但是考虑到小管径能够带来同等体积下更大的换热量，有利于提升空调器的能效，因此随着能效指标的提升，更细管径的换热器将会得到进一步发展。

板式换热器的研究重点是高效板片结构开发，其次是如何在制冷空调中使用好。由于多联式空调器的数量较大且增长迅速，因此作为多联式空调器中的经济器使用，将是板式换热器应用可期待的增长点。

印刷板路换热器虽然紧凑度高，但价格较贵，需要改进加工工艺、降低生产成本。目前国家设立了这方面的研究课题，企业也开始生产与应用。可以期待，未来会有明显的技术进步和应用拓展。

插片式微通道换热器比常规的微通道换热器具有良好的排水性能，有利于化霜时将化霜水及时排除。但为了在热泵型空调器中与翅片管式换热器竞争，还需要在化霜及排水性能方面进一步改进。换热器在长期运行条件下能否保持高效的换热性能是影响制冷空调装置长效性能的重要因素，为此需要研究长效性的影响因素、长效性标准、长效性测试方法和改进长效性的设计方法。

4.2 制冷技术

4.2.1 压缩式制冷

由于压缩机本身的结构设置、工作模式、热力学过程等都已经经历了数十年的发展，已经基本成熟，因此其发展方向应侧重为单机规模的进一步大型化与小型化，才可以有效兼顾工、商业领域的大规模集中制冷、制热、或大容量高压气体需求，以及普通家用、车用、小电器等背景下的制冷、制热、生活热水等需求。因此，大规模的离心压缩机技术（包括磁悬浮轴承的进一步优化）、大型螺杆压缩机技术（单机双级与三螺杆搭配技术）等仍然具备相当良好的发展空间。另一方面，由于小型活塞压缩机与滚动转子压缩机在小流量、高压比工况条件下的独特性能优势，这两种形式压缩机与 R744 等天然工质的配合方面还有着广阔的研究空间。

考虑到制冷剂替代工作的长期产业背景，压缩式制冷系统的发展主要集中在新型环保制冷剂（R718、R717、R290、R32 与 R744）的系统性能、优化方向与控制方法等研究目标上。其中，针对 R718、R717、R290 与 R32 等制冷剂的制冷系统研究较为常规，需要综合考虑制冷剂环保性、安全性与热力学性能，制定新标准，提出新技术。另外，针对 R744 的跨临界制冷系统相较常规的亚临界系统更为复杂，考虑到 R744 制冷剂卓越的环保性、安全性、经济性与制热性能，从业者们仍然需要研究采取各种不同手段改善其系统结构，进而有效优化其制冷性能与综合能效，达到与普通制冷剂系统相匹配，甚至更佳的目的。除此之外，压缩式热泵对压缩机技术和工质又带来了新的需求和发展机会，大量 30℃左右余热提升到 60℃就可以供热，80℃余热提升到 120℃以上就可以生产蒸气，在这些应用场景中新型高温环保热泵工质及其压缩机适配技术成为研究新热点，而天然工质在高温热泵领域具有不可替代的优势。

4.2.2 吸收式制冷

受到清洁供暖和节能减排需求的引导，吸收式制冷以及热泵技术在未来几年中仍然会在城市供暖扩容、空气源热泵以及工业流程余热回收等方面具有较多的发展。在应用于城市供暖扩容的吸收式换热技术中主要需要克服机组紧凑化问题将吸收式换热技术与现有和新建小区结合起来；在氨水吸收式空气源热泵的发展中主要需要克服氨水系统需要精馏并且内部换热结构复杂的问题，采用优化方法进一步增强内回热以增加系统效率；在工业余热回收方面则需要进一步通过流程创新和混合热泵等方法增强吸收式热泵的温升能力，使吸收式热泵能够用于更广泛的余热回收场景。

从近期来看，基于工业余热回收或空气源的吸收式热泵蒸汽发生技术在未来几年将会有一定的市场基础。当前的“煤改电”和“煤改气”政策下，中小企业无法采用燃煤锅炉产生蒸汽，也无法像大型企业投资昂贵的蒸气管道购买来自电厂或化工厂的蒸气，然而在很多工业生产中蒸气是必不可少的热源，因此采用新技术满足环保政策和企业需求是亟须解决的问题。基于吸收式热泵的蒸气解决方案将会在这种背景下得到进一步发展，但同时也需要面临着需要大幅提升热泵温升能力以保证高效蒸气发生的挑战。

从长远来看，开式吸收式制冷与热泵是该领域具有潜力的发展方向。由于开式吸收式系统可以克服常规溴化锂水系统需要维护真空和氨水系统高压的问题，且具有除湿与回收烟气余热的功能，更适合应用于小型系统、环境温湿度控制和特殊余热回收场景。为了实现高效开式吸收式系统，开式吸收中传热传质差和温升幅度小等问题还需要克服，因此还需对开式吸收式系统中传热传质机理、新型工质对、工质添加剂以及新型循环系统等开展进一步研究。

4.2.3 吸附式制冷

在材料、能源领域研究持续受到高度重视的背景下，吸附式制冷在未来5年内要完成从实验室台架实验到示范工程再到工业应用的三步走突破，加速成熟技术的工业转化形成新的产品，有效利用太阳能及低品位工业余热，以满足国家的能源发展战略需求。值得期待的应用领域包括冷库中吸附制冷机组、商用吸附制冷空调、移动式吸附制冷机、车载制冷/除 NO_x 一体化系统、数据中心热管理等。同时，需要紧跟国际先进研究方向，利用已有的循环及系统构建经验进行新材料的应用，从粗放式设计过渡到精细化的构效关系设计，逐步完善与材料、化学、化工学科的交叉发展，培养基础研究与工程实践并重的复合型学科人才，充分利用第一性原理、分子动力学模拟、机器学习等理论及技术加速吸附式制冷的研究进展，以深入理解实验中观察到的各种现象，避免知其然而不知其所以然的困境。

4.2.4 喷射制冷

在喷射制冷方面，随着近年来实验研究投入的加大，也取得了初步的进展，多家企业与高校联合开发了冷柜、冰箱和热泵样机，但整体技术还不够成熟，未见上市产品，依然存在较多的科学难题和工程问题亟待解决，包括喷射器设计理论，喷射器与系统动态耦合调控方法、喷射器低成本制造工艺和小型喷射器增效制冷设备中润滑油的滞留问题等，这也是未来喷射器制冷技术研究的主要方向。可以预见未来喷射器将成为一种标准的节流原件在传统的家用和商用制冷热泵设备上得到使用，尤其在大节流压差和高膨胀比的设备中将发挥更加积极的节能效益，同时还有希望进一步拓宽至冷库、高温热泵等工业领域，并取得更为显著的经济和社会效益。

4.2.5 固态制冷

新兴固态制冷方面，弹热制冷技术的紧凑型驱动器及系统集成方法、新型高疲劳寿命工质、增材制造的兼顾力学和传热性能的形状记忆合金回热器技术是未来弹热制冷技术的发展方向；室温磁制冷的低回滞高磁热效应的新工质、增材制造的磁回热器、高场强磁体技术、适用于高频运行的磁回热器流量分配技术及新型磁制冷机集成方法是未来室温磁制冷的重要发展方向。电卡制冷领域的研究有持续转向实用性为主导的趋势：从材料角度出发，电致温变已不是制约本领域技术发展的瓶颈，材料的综合性能：如热导率、热容、机械强度、介电强度、循环生命周期等的提升是电卡制冷技术进一步走向实用性的关键；在器件设计方面，采用回热的电卡制冷机有望实现高效制冷，器件COP达到9，热力学完善度超过60%，制冷功率密度超过9W/mL；而采用非回热型的制冷器件则具有更高的空间精度和频率调节范围。

4.3 热湿环境控制

4.3.1 溶液除湿技术

溶液除湿技术将向着装置小型化、与蒸气压缩制冷、吸收式制冷和蒸发冷却等现有成熟技术高度集成的方向发展。其发展策略如下：①研发综合性能更优的新型除湿溶液、适用于高浓度溶液除湿 / 再生的高性能膜材料，提出增强材料抗腐蚀性和润湿性的表面改性方法。②研究溶液除湿 / 再生过程的流动特性及热质耦合传递特性，提出传热传质强化方法以实现装置的小型化。③研究溶液除湿技术与辐射供冷 / 供暖技术的有机集成方法，构建溶液除湿与辐射末端一体化的户式空调方法和装置，提高室内热舒适性和系统能效。④针对溶液除湿与吸收式制冷或蒸发冷却结合的系统，研究如何根据热能品位和应用场合构建合理的循环流程并选择合适的工质。研究溶液除湿与热回收、热存储技术的高效集成方法及复合系统的耦合特性和动态性能，提高其在太阳能空调、工业余热回收利用等领域的可靠性、经济性和能效。

4.3.2 固体除湿技术

近期固体除湿的发展使得其驱动热源温度降低至液体除湿系统的水平，为此未来一段时间的总体发展趋势仍会集中在新型内冷除湿即除湿换热器相关方面的研究上。除湿换热器作为一种全新的传热传质装置，对于其干燥剂的优选和匹配、数学模型的构建、传热之特性分析都将会是研究的重点；在系统层次方面，除低温太阳能驱动的固体除湿系统外，采用除湿换热器替代常规压缩式空调系统中的蒸发 / 冷凝器所构建的除湿热泵系统可实现现有空调系统 COP 翻倍至大于 6 的突破，未来前景可观。另外，固体除湿的发展将更加注重多学科的交叉和融合，例如与材料科学及化学科学中高效吸附剂材料的研发（MOF、Polymer）及新型加工制作工艺对除湿装置的优化。此外，目前国际学科前沿方向空气取水、无水加湿等高新技术都可通过固体除湿方法形成解决方案，这对于解决偏远地区水资源问题以及常规电加湿所造成的室内环境污染都具有重要的意义。

4.3.3 温湿独立控制

温湿度独立控制空调系统的未来发展将包括设备和系统两个层面。设备的高效运行是节能的基础。基于温湿度独立控制空调系统的特殊运行工况，结合机械、材料等其他学科的研究成果，针对性研发更加高效的显热末端、高温冷水机组、新风机组等关键设备。系统的优化设计和运行是节能的保障。针对不同气候特点、建筑功能、用户需求等条件，结合人工智能，完善 THIC 系统设计理论，优化包括安装、运维等在内的系统全生命周期过程。

4.3.4 数据中心冷却

数据中心冷却技术的未来发展的重点方向如下：①热电一体化设计：针对芯片等 IT 器件的高效稳定运行的需求，研究各种传热方式与不同散热需求的器件之间的协同优化设计，避免局部“热点”，并提高对工作环境温度的允许值，为充分利用自然冷能提供可能。②高效冷却技术集成优化：将各种冷却方式、各个传热环节所设计的技术和产品进行集成优化，使得蒸气压缩主动制冷（或其他主动制冷方式）与自然冷却进行有机融和，并充分利用蒸发冷却特别是露点蒸发冷却技术提高自然冷却的利用时间、提升主动制冷的运行效率。③高效热回收技术：数据中心能耗大且在快速增长，如碳化硅、氮化镓等新型 IT 材料耐高温的特性，其冷却介质的温度也可以不断提高，对这部分热量进行回收利用也是节能减排的重要措施。

4.3.5 近零能耗建筑技术与系统

近零能耗建筑在我国有着巨大市场需求和广阔发展前景。未来我国近零能耗建筑技术主要研究方向主要有以下几个方面：①进一步完善技术路线：针对我国多样条件下近零能耗建筑发展中仍存在的问题，建立以基础理论与指标体系建立为先导，主被动技术和关键产品研发为支撑，设计方法、施工工艺和检测评估协同优化为主线的近零能耗建筑技术体系。②开发专用产品：随着不同气候区域近零能耗建筑体系的不断完善，对能源环境系统也提出了新的要求，符合区域特点、满足不同类型近零能耗建筑的专用产品开发需要不断深入，建筑微能系统研发更加活跃，针对各类用户的新型产品会不断涌现。③优化能源系统：能源系统配置优化、控制策略优化也应进一步提升，可再生能源的利用进一步扩大，推动高效微能产品技术等进一步扩大应用范围。

4.4 冷链装备技术

目前需要解决的关键技术问题主要包括：①保障食品品质的储运环境参数及其精准控制：需要开展冷藏储运环境下易腐食品品质研究，探究不同冷藏储运条件下、不同成熟度果蔬、不同加工工艺易腐食品的品质变化规律，为冷冻冷藏工艺和冷链装备开发奠定理论基础。②环境友好型高效制冷系统：制冷剂替代已成为当前制冷界的一项紧迫而重要的任务，冷链装备也不例外。需要对零 ODP、低 GWP 环保单组分制冷工质、混合工质的热物理性质进行测试分析，获取可靠、精确的热物性数据。③涉氨制冷系统安全性：从降低氨制冷剂充注量、氨泄漏检测技术和氨泄漏应急处置技术三方面来解决涉氨制冷系统的安全问题。④冷链装备信息化：主要为发展食品品质感知技术、环境参数感知技术、产品位置感知技术、易腐食品安全溯源技术，并基于上述感知技术和溯源技术，建立冷链物流数据中心，整合冷链物流资源以实现行业内的信息共享和协同运作。

未来发展方向，主要可以概括为：①高效节能：发展低温环境强化换热技术、低温环境下蒸发器抑霜除霜技术、物理场辅助冻结技术、冷热一体化等技术，开发全程冷链各环节高效冷链装备系列，并开展冷链装备与设施能效评价标准制订和能效评价工作。②安全环保：开展零 ODP、低 GWP 环境友好型制冷剂的制冷系统和冷链装备研究工作。开展制冷剂充注减量技术、制冷剂泄漏检测及应急处置技术；深入研究和完善 CO_2 制冷系统。

③精准环控：研究储运环境参数及其波动对易腐食品品质的影响，综合制冷系统容量调节、均匀供冷末端设备、气流组织优化等技术，发展储运环境参数精准控制的链装备和设施。④信息化：建立冷链物流数据中心实现冷链流通体系的信息化，实现食品安全溯源技术，应用于冷链各环节冷链装备中。

4.5 低温技术

4.5.1 低温制冷及大科学工程

对于不同类型的低温制冷机而言，各自有发展前景和目标，但总体的趋势是朝着更低的制冷温度、更高的制冷效率迈进。例如，对于空间的液氦温区制冷需求而言，采用高频回热式小型低温制冷机预冷的J-T节流制冷机来实现液氦温区的制冷，就是一条很有前景的技术路线。当然，在探索更低的制冷温区，尤其是mK级制冷方面，一些新型的制冷机，如GM制冷机预冷的绝热去磁制冷机、稀释制冷机等也具有很好的应用前景，这些制冷机在量子计算的牵引下有望实现较大的发展。

在低温制冷技术的应用场景中，除了高效的制冷机，如何高效可靠地把仅有的冷量分配到用户是另一个极具挑战的问题，即在低温下实现高效的传热。1990年发明的脉动热管（PHP）被认为是一种高效的低温传热解决方案。与传统热管相比，PHP的优势有：①结构简单，成本较低；②有效热导率高，且在传热极限内随着热流密度增大而增大；③结构多样化，可小型化，适应能力强。这些优点使得PHP适合作为高效传热元件应用于高热流密度的场合中。目前脉动热管的运行机理尚没有全面准确的解释，其传热机理及进一步提高其传热能力是当前主要的研究方向。

由于超流氦有着的高热导率、高潜热的特点，采用超流氦进行冷却将成为未来大型超导磁体的主流技术，因此大型氦低温系统会向2K温区继续发展。冷压缩机是2K百瓦级氦低温系统的必要子元件，随着制冷量的提高，高效率、高可靠的冷压缩机技术将会是一个重要的研究方向。透平效率是影响整机效率及成本的重要因素，提升透平效率的途径包括：轴承的支撑方案、先进的自动化控制等，将成为研究方向之一。为提高氦低温系统在不同工况下的效率，减少降温及复温的时间，整机自动化控制理论至关重要，而目前在氦低温系统控制方面的文献较少，控制理论有待进一步完善。

4.5.2 混合工质制冷

国际上本学科围绕新的应用技术，在多元复杂混合工质物性、多元工质多相回热换热、变浓度特性等基础研究方面继续进行着探索，在外在展现上向更低温区、更加紧凑、更快制冷、更加安全等方向发展。其具体表现在：①进一步研究多元混合工质体系热物性及流动传热特性，探索新的实验测量方法，发展新的理论预测模型。②进一步探索混合工质组分迁移特性，揭示多元工质中单一组元的作用机理及有效作用温区，突破混合工质制冷技术进一步走向批量化、标准化应用的瓶颈。③研究非可燃混合工质的固液相平衡特性，提高非可燃混合工质技术制冷效率并降低其制冷温度下限。④面向空间（卫星、空间站、平流层飞艇等）等特殊场合高效率、轻量化、高可靠性的制冷需求，发展无油压缩混合工质制冷技术。

4.5.3 生命科学与制冷技术

随着临床医学和相关高新技术的快速发展，低温医疗装备呈现出以下发展趋势：临床界对微创、高效、低副作用低温医疗装备的需求巨大，该领域将迎来新的发展机遇，呈快速增长趋势；低温医疗装备的应用对象也呈多样化发展趋势，如肿瘤患者、心血管患者、肥胖患者、亚健康人群等；低温医疗也会与其他治疗方式，以及医学影像技术、纳米材料、新制剂等相结合，从而促成医疗科技的协同发展。

4.5.4 氢液化技术

未来氢液化技术的发展首先表现在发展关键设备 / 技术方面。首先氢气压缩机将向气体轴承或电磁轴承支撑的带中间冷却的多级离心式压缩的方向发展，具有非接触而无磨损、无油而清洁、接近于等温压缩过程而效率较高等优点。其次透平膨胀机将向气体轴承或电磁轴承支撑、带节能的轴功回收装置、两相膨胀等方向发展。此外，换热器将向具有较高换热效率的微通道换热方向发展，预冷技术将向磁致冷预冷方式发展。

在关键设备性能提高的基础上，将发展混合工质多级预冷、Ne–H_2–He 混合工质制冷、级联氦逆布雷顿循环制冷等具有更强液化能力和更高热效率的氢液化流程及系统。届时，单机液化能力有望达到 100 TPD 以上，氢液化比能耗有望降低到 5 kW · h/kgH_2 的水平。

参考文献

［1］中国制冷学会. 中国制冷行业战略发展研究报告［M］. 北京：中国建筑工业出版社，2016.

［2］徐震原，王如竹. 空调制冷技术解读：现状及展望［J］. 科学通报，2020，65.

［3］Jean-Luc DUPONT. 制冷行业在全球经济中的作用——国际制冷学会第 38 期制冷技术简报［J］. 制冷技术，2020，40（1）：1–8.

［4］潘秋生. 中国制冷史［M］. 北京：中国科学技术出版社，2008.

［5］陈光明，高能，朴春成. 低碳制冷剂研究及应用最新进展［J］. 制冷学报，2016，37（1）：1–12.

［6］于博，吴国明，任滔，等. 提升热泵空调器制热性能的镂空翅片开发及性能分析［J］. 制冷技术，2018，38（2）：51–55.

［7］李敏霞，王派，马一太，等. 转子压缩机与涡旋压缩机的对比发展［J］. 制冷学报，2019，40（1）：22–28.

［8］殷勇高，张小松，王汉青. 空气湿处理方法与技术［M］. 北京：科学出版社，2017.

［9］张海南，邵双全，田长青. 数据中心自然冷却技术研究进展［J］. 制冷学报，2016，37（4）：46–57.

［10］徐伟，刘志坚，陈曦，等. 关于我国"近零能耗建筑"发展的思考［J］. 建筑科学，2016，34（4）：1–6.

［11］周远，田绅，邵双全，等. 发展冷链装备技术，推动冷链物流业成为新的经济增长点［J］. 冷藏技术，2017，40（1）：1–4.

[12] 胡剑英，罗二仓. 回热式低温制冷研究进展 [J]. 科技导报，2015，33（2）：99-107.
[13] 甘智华，王博，刘东立，等. 空间液氦温区机械式制冷技术发展现状及趋势 [J]. 浙江大学学报（工学版），2012，46（12）：2160-2177.
[14] 公茂琼，吴剑峰，罗二仓. 深冷混合工质节流制冷原理及应用 [M]. 北京：中国科学技术出版社，2014.
[15] 陈雪梅，王如竹，李勇. 太阳能光伏空调研究及进展 [J]. 制冷学报，2016，37（5）：1-9.

撰稿人：王如竹　杨一凡　徐震原

专题报告

低公害制冷剂发展研究

1. 研究背景

最新的研究表明，南极上空的臭氧层空洞出现了修复迹象，这得益于1987年世界多国共同签署的《蒙特利尔议定书》，这份文件旨在削减臭氧消耗潜能值（ODP）高的CFCs（氯氟烃）化合物，在随后签订的伦敦修正案和哥本哈根修正案中又将HCFCs（氢氯氟烃）加入受控清单。正是因为这些年来国际社会的一系列举措减少了消耗臭氧层物质的排放，才使得臭氧层呈现修复的迹象。而作为HCFCs工质的替代物HFCs（氢氟烃），虽然ODP为0，但其温室效应潜能值（GWP）很高，有的甚至高于HCFCs类物质。近年来全球变暖日趋严重，为应对全球变暖引起的极端天气变化，2015年年底巴黎气候变化大会通过了应对全球气候变化的新协议《巴黎协定》，并在2016年由175个国家正式签署，对2020年后全球应对气候变化行动做出安排。为减少温室气体排放，联合国环境规划署在2015—2016年多次主持召开了《蒙特利尔议定书》缔约方不限成员名额工作组会议，2016年10月15日达成了以"逐步减少氢氟碳化物"为中心思想的《蒙特利尔议定书》基加利修正案，由此明确了各国淘汰高温室效应HFCs的时间表，并已于2019年1月正式生效。

面对日益严峻的环境形势及法规政策的限制，新的低公害制冷剂的研究开发刻不容缓。近年来，国内外高校、研究机构和科研院所及制造商也纷纷采取行动，从新一代环保制冷剂的基础物性和系统性能，到配套新技术和新产品的开发与应用，推动了新型环保制冷剂的替代进程。

2. 国内外前沿发展现状

2.1 低公害环保新制冷剂热物性研究

近年来许多化学品研发公司开发了多种合成制冷剂，其热力学和传热学性质是其走向应用的基础，包括气液相平衡、比热容、黏度及传热特性等，当新合成制冷剂的热力学性质和传输特性不能满足某些特定的应用要求时，采用混合制冷剂则是一种行之有效的解决方案。

各种低公害环保新制冷剂热物性研究中较为普遍的是气液相平衡、比热容、黏度、临界参数及声速等热物性的实验和关联。近年来，国内外关于新工质气液相平衡的研究主要集中在 HFOs 及与 HFCs 和 HCs 等其他工质为组元的混合物，多采用静态分析装置，以实验数据为依托，关联出多种适用于二元或三元混合物的状态方程。有关工质比热容研究，HFOs 依然是研究的热点，在制造商霍尼韦尔公司早期推出 R1234yf 和 R1233zd（E）时，比热容数据是通过量子力学的理论计算得出，而后国外学者如 Kano、Kagawa、Yamaya 和 Tanaka 等对 R1234yf 和 R1234ze（E）的比热容进行了测量。目前 R1234yf 和 R1234ze（E）等 HFOs 比热容的测试多采用改进型的流量计，以获取较大温度和压力范围内的数据点。如采用改进型的热传导量热计在某温度范围内对 HFO 的定压比热容进行测量。西安交通大学在 2017 年研究了 R1234yf 在 303.68K~373.31K 温度范围和 1.5~12MPa 压力范围内的液相和超临界相中的定压比热容。另外，近年来鉴于换热器的开发趋向小管径、微通道和紧凑式的设计，黏度的测量则显得较为关键，而有关 HFOs 工质及其混合物的黏度测量国内高校和日本研究机构也做了不少工作，黏度测试的方法主要包括毛细管黏度计法、表面光散射法、落球法等。如西安交通大学采用了表面光散射法测试了 R1234yf、R1234ze（E）及其四种 HFOs 二元混合物的运动黏度。而日本前沿技术研究所在常压下及 1.58~2.74MPa 压力范围采用落球法和移动活塞式黏度计分别测量了 R32/R1234yf 和 R125/R1234yf 的气相和液态黏度。此外，有关新工质的临界参数和声速等热物性的研究也有不少研究。

2.2 低公害环保新制冷剂的可燃性研究

由于低公害环保新制冷剂大多数具有可燃性，因此其在各种条件下的可燃性及安全性研究成为低公害环保新制冷剂走向应用的必经之路，国内外研究机构均专门开展了相关的研究。2015 年美国空调、供暖和制冷研究所成立了可燃制冷剂小组委员会，以寻求制定一套适用于 A2L 类制冷剂的应用要求，并与马里兰大学进行合作，开展了“住宅应用中潜在点火源特性分析”项目，研究了 ASTM E681 气体燃爆极限实验精度的改进方法，对制冷剂可燃性进行适当的安全数据开发和分类。而美国国家标准与技术研究院（NIST）

则是从燃烧学机理出发，开发了 R1234yf 燃烧的动力学模型，对混合物的火焰传播速度和反应路径进行计算，并着手研究可预测氢氟碳化合物绝热层流火焰速度的化学机制。而日本政府为了更安全的使用可燃制冷剂并适度放宽可燃制冷剂的使用限制，大力支持可燃制冷剂安全标准的研究工作，成立了由东京大学牵头的国家项目攻关小组，并联合多个机构，研究了弱可燃制冷剂的燃爆和泄漏特性，已于 2017 年发布了弱可燃制冷剂的风险评估报告。

国内高校从20世纪90年代起开始研究可燃工质的泄漏和燃爆特性及安全性评价指标，近年来对以 R1234yf 为代表的 HFOs 等工质燃烧及气体产物的危害特性进行了研究，采用分子动力学方法模拟了多种工质的热解机制，对 R1234yf/R134a 燃爆极限进行试验。此外还从燃爆特性和阻燃机理出发，完成了多类可燃制冷剂燃烧特性的研究和测试，如图 1 所示，对多参数（温度、湿度及气流扰动等）影响下的基础燃爆特性进行了研究，并且探明了可燃制冷剂火焰传播速度及火焰形态的变化规律；在燃爆抑制方面，开展多种可燃制冷剂的阻燃试验，得到其燃爆极限变化规律及临界抑制浓度，并基于阻燃试验提出多元阻燃剂共同抑制的安全浓度思想，如图 2 所示。

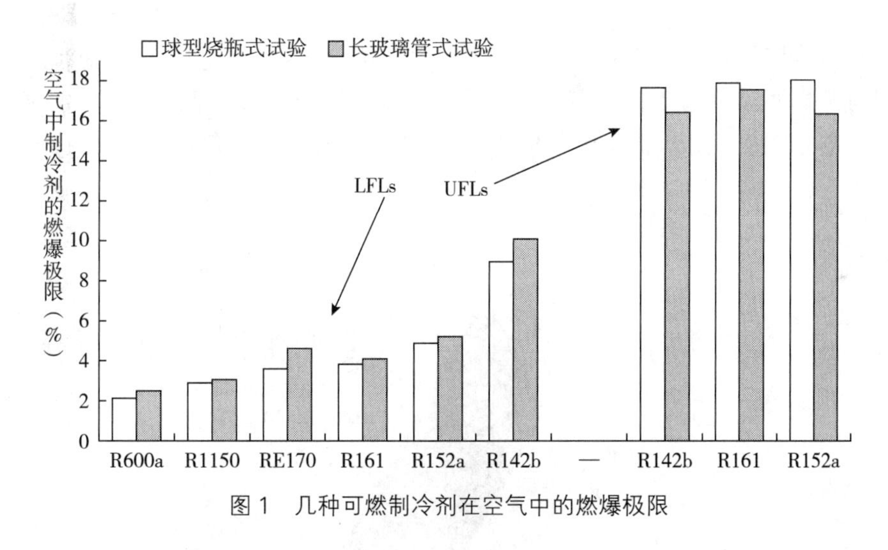

图 1　几种可燃制冷剂在空气中的燃爆极限

2.3　低公害环保新制冷剂油溶性研究

在新一代环保制冷剂应用过程中，由于制冷剂自身物理性质的特殊性，新制冷剂配套润滑油的选择也面临着许多问题。国内外研究机构在制冷剂与润滑油互溶性研究方面，主要集中在互溶性的实验和理论研究，以寻找制冷剂与润滑油的互溶性规律。其中西安交通大学实验研究了 R1234ze（E）和 R1234yf 与多种脂类油在不同温度下的溶解度关系，并使用 PR 状态方程、HV 混合规则和 NRTL 超额吉布斯自由能方程进行拟合。国外学者巴博（Bobbo）和比苇（Beattie）等人则对制冷剂与多种商业润滑油的临界互

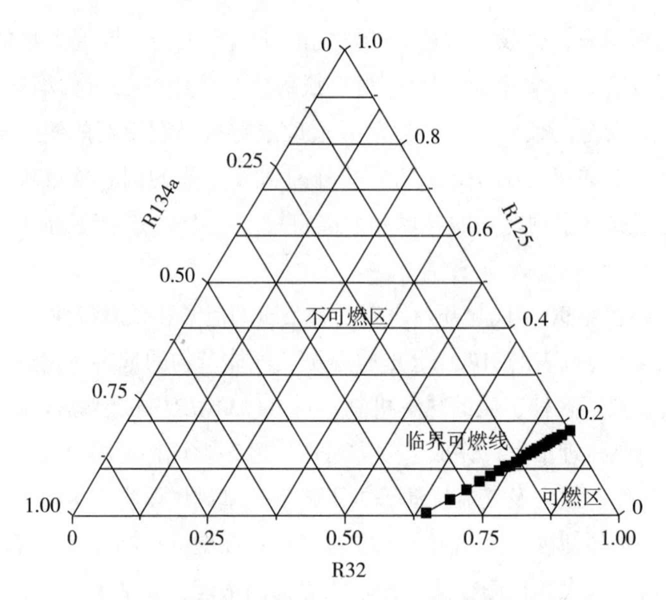

图 2　两种阻燃剂共同抑燃的安全浓度区

溶温度及溶解度进行了对比研究。天津大学杨昭研究团队测量和分析了多种二元混合制冷剂与矿物油及 POE 油的互溶特性，提出了混合制冷剂与润滑油在定含油率下的互溶程度判定方法及适用于混合制冷剂与润滑油互溶性评估的三角互溶图，如图 3 和图 4 所示。

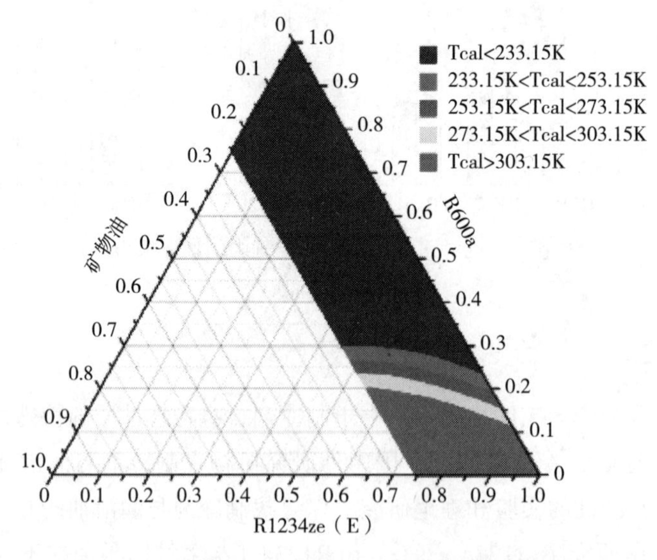

图 3　R1234ze（E）/R600a 与矿物油互溶特性

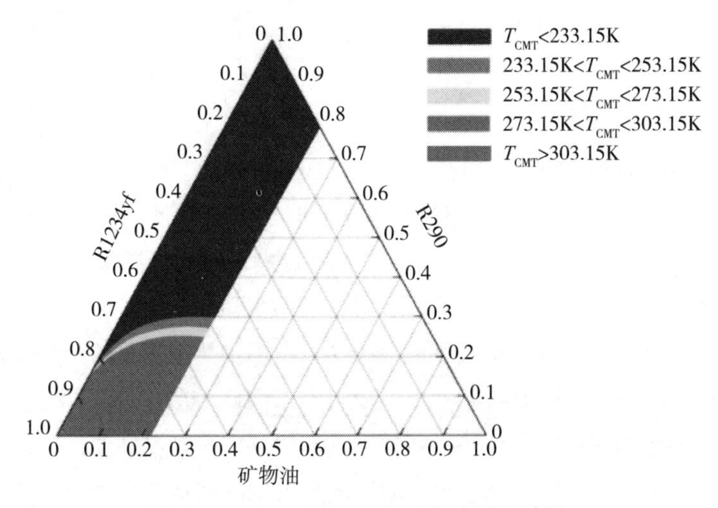

图 4 R1234yf/R290 与矿物油互溶特性

3. 常见低公害环保制冷剂的应用特点

为优选新一代环保制冷剂，国内外研究者从数万种物质中依据热力学和环境特性进行筛选，并开展系统性能模拟和实验。研究结果表明，合适的低 GWP 纯制冷剂是十分有限的。目前新一代制冷剂替代中存在两个方向：一是寻找环保性能较好的合成类制冷剂，二是采用自然工质。因此，低环境危害的合成类工质逐渐为人们所接受，但从保护环境的长远观点考虑，应避免使用最终会排放到大气的非环境友好工质，所以 HCs、CO_2、NH_3、H_2O 等环境友好工质具有较为明显的优势。近年来，随着新一代制冷剂替代进程的深入，依据制冷剂的不同特性，也涌现出一系列新技术、新应用及新产品。

3.1 碳氢类制冷剂

以 R290、R1270 和 R600a 为代表的碳氢类制冷剂，环保性能和热力学性能优异，是小型制冷机组较具希望的制冷剂。目前，HCs 类制冷剂的研究和应用重点集中在新型压缩机的开发和系统优化，而小型化的设计配合高性能换热器使系统结构更为紧凑，充注量更低。当前 HCs 制冷技术的应用涵盖了家用空调、冰箱、热泵、小型商业制冷和冷水机组等领域，尤其在欧洲国家碳氢制冷剂的接受程度更高，预计到 2020 年 R600a 冰箱将占新冰箱的 75%，而充注 R290 的热泵式干衣机、除湿机等小家电，也具一定市场。在商业制冷领域，采用 R290/ 水 – 乙二醇二次间接式系统，可制备 –6℃的乙二醇水溶液和 50℃的热水，制冷剂的充灌量为 12~16kg。荷兰供应商 Uniechemie 研发的 TripleAqua 节能型热泵，制冷剂采用 R290 与 R1270 的混合物，在荷兰的两座办公楼和一家超市中得到应用，该系统的 COP 为 4~10。此外，有研究表示 HCs 工质在汽车空调中应用时，性能较好，但考虑到安全性，HCs 类工质尚未得到汽车生产厂商的支持。

3.2 R744 制冷系统

欧盟认为 R744 即 CO_2 将是 R134a 的主要替代品，由于其临界温度仅为 31.1℃，在应用过程中如何高效运行，在接近或超过临界温度时仍具有较低的能耗是研究的关键与难点。如今针对 CO_2 系统开发的压缩机如亚临界涡旋式、跨临界活塞式和半封闭螺杆式也都已问世，高性能膨胀机、降膜式冷凝器和气体冷却器的研发也使 CO_2 系统性能得到提升。在汽车空调领域，CO_2 热泵可更好地解决冬季车厢供热量不足的问题，相比于传统汽车空调冬季回收发动机余热的供暖方式，新能源汽车则更依赖于热泵型空调器，而在低温环境下，CO_2 显示出了独特的优势。在铁路列车中，广州鼎汉铁路运输设备有限公司在 2018 年 12 月推出了 CO_2 列车空调系统，而欧洲最大的铁路运营商德国铁路公司已制定了到 2020 年在所有新列车空调中使用天然制冷剂的目标，在众多候选方案中 CO_2 无疑最具竞争力。另外，CO_2 热泵热水器，虽成本较高，但在制备高温热水时极具优势，如杜尔集团 therme CO_2 系列产品可并联 6 台活塞式压缩机，热源温度为 8℃ ~40℃，供热温度可达 110℃。在商业制冷中，CO_2 在欧洲国家和日本应用较广，特别是在食品超市中欧洲对 CO_2 系统尤为青睐，德国的零售巨头 Aldi 在 2017 年 8 月宣布计划将英国 100 家超市改用 CO_2 制冷剂，CO_2 制冷和载冷剂系统以及 CO_2 与氨的复叠式制冷系统在国内也有不少工程示范。此外，采用并行压缩技术、喷射技术和过冷技术等措施可进一步提高 CO_2 系统的性能。

3.3 R717 制冷系统

氨系统主要用于蒸发温度在 -65℃以上的大中型单级和双级制冷机以及 CO_2/NH_3 复叠式制冷系统中，此外氨也可作为高温热泵的制冷剂使用，用于非密集型区域的集中供暖。但是随着供热温度的提升，氨的工作压力较高，需对压缩机进行重新设计，目前针对氨系统也已开发出专用的电子膨胀阀、板式换热器、微通道换热器和高压螺杆压缩机等。其中美国江森自控开发了 R717 单级高温热泵，系统采用往复式压缩机和紧凑型的设计，制冷量 300kW~1300kW，出水温度高达 90℃。在北欧国家，氨系统得到较多关注，例如在荷兰的埃因霍温用于制冷和供暖的半封闭热泵机组已经安装使用，应用于 40000m^2 的公寓和商业场所。而世界上最大的 R717 热泵系统在挪威首都奥斯陆的郊外建成，制热量高达 4.5MW。由于氨不溶于常用的润滑油，R717 在小型机组中使用时，需要复杂的油与制冷剂分离技术，而较高的汽化潜热使其质量流量较小，供液量难以控制，因此氨系统的推广主要碍于小型化应用较高的初始成本和安全政策上的限制。

3.4 R718 制冷系统

R718 压缩式制冷系统的研究和应用主要集中在欧洲、美国、日本和以色列，应用于

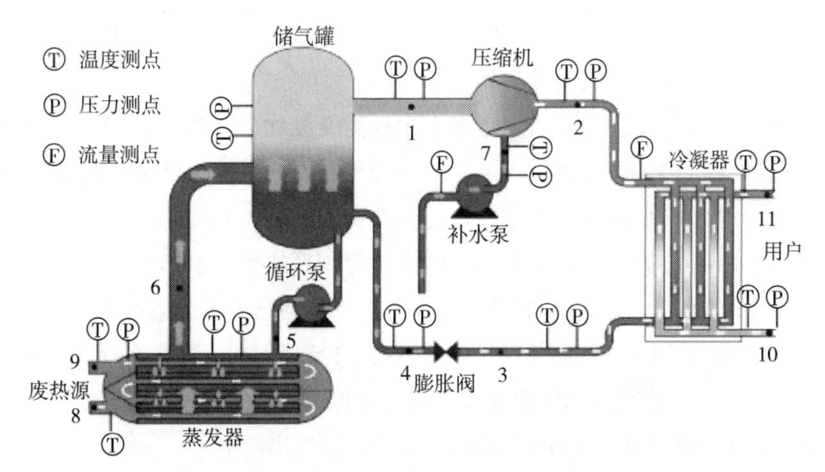

图5 自然工质水的高温热泵系统

海水淡化、冰浆制造和高温机组。R718 在高温工业热泵中是最为理想的制冷剂，压缩机以离心式、罗茨式和螺杆式为主，但是较小的容积制冷量使得系统需要较大的体积流量，系统庞大，初始成本高。日本川崎重工发布的以 H_2O 为制冷剂的透平冷冻机，采用了高效的离心式压缩机和紧凑型的设计，制冷能力为 352kW，可适用于办公楼和工厂等。上海交通大学对以水为工质的高温热泵系统进行了研究，如图 5，采用带喷水降温的双螺杆压缩机，降膜式蒸发器和板式冷凝器，系统性能十分优越，在生产和生活中具有巨大的应用价值。此外，采用 R718 涡轮压缩的热泵系统也可用于热电厂和冶金等工业领域进行余热回收，能有效提高系统的经济性。而 R718 单级离心压缩系统并配合两相冷凝喷射器使用也显示出了优异的性能。

3.5 HFOs（氢氟烯烃）类制冷剂

以 R1234yf 和 R1234ze（E）为代表的不饱和烯烃类制冷剂在近年来备受关注，该类制冷剂在 2007 年由杜邦与霍尼韦尔公司联合开发。欧盟规定自 2017 年起在新生产的汽车空调中禁止使用 GWP 值高于 150 的制冷剂，因此 R1234yf 在欧洲汽车空调行业得到了迅速的发展，在欧盟新设计的车型中大部分采用 R1234yf。目前，R1234yf 技术已经扩展到其他领域，如家用冰箱、热泵及小型制冷系统和冷水机组。但是R1234yf的汽化潜热较低，相比于 R134a 制冷剂，若不加改进其系统性能并不理想。此外，HFOs 类制冷剂在化工合成和分离过程中的能耗较高，价格昂贵，经济性不佳，因此针对 HFOs 制冷剂推出的新产品虽然不断出现但大规模应用还需要进一步研究和实践。R1234ze（E）价格较 R1234yf 便宜，可用于贩卖机和干衣机等小型机组。此外研究表明 R1234ze（E）在冷水机组，中高温热泵及热水器中均可较好应用，且系统性能较 R134a 更为优异。如德国菲斯曼推出一款采用 R1234ze（E）的高温热泵机组 Vitocal 350-HT Pro，使用 50℃的热源可提供 90℃的热水，制热量为 148kW~390kW，可用于余热回收及商业和工业领域的供暖。另外一种丙烯衍生物为 R1233zd（E），该工质虽属于 HCFOs，但大气中的寿命非常短，因而具有极低的 ODP，所以没有在《蒙特利尔议定书》中列为受控物质。R1233zd（E）与 R245fa 物性接近，作为 R245fa 的替代工质，可应用于双级变频离心式冷水机组、低温热回收系统、高温热泵系统和热泵热水器中。其中由约克公司研发的 R1233zd（E）双级变频离心式冷水机组，采用了降膜式蒸发器，在美国空调供热与制冷协会（AHRI）工况下运行满负荷性能（COP）高达 7.3，IPLV 高达 12.2，可应用于各种高端酒店、数据中心、医院、办公楼、交通运输以及工业行业。而格力公司研发的 R1233zd（E）磁悬浮变频离心式冷水机组，采用无油变频磁悬浮技术和降膜式蒸发器，制冷剂可节省 35%。此外，麦克维尔、江森自控等公司在大型机组中均有 R1233zd（E）的产品推出。

3.6 替代混合制冷剂

研究和应用结果表明，纯工质的性能较难同时满足环保指标、安全特性和合适的热力学性能，当单一制冷剂的热力学性质和传输特性不能满足某些特定的应用要求时，采用混合制冷剂是一种行之有效的解决方案。美国空调供热与制冷协会（AHRI）自 2011 年开展了对低 GWP 替代工质的评价项目（AREP），旨在确定低 GWP、高性能和低可燃性的新替代制冷剂，该项目对各个制冷剂厂商如霍尼韦尔、杜邦、阿科玛和慕雪等公司提供的多种混合制冷剂进行评估，在众多混合制冷剂中大多以 R1234yf 和 R1234ze(E）为主要组元。

表 1　典型的低 GWP 替代物

原工质	替代工质	GWP	安全等级	应用领域
R134a	R1234yf	＜1	A2L	汽车空调
	R1234ze（E）	＜1	A2L	离心冷水机组
	R450A	604	A1	冷水机组
	R513A	573	A1	冷水机组
	R516A	131	A2L	冷水机组
R123	R514A	2	B1	离心式冷水机组
	R1233zd（E）	1	A1	离心式冷水机组
	R1234ze（Z）	＜1	A1	高温热泵
R410A	R446A	461	A2L	空调系统
	R447A	572	A2L	空调系统
	R452B	676	A2L	风冷式冷水机组
	R454B	467	A2L	风冷式冷水机组

续表

原工质	替代工质	GWP	安全等级	应用领域
R404A	R454A	238	A2L	冷柜等冷冻冷藏机组
	R454C	148	A2L	冷柜等冷冻冷藏机组
	R455A	148	A2L	商业冷冻冷藏
	R450A	604	A1	商业冷冻冷藏
R245fa	R1233zd（E）	1	A1	高温热泵
	R1234ze（Z）	＜1	A1	高温热泵
R365mfc	R1336mzz（Z）	2	A1	高温热泵

表1为典型低GWP替代物。其中R446A和R447A是针对空调系统开发的弱可燃制冷剂，两者性能基本一致，其容积制冷量略低于R410A。R452B同样为R410A的替代物，安全分类为A2L，冷凝压力略低于R410A，在高温环境下的系统性能优于R410A。R450A的制冷性能相比R134a略有下降，但GWP值较低，安全分类为A1，被列入美国新制冷剂替代计划，可应用于新产品和系统改造，已在制冷空调设备中得到推广。R513A是由科慕公司开发的共沸制冷剂，由R134a与R1234yf配比，低毒不可燃，制冷能力略低于R134a，可直接用于R134a离心式冷水机组中，而R516A也可兼容R134a系统，适用于水冷式和风冷式冷水机组及中温冷冻机组。此外，国内高校也开发出多种混合工质，如天津大学早期开发的中高温热泵工质TJU3和TJU4以及新近开发的Rl34a替代物等。

4. 制冷剂替代技术展望

面对环保的压力和制冷剂淘汰政策的推进，国际社会对下一代制冷剂的选择并没有定论。依据基加利修正案的时间表，高GWP工质的使用将于2024年冻结，而我国的制冷与空调市场目前仍然以高GWP的HFCs工质为主，面临着相关的技术挑战。为此，下一步的研究应针对以下几个方面。

4.1 自然工质的合理应用

自然工质优越的环保性能，是现阶段其他制冷剂不可替代的，其中R717、R718、R744、HCs等在不同应用场所显示出了独特的优势。因此针对自然工质各自的热力学性质特点，进行合理的运用，扬长避短，其应用前景将十分广阔。此外，其核心部件的研发及配套技术的发展将是自然工质推广使用的关键。

4.2 HFOs（氢氟烯烃）制冷剂的物性及匹配部件

合成类制冷剂具有独特的分子结构和较多的异构体，但 HFOs 及其混合物的物性研究在现阶段并不全面。另外，其作为混合制冷剂的组分与 HCs 及 HFCs 等其他工质进行合理配比，在各类系统中使用时，混合物与润滑油的互溶特性规律并不明确，工质与系统材料的兼容性及化学稳定性方面的研究也有待完善和深入。因此，对于 HFOs 及其混合物，其热物性、油溶性、材料兼容性及化学稳定性等方面也是研究的主要方向。

4.3 可燃工质的应用安全性

新一代环保类制冷剂大多具有可燃性，为把控可燃制冷剂在使用过程中的危险性和有效预防，可燃制冷剂的燃爆特性及阻燃预警方法亟待深入研究，并建立健全的政策标准及安全规范，完善制冷剂全生命周期的应对策略，全面考虑制冷剂生产、运输、零部件制造、运行、维修等每个环节，从根本上掌控制冷剂的燃爆风险和燃爆抑制方法，这也是当前亟须研究的重点任务。

参考文献

[1] Bobbo S，Di Nicola G，Zilio C，et al. Low GWP halocarbon refrigerants：A review of thermophysical properties [J]. International Journal of Refrigeration，2018（90）：181-201.

[2] Beattie R J，Karnaz J A. Investigation of low GWP refrigerant interaction with various lubricant candidates [C]. International Refrigeration and Air Conditioning Conference. West Lafayette：PurdueUniversity，2012，pp. 1223.

[3] Mclinden M O，Brown J S，Brignoli R，et al. Limited options for low-global-warming-potential refrigerants [J]. Nature Communications，2017（8）：14476.

[4] 陈光明，高能，朴春成. 低碳制冷剂研究及应用最新进展 [J]. 制冷学报，2016，37（1）：1-12.

[5] 谭海龙，王志强，荆炎荣. 氨在高温热泵机组中的应用 [J]. 制冷与空调，2018，18（9）：32-34.

[6] Zajacs A，Lalovs A，Borodinecs A，et al. Small ammonia heat pumps for space and hot tap water heating [J]. Energy Procedia，2017（122）：74-79.

[7] 裴雪岛，马国远，赵博. R718 在制冷行业的应用 [J]. 科技信息，2010（36）：700-701.

[8] Hu B，Wu D，Wang R Z. Water vapor compression and its various applications [J]. Renewable and Sustainable Energy Reviews，2018（98）：92-107.

[9] 胡斌，吴迪，王如竹，等. 采用自然工质水的高温热泵循环系统及其工作方法 [J]. 化工学报，2018，69（S2）：95-100.

[10] 杨昭，彭继军，王明涛，等. 中高温热泵热水器工质的理论及实验研究 [C] // 中国制冷学会学术年会，2008.

撰稿人：杨　昭

制冷空调换热器发展研究

目前这些新型换热器的研究进展包括：性能与结构的优化，先进生产工艺的改进，以及在空调整机中的实际应用。由于换热器长时间运行后，会出现性能衰减的问题，从而导致空调器的能效降低，因此换热器的优化也需要考虑长效性。

1. 空调换热器强化换热

换热器强化传热可以通过增大换热器表面传热系数、增加换热器面积以及增大传热温差来实现，在实际应用中可主要分为换热器空气侧强化传热技术，以及制冷剂侧强化传热技术。

1.1　空气侧强化换热

通过在翅片上加装涡发生器，来扰乱气体的流动，可使流体产生强烈的扰动，达到提高传热系数的效果。

异型管代替圆管，在许多换热场合得到应用。椭圆管是最常见的异型管，采用椭圆管的换热器因其流线型管体结构，在大大减小流动阻力的同时，也使得绕体涡流相对减少，具有强换热与低流阻的特性。典型的椭圆管翅片结构如矩形翅片、波纹翅片、开缝翅片等。矩形翅片椭圆管热交换器较圆管空气流动阻力小，传热系数比圆管增加 30% 以上。波纹翅片椭圆管换热器和开缝翅片椭圆管换热器的管间距和长短轴比均会影响传热性能。

空气侧添加泡沫金属结构可以强化传热，在湿工况下可以提高换热器的除湿性能。泡沫金属表面特性影响湿空气流动的传热和压降特性。疏水涂层金属泡沫在除湿条件下湿空气的传热系数比无涂层金属泡沫大 5%~34%，而疏水涂层金属泡沫的压降比无涂层金属泡沫大。

1.2 制冷剂侧强化换热

缩小换热管的直径，可以增加管内制冷剂的换热系数。制冷剂在小管径管内流动沸腾换热过程中，热流密度、干度、质流密度、饱和温度均对换热特性有较大影响。

内螺纹管对于制冷剂的传热可以起到强化作用，其机理为促使管内流体分两部分运动。一部分流体靠近壁面，沿着螺纹做旋转运动，有利于减薄边界层；另一部分流体顺着壁面轴向流动，换热管凸起部位使流体产生周期性扰动，加快热量的传递。螺纹形状导致制冷剂额外的旋转运动，大幅提高传热效果。三角形、矩形、梯形和半圆形螺旋波纹管的换热效果均优于光管，但也产生压降增加的问题。

泡沫金属结构可强化制冷剂侧池沸腾传热系数。开孔泡沫铜管可以增强制冷剂的池沸腾换热能力 2.6~4.4 倍。制冷剂 / 油混合物的核池沸腾在泡沫铜表面的传热系数比普通表面的核池沸腾传热系数大，最大可达 450%。油的存在使泡沫铜表面的核池沸腾传热性能恶化，且随着油浓度的增加，高孔隙率的泡沫金属相比低孔隙率恶化效果更加明显。泡沫金属对流动沸腾传热的促进作用最大可达 220%，但也显著增加压降，可比光管高 1~3 个数量级。覆盖有泡沫金属的管与普通管相比，换热增强率 2~3 倍，且随着热流密度的增加，换热增强率提高。

纳米制冷剂是指以一定的比例和方式，在制冷剂介质中添加纳米级的金属或者非金属粒子从而形成的纳米流体，在强化换热、提高制冷系统效率等方面具有诱人的应用前景。纳米颗粒使流体换热明显增加。纳米制冷剂的长期应用，需要考虑其长期稳定性以及在制冷剂循环中能够顺利迁移。通过添加十二烷基苯磺酸钠（SDBS）作为表面活性剂，可增加纳米制冷剂的分散稳定性。减少纳米颗粒直径，可以增加迁移率。当纳米材料为碳纳米管时，迁移率随其长度或直径的增大而增大；制冷剂动力学黏度越小、密度越大，其完全蒸发时碳纳米管迁移率越大；迁移率随润滑油浓度的增大而减小、随热流密度的增大而减小。

2. 小管径翅片管式换热器

翅片管式换热器是应用极其广泛的换热器型式，每年的产量达到数亿套。空调器中采用的换热器类型，基本上均是翅片管式换热器，其中管子采用铜管，翅片采用铝片。从制冷空调系统节约成本、提高能效和环保的角度考虑，需要发展紧凑式换热器。

2.1 翅片管式换热器的管径细化

管翅式换热器紧凑化的一个主要方法，是采用较小管径铜管的换热器替代现有换热器中直径较大的铜管。我国房间空调器开始批量生产时，换热管的外径大多为 9.52mm 或者更大；主流的管子外径下降到 7mm，进一步下降至 5mm 及以下，不断带来优势与挑战。

制冷空调行业中，将管子外径为 5mm 及以下的换热器称为小管径换热器。

管热管细径化，能够明显减少铜的消耗量，有效地降低换热器成本。管径变小，管子的耐压强度增加，从而可使铜管的壁厚减薄，在同样铜材用量下实现更大的铜管表面积，从而增加了传热。

由于换热器管径的缩小，房间空调器应用更小的管径的铜管后，能够明显降低制冷剂的充注量。而制冷剂充注量的减少可以直接减小因为制冷剂对环境的影响。对于易燃型环保工质（如 R290）的应用则更是起到极大的推动工作，因为充注量减少直接降低了采用可燃制冷剂的空调器的危险性。

2.2 适用于细径化换热器的高效换热翅片

换热器的细径化减小了单根铜管的管内换热面积，需要与换热性能更高的翅片配合使用。提升翅片的换热性能的方法主要是优化翅片表面的结构参数，包括换热翅片的孔间距，换热翅片的强化结构。目前适用于细管径的翅片的孔间距已经经过了充分的优化，而且多种孔间距结构已经被开发和量产使用，如表 1 所示。但是，目前量产使用的翅片强化结构类型依然只有传统的桥缝和百叶窗缝这两种。公开的文献中正在研究的新型强化类型主要有镂空翅片和纵向涡翅片。

表 1　现有 5mm 强化翅片结构

No.	1	2	3	4	5	6	7	8	9
开缝类型	桥缝	桥缝	桥缝	桥缝	桥缝	双桥缝	双桥缝	百叶窗缝	百叶窗缝
开缝数目	5	3	4	4	5	5	7	8	8
缝宽度	1	1.25	1.1	1.1	1.29	1.3	1	1.3	1.2
Pt（mm）	19.5	17.5	14	20.4	17	13.89		21	19
Pl（mm）	11.6	9.52	10	11	14.2	9.4		10.9	13.34
Pt/Pl	1.68	1.84	1.4	1.85	1.197	1.48		1.93	1.42

新型镂空翅片主要用于热泵型空调器的室外机中。热泵型空调器室外机使用小管径铜管面临的主要问题是：低温制热工况下小管径室外机容易被霜层堵塞。为了克服小管径室外机的霜堵问题，一种新型的翅片——镂空翅片被应用到空调室外机中，用于替代传统的波纹翅片，如图 1 所示。新型镂空翅片不仅能够提高非结霜工况下的空气侧换热系数，而且在结霜工况下能够弱化水桥积聚和霜层堵塞，从而提高房间空调器的全年性能系数（APF）。

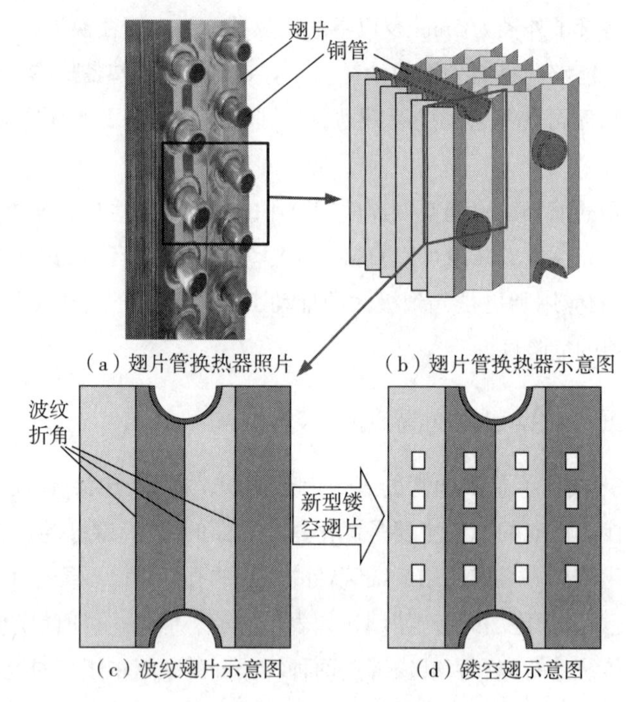

图 1　新型镂空翅片替代波纹翅片示意图

2.3　适用于细径化翅片管式换热器的制造工艺

换热铜管从胚料到成品的工艺流程主要包括：连铸 – 轧制 – 盘拉 – 退火。传统生产工艺将行星轧制后的软态管材直接进行盘拉加工，导致产品表面擦伤较为严重，易在后道工序中形成缺陷，同时还容易发生断管。在轧制和盘拉之间嵌入二联拉工艺，通过加工硬化，可显著提高管材的强度和表面硬度，从而提高管材质量和成材率。

翅片管式换热器的加工工艺流程包括：穿管 – 胀管 – 焊接 – 氦检等，其中最重要的工艺为胀管。近年来，随着小管径换热器的应用，翅片管式换热器的制造加工技术进展包括：胀头结构创新，胀杆装置创新，U 型管锁紧装置创新和新型胀管节能降耗技术。

传统胀管机胀管采用压胀方式，使得铜管有弯曲变形的倾向，胀头在铜管里的阻力会增大。铜管在胀管时的收缩率有非常明显的不一致，导致了铜管端口的高低不一致，造成不合格现象。新型的胀头结构应用于一种强制式胀管机中。采用该新型强制式胀管机胀管时，只有当胀头进入换热器 20~50mm 的这一区段内胀管方式和传统胀管是一样的，也是压胀，这时换热器有一个轻微的变形（铜管缩短了 1mm 左右）。其余部分胀管时两端都是夹紧的，铜管的受力由压力变为拉力，铜管在长度方向没有变形，是一种变薄拉伸过程，在这一区段的胀管对铜管的各种缺陷、对胀管合格率影响变得很小。所以用强制式胀管机在胀小管径换热器时可大大地扩大胀管长度范围，降低不合格率。

2.4 适用于细径化换热器的分配器开发

换热器使用小管径铜管（通常≤ 5mm）以后，管内流动阻力增大，使得换热器需要更多的流路数目。于是产生新的问题：蒸发器前制冷剂多路分配均匀性难以保证。为此需要有性能良好的分配器。目前，提升分配器性能的方法主要有两种：①试验研究空调常用分配器的分配性能的影响因素，使分配器工作在最佳运行条件下；②设计新类型的分配器结构，实现均匀对称的两相流型，从而保证分配的均匀性。

空调器中常用的分配器形式包括圆锥式分配器、插孔式分配器和反射式分配器，如图 2 所示。影响空调器常用的分配器性能的因素主要有两个：冷媒的物性和安装的角度。

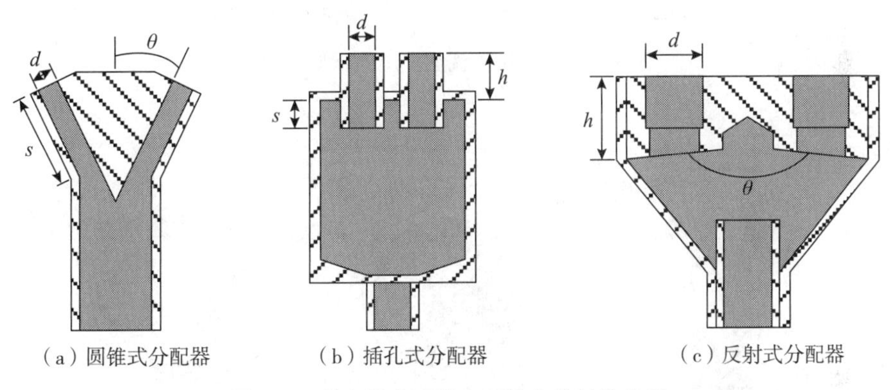

（a）圆锥式分配器　（b）插孔式分配器　（c）反射式分配器

图 2　目前主流分配器中可优化的结构参数

图 3 示出了一种新型的分配器结构，能够实现在分配器内部实现稳定对称的环状流，具有更高的分配均匀性。这种新型分配器在任意安装角下均具有良好的分配性能。新型分配器的设计思路是在分配器的进口管中构建环状流并通过出口管实现均匀的分配环状流。在传统圆锥式分配器中，分配器的进口管内是不规则的泡状流，导致一部分出口管中液体很多，另一部分出口管中气体很多，如图 4（a）~（c）所示。在新型的分配器中，分配器的进口管内是对称分布的环状流，其中液相均匀地分布在进口管的管壁上，气相位于液相中心，如图 4（d）和（e）所示。当出口管也对称地布置在进口管的壁面上时，对称分布的制冷剂会均匀地分配到所有的出口管内，如图 4（f）所示。因此，新型分配器通过形成环状流可在任意安装角度下实现均匀分配。

均匀分配环状流的实现方法是使进出口管采用新型的 T 型连接代替传统圆锥式分配器的 Y 型连接。T 型连接结构中的出口管对称地安装在进口管的壁面上，而 Y 型连接的出口管则安装在进口管中心。在T型连接结构中，分配器的出口管对称地布置在进口管壁上，保证了每个出口管的进口状态都是相同的。

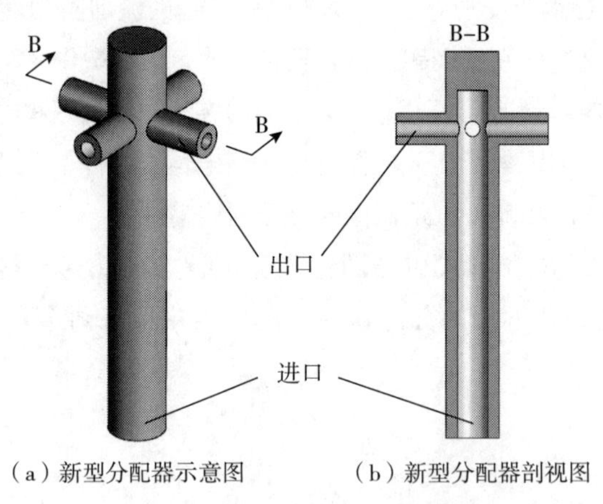

（a）新型分配器示意图　　（b）新型分配器剖视图

图3　基于环状流流型整流的新型分配器

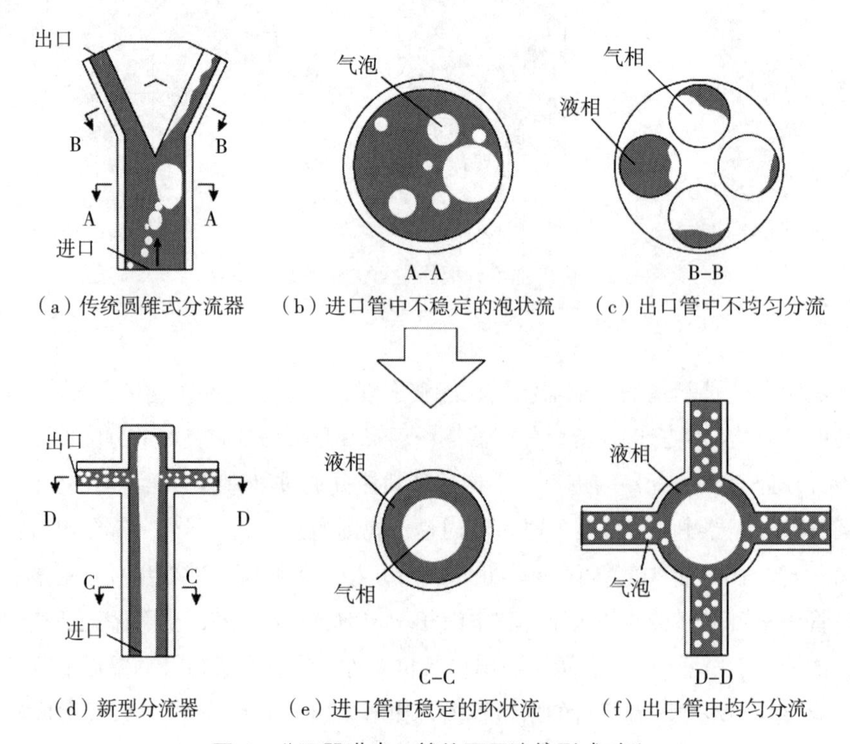

（a）传统圆锥式分流器　（b）进口管中不稳定的泡状流　（c）出口管中不均匀分流

（d）新型分流器　（e）进口管中稳定的环状流　（f）出口管中均匀分流

图4　分配器进出口管的不同连接形式对比

3. 板式换热器

板式换热器凭借其高效的换热能以及结构紧凑、易安装和方便清洗等优点，被广泛地应用于空调系统以及工业生产、食品、药品等其他领域。

3.1 板式换热器的新型板片结构

板式换热器主体部分由冲压成型的换热板组成，冷热流体在换热板形成的通道间交替流通进行换热。流体进出口的接管可根据用户需要安放在端板或底板上。板上的四孔分别为冷热两种流体的进出口，在板四周的焊接线内，形成传热板两侧的冷、热流体通道，在流动过程中通过板壁进行热交换。

对于提高板式换热器的性能的研究，最常用的思路是通过改变板片的结构形态，以增大换热系数、减小流动阻力、增大传热面积，从而实现增强换热器性能的目标。板式换热器的热力性能主要由换热板的波纹形式所决定。换热板可以被冲压成很多波纹形式，到目前为止有超过 60 种不同形式的换热板波纹形式；制冷用板式冷凝器所用板片波纹类型多为人字波型和点波。其中人字波板片出现较早，多数板式换热器厂家推出的基本均是这种类型产品，如图 5（a）所示。近年来，点波波纹的板式换热器逐渐成为常用的类型产品，如图 5（b）所示。

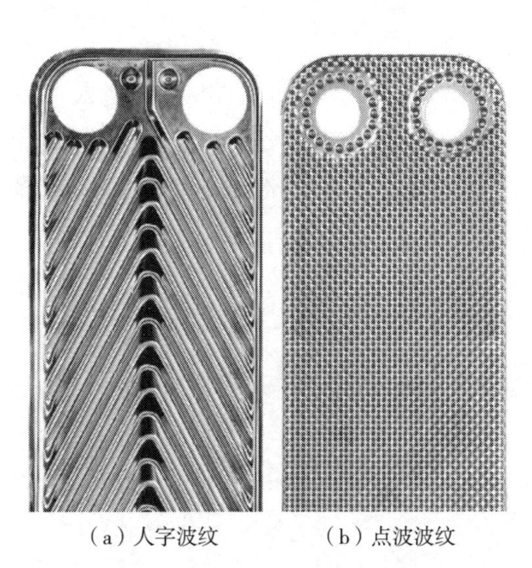

（a）人字波纹　　（b）点波波纹

图 5　板式换热器中常用的板片波纹类型

图 6（a）和（b）分别示出了由人字波板片和点波板片构成的流动通道的纵向剖切示意图。点波流动通道的结构比人字波流动通道结构更加复杂，对流体的扰动效果更加明显，导致点波流动通道的换热系数更高，阻力也更大。

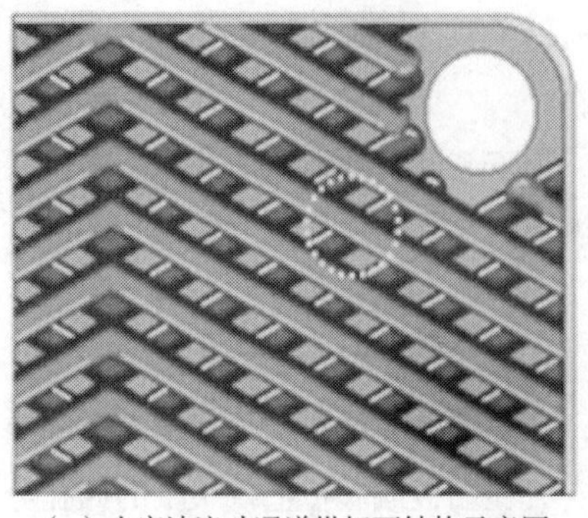

（a）人字波流动通道纵切面结构示意图

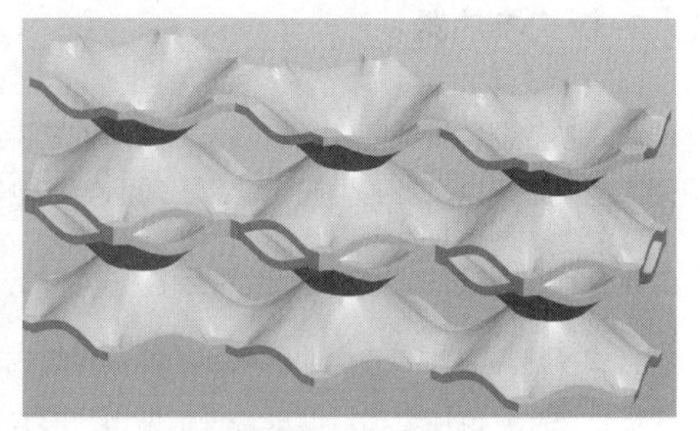

（b）点波流动通道纵切面结构示意图

图 6　板式换热器内部流道示意图

3.2　板式换热器作为多联机的经济器

对于大型多联机和冷水机组，室外机和室内机之间的连接管的长度很大，导致从冷凝器出来的液态制冷剂在连接管内流动存在非常大的压降。制冷剂在进入蒸发器之前就有可能出现闪发成为低干度的两相状态，这样不仅会影响整个制冷系统的稳定性，而且还会产生一定的噪声。因此冷凝器出口需要加装一个换热器使得液态过冷度加大，便于长距离输送制冷剂，减少压降损失和降低噪声。

经济器是一种加装在冷凝器之后的换热器，通过制冷剂自身节流蒸发吸收热量从而使另一部分制冷剂得到过冷，如图 7（a）所示。空调系统使用经济器后，制冷剂在节流之前具有更大的过冷度，如图 7（b）所示。经济器的结构形式主要分为三种：闪蒸罐、同轴套管、板式换热器。其中钎焊板式换热器作为经济器相比同轴套管换热器和闪蒸罐，其换热效果更好，安装方便，体积更小，可靠性更高，正在越来越多的被各主机厂应用在中央大型多联机和家用小型多联机上。

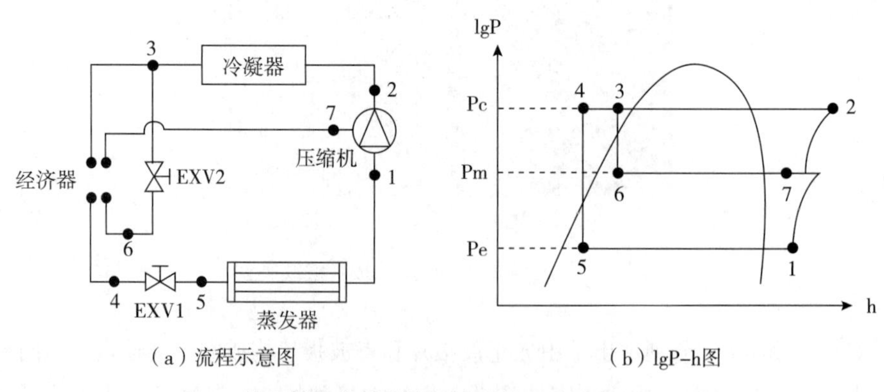

（a）流程示意图　　（b）lgP-h图

图 7　使用板换热器作为经济器的示意图和 lgP-h 图

经济器能够提升制冷剂的过冷度（通常大于 15K），有利于进一步降低蒸发器入口处的焓值，提升制冷剂单位流量的制冷量；并且液管处压损的降低也有利于吸气压力的提高，降低排气温度和排气压力，从而提高系统的能效比。研究表明，对于未设置过冷器的多联机，其制冷量和制热量的衰减率分别为（0.15~0.18）%/m 和（0.08~0.12）%/m，最终衰减的制冷和制热量取决于室内机和室外机直接的连接管长度，且两者呈正比关系。

对于低温热泵工况来说，板换经济器与喷液增焓的压缩机配合使用，不仅可以提高机组低温制热能力（提高低温状态下的制热量可达 40%），扩大机组运行范围（在低温环境 -20℃的情况下提供 50℃的热水）；而且可以提高系统运行能效，节省电费，利用经济器循环。低温热泵配合使用板换经济器与喷液增焓的压缩机后，可以改善制冷能效比 EER 达 10%，低温环境下可改善制热性能系数 COP 达到 20%。使用板换作为经济器的带喷液增焓系统可以给压缩机提供保护，大幅改善低温环境下的制热可靠性。

4. 印刷板路换热器

4.1 印刷板路换热器的特点

印刷板路换热器（PCHE）是由多层经过化学腐蚀后的薄板经扩散连接后形成的换热器芯体和封头组成。PCHE 利用化学腐蚀在换热板上蚀刻出微细流道，使换热面度密度高达 $2500m^2/m^3$，远高于紧凑式换热器满的标准；利用扩散连接将换热板连接成换热器芯体，能大大提高焊缝可靠性，焊缝的机械强度几乎与母材相同，在高压、晃荡、交变应力等条件下具有较高可靠性，满足了安全可靠的要求。

PCHE 因其紧凑高效、安全可靠等特点被认为是高压、受限空间下高效换热的首选，已在液化天然气、航空航天、化学处理、核电和太阳能发电等领域应用。液化天然气领域是 PCHE 应用最广泛的领域，PCHE 在浮式液化天然气的应用也呈上升趋势。在航空航天领域，PCHE 可应用于航空发动机和环控系统换热，其紧凑高效特点可在满足换热性能要求下缩小换热器安装空间。在化学处理方面，PCHE 可应用于蒸气甲烷重整等工艺反应堆方面。在核电和太阳能发电领域，超临界 CO_2 发电系统微通道换热器具有体积小、结构紧凑、耐高温高压、安全可靠等特点，是未来发电领域重要发展方向。

4.2 印刷板路换热器的制作工艺

PCHE 的制作工艺可分为三步，包括化学腐蚀流道及板间对准、扩散连接、组装，如图 8 所示。具体的制造过程如下：

（1）通过化学腐蚀的方法来腐蚀板片换热流道。并将流道腐蚀完毕后的所有换热器板按照流道介质的性质，冷热交替对齐重叠起来准备进行扩散连接。

（2）相邻板之间的接触面通过扩散连接互熔，成为换热器芯体。

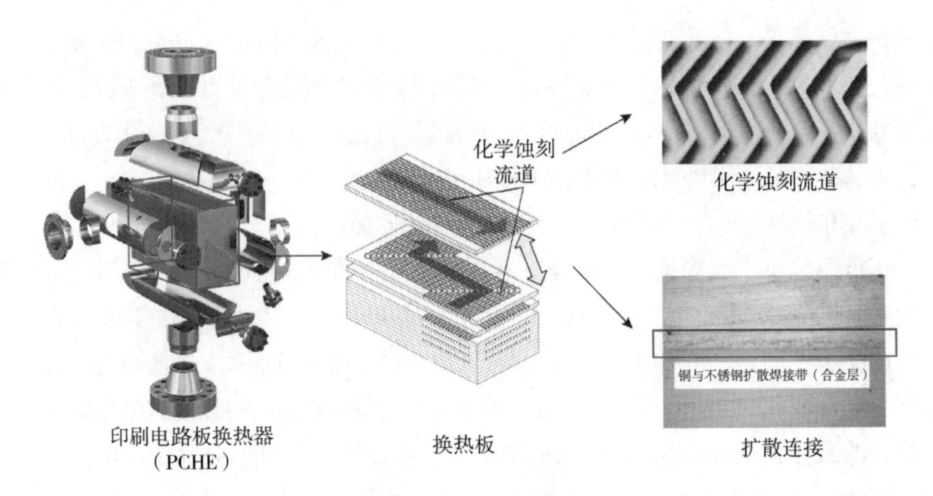

图 8　PCHE 结构示意图

（3）进行整个换热器的组装，将封头和换热器芯体通过焊接固定在一起。

扩散连接是整个 PCHE 制造的关键，该连接方式能够保持原材料的强度。扩散连接通过真空扩散焊炉来实现，并根据被焊组件的材料种类和尺寸来设置焊接温度和压力。焊接的实现过程分为两步：①将被焊组件置于真空扩散焊炉中，通过石墨或钼制成的加热元件的热辐射将被焊组件的温度加热到设定的焊接温度；②利用真空扩散焊炉的上下压头对被焊组件产生设定的挤压力，促使工件蠕变，完成焊接过程。

4.3　印刷板路换热器的流道

PCHE 的流道是影响换热器换热特性和阻力特性的主要因素，具体包括相邻换热板片上的流道布置形式和单个换热板上的流道结构。

相邻换热板片上的流道布置形式主要包括顺流、逆流或多通道交叉逆流等，如图 9 所示。优化流道布置可以在满足换热和压降设计条件下，进一步缩小 PCHE 的体积，提高换热器紧凑性。

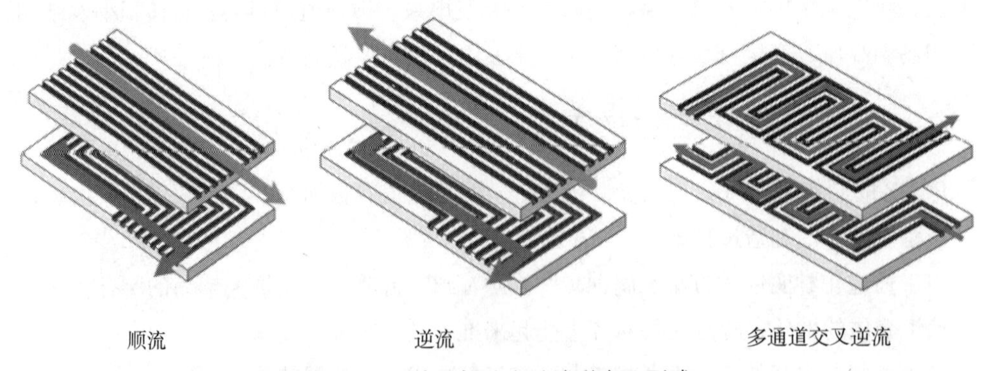

图 9　相邻换热板片上的流道布置形式

单个换热板上的流道结构可分为连续型和非连续型两类。连续型流道主要包括直线型、折线型。非连续型流道主要包括S型和翼型流道。这两种非连续性流道在实验室阶段呈现出良好的特性，但是其结构参数复杂，制造设计的成本较高，未广泛投入实际应用。

4.4 印刷板路换热器的换热与压降特性

PCHE的换热特性与流体流动状态、流道结构和加热条件等因素有关。

在层流状态下，流道结构对于换热能力没有明显影响，*Nu*近似为常数值。在紊流状态下PCHE的换热特性受各个因素的影响较为明显，主要表现在紊流状态下*Nu*数的变化。对于直线型流道的PCHE，换热能力的主要影响因素为流道水力直径和截面形状（包括半圆形、半椭圆形、矩形和三角形）；随着流道水力直径的减小，换热系数明显减小；在相同水力直径下，截面形状对于换热能力的影响可忽略不计。折线型流道PCHE换热特性的首要影响因素是锯齿角度：增大锯齿角度增加了横向速度，促进管道内流体混合，改善换热能力；但锯齿角度过大会增加分离区的尺寸，减少换热面积，削弱换热能力。S型流道PCHE的换热特性的主要影响因素包括倾角和流道水力直径，随着流道倾角增大，换热能力略微提高。翼型流道的PCHE，翅片排列方式、翅片横向间距和纵向间距以及翅片具体几何形状都会影响换热器的换热特性。

PCHE压降力特性同样受流道结构和流体流动状态的影响，流道内压降主要是由流体在微流道内形成局部的涡流、逆流造成的。在层流状态下，流道结构对于阻力特性没有明显影响，摩擦因子f同*Re*数近似成反比。流道结构的影响主要表现紊流状态下摩擦因子f的影响。紊流状态下，对于直线型结构，由于工质在流道内受到扰动较小，换热器的压降也较小。研究表明，直线型结构阻力特性的主要影响因素为流道水力直径，换热器阻力系数随着流道水力直径的减小而增加。对于折线型流道，阻力特性的主要影响因素是锯齿角度和通道水力直径，换热器压降随着折线型流道的锯齿角度增大而增大。非连续型流道（S型和翼型流道）在相同的换热能力下，压降均小于折线型换热器。

5. 插片式微通道换热器

5.1 插片式微通道换热器的结构

微通道换热器具有体积小、质量轻、换热效果好、制冷剂充注量小等优点。常规的微通道换热器，如图10（a）所示，作为制冷系统冷凝器已经得到广泛应用，但作为蒸发器时，微通道扁管之间的波纹翅片，存在易结霜（露）、凝结水排泄困难等问题而导致换热性能的下降及设备生锈，限制了该类换热器在热泵领域的推广。

为解决一般微通道散热器纹波状翅片易结霜（露）的问题，新型插片式微通道换热器

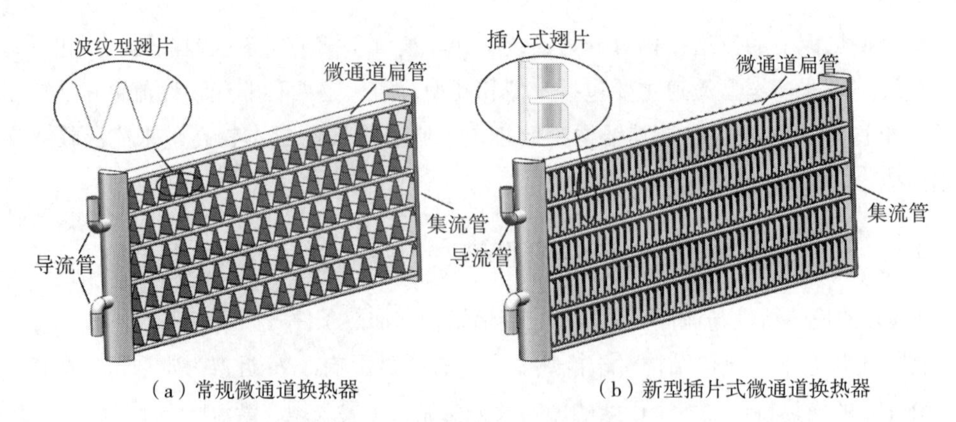

（a）常规微通道换热器　　（b）新型插片式微通道换热器

图 10　微通道换热器结构对比

在翅片上加入导流结构而代替一般的波纹型翅片，如图 10（b）所示，同时翅片与微通道扁平管之间采用卡合固定，确保二者充分接触以提高换热效率。

新型插片式微通道换热器与常规微通道散热器结构相似，都是由集流管、微通道扁管和翅片组成，但其翅片结构［如图 11（a）所示］和常规微通道换热器翅片结构有所不同。新型插片式微通道换热器的翅片具有从传热面延伸至扁平传热管外部的导流结构，该具有导流结构的翅片由模具冲压而成，可使冷凝水顺着该结构流到散热器外部，以避免结霜问题。

同时插片式微通道换热器中微通道扁平管两侧具有口琴结构，如图 11（b）所示，通过口琴型开口结构与翅片进行卡合固定，使得翅片和扁平管能够充分接触，以降低换热器的接触热阻。

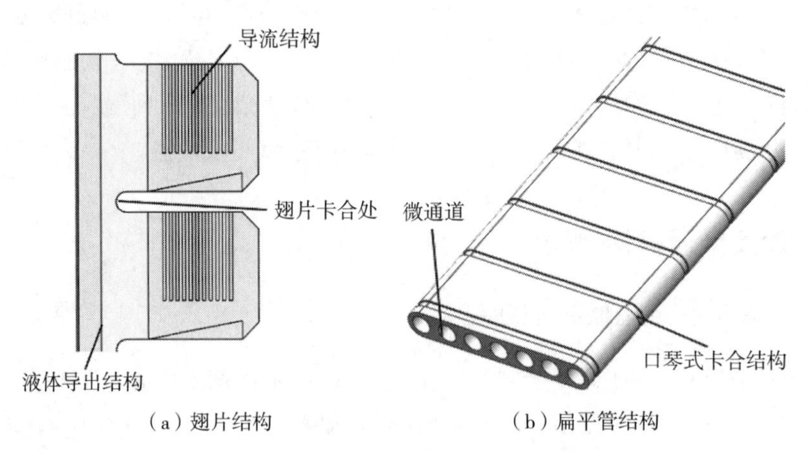

（a）翅片结构　　（b）扁平管结构

图 11　新型插片式微通道换热器结构特点

5.2 插片式微通道换热器的优点

常规的微通道换热器，由于其波纹型翅片存在凹槽结构，在生成冷凝水时凹槽会积聚冷凝水而使其无法导出，如图 12（a）所示，积聚的冷凝水易形成结霜导致换热器风阻上升，而使得换热器性能下降。新型插片式微通道换热器通过其翅片上的导流结构，能够将冷凝水及时排出如图 12（b）所示，从而避免结霜导致性能下降的问题。

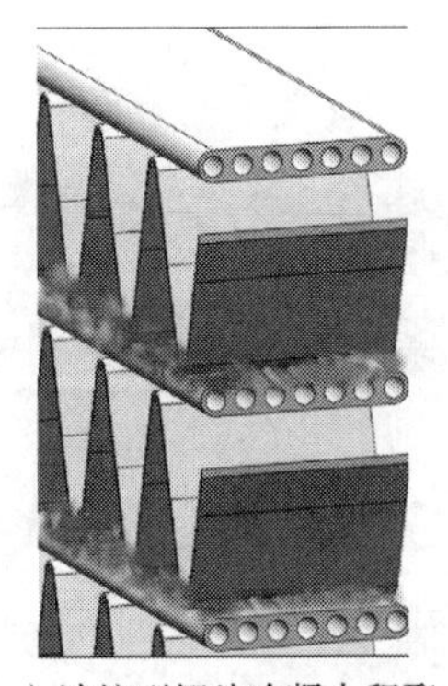

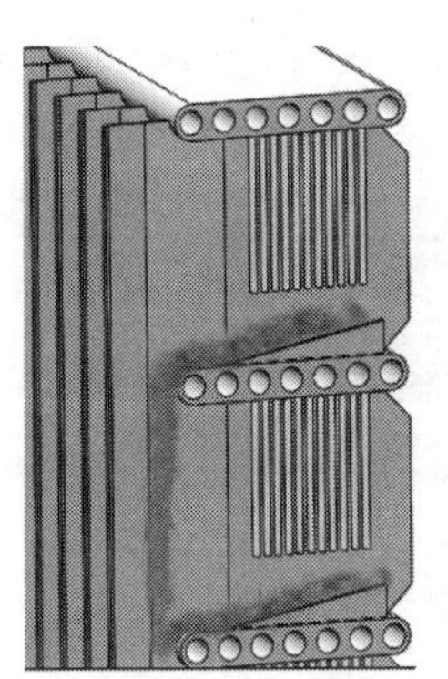

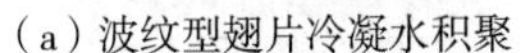

（a）波纹型翅片冷凝水积聚　　（b）插入型翅片排水示意图

图 12　两种微通道换热器排水性能对比

新型插片式微通道换热器通过其翅片上的导流结构，较常规微通道换热器具有更优异的排水性能；同时翅片和扁平管插入式的接触，能够减低散热器的整体热阻，使得插片式换热器的换热性能更优。

基于新型插片式微通道换热器翅片上优异的排水性能，能避免作为蒸发器时候的结霜问题，该款换热器可用于商用多联机蒸发器、商用热泵系统蒸发器及汽车空调蒸发器等方面，具有较大的市场潜力。

6. 微管通道换热器

微管通道换热器（micro bare-tube heat exchanger）是一种新型高效的换热器，其结构不同于传统的微通道换热器。微管通道换热器由两个集流管和多根不锈钢微管组成，如图 13、图 14 所示。不锈钢微管铜管垂直插入集流管内，并通过焊接固定。换热器的进出口布置在集流管的两端。不锈钢微管的管外径通常在 1mm 以内，微管之间的间距在 1~2mm，具有更加紧凑的结构和换热系数。

微管通道换热器由于具有更加紧凑的结构，有利于减小空调系统中的制冷剂充注量，从而大幅降低采用可燃制冷剂时的燃爆风险。

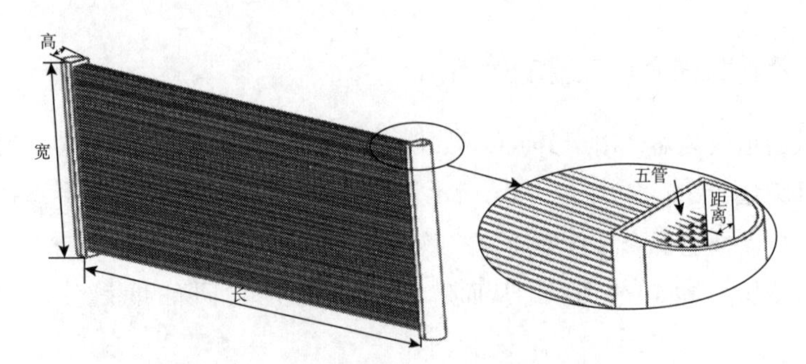

图 13　高效微管通道换热器结构

图 14　微管通道换热器在空调上的应用（左图为冷凝器，右图为蒸发器）

7. 换热器性能的长效保持

7.1　空调器长效性能衰减的影响因素

空调器长期运行后，会因换热器性能衰减、压缩机磨损、风机功率下降、制冷剂泄漏等原因，出现制冷量或制热量明显下降、耗能大幅上升的问题。从单纯保证“新空调节能”转向保证“空调长效节能”，成为空调技术的发展方向。

换热器表面的积尘，是导致空调器长效性能下降的最主要因素。空调换热器与外部空气进行换热时，空气中所含的灰尘不可避免地与换热翅片表面接触，并逐渐积聚。翅片表面的积尘，可使翅片开缝等强化结构完全失效，严重时可使空气流道基本阻塞，导致换热能力急剧下降。因此对于空调器长效性能衰减的研究，重点是对换热器积尘的长效性能衰减情况进行研究。

对于换热器积尘的长效性能衰减研究，主要包括换热器性能衰减评估和换热器长效性能改进。合理评估换热器的性能衰减状况，是评价空调器长效性能的关键，已有的相关研究内容涵盖长效节能评价标准的建立、加速积尘测试技术的开发以及换热器表面颗粒物沉积模型的开发。改进换热器的长效性能，则主要立足于开发换热器除尘技术。

7.2 长效节能评价标准与测试方法的发展进程

2012 年 5 月，中国质量认证中心（CQC）发布了关于空调器长效节能评价的标准《空调器长效节能评价技术要求》。该标准首次提出了通过人工模拟加速换热器性能老化来测量空调器整机制冷能力和能效衰减的测试流程。其中，人工模拟换热器性能衰减的测试流程包括喷粉、淋雨循环试验，如图 15 所示。采用该方法时，在喷粉测试流程中易发生粉尘质量流量不稳定、喷出的粉尘颗粒容易团聚沉降，导致测试结果的可重复性差的问题。单台样机需连续进行 12 次喷粉和淋雨循环试验，测试耗时长。

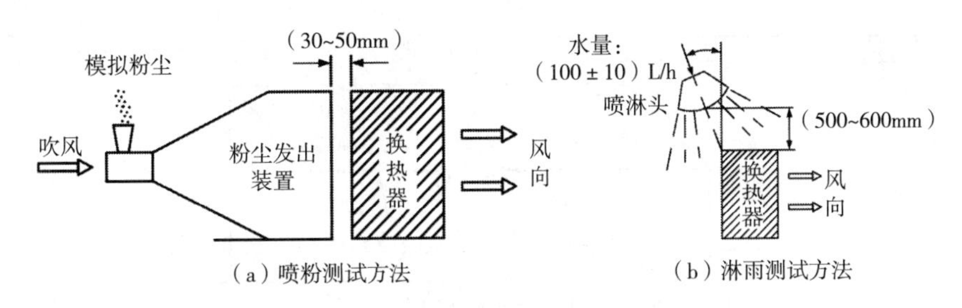

图 15 CQC 标准中的人工模拟换热器性能衰减装置

2014 年年底，国家发展改革委等七部委联合发布了《能效“领跑者”制度实施方案》，对空调器全生命周期能效提出了要求。

2017 年年底，上海市颁布了空调器地方标准，也将“节能领跑者”空调长效衰减率纳入强制限定范畴；测试方法和评价指标则参照 CQC 标准中规定的内容来执行。

2018 年 4 月，上海市科学技术委员会正式立项 2018 年度“科技创新行动计划”技术标准项目《房间空调器长效性能测试方法研究与团体标准制定》，围绕着现有空调器长效节能评价标准中测试结果可重复性差、测试耗时长的问题，拟开发可重复性好、测试耗时少的房间空调器长期运行性能衰减测试方法。

国外针对空调器长效性能衰减目前只开展了一些换热器积灰后性能衰减的学术研究，但并没有制定和发布有关的空调器长效节能评价标准。由于我国是全世界最大的空调器生产国和消费国，且我国在空调长效节能评价标准的起草和制定上起引领作用，因此国外不再关注对于空调器长效节能评价新标准的研究。

为了能够快速评估换热器的长效性能衰减情况，需要开发换热器加速积尘测试技术，在短时间内用高粉尘浓度的积尘测试来近似代替换热器在实际低粉尘浓度环境下的长期积尘效果。积灰对换热器性能衰减的影响与换热器的运行模式密切相关，由于干燥工况下的颗粒物沉积机理与析湿工况下的颗粒物沉积机理存在本质的区别，导致这两种工况下的换热器表面积尘分布具有明显的差异。通过各自开发干燥工况和析湿工况下的加速积尘测试方法，能够揭示干燥工况和析湿工况下的积尘特性，并得到干灰尘和湿灰尘对换热器性能衰减影响的定量关系。

保障测试方法的可重复性，是推广应用换热器加速积尘测试技术的重要前提。由于凝水的存在同时具有增强粉尘黏附和冲刷积尘的作用，使得换热器表面的积尘分布随机性增大，不利于提高加速积尘测试方法的可重复性，因此对于推广应用换热器加速积尘测试技术适宜采用干燥工况下的加速积尘测试方法。通过开发浓度稳定且分散性好的粉尘喷射方法以及将积尘测试装置与换热量测试装置一体化，能够满足保证换热器积尘过程可重复性和换热量衰减率测试一致性的要求，如图 16 所示。

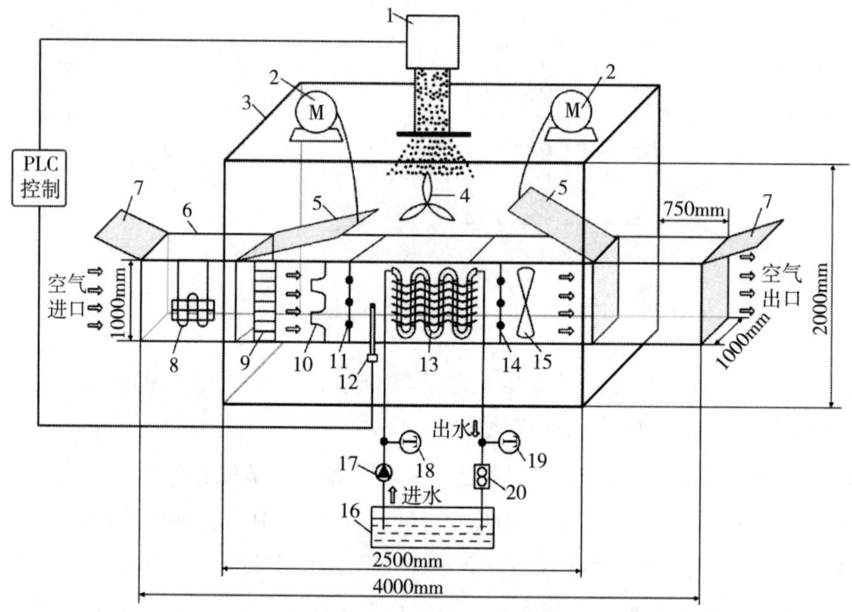

1- 供粉装置，2- 电机，3- 含尘室，4- 含尘室风扇，5- 积尘通道门，6- 风道，7- 大气通道门，8- 电加热棒，9- 整流罩，10- 孔板流量计，11- 空气侧入口 K 型热电偶，12- 粉尘浓度仪，13- 被测换热器，14- 空气侧出口 K 型热电偶，15- 吸气风扇，16- 恒温水槽，17- 水泵，18- 水侧入口 K 型热电偶，19- 水侧出口 K 型热电偶，20- 流量计

图 16 换热器加速积尘测试装置示意图

7.3 换热器除尘技术研究进展

及时去除换热器表面的积尘，是保持空调器长期运行性能良好的关键。采用人工方式对换热器表面的积尘进行清扫，受到空调器安装位置的限制，且存在除尘不及时的问题。通过开发自动除尘方式来保障空调器长期运行性能，已成为空调器技术开发的热点。

对于换热器表面的疏松灰尘，可采用在换热器表面形成局部高风速的方法来吹除，代表性技术如气流定向除尘技术。该技术是在保持整个换热器吸风式空气驱动方式不变的前提下，通过设置外部风帘及相应的控制方式，实现风量在换热器不同流道位置中的加强，从而实现该处的除尘。图 17 给出了气流定向除尘技术的原理。在正常运行模式下，换热器的外置导向叶片全部打开，各导向叶片之间的空气平行流经换热器，实现流向换热器的空气流量最大化，如图 17（a）所示。在定向除尘模式下，通过将前置风帘和后置风帘中的特定导向叶片呈一定角度打开、其他导向叶片闭合，可使空气在换热器内形成风速极大的定向空气流路，能够清除在该空气流路中堆积的灰尘，如图 17（b）所示。

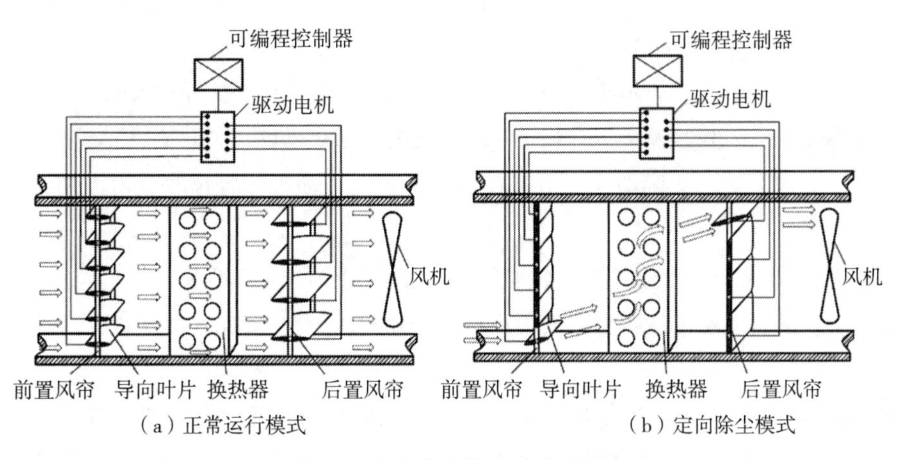

图 17　气流定向除尘技术原理

对于换热器表面的密实灰尘，上述的气流定向除尘技术将难以发挥效果，可采用灰尘内部结冰胀脱的方法来去除，即让积灰层吸湿后结冰膨胀剥离，再通过化冰使其脱落，如图 18 所示。在该方式中，首先将换热器表面温度降低至冰点以下，使水气透过灰尘并在金属冷表面上发生凝结；其次将形成的冷凝水进一步结冰并膨胀，将灰尘从金属表面剥离；最后提高换热器表面温度，将冰层融化以使剥离的灰尘脱落，从而实现自清洁。

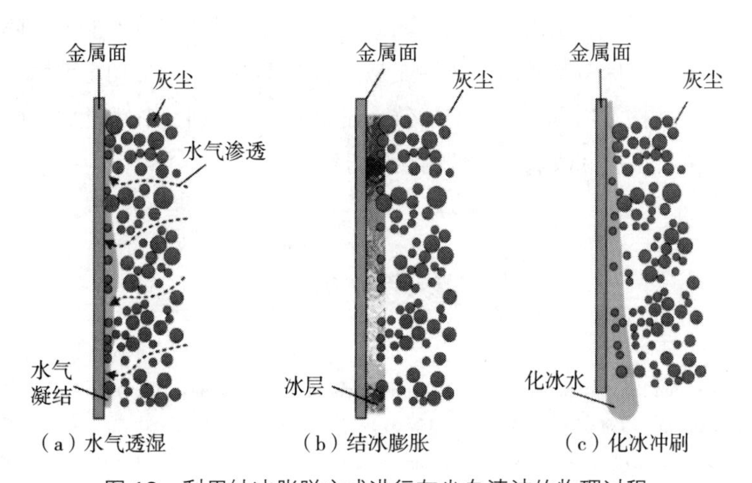

图 18　利用结冰胀脱方式进行灰尘自清洁的物理过程

8. 总结与展望

换热器的强化换热技术需要考虑实际应用的需要。换热器表面肋片或泡沫金属等结构的布置与换热器的换热效率有极大关系，在肋片等结构的选择上需要考虑符合实际生产需要，如结构强度、所占用空间体积等因素。采取的强化换热措施的生产成本、加工技术难度也是需要考虑的问题。需要深入考虑空调换热器采取强化换热技术后的性能持久性以及其经济收益，从而提高其产品的市场占有率。

翅片管式换热器的发展趋势是紧凑化，即采用更小管径铜管。小管径换热器具有更高的换热系数和更低的制造成本，有利于提高空调器的整机性能。近年来，小管径换热器的优化设计、制造工艺、实际应用等方面研究进展很大，使得小管径空调占据超过 20% 的空调器市场。

板式换热器的结构比翅片管式换热器更加紧凑，逐渐应用于空调器中的经济器。板式换热器的研究进展主要包括新型高效板片结构的开发、新型流路的设计以及作为经济器的试验研究。

印刷板路换热器（PCHE）是一种具有非常大的比表面积，能够在有限的空间内实现高热量传递的换热器。PCHE 的高度紧凑的结构和高效的换热有望实现空调器进一步紧凑化。

插片式微通道换热器和微管通道换热器是从微通道换热器演变而来的新型换热器。这两种新型的换热器已经逐渐开始应用于空调器中，作为蒸发器和冷凝器。插片式微通道换热器具有良好的排水性能，使得热泵型空调器在结霜工况下具有更好的性能。

微管通道换热器具有非常小的内容积，能够降低空调器的充注量，实现可燃制冷剂（R32 和 R290）安全可用。

换热器长时间运行后，会出现性能衰减的问题，从而导致空调器的能效降低。换热器在长期运行条件下能否保持高效的换热性能是影响空调器长效性能的重要因素。未来保证空调器在长期运行条件下均具有很高的能效，还需要进一步研究长效性的影响因素、长效性标准、长效性测试方法和改进长效性的设计方法。

参考文献

[1] Zhao C Y. Review on thermal transport in high porosity cellular metal foams with open cells [J]. International Journal of Heat and Mass Transfer，2012，55（13-14）：3618-3632.

[2] Hu H，Weng X，Zhuang D，et al. Heat transfer and pressure drop characteristics of wet air flow in metal foam under

dehumidifying conditions［J］. Applied Thermal Engineering，2016.

［3］Peng H，Ding G，Jiang W，et al. Heat transfer characteristics of refrigerant-based nanofluid flow boiling inside a horizontal smooth tube［J］. International Journal of Refrigeration，2009，32（6）：1259-1270.

［4］王婷婷，任滔，丁国良，等. 小管径空调器的优化设计［J］. 制冷技术，2012（4）：1-4.

［5］于博，吴国明，任滔，等. 提升热泵空调器制热性能的镂空翅片开发及性能分析［J］. 制冷技术，2018（2）：51-55.

［6］王智斌，张习刚. 一种轧制铜及铜合金管材的三辊行星轧机轧辊：中国，02237667.4［P］. 2002-06-24.

［7］刘劲松，陈大勇，张士宏. 基于数值模拟的TP2铜管三联拉工艺优化［J］. 中国有色金属学报，2015，25（2）：458-465.

［8］龙晓斌. 一种强制式胀管机：中国，200810218474.8［P］. 2011-04-27.

［9］高扬，翁晓敏，丁国良，等. 不同制冷工质在分配器中的分配特性分析及结构优化设计［J］. 制冷技术，2015，35（3）：28-33.

［10］Wu G M，Ren T，Ding G L，et al. Design and visualized validation of a distributor with uniform refrigerant distribution by forming annular flow［J］. International Journal of Refrigeration，2018，98：238-248.

［11］王康硕，任滔，丁国良，等. 浮式液化天然气用印刷板路换热器研究和应用进展［J］. 制冷学报，2016，37（2）：70-77.

［12］Kim T H，Kwon J G，Yoon S H，et al. Numerical analysis of air-foil shaped fin performance in printed circuit heat exchanger in a supercritical carbon dioxide power cycle［J］. Nuclear Engineering and Design，2015，288：110-118.

［13］Chu W X，Li X H，Ma T，et al. Study on hydraulic and thermal performance of printed circuit heat transfer surface with distributed airfoil fins［J］. Applied Thermal Engineering，2017，114：1309-1318.

［14］葛洋，姜未汀. 微通道换热器的研究及应用现状［J］. 化工进展，2016，35（s1）：10-15.

［15］江苏科菱库精工科技有限公司. 新型微通道冷暖两用热交换器：中国，2017100975062［P］. 2017-02-22.

［16］Wenjie Zhou，ZhihuaGan. A potential approach for reducing the R290 charge in air conditioners and heat pumps［J］. International Journal of Refrigeration，2019，101：47-55.

［17］中国质量认证中心. CQC9202-2012空调器长效节能评价技术要求［S］. 北京：中国质量认证中心，2012.

［18］Zhan F L，Zhuang D W，Ding G L，et al. Influence of wet-particle deposition on air-side heat transfer and pressure drop of fin-and-tube heat exchangers［J］. International Journal of Heat and Mass Transfer，2018，124：1230-1244.

［19］丁国良，詹飞龙，庄大伟. 全流道定向除尘的空调用热交换装置. 中国发明专利ZL201610398886.9［P］. 2018-09-21.

撰稿人：丁国良　胡海涛　庄大伟　詹飞龙

制冷技术发展研究

制冷技术，指的是使某一确定空间或物体的温度降至所处环境温度以下，并长时间维持在目标低温状态的一门科学技术。随着人类世界对于较低制冷目标温度条件的要求和社会生产力的提高，制冷技术也在不断地发展。实现制冷的一般途径分为两种：一种是天然冷却，另一种是人工制冷。天然冷却技术十分古老而便捷，往往采用天然冰或深井水等低温物体来满足冷却需求，但其制冷量（即从被冷却物体取走的热量）和可能达到的制冷温度往往不能满足人类生活的需要。人工制冷是指利用制冷设备和相应的制冷技术，通过附加能量的消耗，使热量从低温物体向高温物体转移，从而达到使低温物体的温度进一步降低的一种热力学过程。

人工制冷技术从 19 世纪就已经问世，而 20 世纪初氟利昂制冷剂的发现极大地促进了制冷技术在各类工、商及民用领域的井喷式发展及广泛的应用。从人类的日常生活到国民经济各部门、从传统产业到高新技术产业、从国防科技到航空航天，到处都离不开制冷技术与相应的制冷设备。进入 20 世纪 90 年代以来，随着环保问题的日益突出，臭氧层的破坏和全球气候变化，是当前世界所面临的主要环境问题。由于制冷空调热泵行业广泛采用 CFC 与 HCFC 类物质对臭氧层有破坏作用以及产生温室效应，使全世界的这一行业面临严重的挑战，CFC 与 HCFC 的替代已成为当前国际性的热门话题，2019 年 1 月 1 日起生效的《关于消耗臭氧层物质的蒙特利尔议定书》之《基加利修正案》，意味着制冷技术步入了又一个新的发展阶段。

经过全世界学者们超过两个世纪的研究与探索，制冷技术的具体实现方法与原理可谓百花齐放。本文将从蒸气压缩式制冷、吸附式制冷、吸收式制冷、喷射制冷、弹射制冷、磁制冷、电卡制冷及辐射致冷八个方面简述制冷技术及相应的制冷设备在近年间的发展情况、学术或产业领域内的技术瓶颈、学者或厂商所倡导的解决方案，与未来可期的发展前景。其中，蒸气压缩式制冷作为全世界使用最广泛的制冷技术手段，在 20 世纪的井喷式发展中也经历了环境污染等一系列阵痛期。近年间，蒸气压缩式制冷技术几乎全部围绕制冷剂替代这一全世界范畴内的方针政策而展开，在压缩机的升级换代以及制冷系统本身的完善与优化两个主要方面有着十足的技术突破。同时，作为两种绿色的制冷技术，吸附式制冷和吸收式制冷十分符合当前能源、环境协调发展的总趋势。固体吸附式制冷与吸收式制冷均可采用余热驱动，不仅对电力的紧张供应可起到减缓作用，而且能有效利用大量的低品位热能（余热、太阳能等）。另外，吸附式制冷与吸收式制冷均不采用氯氟烃类制冷剂，无 CFCs 和 HCFCs 问题，也无温室效应作用，是两种环境友好型制冷方式。除了以上三种产业化较为完备、市场占有率较大的制冷技术之外，在一些特定条件或有着特殊要求的场合中，另一些特种制冷技术也会得到专门的应用。本文简要介绍和分析了喷射式制冷技术、弹射式制冷技术、磁制冷技术、电卡制冷技术与辐射致冷技术在近年间的最新进展情况，也对这些技术在未来的发展方向进行了展望。我们力求通过相关内容的阐述，为广大制冷界的研究学者、生产厂商及政策制定者提供一个全面、严谨、有价值的参考。

1. 压缩式制冷

1.1　压缩机最新研究进展

1.1.1　离心压缩机

离心压缩机在中央空调冷水机组和风冷机组领域应用广泛，2018 年在整体市场中的占比约为 5.61%，市场容量同比上年度增长 512%。建筑能源消耗约占国家总体能源消耗的 25%，而近一半能源消耗来自于中央空调，因此，离心冷水机组的节能对我国“十三五”规划中节能减排战略具有重大意义。

近年，磁悬浮离心压缩机（图 1）技术发展迅速，目前的磁悬浮无油变频离心机组最高压比可达到 6.0 以上，效率提高 25%，降噪 8dB。国内多家开发商具备相应技术，不仅在磁悬浮、轴承、压缩机方面进行了深入研究，在控制、变频及系统匹配方面也有技术性突破，推出采用全封闭双级铝合金叶轮、主动式磁悬浮轴承和控制系统、水冷式变频驱

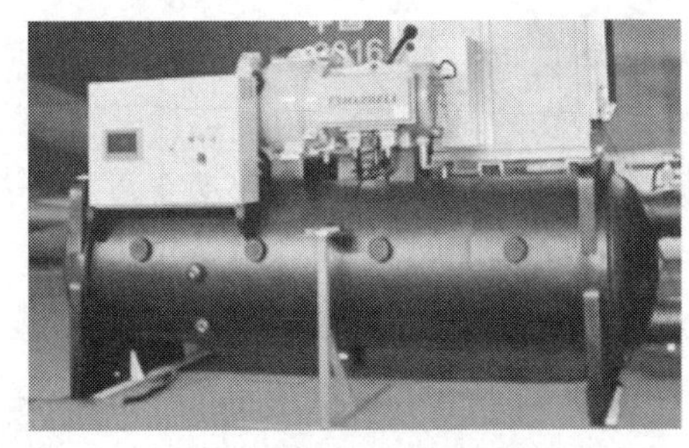

（a）磁悬浮离心机实物图

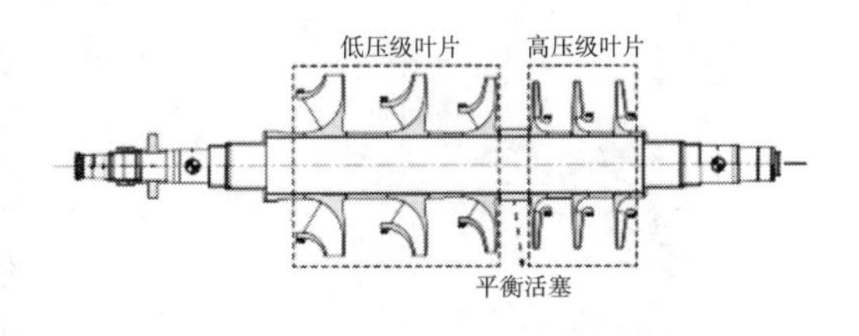

（b）磁悬浮离心机轴承原理图

图 1　磁悬浮离心机

动，冷水机组能效高达 6.76。

在研究方面主要包括：一是压缩机性能及系统匹配，二是轴承电磁控制。在离心冷水机组中，磁悬浮离心机的应用很好地处理低负荷和低冷却水温度工况。高转速、高压比、高性能方面以及环保工质是其发展的一大特点；另外，电磁控制技术及压缩机与系统的匹配控制技术也是磁悬浮离心压缩机技术进步的关键。

1.1.2 滚动转子压缩机

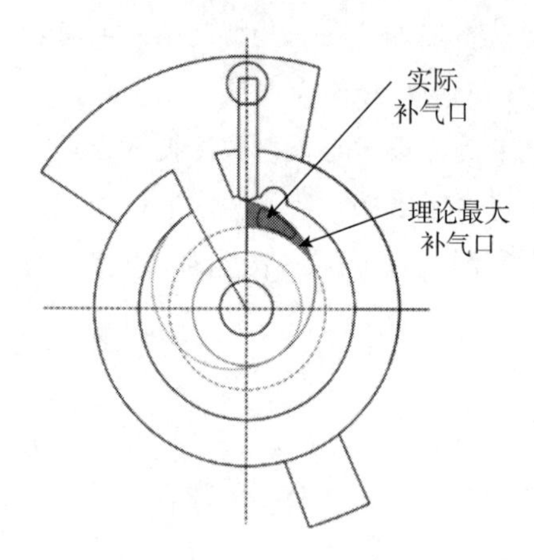

图 2 端板补气口示意图

滚动转子压缩机的相关研究主要集中在：结构设计优化、容量调节、多级压缩、喷气增焓、故障诊断等。在运动仿真的基础上对转子压缩机结构设计的稳定性、部件有效性进行研究，有助于控制设计成本；研究制冷剂和润滑油的泄漏，优化径向间隙；研究双级容量控制压缩机，实现效率优化；基于小波包分解和 SVM（支持向量机）研究转子压缩机的故障诊断；在结构改进方面，对如图 1 所示的端板补气口进行研究，证明其性能优化效果；如图 2 所示的无油摆动转子压缩机可用于便携式氧气浓缩机中，减轻重量、降低能耗、减小噪声。

另外，制冷剂的替代也对滚动转子压缩机技术提出了新要求。研究者们对 R290 和矿物油的互溶、R32 压缩机排气温度高、压缩机性能优化等问题进行了相关工作。

为应对低温制热采暖、高出水温度、大容量、便携性、新制冷剂等不同的需求，喷气增焓低温采暖压缩机，适用于超低环温（-25℃）热泵采暖领域；三缸双级变容积比压缩机，在低温工况下能提高压缩机的制热量和能效；基于弹性阀片止回阀结构，用于煤改电采暖热泵专用的喷气增焓 R410A 压缩机；高出水温度 R134a 滚动转子压缩机，出水温度可达 65℃，运行压比最大 17.8。

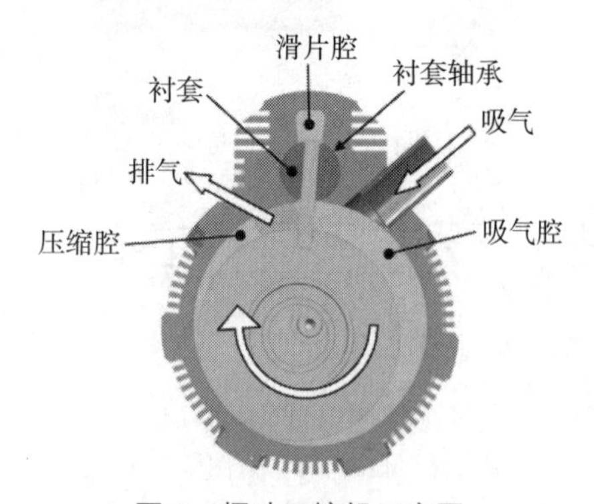

图 3 摆动压缩机示意图

采用一体式机架、微型电机、激光焊接等技术的直流变频微型压缩机产品，具有零部件少、制造简单、效率高、噪声小、可靠性好、运行平稳等特点；直流微型压缩机可适用于桌面移动空调、电子芯片冷却、电池冷却、特种服装、激光器等领域。

总的来说，滚动转子压缩机的发展方向是高效节能、智能变容、小型化、低噪声和高可靠性，在此基础上，还需要加快新制冷剂的专用产品的开发，不断满足新的应用需求。

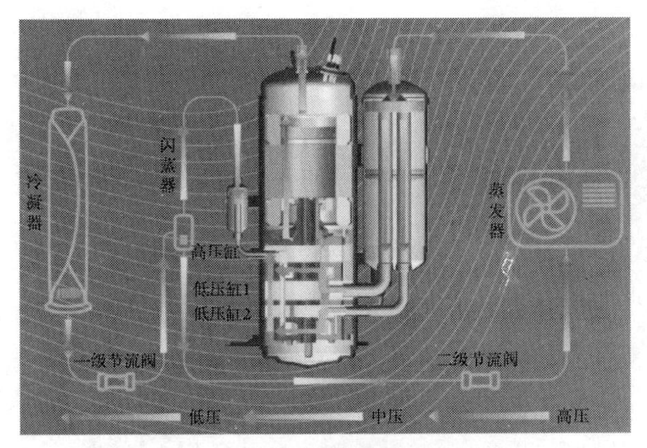

图 4　三缸双级变容积比压缩机

图 5　微型转子压缩机

1.1.3　涡旋式制冷压缩机

涡旋式制冷压缩机单台功率范围一般在 1~60HP 之间，在转子压缩机的迅速紧逼下，被迫向 7HP 以上的轻商领域发展，图 6 为某品牌低温热泵用大容量（25HP）涡旋压缩机。

图 6　低温热泵用大容量（25HP）涡旋压缩机

涡旋压缩机中采用中间喷气增焓技术，可提升压缩机和系统效率，在实际应用中，R410a 涡旋压缩机系统的蒸发温度扩展至 -35℃，在环境温度低于 -25℃仍能保证稳定运行，单机容量达 25HP。研究方面，近年来主要集中在中间喷气方式、位置和系统性能预测与实验研究方面。其中，针对喷液、喷气和两相补气技术进行了深入比较，采用两相补气技术在保证排气温度一定的条件下可使系统效率最高；采用两次中间喷气增焓循环系统，制热量提升 18.9%，COP 增加 9.8%。

（a）中间喷液

（b）中间喷气

图 7　中间补气涡旋压缩机

目前市场已推出了 4.1~13HP 的 R32 商用涡旋压缩机系列和可选的喷气、喷液组件及解决方案。在研究方面，学者对 R32 涡旋压缩机的湿压缩过程进行了数值模拟研究，比较了 R32 和 R1234yf 涡旋压缩机热泵系统的工况范围和制热效率，并指出采用 R32（20%）R1234yf（80%）的混合工质系统，结合中间补气技术，系统蒸发温度可达 -20℃，制热量增加 16%~20%，COP 提升 14%~16%。

图 8　电动汽车空调涡旋压缩机

涡旋式压缩机以其在小型化、高转速、效率和噪声振动方面的独特优势，已成为电动汽车空调压缩机的首选。在汽车空调热泵系统中采用涡旋压缩机中间补气增焓技术后，跨临界 CO_2 汽车空调系统的制冷量和 COP 相对于 R134a 系统分别增加 36.8% 和 30.3%。

1.1.4　螺杆压缩机

为扩大工况范围，螺杆压缩机一般采用能量滑阀、内容积比调节滑阀以及采用变频电机来调节容量；在大压比需求下，单机双级结构作为一种能够显著提高效率的设计方案被广泛采用。在技术前沿方面，三螺杆压缩机的设计方案也出现在成熟的系列产品中，图 10、图 11 为其主机结构和转子配置。

在学术领域，计算网格的划分是工作展开的前提和计算结果精度的保证，新型网格划分算法的开发及验证，以及应用在变中心距和变截面的特殊转子中的动网格划分以及计算效果研究，提高了 CFD 方法在螺杆压缩机中的应用范围。图 12 为转子、箱体和齿条交接面的网格划分，图 13 为均匀螺距转子和变几何尺寸转子密封线长度的比较。随着近几年自然工质逐渐兴起，对于使用自然工质的螺杆压缩机及其系统的研究已然成为热点，图 14 为喷水双螺杆水蒸气压缩机原理图和剖面图。

图 9　汉钟 LT 单机双段螺旋式冷媒压缩机

图 10　三转子螺杆压缩机

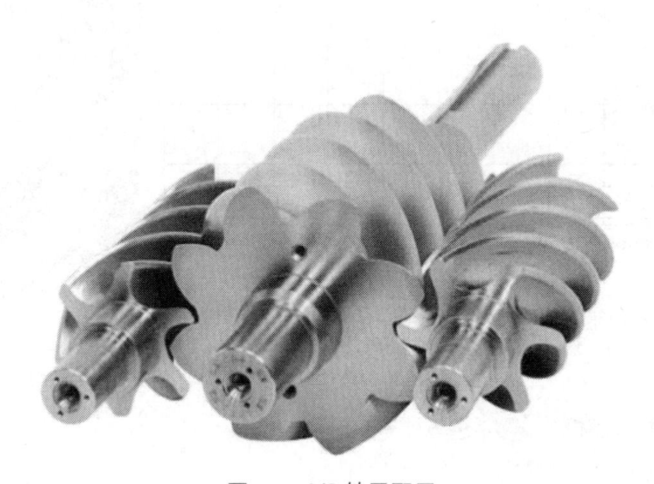

图 11　8/6 转子配置

虽然如今螺杆机已经是发展相对比较成熟的产品，但是随着相关配套产业和研究手段的进步以及整个行业需求和发展方向的转变，相关的学术研究和产品开发必须紧随脚步。

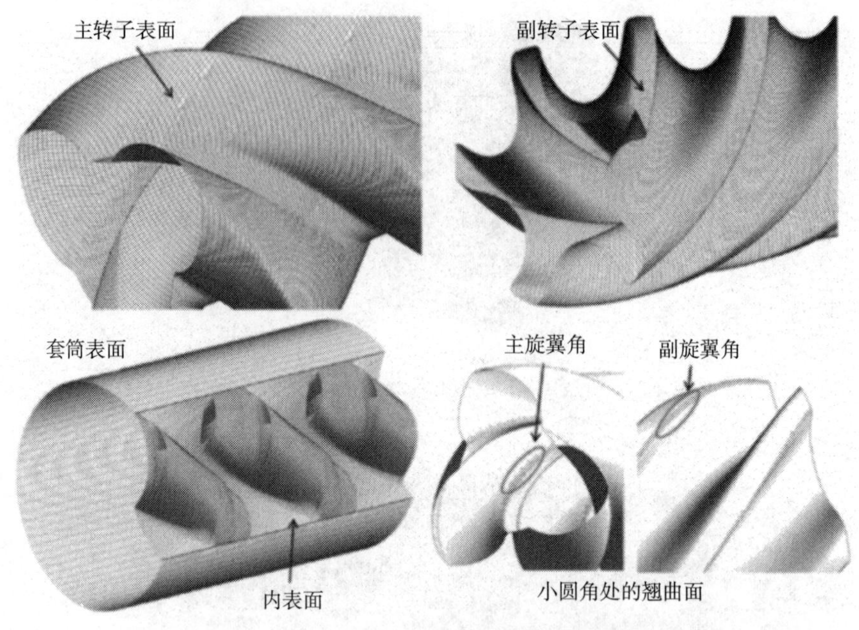

图 12 转子、箱体和齿条交接面的网格划分

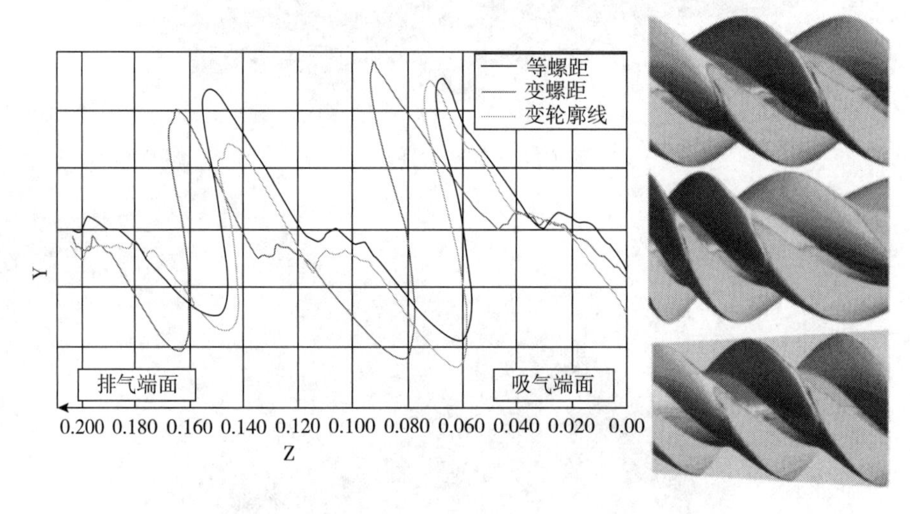

图 13 均匀螺距转子和变几何尺寸转子密封线长度的比较

1.1.5 活塞式压缩机

1.1.5.1 跨临界 CO_2 压缩机

在产业方面，以德国和意大利厂商为主的国际各大企业近年间分别对跨临界 CO_2 压缩机系列产品进行了有侧重的技术完善，如吸气管与发片的结构优化，低振动、低脉动、低噪声的压缩机制造标准，全系列变频驱动等，实现了使用效率和可靠性的进一步提升。目前跨临界 CO_2 压缩机产品一般涵盖 1.5~80HP 的工作范围，高 / 低压侧最大允许压力为

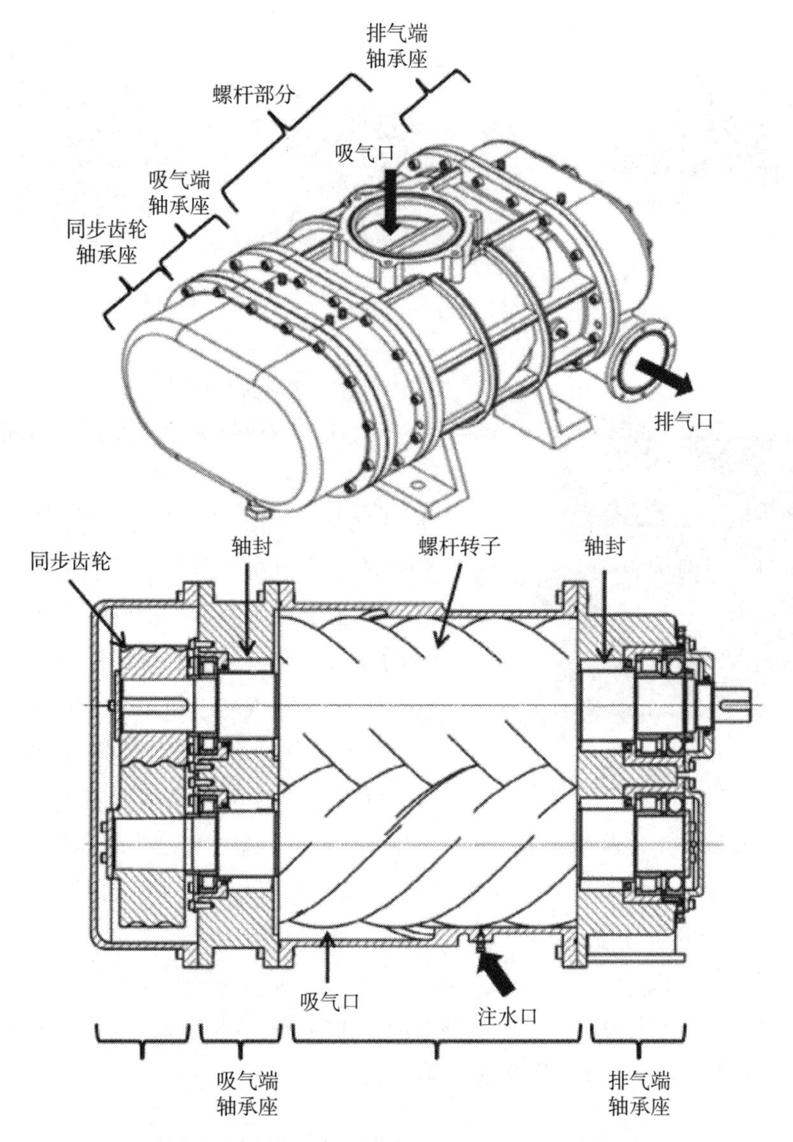

图 14　喷水双螺杆水蒸气压缩机原理图和剖面图

160/100Bar，提供 2、4、6 缸设计，一般可支持 25~75Hz 变频，最高排量可达 59.53m^3/h，主要机型如图 15 所示。总体来看，跨临界 CO_2 压缩机仍在向大型化、变频化的方向发展，且各厂商的系列产品均足已覆盖工、商及民用的一般需求。

研究方面，跨临界 CO_2 压缩机的前沿性研究进入到了热力学性能精确预估阶段，国际学者普遍采用基于 CFD 或深度数值模拟的方法来建立跨临界 CO_2 活塞压缩机的综合性模型，着重考虑活塞环与轴承部分的摩擦损失及阀片位置流动过程和泄漏过程等。国内学者偏向于利用压缩过程的通用热力学模型来准确预测类似形式活塞压缩机的等熵效率、容积

图 15　都凌（Dorin）、比泽尔（Bitzer）、基伊埃（GEA）的跨临界 CO_2 压缩机样品

图 16　小型冰箱变频压缩机外形

效率和指示效率的方法。

1.1.5.2　小型冰箱及类似制冷压缩机

活塞压缩机在小型冰箱领域已经十分成熟，如图 16 所示。我国冰箱压缩机生产商主要分三种：跨国公司在中国的合资或独资公司、水平较高的中资龙头企业、中资民营企业。在产业端的技术前沿，跨国公司近年来相继推出高效环保新型冰箱压缩机和冰箱压缩机变频等新技术，并且在战略上逐渐向直线型压缩机靠拢。

近年间小型冰箱及类似制冷压缩机的研究逐渐向着故障诊断和节能降噪的方向转移。这些研究主要集中体现为综合时域与频域的分析方法，可以用来分析活塞式压缩机吸排气过程的动态流动问题，根据声学响应揭示气流脉动引发的噪声和振动情况。

1.1.6　其他压缩机

直线压缩机由直线振荡电机驱动，并取消了曲柄连杆机构，减少能量传递过程中的损耗，并可降低摩擦损失，延长压缩机使用寿命。

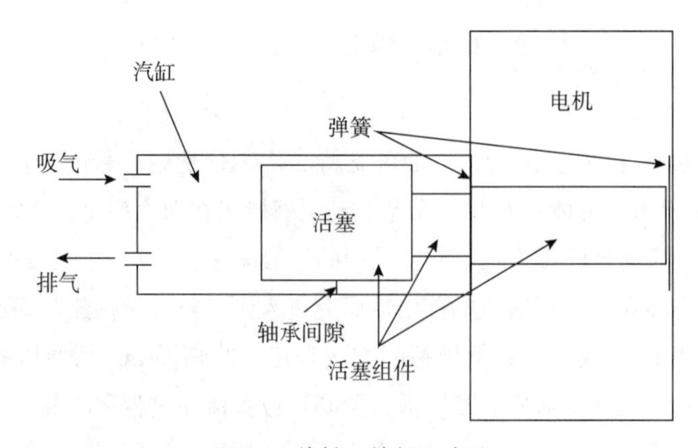

图 17　线性压缩机示意图

国外线性压缩机已经达到商业化，主要技术特点是利用线性电机，采用弹簧共振构造，减少摩擦及改善共振频率，通过控制活塞技术，生产出信赖性高达 2 倍的线性压缩机。而国内对于线性压缩机的样机开发尚且处于摸索阶段。

图 18 LG 线性压缩机示意图

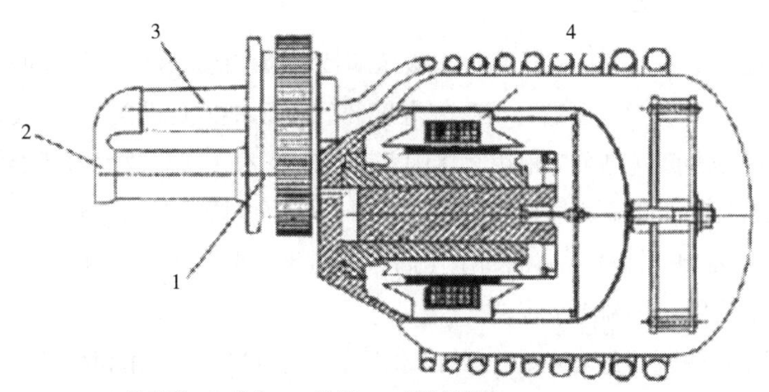

图 19 太阳电力（SunPower）公司动磁式直线压缩机示意图

从研究层面看，我国在民用制冷设备用线性压缩机方面的研究还处于初级阶段。其关键技术主要集中在直线电机技术、电机控制技术、无油润滑技术以及结构和阀门布局技术等。在电机方面，动磁式直线电机是未来发展的方向；在控制方面，可以依靠吸排气过程参数的改变来控制共振频率和行程。润滑方面，无油设计开始得到青睐。结构方面，不同形式各有利弊，应针对性地进行取舍。

1.2 制冷系统的发展应用

1.2.1 高温热泵系统及常规亚临界循环

水蒸气是高温热泵系统的一大理想工质，在 80℃蒸发温度下，能效比接近 5.0。水蒸气热泵对工业余热（如电厂发电、冶金工业、锅炉等）进行回收，可应用于集中供热系统。

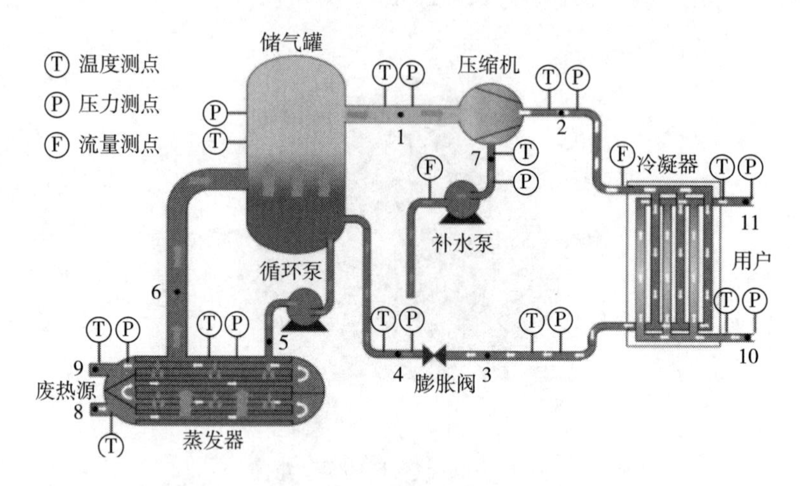

图 20 水蒸气热泵系统

在研究方面，由于系统压比较高，双级压缩技术被广泛应用。采用离心压缩机搭配双螺杆压缩机的方式实现双级压缩，在吸气温度 80℃时，能效比超过 3.4。同时，使用一个涡轮压缩机来搭建水蒸气热泵，采用直接闪蒸和冷凝技术，其能效远远高于传统热泵。

NH_3 高温热泵的性能随着加热温度的逐渐升高，COP 降低越来越快，一般在 3.0 ~ 7.0 之间。由于高压级 NH_3 螺杆压缩机的承压高，不适于制取 80℃及以上热水。对于 80℃及以上热水，通常采用复叠制冷系统。

NH3 螺杆水源热泵机组如图 21。其出水温度可达 90℃，使用环境温度在 5℃ ~ 48℃，冷却水进水温度 15℃ ~ 60℃，COP 达到 2.83~2.93。该设备应用于区域供热、食品工业、余热回收、石油精炼、牛奶巴氏消毒、油井除蜡、工艺工程干燥以及制药领域等。

国际上对制冷剂替代有两种截然不同的方案：其一是美国、日本等国家采用的 R32 及 R410A 制冷剂；其二是以中国和欧洲国家为代表的 R290 制冷剂。

图 21 雪人 NH_3 开启式螺杆水源热泵机组

R32，即 CH_2F_2，是日本企业力推的制冷剂。我国企业近些年也纷纷推出了 R32 冷媒空调。据统计，欧美日中和中国台湾等全世界已超过 50 个国家和地区采用销售 R32 冷媒空调，2017 年全球 R32 市场容量估算可达 2000 万台，超过 2016 年水平的 1.5 倍。

R290 丙烷（propane），对环境几乎没有负面影响，被称为“超具发展潜力的环保制冷

图 22　麦克维尔 R32 低温强热空气源热泵模块式机组

剂”。近年来，我国空调产业已经完成改造二十余条 290 空调整机生产线以及数条 R290 压缩机生产线，并开展了 R290 空调市场化、相关标准制修订、技术交流及安装维修培训工作。除空调外，R290 制冷剂在冷柜、热泵等领域也备受关注。

图 23　意大利 TecoR290 压缩机制冷机组

图 24　深圳大学 R290 环保低碳空调采购仪式

从制冷剂的特性来看，R290 在商业制冷设备能取得更优良的性能，值得大力推广。但作为可燃性物质，其燃点为 468℃，燃烧极限为 2.1%~9.5%，这是目前限制其大规模推广的最大障碍。

1.2.2　补气（R410A）系统

补气系统一般常用两种方式。其中图 25 为带闪发器的中间补气循环原理图，图 26 为带过冷器的中间补气循环原理图。

据研究结果表明在低温度环境下，喷气增焓（EVI）系统的制热量和 COP 与普通空调

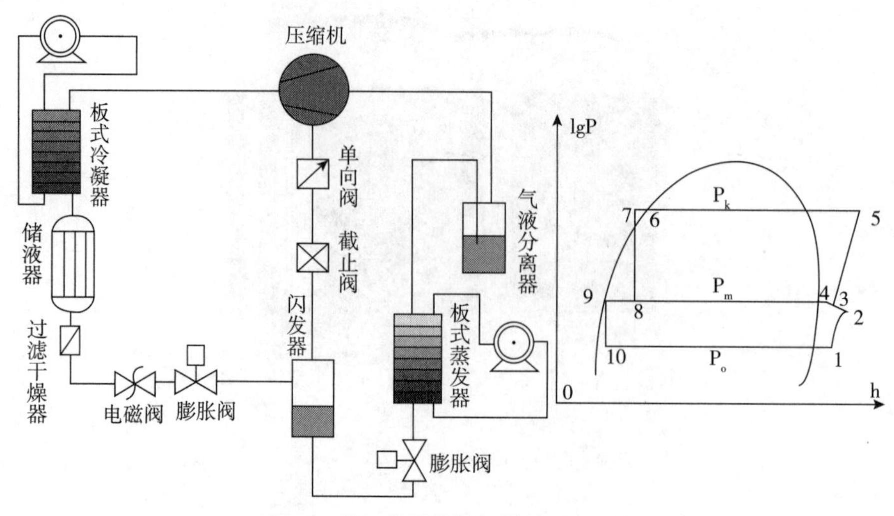

图 25 带闪发器的中间补气循环原理

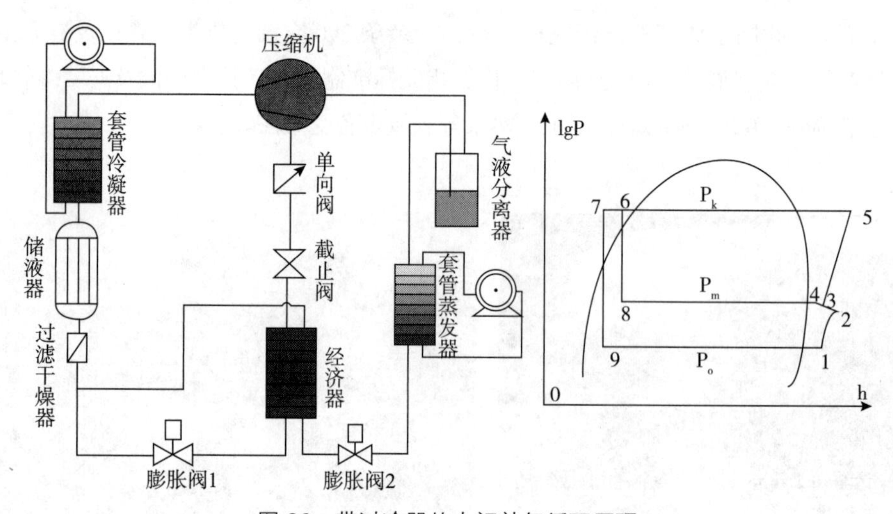

图 26 带过冷器的中间补气循环原理

系统相比都有所提高。EVI 系统由于在补气回路上采用膨胀阀，需要制定合适的控制策略。在制冷与热泵行业中，R410A 制冷剂借中国北方“煤改电”政策的兴起迎来了一轮爆发，其中普遍采用常规 R410A 热泵与 R410A 补气增焓热泵，如图 27。

1.2.3 跨临界 CO_2 系统

作为制冷剂天然工质化的理想替代者，CO_2 的热度持续增加。以下从四个方面对跨临界 CO_2 系统的研究和发展情况做出介绍。

（1）直热式热泵热水器

自从 CO_2 工质的跨临界运行模式被提出以来，直热式热泵热水器便成为其最主要应

图 27　R410A 亚临界热泵，R410A 补气增焓型热泵

用方式。目前，日本“生态精灵”系列热泵热水器累计发送量已于 2018 年 6 月突破 600 万台，而国内多家研究机构与生产厂家联合推出的产品样机均已经在国标名义工况下突破了 4.7 的 COP 大关。在学术界，对于直热式热泵的研究也逐渐开始向系统的动态响应规律和精细化控制的方向转变；在国内方面，清华大学、西安交通大学、上海交通大学、天津大学等诸多学者近年间都分别针对跨临界 CO_2 直热式系统的不同侧重点展开了深入的研究，取得了卓越的成果。

图 28　盾安机电的跨临界 CO_2 循环系统样机

（2）循环式热泵热水器

为了规避高回水温度对于性能的制约效果，目前往往采用附加并行过冷器的方式来对气体冷却器出口的 CO_2 实现进一步过冷，由此巩固跨临界 CO_2 系统能效，如图 29。

学术界针对并行过冷器的方式开展了大量研究，着重讨论了并行系统最优中间温度和最优排气压力，并综合比较了并行系统与复叠系统。不过，并行过冷器的引入对于原本就已经十分复杂的跨临界 CO_2 系统控制逻辑提出了更高的要求，因此并行系统的产业化正在孕育阶段。

（3）Booster（冷冻冷藏）系统

基础的 Booster（冷冻冷藏）系统结构方式如图 30 所示，该系统在商超行业中得到了广泛的推广。由于欧洲各国对天然制冷剂的推崇，跨临界 CO_2–Booster 系统的研究也主要由欧洲各国领衔。虽然 Booster 循环的相关研究仍在开展，但 Booster 系统已然风靡欧洲。据统计，2017 年欧洲采用 Booster 循环的超市已超过 12000 家，近两年更是成倍增长；日本

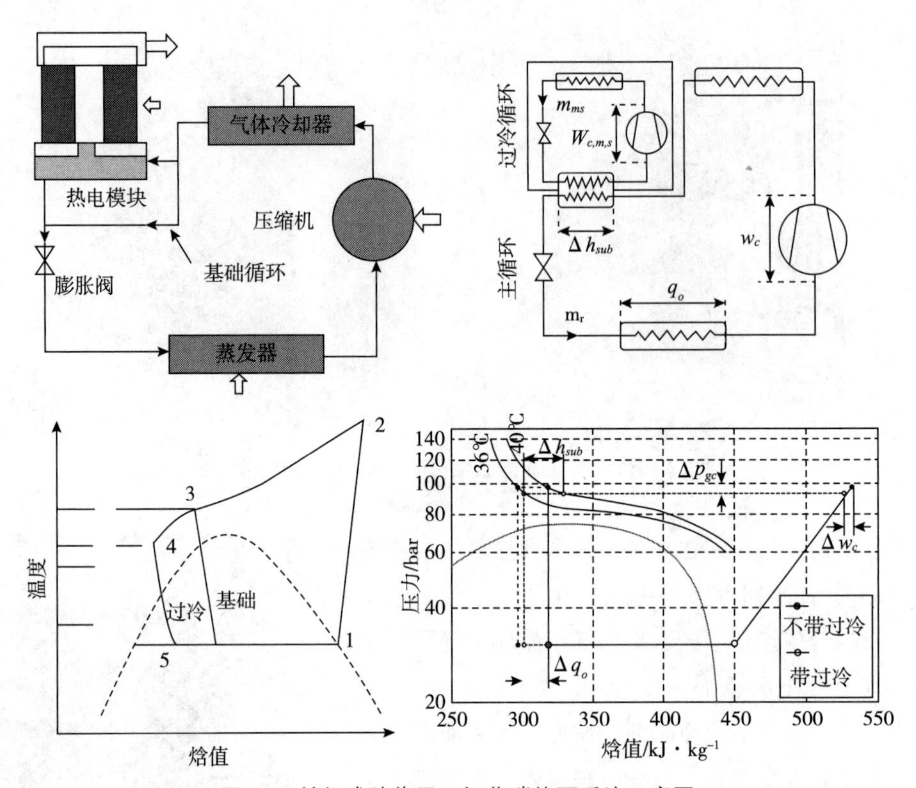

图 29　并行式跨临界二氧化碳热泵系统示意图

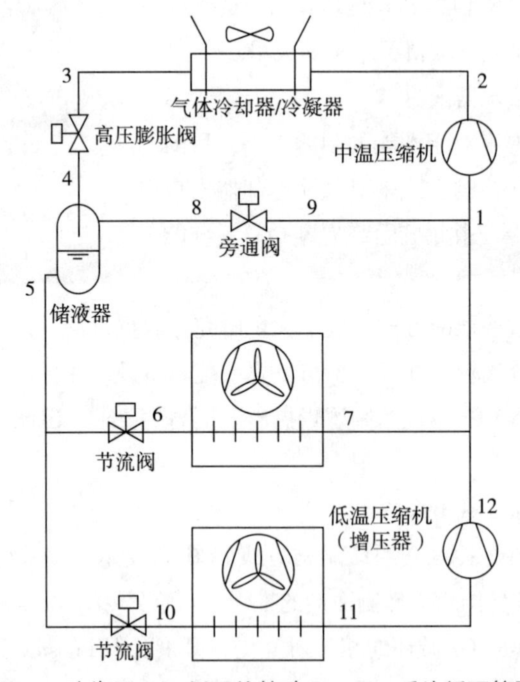

图 30　跨临界 CO_2 循环的基础 Booster 系统循环简图

图 31　昆明东启开发的跨临界 CO_2 循环 Booster 系统样机

采用该技术的超市数量也在飞速上升；我国于 2018 年推出了 Booster 系统样机，初步具备了产业化条件。

（4）汽车空调

空调系统作为电动汽车中耗能最大的辅助系统，其能耗降低对于提升电动汽车续航能力至关重要。跨临界 CO_2 循环早在 20 世纪 90 年代就已经介入汽车领域，目前国内外针对跨临界 CO_2 汽车空调的研究大多针对一些结构改进和方案调整措施而进行。

图 32　东风搭载跨临界 CO_2 汽车空调样车

1.2.4　复叠系统

NH_3 制冷剂除了高温热泵系统之外，主要应用于 NH_3/CO_2 复叠系统中。国内第一台 NH_3/CO_2 螺杆复叠制冷系统（2008）如图 33 所示，适用于蒸发温度 −55℃ ~ −25℃ 的工况。

图 33　NH_3/CO_2 螺杆复叠制冷系统

超低温冰箱适用于科研领域、生物医疗、电子、化工、机加工行业、远洋渔业等。近五年来超低温冰箱市场保存技术逐渐成熟，已实现 -164℃ ~ -30℃的全温区覆盖，但仍然以 -86℃及以上温度的产品为主导。复叠循环是低温冰箱的主流制冷方式，近年来各企业在提高低温冰箱环保性、可靠性、节能性以及拓宽容积等方面做出了突破。

图 34　立式超低温冰箱

图 35　中科美菱 1.8L 超低温储存箱

1.2.5　自复叠系统

自动复叠制冷循环由于其结构简单、制冷温区宽、高效回油等优势，已成为低温冰箱领域的重要发展方向。目前，两级自复叠系统的研究成果较多，随着复叠级数的增

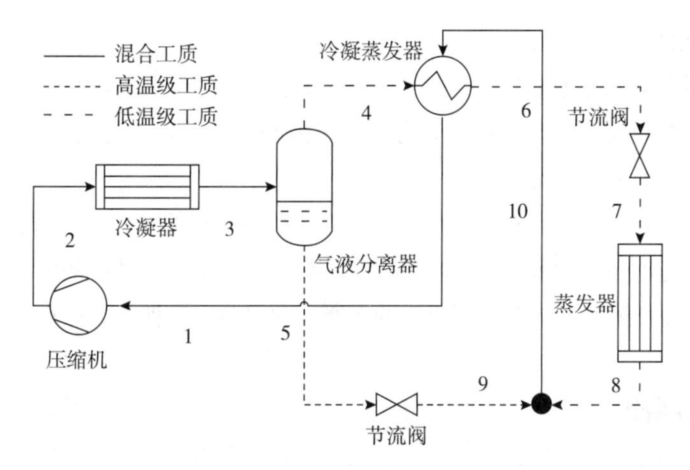

图 36 自复叠制冷系统原理

加，寻找合适的混合工质配比难度加大，因此多级自复叠系统的工质配比仍以实验探究为主。

由于复叠系统的环保限制，具有效率高、无污染、制冷温区广且灵活易调等优势的斯特林制冷系统，在低温冰箱上得到了较多关注。中国科学院上海技术物理研究所采用 4 台整体式斯特林制冷机作为冷源，使用真空绝热板和聚氨酯复合发泡制作箱体，已成功研制了有效容积为 750L、工作温度低于 -80℃的低温冰箱。斯特林低温冰箱正向大容积方向迈进。

1.3 核心问题及未来发展方向

为了响应《蒙特利尔议定书－基加利修正案》中关于制冷剂替代工作的具体部署，同时兼顾工商业的发展及居民日常生活水平，全世界范围内制冷行业在压缩机和制冷系统配置两方面均发生了明显转型，也各自攻克了相关技术瓶颈，开展了更加多元和工程化的研究。

压缩机方面，大型化压缩机始终是工商业制冷行业中不可或缺的组成部分，如磁悬浮离心压缩机在冷水机组行业仍占据相当一部分市场，具有很好的发展前景。而螺杆压缩机通过单机双级等方式来迎合高压比的工况需求也是另一个主要的技术突破。

小型压缩机方面，滚动转子压缩机正在逐渐侵占家用空调、除湿机、热泵烘干机、热泵热水器及小型商业装置等传统制冷行业。传统的活塞压缩机在小流量、高压比的工况领域仍然有着不可替代的优势。

制冷剂的替代任务对于制冷系统本身的影响更为严重。为兼顾热物性与经济性，在传统的单级亚临界制冷循环中，R718、R717、R290 与 R32 是全球制冷行业重点关注的四种典型替代工质。另外，R32 与 R290 虽然同样属于天然工质，且热物理性能十分优异，但其可燃性一直制约了其发展与应用。

跳出亚临界循环的限制，R744 工质的跨临界循环方式在热泵热水器、热泵供暖、商超制冷和汽车空调热泵等应用领域内具有不可比拟的性能优势，而 R744 也几乎被广泛视为一种理想的制冷剂替代方案。

在一些超低温制冷领域，复叠系统与自复叠系统仍然是首选方案，而这些系统所使用的制冷剂类型也逐渐向天然和 HC 制冷剂的方向靠拢。相信通过学者的深入研究，以上各种制冷领域能够完全摆脱 HCFC 类制冷剂的垄断，向绿色、环保的行业目标更进一步。

2. 吸附式制冷

作为一种绿色的制冷技术，吸附式制冷吻合了当前能源、环境协调发展的总趋势。固体吸附式制冷可采用余热驱动，不仅对电力的紧张供应可起到减缓作用，而且能有效利用大量的低品位热能（余热、太阳能等）。另外，吸附式制冷不采用氯氟烃类制冷剂，无 CFCs 和 HCFCs 问题，也无温室效应作用，是一种环境友好型制冷方式。从 20 世纪 90 年代中期以来，吸附式制冷受到重视，研究不断深化。与蒸气压缩式制冷相比，吸附式制冷具有节能、环保、控制简单、运行费用低等优点；与液体吸收式系统相比，固体吸附式制冷适用的热源温区范围大、不需要溶液泵或精馏装置，也不存在制冷剂的污染、盐溶液结晶以及对金属的腐蚀等问题。目前，对吸附材料、循环、吸附床强化等领域的研究已经使吸附式制冷走向实际应用。

2.1 我国吸附式制冷的发展现状

在材料方面，传统的吸附剂主要包括物理吸附剂和化学吸附剂，包括活性炭、活性炭纤维、沸石、硅胶、金属氢化物、金属氧化物、金属氯化物等。但物理吸附剂的吸附量往往较低，造成实际应用时整个系统体积过大，而化学吸附剂的膨胀、结块等导致了吸附性能严重衰减，同时其渗透性、导热性往往都极低。而复合吸附剂的提出成为了吸附材料领域突破性的进展。按照基质的种类来区分，复合吸附剂主要分为以石墨为基质的复合吸附剂以及以其他多孔吸附剂为基质的复合吸附剂。前者主要用于吸附剂传热传质性能的提高并解决性能衰减的问题，后者在提高传热传质性能的同时一般可以改善吸附性能。传统的复合吸附剂包括氯化锂 / 硅胶、溴化锂 / 二氧化硅、氯化钙 / 膨胀硫化石墨、氯化钡 / 膨胀蛭石等。近五年来国内学者不断提出了多种用于制冷的新型吸附剂，包括以纳米金属为添加物的复合吸附剂、碳纳米管为基质的复合吸附剂、金属有机框架材料（MOFs）及其复合吸附剂等。在原有膨胀石墨（ENG）基质中再加入碳包覆金属（铝和镍）纳米粒子以制备新型复合吸附剂。研究显示当添加的纳米颗粒比重为 10% 时，可将复合吸附剂的热导率平均提高约 20%。金属有机框架材料是发展迅速的一种配位聚合物，是沸石和碳纳米管之外的又一类重要的新型多孔材料，有较高的孔隙率和比表面积。但其热稳定性往往低于传统的无机分子筛和多孔碳材料，由于配位键比较弱，导致不少 MOFs 的化学稳定性比较差，限制了 MOFs 材料的应用。尽管近五年来逐渐被应用于吸附制冷、热泵等热转换方向，但目前为止国内对其研究体量仍较小，且需跨学科合作以更好地将其应用于吸附式制冷中。

在循环方面，简单循环 COP 较低（大多低于 0.4），这主要是由于吸附床在冷热交变条件下温度波动太大而引起。为了提高吸附制冷的 COP，在吸附系统中引入了热量回收的概念，构建了双床回热循环、复叠循环、多级循环、热波与对流热波等循环。国内学者进一步提出了回质循环及回热回质循环。回质循环利用两个吸附床之间的压差驱动，将解吸后高压发生器中的气体制冷剂转移到低压发生器，来有效地提高吸附系统的循环吸附 / 解吸量，从而提高制冷量与 COP。这种方式使得吸附床因为压力的突然提高而增加了吸附量，解吸床因为压力的突然降低而增加了解吸量。结合回热循环和回质循环所建立的回热回质循环，可以显著提高循环吸附浓度差与内部吸附热和显热的热回收。与简单循环进行对比，系统制冷的 COP 的最大提高幅度甚至可以达到了 100%。近五年来在吸附制冷循环上的创新更多地体现在提高对变温热源的适应性以及多模式联供研究上，以期最大效率地提高热源能量利用率。除 COP 外，衡量吸附制冷性能的重要指标还包括单位质量吸附剂的制冷功率（SCP）。而对于一个给定的循环，增加制冷量的方法主要是缩短循环时间。缩短循环时间的方法除研发新型的复合吸附剂以提高吸附剂的传热能力外，还可对吸附床进行传热强化，包括拓展换热面积技术及涂层 / 固化技术等，目前国内普遍将这两种技术结合使用以构建高效吸附反应床。

随着新型吸附剂、高效吸附制冷循环、吸附床的传热传质技术积累，吸附式制冷技术得以在冷水机组、冷藏车（冷藏、冷冻）、数据中心（散热）等方面应用。王如竹等研发的双分离热管型回热回质吸附制冷机（图 37）最低可以采用 65℃的冷水驱动，并已经在上海市生态建筑项目（太阳能空调）、国家粮库粮食冷却、冷热电联产等系统中获得应用。而后王如竹等研发的新型高性能吸附空调冷水机组（图 38），采用吸附床 – 冷凝器 – 蒸发器双腔体结构，提出了制冷剂平衡构建方法，已经形成系列化的产品。王丽伟等研发的单级 / 双级吸附式冷藏车（图 39）直接利用机车尾气加热吸附床，所产生的冷量基本可以满足冷藏和冷冻的温度需求。随着吸附式制冷系统小型化、高效能的发展趋势，其应用将更加广泛。

2.2 吸附式制冷的国内外发展比较

在吸附循环构建与吸附系统应用领域，国内研究都处于世界领先水平，上海交通大学曾与英国华威大学进行重大国际（地区）合作项目，对不同热质传递条件下吸附制冷工质对的传热传质强化与吸附特性进行了深入研究。值得一提的是国外企业中很多产品采用了国内学者提出的回质循环或回热回质循环方式以及复合吸附剂思想。尽管相对慢于欧盟等

图 37　分离热管型硅胶 – 水吸附制冷机

图 38　硅胶 – 水吸附空调冷水机组

（a）吸附式冷藏车

（b）吸附床局部图

图 39　氯化锰 – 氯化钙 / 氨两级吸附式冷藏车

国家或组织，吸附式制冷在国内也得到了快速的发展，其产学研的市场化应用也达到了世界前列，相关企业可以提供硅胶 – 水吸附式冷水机组、复合吸附剂 – 氨冷冻机组、复合吸附剂除湿转轮空气处理系统等。鉴于传统吸附式制冷材料、系统的研究趋于完善，目前国际上最新的研究热点为以 MOFs 为代表的新型纳米、复合材料在吸附式制冷中的应用研究，体现出材料、化学与能源方向的结合趋势，在此方面处于领先地位的包括法国巴黎材料研究所、美国麻省理工学院、荷兰代尔夫特理工大学、英国伯明翰大学等的研究学者。但相比较在新型吸附材料研发领域，国内相对国外的发展较慢，相关的科研报道较少，以 MOFs 制冷 / 热泵的研究为例，目前国内的相关研究占比约为 16%，仍有较大的提升空间。

2.3　我国吸附式制冷的发展趋势

在材料、能源领域研究持续受到高度重视的背景下，吸附式制冷在未来五年内要完成从实验室台架实验到示范工程再到工业应用的三步走突破，加速成熟技术的工业转化形成新的产品，有效利用太阳能及低品位工业余热，以满足国家的能源发展战略需求。值得期待的应用领域包括冷库中吸附制冷机组、商用吸附制冷空调、移动式吸附制冷机、

车载制冷 / 除 NO_x 一体化系统、数据中心热管理等。同时，需要紧跟国际先进研究方向，利用已有的循环及系统构建经验进行新材料的应用，从粗放式设计过渡到精细化的构效关系设计，逐步完善与材料、化学、化工学科的交叉发展，培养基础研究与工程实践并重的复合型学科人才，充分利用第一性原理、分子动力学模拟、机器学习等理论及技术加速吸附式制冷的研究进展，以深入理解实验中观察到的各种现象，避免知其然而不知其所以然的困境。

3. 吸收式制冷

吸收式制冷是几种基本制冷方法之一，最早于 1777 年提出，并采用硫酸作为工质对；而最早的吸收式制冷机组则由法国科学家费迪南德卡尔（Ferdinand Carré）于1858年制成，并于 1860 年取得美国专利，其工质对采用的是氨水。早期的吸收式制冷机组是采用燃气燃烧直接驱动，并取得稳定制冷输出，但是由于燃气价格的上涨、电价的下降和压缩式制冷技术的不断成熟，燃气驱动的吸收式制冷相对于电驱动的压缩式制冷竞争力下降。然而近几十年来的能源危机和环境污染问题又给吸收式制冷的发展带来了新的机遇。传统的吸收式制冷技术已经发展地较为成熟，但是在面对能源和环境问题下发展太阳能和余热驱动的吸收式制冷却是近年来所出现的新问题。如何将吸收式制冷与太阳能和余热利用等新场景结合起来，并针对新型驱动热源特性提升性能是吸收式制冷所面临的新问题。

吸收式制冷相对于压缩式制冷循环的特点在于采用热能而非电能驱动达到制冷，其根源是热力循环的不同：压缩式制冷采用的是逆卡诺循环，而吸收式制冷采用的是正卡诺循环与逆卡诺循环耦合的循环方式；为了配合其特有的循环方式，吸收式制冷还需要采用二元工质对。吸收式制冷与吸附式制冷的理想热力循环相同，但它相对于吸附式制冷的特点在于内部回热方便导致的高驱动温度下效率更高，其根源来自于工质对的不同：吸附式制冷采用气 - 固工质对，而吸收式制冷采用气 - 液工质对。图 40 所示为典型的采用溴化锂水溶液为工质对的吸收式制冷机组，常规的吸收式制冷机组大多采用管壳式换热器，管内为热源而管外为工质，从机组侧面可以看到单效制冷机组是由四个管壳式换热器组成，分别为发生器、冷凝器、吸收器和蒸发器。常见的溴化锂吸收式制冷机可以根据驱动热源分为热水型、直燃型和蒸汽型，分别采用热水、天然气和蒸气作为热源，除了在发生器的设计上有所区别，不同热源类型的吸收式制冷机组的内部结构相似。

在实际应用中，受工质对物性所限制，单效吸收式制冷循环无法满足不同工况的需求，因此还需要采用不同的循环方式，这些循环主要可以分为提升温升型循环（此处温升是指制冷温度与环境温度之差）和提升效率型的循环。除了提升温升能力的循环外，另外一类更加常用的循环是提升效率型的循环，适用于热源温度与环境温度相差较大的情况或制冷温度与环境温度相差较小的工况。

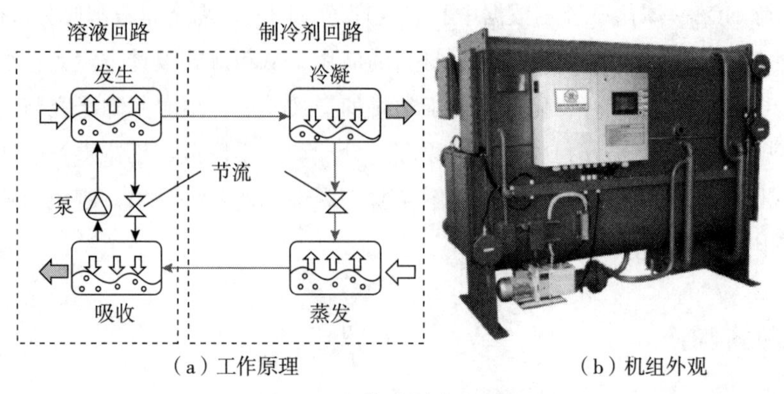

（a）工作原理　　（b）机组外观

图 40　吸收式制冷的原理

3.1　新型吸收式制冷循环的发展

由于吸收式制冷采用热能作为驱动热源，而热能的品位与形式十分多样化，因此为了达到对不同场景下热能的充分利用，众多研究者还在以上介绍的单效循环、两级循环、半效循环、双效循环、三效循环和 GAX 循环外发展了诸如 SE/DL（单效 / 两级）循环、三级循环、四效循环，甚至七效循环等不同的吸收式制冷循环，但由于经济性和系统复杂性的考虑这些循环基本上只停留在理论阶段。

近年来，针对吸收式制冷在太阳能利用、余热利用以及吸收式制冷的本身缺点，众多研究者还在不断提出新型吸收式制冷循环，其中比较具有代表性的循环包括：针对变温太阳能热源提出的变效吸收式制冷循环、针对余热驱动高效冷冻提出的精馏热回收吸收式制冷循环，以及针对吸收式制冷循环闭式系统带来的高成本提出的开式吸收式制冷循环；此外，三种循环的构建方式也各有特色，分布代表了增添新型结构进行循环构建、内回热最优化进行循环改良以及改变吸收方式进行循环突破的方法。

在中低温太阳能热源驱动的溴化锂水吸收式制冷中，常见的热源温度为 90℃ ~150℃，且热源在一天中有随时间变化的特性，即太阳能热源在接近中午时温度高，在早晨和傍晚温度低，而在夜间无法提供热量。传统的单效溴化锂水吸收式制冷循环最优工作温度为 90℃，双效溴化锂水吸收式制冷循环最优工作温度为 140℃，当热源温度在 90℃ ~140℃之间时可选的循环只有单效循环，且 COP 只能达到 0.7 左右，与热源温度在 90℃时的 COP 相同；热源温度的提升并不能带来 COP 的提升。如图 41 所示为针对传统单双效吸收式循环热适应性差和 90℃ ~140℃驱动温度范围构建的新型变效溴化锂水吸收式制冷循环，该循环在双效循环上添加了高压再吸收过程（HA）从而产生高温吸收热和低浓度溶液，高温吸收热可以驱动低压发生（LG2）达到单效制冷，低浓度溶液则可以利用高压冷凝热（HCON）进行低压发生（LG1）达到双效制冷，二者的比例可以根据热源温度进行自动调节，从而从整体上达到从单效到双效进行连续变换的 1.n 效循环。在 5℃蒸发温度、30℃

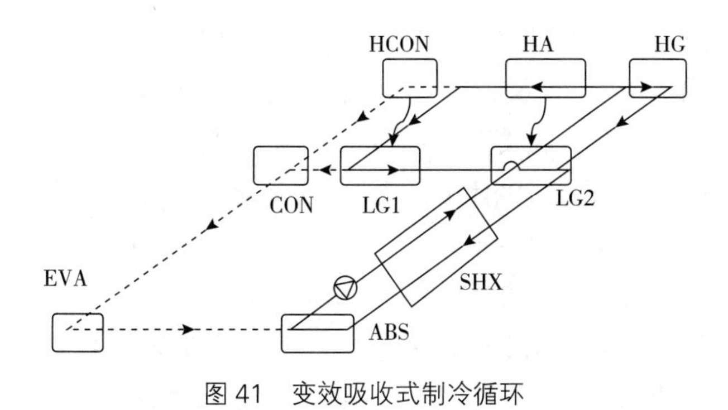

图 41　变效吸收式制冷循环

环境温度和 90℃ ~150℃的热源温度下，该循环可以达到 0.75~1.10 的 COP。

受限于制冷剂水无法在低于 0℃以下工作，溴化锂水吸收式制冷不能在冷冻工况下工作，此时可以采用氨水吸收式制冷进行低温冷冻。与溴化锂水系统相比，氨水系统除了低温工况下的优势以外还具适用于热源温度滑移较大的情况，这是由于氨水吸收式制冷中的氨水溶液浓度滑移较大，可以与热源进行较好的换热匹配从而减少换热不可逆损失。然而氨水系统中氨和水的沸点温度接近有精馏需求，所以系统会比溴化锂水系统复杂，内部热量回收也显得格外重要。如图 42 所示为基于夹点分析方法对氨水吸收式制冷进行内回热最优化的不同策略，根据工况氨水吸收式制冷的最优回热方法可以分为 Split 循环和 GAX 循环两种方法，可以比常规循环在同等工况下的 COP 提升 20%~90%。根据这种内回热最优设计出的氨水吸收式冷冻循环可以在 −30℃的冷冻工况下达到 0.5 的 COP。

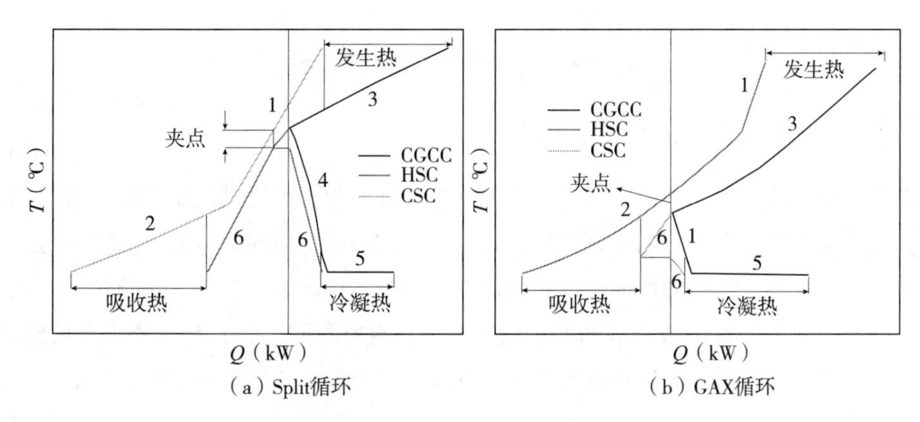

图 42　氨水吸收式制冷循环的最优回热设计

常规吸收式制冷循环是闭式系统，无论在采用溴化锂水或氨水工质对时都会由于闭式系统带来一些缺点：如以水为制冷剂的溴化锂水工质对需要在真空工况下工作，不凝性气体会使系统中吸收和冷凝性能大大降低，因此对气密性要求高；以氨为制冷剂的氨水工质对需要在高压工况下工作，机组的设计涉及压力容器的强度考虑。针对以上闭式系统的缺点，近年来出现了很多关于开式或半吸收式循环的研究，但这类循环大多用于热泵应用；由于采用了开式设计，这种吸收式循环所采用的工质对和闭式系统不同，常见的工质为氯化锂水溶液，近来也有采用离子液体水溶液作为工质对的探索。如图 43（a）所示为典型的开式吸收式热泵循环，循环中溶液与空气直接接触，吸收器中的溶液吸收湿空气的水分释放热量，这部分溶液流动至解吸器中被外热源加热释放水蒸气，水蒸气在冷凝器中冷凝并再次释放热量，这种循环适用于回收含湿烟气中的水分。如图 43（b）所示，这种开式吸收式系统还可以和蒸发冷却器连接起来，当湿空气经过开式吸收器变为干空气后可以再进入开式蒸发器并产生蒸发冷却作用，此处蒸发器的水来自冷凝器；根据采用离子液体工质对的实验研究，该种系统可以在 19℃和 49% 相对湿度的环境工况下输出 56℃的热输并达到 1.2 的热效率。

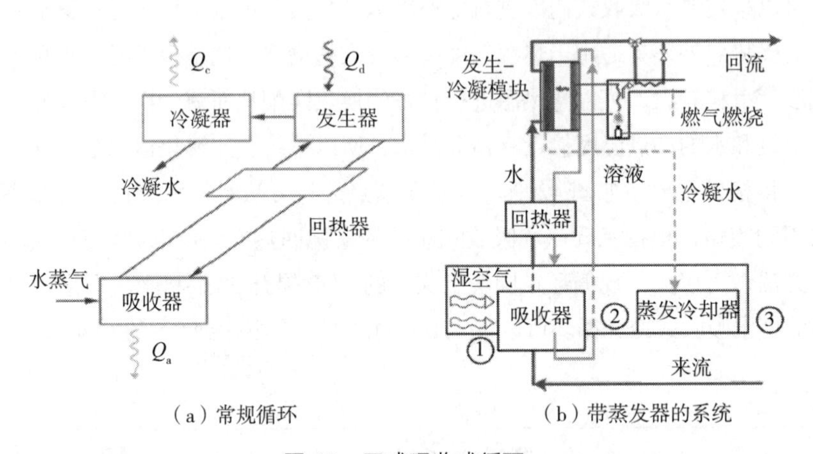

（a）常规循环　　（b）带蒸发器的系统

图 43　开式吸收式循环

3.2　吸收式制冷工质对的发展

在机组循环流程外，吸收式制冷和热泵系统的性能很大程度地决定于工质对，包括制冷剂和吸收剂的性质都会影响系统整体性能。吸收式制冷工质对对制冷剂的要求与压缩式制冷相同，制冷剂所需要的性能包括高潜热、合适的工作压力、良好的传热传质性能以及低黏度。吸收式制冷对中吸收剂的要求则与制冷剂有所不同，吸收剂应该具有低比热容、和制冷剂间的强结合作用、沸点温度与制冷剂相差尽可能大、溶解度高不宜结晶以及良好的传热传质性能。

除了以上这些性能外，考虑到系统的安全温度运行，制冷剂和吸收剂最好都是无毒的、不易燃的、不易爆炸的和低成本的。但是在挑选工质对的时候，以上所列出的理想工质性能中是存在自相矛盾的，例如高溶解度和大沸点差两个需求就存在这样的关系：当选用沸点很高的吸收剂溶质时可以满足大沸点差的要求，但同样会带来结晶问题；当选用高溶解度的吸收剂溶质时，通常又存在沸点差小需要精馏的问题。因此在选择合适的吸收剂和制冷剂时需要综合考虑以上因素，尽管溴化锂水溶液和氨水溶液分别存在结晶和需要精馏的缺点，它们仍然是目前最常用的工质对。

吸收式制冷的工质对由制冷剂和吸收剂组成，其中常见的制冷剂为水、氨、醇类和其他有机制冷剂，表 1 是对这些工质对总结。除了以上这些工质对外，近年来有很多采用离子液体作为吸收剂的新型吸收式工质对研究，诸如离子液体 - 水工质对、离子液体 - 氨工质对和离子液体 - 有机物工质对。这些研究之所以吸引人是因为离子液体作为吸收剂具有很多优势，诸如超低蒸气压、强吸收作用、可选离子液体种类多、溶解度高和弱腐蚀性，而这些属性对吸收式制冷特别合适。另一方面离子液体也具有它自己的一些缺陷，诸如黏性高、价格贵和传热传质效果并不理想等，还需要进一步针对离子液体物性提升、合成简化、传热传质强化以及系统研究才能真正将其推向实用。

表 1　吸收式制冷工质对和特征

制冷剂	分类	工质对	特征
水	$LiBr/H_2O$ 及添加剂	$LiBr-H_2O$	广泛应用，结晶分析，高温腐蚀性
		$Carrol-H_2O$	LiBr 的溶解度提升到 80%
		Additive 1-octanol	比纯 $LiBr-H_2O$ 工质对 COP 略高
		Additive 2-ethyl-1-hexanol	比纯 $LiBr-H_2O$ 工质对 COP 高
	二元盐 $/H_2O$	$CaCl_2-H_2O$	低成本，COP 尚可
		$LiCl-H_2O$	比 $CaCl_2$-water 工质对的 COP 高
		LiI-water	温升能力弱，COP 高
		KNO_3-water	比 LiBr-water 工作温度高
	多元盐 $/H_2O$	$LiBr+LiNO_3/H_2O$	比纯 $LiBr-H_2O$ 工质对高 5% 的 COP，腐蚀性小
		$LiBr+LiI+LiNO_3+LiC/H_2O$	高性能，大溶解度
		$CaCl_2+ZnCl_2/H_2O$	二元工质对温升能力强
		$LiCl+ZnCl_2/H_2O$	比 $CaCl_2+ZnCl_2-H_2O$ 性能好
	酸碱	$NaOH/H_2O$	比 $LiBr-H_2O$ 工质对 COP 低，强腐蚀性
		$NaOH+KOH+CsOH/H_2O$	输出温度高
		H_2SO_4/H_2O	高 COP，腐蚀性很强
氨	氨水	NH_3/H_2O	广泛应用，需要精馏，微毒性，易燃
	盐 - 水 - 氨	$LiBr+H_2O/NH_3$	比 NH_3/H_2O 工质对的 COP 低 0.05
		$KOH+H_2O/NH_3$	弱化了精馏需求
	盐 - 氨	$NaSCN/NH_3$	无精馏，可能结晶
		$LiNO_3/NH_3$	比 $NaSCN-NH_3$ 需要的驱动温度低

续表

制冷剂	分类	工质对	特征
有机物	醇类	E181 或 Pyr 或 NMP /TFE	无腐蚀性，低导热率，适合高工作温度
		LiBr /CH_3OH	可应用于零下温度，低效率
		三元 CH_3OH 工质对	可应用于零下温度，低效率
	卤代烃类	DMF /R21，DMF /R22	DMF–R21 效率更高
		DEGDME /R22，TEGDME /R22	热泵 COP 达 1.25，DEGDME–R22 性能更好

3.3 吸收式制冷的应用与发展

吸收式制冷目前在太阳能制冷和工业余热回收是两个重要的发展方向，新型吸收式循环与工质对都是在围绕着新型太阳能和余热利用场景下提升吸收式制冷效率和拓宽吸收式制冷使用范围所进行的，例如变效吸收式制冷循环是针对太阳能利用提出，而开式吸收式循环和压缩吸收耦合循环则更适合用于余热回收场景。

尽管在太阳能和余热驱动的吸收式制冷方面已经有不少研究，但当前技术在面对太阳能制冷中太阳能的不稳定性和间歇性，以及工业余热的低温位特性还需要进行进一步的提升。例如，如何解决太阳能间歇性在吸收式制冷连续工作中的影响，以及如何解决余热回收转换的温度区间多样性仍然是进一步推进吸收式制冷发展的难题，这些问题也需要通过结合新型应用场景去进行吸收式制冷以及整体系统的进一步研究进行解决。

4. 喷射式制冷技术

4.1 喷射器的原理及分类

喷射器是利用高压工质在喷嘴中膨胀加速为超音速状态，引射低压流体，并在混合腔内进行动量和能量交换，然后采用渐扩的流道降低流体速度，将动能转化为势能，由此提高静压，实现膨胀功的回收。喷射器按照其进口状态可分为气体喷射器、液体喷射器、冷凝喷射器和两相喷射器等。

4.2 喷射器在制冷系统中的应用

4.2.1 热驱动喷射制冷循环

热驱动喷射制冷系统可以利用余热和太阳能等低品位能源，通过喷射器实现制冷循环，减少了高品位能源的消耗，其循环原理如图 44 所示。来自冷凝器的过冷液体，分为两路：一路经过工质泵压缩后进入发生器，吸收热量变为饱和或过热气体，然后作为工作流体进入喷射器喷嘴；另一路液体经过节流阀后进入蒸发器吸热，然后被引射升压，进入

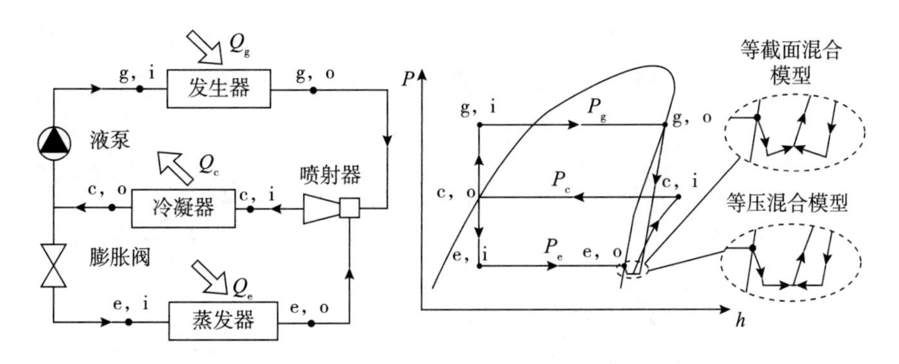

图 44　喷射制冷循环和 P–h 图

冷凝器。该循环喷射器性能随工况参数如冷凝压力变化剧烈，在高冷凝温度下会出现系统性能下降，甚至喷射器失效的现象。因此，有专家提出了多喷射器串联或并联的进行调节，增强了系统的变工况适应性。

4.2.2　采用喷射器的蒸气压缩式制冷循环研究

利用喷射器代替蒸气压缩式制冷系统中的节流阀，回收节流过程的膨胀功，可以进一步改善系统性能。典型的背压分流式喷射器增效制冷系统的循环流程如图 45 所示。其中喷射器与气液分离器相耦合，喷射器回收膨胀功，实现吸气压力的提升，提高了压缩机效率和系统性能。已开展的研究表明该循环在节流压差较大的 CO_2 跨临界制冷系统和压比较大的冰箱和冷柜系统中节能优势显著，但需要解决润滑油在蒸发器内的积存问题。

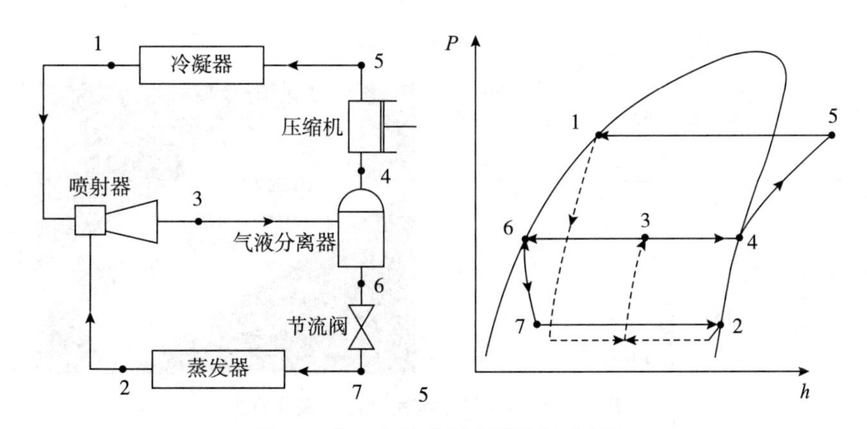

图 45　背压分流喷射器增效制冷循环

喷射器增效的高压（冷凝器）分流制冷循环如图 46 所示。冷凝器出口的流体分为两股：一股流体作为喷射器的工作流体，而另一股流体经膨胀阀等焓膨胀，进入蒸发器，然后吸热变为气体后被喷射器引射。与背压分流喷射器循环相比，该循环只回收了部分高压流体的膨胀功，但回路无气液分离器，压缩机回油通畅，系统制冷量在喷射器性能下降的情况下也不会大幅衰减，因此该循环结构具有较高的实用价值和研究价值。

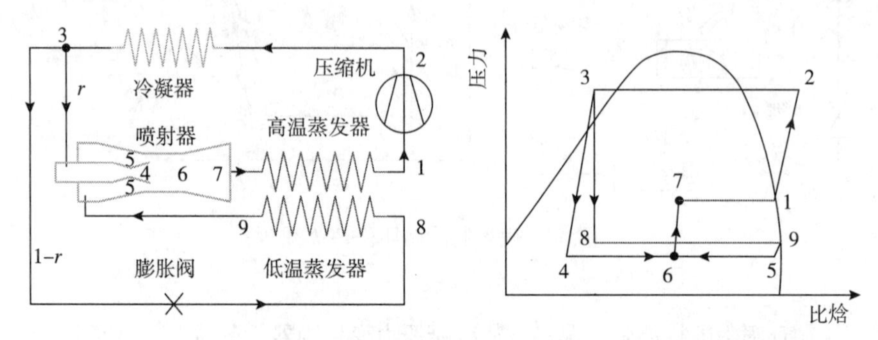

图 46　无气液分离器高压分流喷射器增效双温制冷循环

4.3　喷射器的调节

固定结构的喷射器具有一定的工况适应范围，而系统在实际运行过程中涉及启动、间隙运行和变负荷等非稳态过程，喷射器性能变化剧烈。因此，喷射器调控是适应系统变工况、变负荷最佳运行的有效手段。一种方式是通过调节阀针位置调节喷嘴喉部面积，从而改变喷嘴出口状态参数和喷射器的性能，适应系统工况和负荷的变化，其原理如图 47 所示。目前，卡乐、丹佛斯等企业陆续推出了可调式喷射器，并应用于大型 CO_2 商超制冷系统中，市场前景良好。

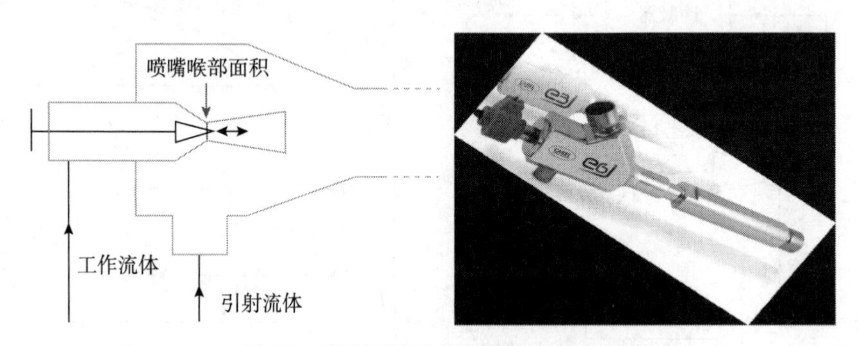

图 47　喷嘴可调式喷射器原理及实物

另一种调节方式是通过并联布置多个结构尺寸不同的喷射器，根据工况的不同通过电磁阀开启或关闭进行的组合，可以实现不同工况下性能的调节，如图 48 所示。该方式无运动部件，工作可靠，结构简单，也是较为理想的喷射器调节方式之一。目前主要应用于 CO_2 商超制冷系统，年能耗降低 14% 以上。

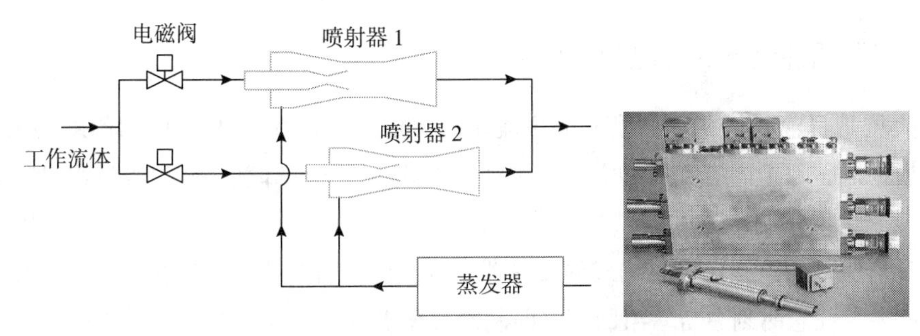

图 48　并联可调式喷射器原理及实物

4.4　喷射器增效制冷技术的展望

随着当前能源战略的实施，喷射器增效制冷技术得到了广泛重视。未来喷射器增效技术将向低温制冷、冷库、高温热泵、轻商以及家用制冷设备等领域发展。但该技术还存在一些问题需要解决，如获得较为完善的喷射器设计方法，以及喷射器与系统的动态耦合调控机制；掌握喷射器加工工艺的改善和成本控制方法。相信通过众多研究机构和企业开展的各项工作，喷射器增效制冷技术必将呈现出良好的发展态势。

5. 弹热制冷技术

5.1　弹热制冷的热力学原理

弹热制冷是利用单轴应力驱动形状记忆合金产生奥氏体到马氏体的固 - 固相变，并利用卸载相变阶段产生制冷效应的技术，需要形状记忆合金的相变温度低于制冷温区。利用该制冷效应的主动回热式固态制冷循环是弹热制冷系统的基本原理。

5.2　弹热制冷工质

弹热制冷普遍使用形状记忆合金作为工质，早期也有研究人员尝试使用橡胶等高分子材料作为工质。理想的弹热制冷工质应具有表 2 的特性。

表 2　弹热制冷工质性能

	现有技术水平	预期技术水平
相变潜热（制冷能量密度）	Ni–Ti：10~15 J/g，Cu–SMA & Fe–SMA：5~10J/g	＞20 J/g（40K 绝热温变）
驱动应力	Ni–Ti：500MPa，Cu–SMA：200MPa	保持相变潜热且＜100MPa
相变回滞	工质热力完善度 60%~80%	工质热力完善度＞90%
寿命	块状实验室样品 10^6 次，实验室薄膜 10^7 次	商用工质＞10^7 次

5.3 周期性运行的弹热制冷系统

该类型是目前弹热制冷原型机的主流系统集成方案，其特征在于系统由一组或多组固态工质组成，每组固态工质均需要依次经历加载、排热、卸载、制冷等过程以完成整个循环，属于周期性制冷方式。以图 49 的压缩式水冷型弹热制冷系统为例，使用机械或液压缸驱动器驱动两组镍钛管材构成的回热器，两组回热器交替处于加载、卸载状态，具有 180° 相位差，任意时刻总有一组回热器向制冷对象供冷，实现了准连续制冷效果。

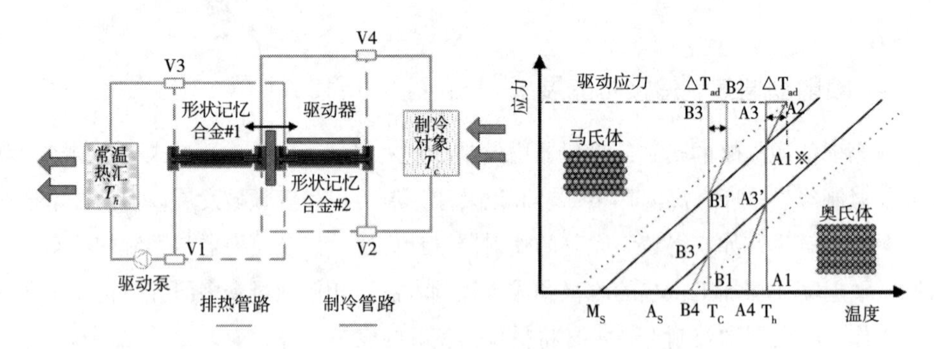

图 49 周期性运行的弹热制冷系统流程原理

除了使用热交换流体，也可以使用固态接触直接制冷的方案，原理如图 50 所示，该方案特征在于直线驱动电机驱动方向与形状记忆合金单轴相变方向存在夹角，且固态热汇需做成上凸型结构，保证形状记忆合金在与热汇接触时被其表面型线约束进而由驱动电机以一定夹角驱动相变。直接接触制冷避免了额外的传热流体、管网及水泵，在小型电子元器件冷却方向有一定应用价值。

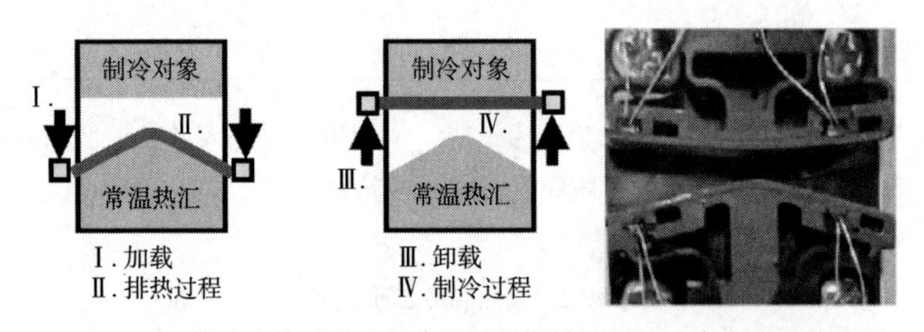

图 50 无传热流体型弹热制冷系统周期性运行的四个步骤及装置

5.4 连续循环式运行的弹热制冷系统

与周期性运行的弹热制冷系统不同，连续循环式制冷系统中的固态制冷剂在系统内部不同位置循环移动，因此可以在特定位置持续不断地输出冷量。图 51 是一种使用旋转凸轮拉伸镍钛合金线圈的空气冷却型弹热制冷系统方案，利用凸轮高位区域对镍钛线圈加载，利用凸轮低位区域卸载，使用两股空气进行热交换。相比周期性运行方式，连续循环式运行的制冷系统可以在相同驱动电机条件下加载更多的固态制冷剂，但代价是只能运行单级制冷循环。

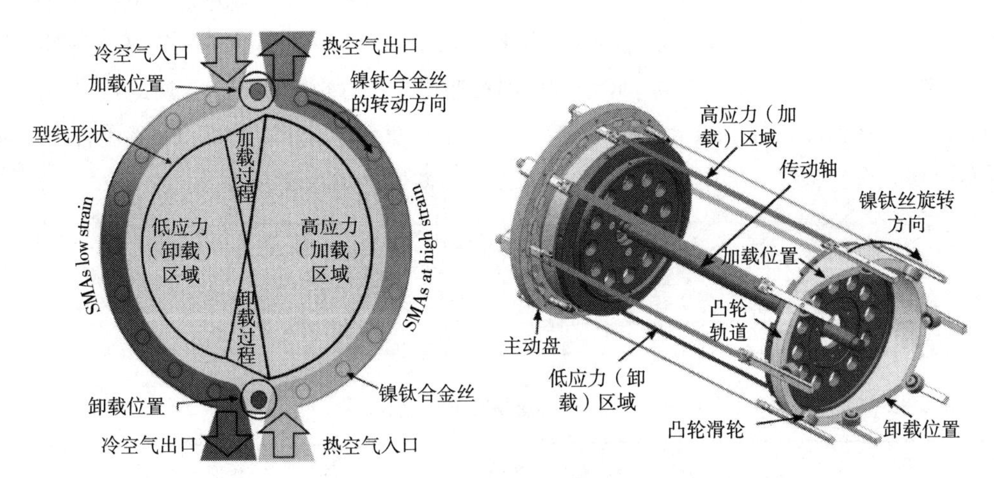

图 51　连续循环式运行的弹热制冷系统流程原理及装置简介

表 3　弹热制冷装置制冷性能指标现状

制冷性能指标	指标大小	制冷装置信息
最大制冷温差（零负载）[K]	28	周期性拉伸镍钛丝
最大制冷量（零制冷温差）[W]	160	周期性压缩镍钛合金管
最大制冷密度（零制冷温差）[W/g]	7.7	周期性拉伸镍钛合金薄板
最大制冷性能系数（COP，10K 温差）	3.2	周期性拉伸镍钛合金薄板

5.5　需解决的核心问题及未来发展趋势

弹热制冷技术现处在实验室原型机研发阶段，其性能与家用空调、冰箱的制冷性能参数还有一定差距。在材料层面，需要重点解决相变潜热不下降前提下降低驱动应力和相变回滞以提高循环效率及使用寿命的新材料和新工艺。在系统层面，应开发具有大驱动力、小位移特性的直线和扭转驱动装置。在现有回热器结构的基础上，更先进的热处理及增材制造工艺流程有望在未来应用于制备微通道结构的形状记忆合金回热器，以实现更优的力学及传热性能。除此之外，高效、简易的卸载功回收和动能回收设计及回热器内传热强化结构都是未来提升系统能效的重要发展方向。

6. 磁制冷技术

6.1 磁制冷的热力学原理

磁制冷是指利用变化磁场驱动磁性制冷工质磁矩有序度发生变化从而在退磁阶段产生制冷效应的方法。根据磁矩来源，使用原子核内质子、中子磁矩变化的核绝热退磁制冷在 mK 级热汇预冷条件下可以产生 μK 级的低温；使用电子磁矩的顺磁盐工质绝热退磁制冷可在液氦温区预冷条件下产生并维持 mK 级的低温；使用电子磁矩的稀土及稀土合金、过渡族金属化合物材料可工作在液氢温区至室温温区内产生制冷效应。

6.2 磁制冷工质

理想的磁制冷工质应具有表 4 的特性。

表 4　磁制冷工质性能

	现有技术水平	预期技术水平
磁热效应（制冷能量密度）	2T 场强 Gd：3~5K GdSiGe & LaFeSi：&Mn-MCM ＜ 8K	＞ 10K（2T）
磁热效应温区	Gd：40K，GdSiGe & LaFeSi：＜ 10K	复合工质总磁热效应＞ 50K
相变回滞	Gd：工质热力完善度＞ 90% GdSiGe & LaFeSi：60%~80%	保持磁热效应，工质热力完善度＞ 90%
居里温度	Gd 可降低，LaFeSi 可微调	覆盖大范围温区
成本	有稀土元素镧或钆	无稀土元素
其他	Gd：良好的机械性能和导热率	LaFeSi 复合材料保持高导热率和机械性能

6.3 室温磁制冷装置

为了产生变化的磁场，（永磁）磁体与主动磁回热器存在周期性相对运动，根据两者相对运动方式的不同，可以区分为往复磁体、往复磁回热器、旋转磁体、旋转磁回热器四大类型。往复式磁制冷机主要用于测试并调试磁回热器的性能，从工程应用角度实用化的是旋转式磁制冷机。在旋转式构型中，多个磁回热器可排布在圆周方向。一个典型的旋转（磁体）式磁制冷装置如图 52 所示，磁体间隙填充了 11 个磁回热器，每个回热器的高温端位于顶部，低温端位于底部，两侧各有单向流动的进口、出口。低温侧与制冷换热器相连接，高温侧通过流量分配阀与水泵和常温换热器相连接。磁体与流量分配阀同步旋转，流量分配阀内有凸轮型线，用以控制阀门内部与每个磁回热器连接的提升阀的通断，实现加磁阶段排热、退磁阶段制冷的流量控制。

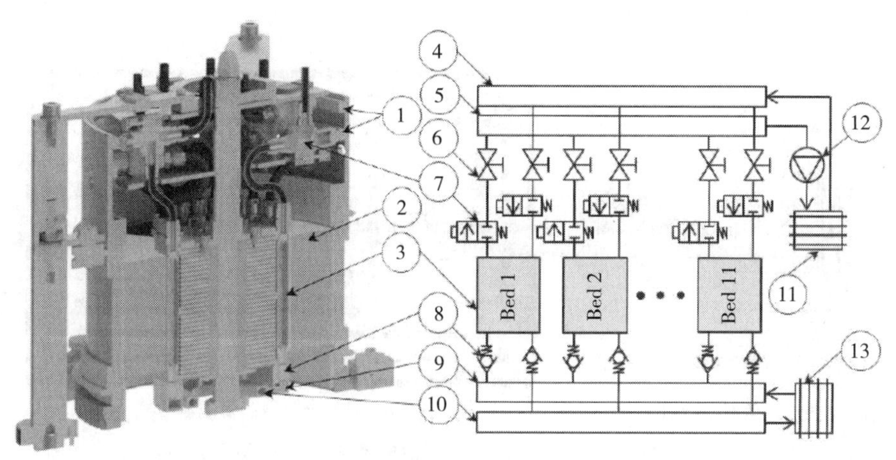

1–凸轮，2–旋转式永磁体，3–磁工质回热器，共11组，4–冷却水回水集管，5–冷却水供水集管，6–流量平衡调节阀，7–流量分配阀中的提升阀，8–单向阀，9–冷冻水回水集管，10–冷冻水供水集管，11–常温换热器，12–水泵，13–制冷换热器

图 52　旋转式室温磁制冷机流程及装置原理

表 5　永磁体驱动的室温磁制冷机制冷技术指标现状

制冷性能指标	数值	制冷装置信息
最大制冷温差（零负载）[K]	45	往复式多层钆合金颗粒床回热器
最大制冷量（零制冷温差）[W]	3042	旋转式多层 La–Fe–Si–H 颗粒床回热器
最大制冷密度（零制冷温差）[W/g]	2.0	旋转式多层 La–Fe–Si–H 颗粒床回热器
最大热力完善度（15.5K 温差）	18% COP=3.6	旋转式多层钆合金颗粒床回热器

6.4　低温磁制冷装置

低温磁制冷机一般为低温设备提供 1K 以下的制冷环境，近年来在航天遥感设备和低温大科学工程中得到了大量应用。低温磁制冷机一般使用绝热退磁循环（ADR），对超导磁体线圈施加电流，顺磁盐被绝热加磁，之后开启顺磁盐与热汇之间的热开关，顺磁盐将绝热加磁的热量排至热汇，达到与热汇平衡的温度，关闭热开关后降低线圈电流进行退磁过程，顺磁盐经历退磁降温后对制冷负载提供冷量。单级顺磁盐能达到的制冷功率和制冷

温差有限，通常采用多级绝热退磁装置，例如图 53 所示的三级绝热退磁制冷机。达到更低的温度需要使用原子核内质子、中子自旋对应磁矩的绝热退磁效应，需要顺磁盐绝热退磁为核磁制冷机提供 mK 级的热汇，核磁制冷可以得到 μK 以及亚 μK 级的低温，用于开展低温物理实验。

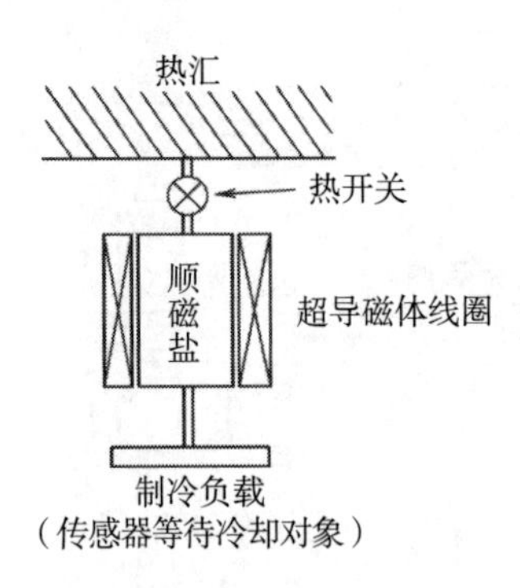

（a）绝热退磁低温制冷机

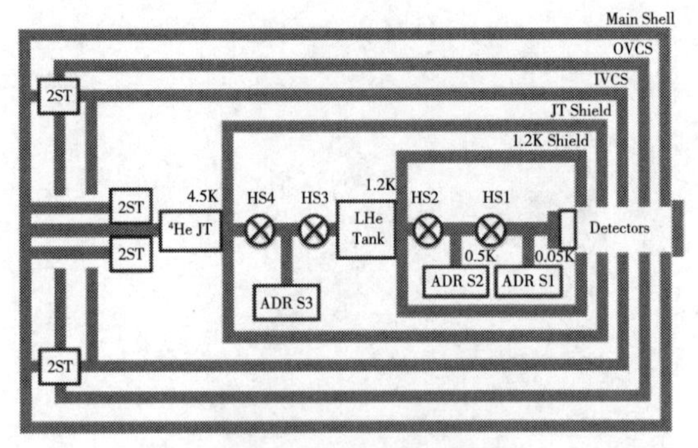

（b）三级绝热退磁低温制冷机

图 53　小型 mK 级低温磁制冷装置原理图

表 6　典型的低温磁制冷机性能指标

制冷性能指标	磁离子制冷	核磁制冷
制冷温区（冷端温度）[mK]	50	0.02
制冷功率 [mW]	~1	—
典型应用	遥感	低温物理实验装置
制冷装置信息	三级，4.5K 气体制冷机热汇，超导磁体，顺磁盐	单级，10mK 顺磁盐绝热退磁热汇，2.8T 超导磁体

6.5　磁制冷技术的展望

低温绝热退磁制冷多用于 mK 至液氦温区的大型低温科学装置和航天遥感设备，成本约束较少，发展相对成熟。近十余年来，伴随着制冷剂替代的压力，基于永磁体的室温磁制冷技术得到了快速发展，磁制冷机的制冷性能能够满足部分应用的初步需求，因此，已有多家国内外企业研发出了第一代用于冷藏的磁制冷产品，但其成本、可靠性、能效仍待提高。在现有的磁工质体系、永磁材料能量密度的约束下，磁制冷装置在永磁磁路优化设计、3D 打印的高效磁回热器技术、低功耗流路控制、多层磁工质复叠技术等方向仍有提升潜力，是未来需着力解决的核心问题。

7. 电卡制冷技术

卡路里固态制冷技术，例如磁热效应、电卡效应、弹热效应等，拥有类似的制冷原理，并与传统蒸气压缩式制冷有可类比的热力学循环。电卡制冷技术直接使用电能驱动热力学循环，具有极低的不可逆能量损失，因此可以提供较高的理论循环效率和较低的碳排放量。随着巨电卡效应在2006年和2008年被发现，电卡制冷迅速获得了学术界和工业界的广泛关注，由于电卡制冷拥有着高效、可直接电力驱动、低成本和较为成熟的可大批量生产的工艺，被广泛认为是一种极有前景的新型制冷方式。

7.1 电卡制冷技术的环境影响

总当量温室影响指数（TEWI）可以用来评估全部与二氧化碳排放相关的能源技术，在常规的蒸气压缩制冷中，由于制冷剂的泄漏导致的高 GWP 值，TEWI 指数一般由两部分组成：①强 GWP 蒸气的直接排放；②它所消耗的电能转换为等效的 CO_2 排放，作为对总当量变暖影响（TEWI）的间接贡献。电卡冷却技术具有高材料 COP 且没有直接 TEWImat，因此 TEWImat 总量小。

由于电卡制冷设备没有直接的温室气体排放，计算消耗单位电能所产生的冷量的 COP 指数能够较为全面地描述电卡材料的制冷性能，与电卡材料的 Q/W 直接相关。仿真计算结果表明，与基于蒸气压缩循环（VCC）的空调相比，电卡式制冷设备运行效率更高。这是因为电卡效应的工作原理 – 电场驱动下的极化耦合是最有效的能量转换形式之一，能量可逆性接近 95%。此外，在没有中间换热器的情况下，电卡材料可以直接进行换热。在同等条件下，电卡制冷设备将会比传统蒸汽压缩制冷的 COP 高 30% 以上。美国联合技术研究中心（UTRC）开发了一个电卡制冷原型机，验证了电卡冷却系统可以比传统蒸汽压缩制冷技术提高 25% 的 COP。作为电容型器件，电卡材料卸载的电场能能够很容易地被回收。德费（Defay）等人演示了一种带有电荷回收电路的双板电卡设备，实现了 86% 的能量回收，COP 提高接近 300%。

7.2 巨电卡材料的发现和当前进展

由于铁电体电卡材料对工作温度的依赖性很强，这给电卡热泵的设计带来了挑战，限制了运行温度区间和性能系数（COP）。目前已经提出的一些工程解决方案可以克服材料的限制。类比于同样受到材料工作温度区间限制的磁冷冰箱的解决方法，电卡热泵可以采用级联的设计方案来扩大其工作温度范围并确保较高的制冷量以及 COP，如图 54E 所示，级联系统大大增加了制造电卡系统的复杂度。

电卡材料的发展表明，弛豫铁电体因具有较大的电卡效应和较小的温度区间依赖性，

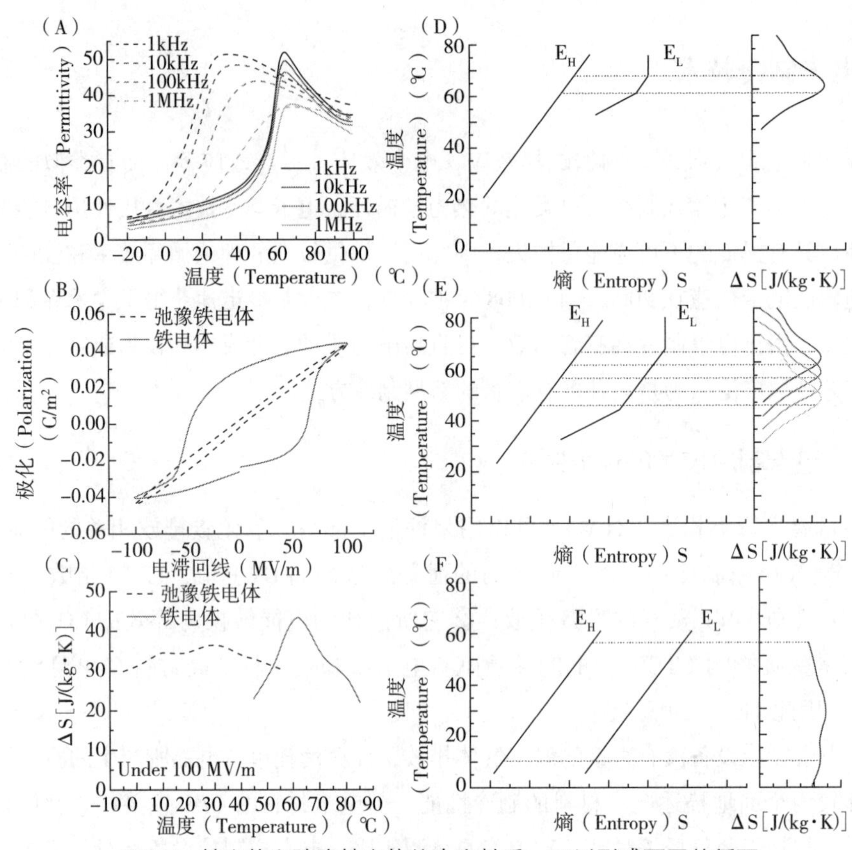

图 54 铁电体和弛豫铁电体的介电性质，可以形成不同的循环

(A-C)法向铁电体和弛豫铁电体的温度依赖性介电常数谱(A)、电滞回线(B)、电卡温变依赖特性(C)，其中实线和虚线分别表示铁电体和弛豫铁电体。(D-E)单级(D)和级联多级电卡工作体(E)的热力学循环示意图。(F)单级弛豫铁电材料的热力学循环，可覆盖室温附近的温度范围

适合在材料体系中作为固体工质(图 54A-C)。弛豫铁电材料是由随机取向的极性纳米区(PNR)形成的。虽然材料在零电场下的排列是随机的，但与一般介电材料相比，材料仍能在电场下产生较大的极化。弛豫铁电相的这种不稳定性质成功地将巨电卡效应扩展到更大的温度范围，如图 54D-F 所示。与正常的电铁材料相比(图 54D)，弛豫体在热力学循环中涉及的两个等场过程在较宽的温度区间中是互相平行的(图 54F)。因此，弛豫铁电体电卡材料的发现提升了电卡制冷装置的设计可行性和灵活性。

7.3 电卡制冷器件的设计与原型机

除了改进电卡材料外，人们普遍认为主动电卡回热(AER)技术是提高器件性能的有效途径。为了使具有 AER 的制冷器件，一个固体电卡制冷工质床经常与通有回热介质的通道堆叠在一起。如图 55 所示铁电陶瓷由 10 层陶瓷厚膜组装，中间有 100mm 厚的垫片，

形成通道。热交换液通过蠕动泵泵入管道。该设备成功得使得原先在室温下只能制造 1K 温差的电卡固体工质获得了 3.3K 的器件温宽。2017 年，美国联合技术研究中心成功开发了一个通过流体－固体热交换的 AER 模型，能够室温下达到 14K 的温宽（见图 55B）。

降低电卡器件的工作电压对未来电卡器件的应用推广具有重大的意义。多层电容器（MLC）结构可以显著降低各电卡层的厚度，来降低外场所需电压。美国宾夕法尼亚州立大学的章启明教授课题组报道了一系列采用聚合物和陶瓷材料在 MLC 结构中制造的电卡器件。在其设计中，电卡工作体相对于固体再生层交替堆叠的（图 55C），叠加形成电卡工作元件。通过仿真可以推断出更高电场和更高驱动频率下的器件性能：在优化模型中获得的最大制冷功率能达到 $9W/cm^3$，热力完善度为 50%。该系列研究还从数值模拟和实验两方面论证了一种带有旋转 AER 的电卡器件（图 55D 所示）。

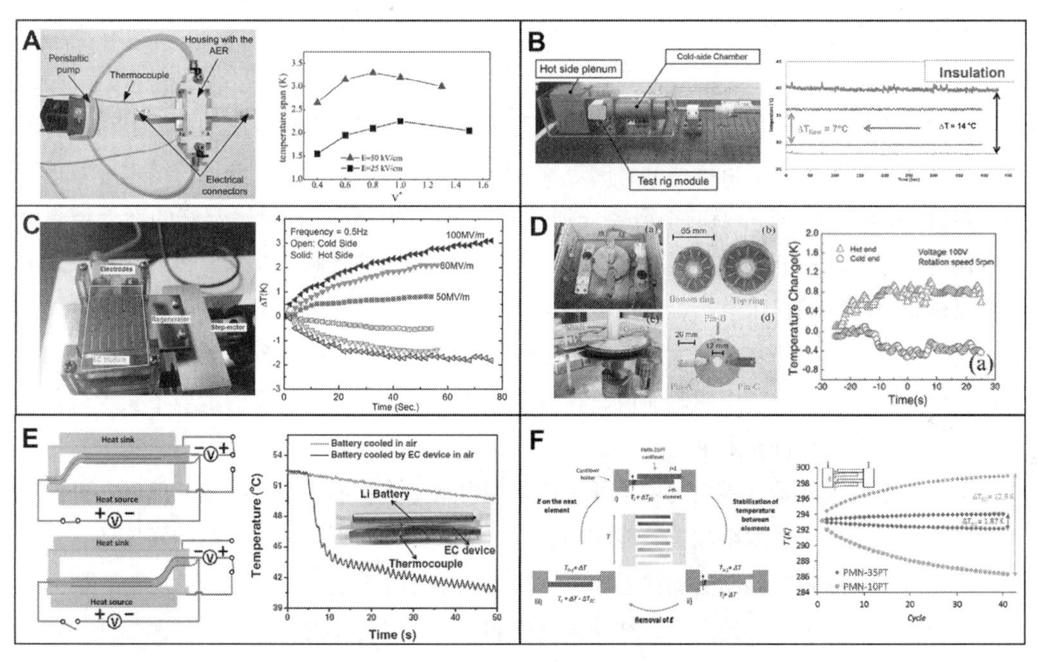

图 55　最近报道的电卡制冷器的设计和原型机[4]

由于大多数电卡材料具有电活性，它们在静电场作用下同时改变着材料的形貌和温度。通过电致伸缩效应或静电力与热效应的耦合，可以设计出一种无外接电机的电卡制冷机，从而进一步提高设备的 COP。研究人员基于此展示了电卡制冷技术在可穿戴电子设备上作为热管理器件使用的可行性（图 55E）。

7.4　电卡制冷技术发展的挑战与机遇

在过去的十年中，电卡制冷技术的迅猛发展显示出其在现有和非常规应用领域向零

GWP、零 ODP、轻量化、节能的主动热管理方案发展的潜力。电卡制冷工质作为一种薄膜电容器，设计灵活，容易缩放、集成，其未来所能服务的行业包括太阳能电池、可穿戴式热管理设备，锂离子电池热管理，电子数据中心芯片原位制冷和电动汽车乘用舱热管理等。然而，电卡制冷技术的进一步发展在材料开发和器件设计上都面临着诸多挑战。

随着人们对巨电卡现象的了解不断扩展，为以上多种新的应用场景开辟了一条环保高效制冷的广阔研究方向。目前在电卡材料和器件方面的研究已经显示出电卡制冷技术的独特优势。虽然许多电卡材料存在较大的巨电卡效应诱导的温度变化，但综合性能（如弹性模量、热导率等）依然有待提高。综合性能中的一些短板限制了电卡制冷工质核心模块的规模化生产，因此合理优化材料性能是实现可靠性高、使用寿命长的电卡制冷器件的关键。

8. 辐射致冷技术

辐射致冷指的是一种辐射表面利用大气对于电磁波一部分波长范围的高透射窗口，避开大气保温效应直接向宇宙传递能量的过程。在特定环境下，该能量输运的结果导致该表面获得降温的能力，且降温的不需要任何外界能量驱动，是一种自然友好的冷却增强形式。作为一种不使用电能，甚至是不使用任何外来能源的被动制冷技术，辐射致冷领域的研究目标是全天候的强化散热，其所需要达到的效果必须满足表面温度低于环境温度的条件。由于没有主要的外来热源太阳，实际上的散热效果在夜间的实现较为容易。然而要实现白天的实际致冷效果，更明确地说，在太阳光能入射和高环境温度的情境下实现表面温度低于环境温度，是较为困难的。

从古希腊时期开始，雪白的屋顶便被用来反射太阳光从而为室内降温。然而，并没有天然材料，既能够反射太阳波长又能够辐射适当波长的热。近年来超材料的发展使人们对于电磁波等波动形式的调制更加得心应手。利用周期性堆叠的一维人工带隙材料，研究人员在室温附近实现了可见光高反、红外大气透明窗口高发射率的人工材料；例如使用聚合物 / 电介质微球复合材料，研究人员实现了可以大规模卷到卷生产的辐射 - 反射符合致冷薄膜，在 8~13μm 波长范围内发射率超过 90%、散热功率密度接近 100W/m^2。

目前的辐射致冷能够全天候在室外完成对于环境温度 5℃~10℃的致冷效果。在太阳能电池、空气源热泵、空调散热器、飞行器高空热管理、智能建筑、可穿戴温度调节等应用领域有较大的潜力。在改善材料发射率、反射率的同时，合理设计隔热层、导热层，控制环境对流等工程策略是该项技术更好地与现有应用需求结合的关键。

参考文献

[1] 周友华，王谷洪，罗康福，等. 磁悬浮型与普通型离心冷水机组的性能及能耗比较 [J]. 机电信息，2018，(11)：17-19.

[2] 范凤敏. 做国内空调企业的坚实支撑汉钟精机“磁悬浮变频离心式制冷压缩机及冷水机组”通过技术成果鉴定 [J]. 制冷与空调，2016，16 (3)：102-103.

[3] Li Q，Wang W，Weaver B，Xing S. Active rotordynamic stability control by use of a combined active magnetic bearing and hole pattern seal component for back-to-back centrifugal compressors [J]. Mechanism & Machine Theory，2018.

[4] 胡地，李红旗. 滚动转子式压缩机的技术现状及发展趋势 [J]. 制冷与空调，2017 (2)：73-79.

[5] Wang，B.，Y. Ding，W. Shi，Experimental research on vapor-injected rotary compressor through end-plate injection structure with check valve. International Journal of Refrigeration，2018，96：p. 131-138.

[6] Wu，J.，et al.，Experimental analysis on R290 solubility and R290/oil mixture viscosity in oil sump of the rotary compressor. International Journal of Refrigeration，2018，94：p. 24-32.

[7] 李敏霞，王派，马一太，等. 转子压缩机与涡旋压缩机的对比发展 [J]. 制冷学报，2019，40 (1)：22-28.

[8] Donghoon Kanga，Ji Hwan Jeong，Byoungjin Ryua. Heating performance of a VRF heat pump system incorporating double vapor injection in scroll compressor [J]. International Journal of Refrigeration，2018，96：50-62.

[9] Dongwoo Kim，Hyun Joon Chung and Yongseok Jeon et al. Optimization of the injection-port geometries of a vapor injection scroll compressor based on SCOP under various climatic conditions [J]. Energy，2017，135：442-454.

[10] Shuxue Xu，Xiusong Fan，Guoyuan Ma. Experimental investigation on heating performance of gas-injected scroll compressor using R32，R1234yf and their mixture under low ambient temperature [J]. International Journal of Refrigeration，2017，75：286-292.

[11] 唐景春，李晨凯，叶斌，等. 采用涡旋压缩机的电动汽车空调准双级压缩热泵性能实验研究 [J]. 制冷学报，2018，39 (1)：34-39.

[12] Rane，S.，A. Kovacevic，Algebraic generation of single domain computational grid for twin screw machines. PartI. Implementation [J]. Advances in Engineering Software，2017，107：p. 38-50.

[13] Kovacevic，A.，S. Rane. Algebraic generation of single domain computational grid for twin screw machines Part II-Validation [J]. Advances in Engineering Software，2017，109：p. 31-43.

[14] Zhu，Y.，et al.，Effect of oil stirrer on the performance of oil supply system for a variable speed rotary compressor [J]. International Journal of Refrigeration，2019，101：p. 1-10.

[15] Hou，F.，et al.，Experimental study of the axial force on the rotors in a twin-screw refrigeration compressor [J]. International Journal of Refrigeration，2017，75：p. 155-163.

[16] Giuffrida，A.，A semi-empirical method for assessing the performance of an open-drive screw refrigeration compressor [J]. Applied Thermal Engineering，2016，93：p. 813-823.

[17] Shen，J.，et al.，Development of a water-injected twin-screw compressor for mechanical vapor compression desalination systems [J]. Applied Thermal Engineering，2016，95：p. 125-135.

[18] Tian，Y.，et al.，Modeling and performance study of a water-injected twin-screw water vapor compressor [J]. International Journal of Refrigeration，2017，83：p. 75-87.

[19] Yulong Song，Q. Sun，S. Yang，The theoretical and experimental research on the thermodynamic process in

transcritical carbon dioxide piston compressor [J]. Proc IMehE Part E: J Process Mechanical Engineering, 2018, 1-13.

[20] Liang K, Stone R, Dadd M, et al. Piston position sensing and control in a linear compressor using a search coil [J]. International Journal of Refrigeration, 2016, 66: 32-40.

[21] 邹慧明，李灿，唐明生，等. 冰箱直线压缩机运行不稳定的实验研究 [J]. 制冷学报，2017，38（3）：50-55.

[22] 雷美珍，王立强，夏永明. 动磁式双定子直线压缩机动态特性仿真研究 [J]. 低温与超导，2018（1）：7-11.

[23] Jiang H, Liang K, Li Z. Characteristics of a novel moving magnet linear motor for linear compressor [J]. Mechanical Systems and Signal Processing, 2019, 121: 828-840.

[24] 邹慧明，李旋，唐明生，等. R290 工质直线压缩机的性能实验研究 [J]. 化工学报，2018，69（S2）：480-484.

[25] Bijanzad A, Hassan A, Lazoglu I. Analysis of solenoid based linear compressor for household refrigerator [J]. International Journal of Refrigeration, 2017, 74: 116-128.

[26] Liang K. A review of linear compressors for refrigeration [J]. International Journal of Refrigeration, 2017, 84: 253-273.

[27] 吴迪，胡斌，王如竹，等. 采用自然工质水的高温热泵系统性能分析 [J]. 化工学报，2018，69:95-100.

[28] Jiangao Ruan, Jinping Liu, Xiongwen Xu, et al. Experimental study of an R290 split-type air conditioner using a falling film condenser, Applied Thermal Engineering, Volume 140, 2018.

[29] Lorentzen, G., Trans-critical vapour compression cycle device: Switzerland, WO 90/07683 [P]. 1990-07-12.

[30] G.Lorentzen, J. Petterson, A new efficient and environmentally benign system for car air conditioning [J]. International Journal of Refrigeration, 1993, 16, 4-12.

[31] Yunxiang Li, Jianlin Yu, et al. An experimental investigation on a modified cascade refrigeration system with an ejector [J]. International Journal of Refrigeration, 2018, 63-69.

[32] Tao Bai, Jianlin Yu, et al. Experimental investigation of an ejector-enhanced auto-cascade refrigeration system [J]. Applied Thermal Engineering, 2018, 792-801.

[33] Tao Bai, Jianlin Yu, et al. Experimental investigation on the concentration distribution behaviors of mixture in an ejector enhanced auto-cascade refrigeration system [J]. International Journal of Refrigeration, 2019, 145-152.

[34] Hamad, A.J., Khalifa, A.H.N., Salah, H. Second law analysis of auto cascade refrigeration cycle using mixed hydrocarbon refrigerant R-600A/R-290/R170 [J]. Sciences and Engineering, 2018, 9-17.

[35] 庄禾，谢荣建，等. -80℃斯特林低温冰箱研制 [J]. 低温工程，2017，5：65-70.

[36] Wang R, Wang L, Wu J. Adsorption refrigeration technology: theory and application [B]. John Wiley & Sons, 2014.

[37] 武卫东，王闯，孟晓伟，等. 含添加剂沸石分子筛混合吸附剂物理特性及其制冷应用性能 [J]. 化工进展. 2016，35：692-699.

[38] Tan B, Luo Y, Liang X, et al. Composite salt in MIL-101 (Cr) with high water uptake and fast adsorption kinetics for adsorption heat pumps [J]. Microporous and Mesoporous Materials. 2019, 286: 141-148.

[39] Ma L, Rui Z, Wu Q, et al. Performance evaluation of shaped MIL-101-ethanol working pair for adsorption refrigeration [J]. Applied Thermal Engineering. 2016, 95: 223-228.

[40] Pal A, Uddin K, Thu K, et al. Activated carbon and graphene nanoplatelets based novel composite for performance enhancement of adsorption cooling cycle [J]. Energy Conversion and Management, 2019, 180: 134-148.

[41] Jiang L, Wang RZ, Lu YJ, Roskilly AP, Wang LW, Tang K. Investigation on innovative thermal conductive composite strontium chloride for ammonia sorption refrigeration [J]. International Journal of Refrigeration, 2017,

85：157–166.
[42] 徐圣知，王丽伟，王如竹. 回质回热吸附式制冷循环的热力学分析与方案优选 [J]. 化工学报 . 2016，67：2202–2210.
[43] 高鹏，王丽伟，王如竹，等. 汽车尾气驱动的吸附式冷藏车制冷系统的研究 [J]. 工程热物理学报 . 2016，37：2180–2285.
[44] WANG F，YANG Y N，DING W W，et al. Performance analysis of ejector at off–design condition with an unconstant–pressure mixing model [J]. International Journal of Refrigeration，2019，99：204–212.
[45] JEON Y，KI M S，KI M D，et al. Performance characteristics of an R600a household refrigeration cycle with a modified two–phase ejector for various ejector geometries and operating conditions [J]. Applied Energy，2017，205：1059–1067.
[46] 钱苏昕，袁丽芬，鱼剑琳，等. 弹热制冷的发展现状与展望 [J]. 制冷学报，2018，39：1–12.
[47] QIAN S，LING J，HWANG Y，et al. Thermodynamics cycle analysis and numerical modeling of thermoelastic cooling systems [J]. International Journal of Refrigeration，2015，56：65–80.
[48] TUŠEK J，ENGELBRECHT K，ERIKSEN D，et al. A regenerative elastocaloric heat pump [J]. Nature Energy，2016，1：16134.
[49] KIRSCH S– M，WELSCH F，MICHAELIS N，et al. NiTi–Based Elastocaloric Cooling on the Macroscale：From Basic Concepts to Realization [J]. Energy Technology，Wiley–Blackwell，2018，6 (8)：1567–1587.
[50] KITANOVSKI A，TUŠEK J，TO MC U，et al. Magnetocaloric Energy Conversion [M]. Green Energy and Technology，N：Springer International Publishing，2015.
[51] ERIKSEN D. Active magnetic regenerator refrigeration with rotary multi–bed technology [D]. Technical University of Denmark，2016.

撰稿人：曹　锋　王丽伟　徐震原　钱苏昕　钱小石　宋昱龙

热湿环境控制技术发展研究

1. 研究背景

人类目前消耗了大约 1/3 的能源用于建筑运行，其中的 10% 以上是用于制冷空调维持室内的热舒适。热湿环境是建筑环境中的最主要的内容，主要反映在空气环境的热湿特性上。随着社会的发展，工业化水平和人民生活水平的不断提高，部分特殊工艺和人们日常生活对室内热湿环境的要求也越来越高，室内热湿环境对工艺生产、人体健康和学习效率具有重要影响。

目前空气湿处理方式主要包括冷凝除湿、溶液除湿和固体吸附除湿。溶液除湿过程可实现在高于露点温度除湿，易于实现温湿度解耦控制；相比固体吸湿剂，液体吸湿剂的再生温度通常更低；液体的流动特性使得溶液除湿更易实现高效的内冷 / 内热型除湿 / 再生过程。此外，溶液还具有杀菌除尘、蓄能密度高等优点。目前，溶液除湿技术已广泛用于温湿度独立处理空调、新风处理、全热回收和工业 / 农业干燥等领域，在太阳能空调、冷热电联产和余热回收等领域已有示范应用，在空气源热泵冬季加湿及防结霜、冷库蒸发器抑霜方面已有初步研究。固体吸附除湿利用固体干燥剂 / 吸附剂来吸附空气中的水分，卓有成效地解决常温低湿、低温低湿等用其他冷冻方法无法解决的除湿问题，特别是经配套组合处理后空气露点可达 -40℃以下，因而备受瞩目。固体除湿空调采用干燥剂除湿和蒸发冷却原理进行工作，可实现潜热负荷和显热负荷的分开处理。突出优点是采用对环境无污染的自然工质 - 水作为制冷剂，同时能够充分利用低品位热能，如太阳能、余热等驱动。由于环保、节能、除湿量大等特性，固体吸附除湿技术广泛用于制冷、除湿、通风，从而达到控制室内环境和改善室内空气品质的目的，并在采暖、通风、空调（HVAC）的国际市场上已经获得了较高的市场份额，拥有光明的市场前景。

空气制冷处理方式主要包括电动蒸气压缩方式、蒸发冷却制冷。尽管目前世界上 85% 以上的建筑空调制冷都是采用电动蒸气压缩方式，但实际上全球 40% 的需要空调制冷的区域处在干燥气候区，可以用蒸发冷却的方式为建筑空调制冷提供冷源，免去电动制冷机。蒸发冷却方式，就是在相对湿度较低的室外条件利用水在空气中的蒸发吸收热量，从而产生低于空气干球温度的低温冷量。由于不采用 CFCs 制冷剂，不存在由于制冷剂泄漏导致的温室气体排放；同时没有压缩机耗电，仅需风机和水泵耗电。这些优势使得蒸发冷却技术可以在满足空调制冷需求的同时，大幅减少化石能源的利用，成为应对气候变化、有较大潜力的制冷方式。按照制冷过程划分，蒸发冷却技术可以分为直接蒸发冷却和间接蒸发冷却两种方式。直接蒸发冷却可以获得比当地空气湿球温度高 2K~3K 的冷源，而间接蒸发冷却则可以获得低于当地湿球温度、接近露点温度的冷源。根据各地区室外气候条件和水资源状况，选择合理的蒸发冷却方式成为正确应用蒸发冷却技术的关键。除了实现干燥地区的夏季制冷空调需求外，对于全年需要冷却的工业冷却、数据中心冷却等场合，蒸发冷却技术尤其是间接蒸发冷却技术也能发挥关键作用，实现自然冷却，降低冷却系统全年的电耗。这进一步拓宽了蒸发冷却的应用场合和应用气候区，使得其不仅应用于干燥地区夏季的空调制冷，还可以用于夏季潮湿、冬季和过渡季较干燥的半干燥地区的全年冷却中。

为了营造满足工艺生产和生活的热湿环境，可以根据具体需求采取以上各种专用技术来实现。近零能耗建筑对热湿环境控制目标进行了提升，在满足室内热湿环境需求的同时，对建筑能耗和能源系统性能提出的更高的要求，需要通过对多种热湿环境营造技术进行性能指标比较后确定具体技术形式和路径。近零能耗建筑是建筑节能的发展趋势，是为推动热湿控制技术优化应用，实现低碳可持续发展的有效支撑。舒适的热湿环境和超低/近零能耗是建筑节能工作追求的终极目标。

2. 溶液除湿技术

2.1 新型工质研发及接触表面改性

传统吸湿剂（如 LiCl、LiBr 溶液）因价格高、表面张力大、腐蚀性强而制约了溶液除湿技术的发展。配制经济型多元盐溶液、添加表面活性剂、制备新型混合溶液或选用合适的离子液体有助于解决上述问题。国内研究人员提出了一种替代 LiCl、LiBr 溶液的经济型多元溶液配制方案，在除湿性能相近的前提下，多元溶液的成本仅为纯溶液的一半甚至更低。向 LiCl 溶液中添加多壁碳纳米管并加入表面活性剂聚乙烯吡咯烷酮可以制备出稳定的纳米流体并可提高除湿量。此外，对接触表面进行改性（如采用 TiO_2 超亲水涂层）可解决设备腐蚀问题，还能增强润湿性从而提高除湿性能。

2.2 溶液除湿/再生性能强化及部件

2.2.1 除湿方法及装置

与传统填料式除湿器相比，膜式除湿器利用具有选择透过性的半透膜将空气和溶液隔离，可彻底解决液滴夹带问题。但膜的存在会增加湿空气和溶液间热质传递的阻力，导致膜式溶液除湿器的传热传质性能通常不及填料式除湿器。

膜除湿器主要分为平板型和中空纤维膜型。图 1 为一种内冷型平板膜除湿器，以水作为冷却介质，冷却管置于溶液通道内；与绝热型平板膜除湿器相比，具有更高的除湿量和显热冷却能力。为提高传统中空纤维膜接触器的除湿性能，可将膜纤维管横截面由圆形改为椭圆形来强化空气和溶液侧的传热传质。与上述膜除湿器不同，图 2 为一种基于质子交换膜的电解除湿器，在 3V 直流电压驱动下，流动空气相对湿度可由 90% 降至 30% 以下。

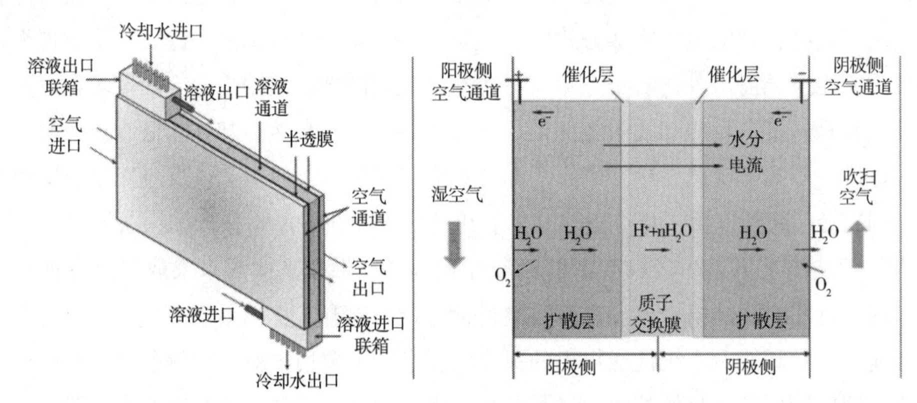

图 1　内冷型（通冷却介质）平板膜除湿器　　图 2　基于质子交换膜的电解除湿器

对于空气与溶液直接接触的除湿器，可以采用内冷的方式强化传质从而提高除湿性能。图 3 为一种由导热塑料制造的含有翅片盘管的内冷 / 热型除湿 / 再生器。该除湿器的传热传质性能与由金属材料制造的内冷型除湿器相当，但抗腐蚀性更强。此外，还可以通过超声雾化、鼓泡等技术增大气液接触面积来提高除湿性能。

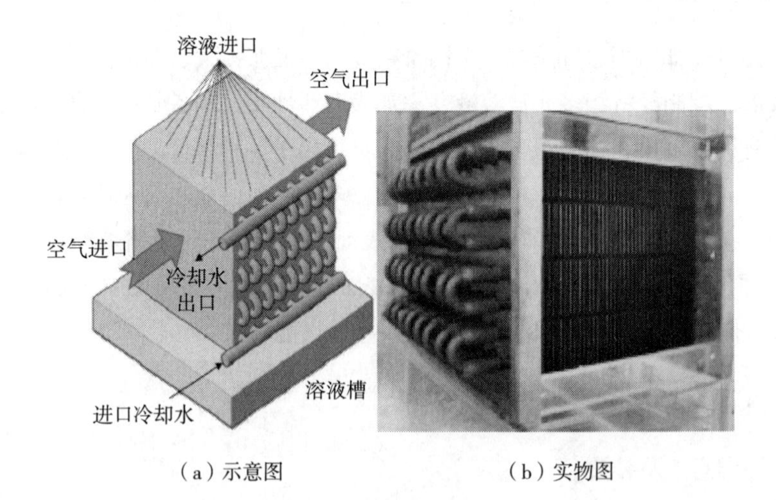

（a）示意图　　（b）实物图

图 3　翅片管型内冷除湿器

2.2.2 再生方法及装置

基于膜分离技术的再生方法主要包括膜蒸馏再生和电渗析再生。这两种方法已成功用于海水淡化和废水处理，但用于溶液除湿空调中高浓度溶液再生时仍面临较多挑战。直接接触膜蒸馏法（图 4）和改进后的多效真空膜蒸馏法用于 LiCl 溶液再生的可行性已通过实验验证。但由于过高的溶液浓度会造成严重的浓差极化现象导致再生量大幅降低，能够处理的 LiCl 溶液浓度一般在 30% 左右。与膜蒸馏再生类似，电渗析再生器的性能受溶液浓度的影响也很大。

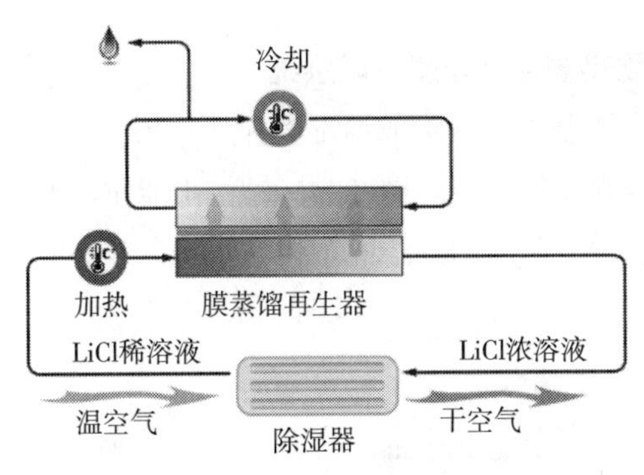

图 4　直接接触膜蒸馏再生器

2.3 溶液除湿系统及应用

2.3.1 提升常规蒸气压缩制冷系统性能的复合循环

为提高传统新风处理机组的能效，国内研究人员将传统蒸气压缩制冷循环和溶液除湿再生循环相结合，提出了溶液调温调湿新风机组。夏季时，浓溶液经蒸发器冷却后对新风进行除湿降温，承担全部湿负荷；吸收水分后的稀溶液则利用冷凝热实现再生。冬季时，稀溶液经冷凝器加热后对新风进行加湿升温；失去水分后的浓溶液经蒸发器冷却后吸收室外空气中的水分和显热。该机组独立运行时可以实现新风的降温除湿、升温加湿以及排风的全热回收等功能；与干式风机盘管等显热处理末端联合使用时，可以构建高效节能的温湿度独立控制空调系统。图 5 为一种两级热泵循环驱动的逆流型溶液除湿新风处理机组，在《热泵式热回收型溶液调湿新风机组》（GB/T 27943—2011）规定的名义工况下以制冷除湿模式运行时系统 COP 可达 6.5。

溶液除湿技术还可用来提升蒸气压缩制冷循环的热力完善度。图 6 为一种利用溶液循环实现过冷的冷水机组，利用空气经溶液干燥后进行蒸发冷却制取高温冷水实现制冷循环的过冷，除湿后的稀溶液由冷凝热再生。在南京夏季典型工况下，过冷度最大为 16.5℃，电性能系数可提升 10.3%。

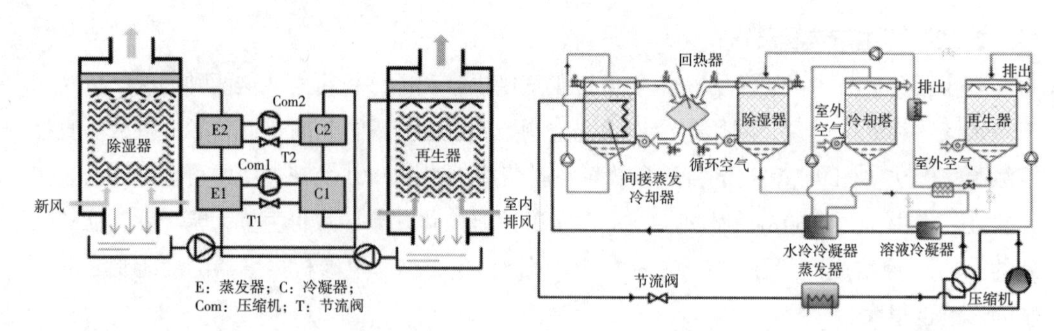

图 5　两级热泵驱动逆流型溶液除湿系统　　　　图 6　利用溶液循环实现过冷的冷水机组

2.3.2　低品位热驱动热湿独立处理空调系统

溶液除湿也可与吸收式制冷结合构成温湿度独立控制空调系统，特别适用于低品位热源充足的工业应用场合或太阳能空调。图 7 为一种太阳能驱动的冷风 – 淡水联产系统，利用发生器产生吸收器和除湿器所需的浓溶液。

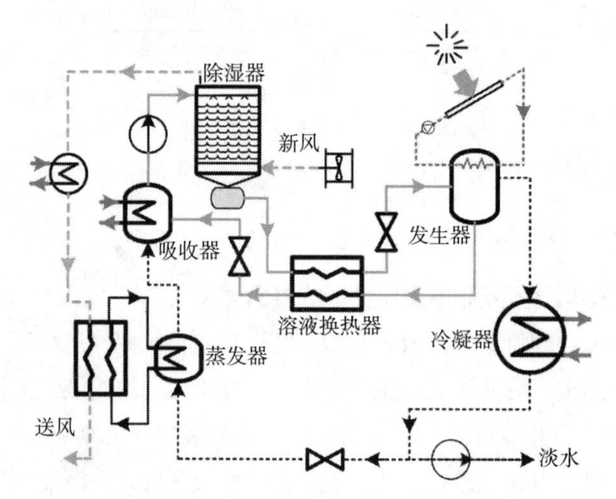

图 7　基于溶液除湿与吸收式制冷的冷风 – 淡水联产系统

溶液除湿技术还可与蒸发冷却技术结合构成低品位热能驱动的溶液除湿蒸发冷却系统。根据不同应用场合选择不同的系统流程，可制取冷风、冷水以及同时制备冷风和冷水（图 8）。

图 8（a）是一种将溶液除湿系统与外部冷却型间接蒸发冷却器和直接蒸发冷却器相结合的冷风系统，特别适用于低品位热源充足的工业建筑中的通风降温。图 8（b）为一种溶液深度除湿蒸发冷冻冷水机组。空气在除湿器和蒸发冷却器间进行封闭式循环，被溶液除湿后的干燥空气经预冷和热回收后进入间接蒸发冷却器制备冷水。该机组用作高温冷水机组时具有较大优势。图 8（c）是一种溶液除湿通风与辐射供冷空调系统。经

溶液除湿后的一部分空气直接送入空调房间承担湿负荷，另一部分通过蒸发冷却制取14℃~18℃冷冻水作为辐射供冷的冷媒承担室内显热负荷，从而实现温湿度独立控制。该系统实现了除湿、供冷、空调一体化，不需要额外的冷源，适用于对室内热舒适性要求较高的场合。

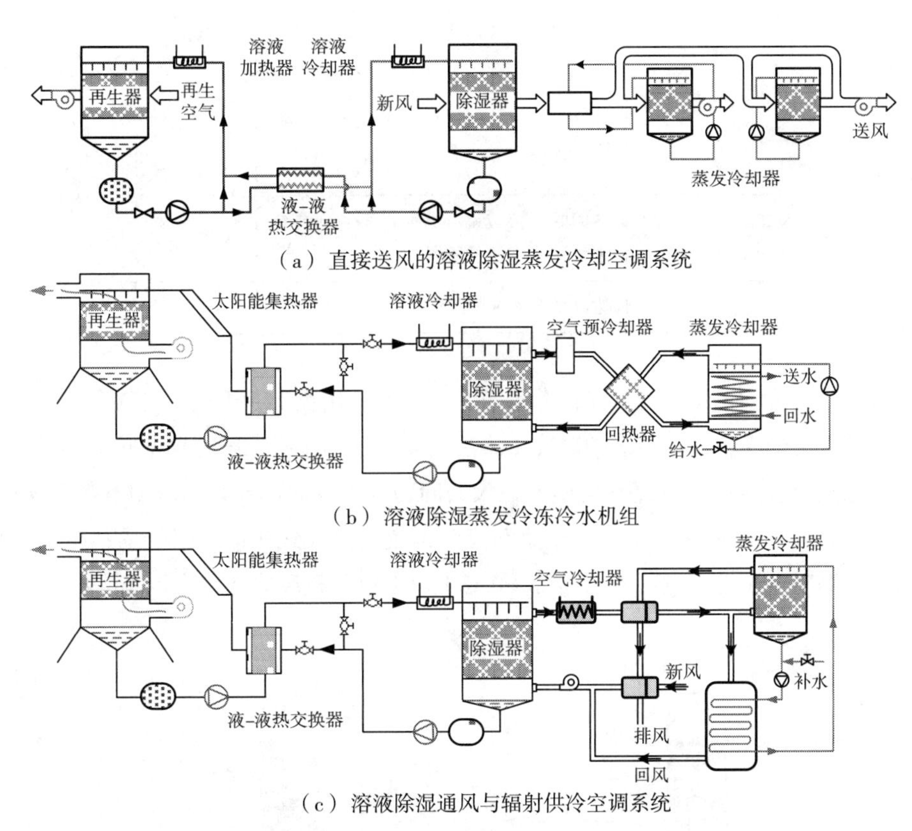

（a）直接送风的溶液除湿蒸发冷却空调系统

（b）溶液除湿蒸发冷冻冷水机组

（c）溶液除湿通风与辐射供冷空调系统

图 8　溶液除湿蒸发冷却制冷 / 空调系统的流程

2.3.3　溶液除湿技术应用

国内市场上已存在多种基于溶液除湿技术的产品，如北京华创瑞风空调科技有限公司生产的热泵式热回收型 / 预冷型溶液调湿新风 / 全空气机组、南京韩威南冷制冷集团有限公司生产的热驱动型溶液除湿空调系统等。国外的相关产品则包括 Kathabar 公司生产的工业除湿用热驱动型溶液除湿系统、AiL Research 研发的内冷 / 内热型小流量溶液除湿空调装置等。

在国内，已有多个项目采用了基于溶液除湿技术的温湿度独立控制空调系统。不同应用场合的常见系统形式和应用实例如表 1 所示。

表 1　不同场合下溶液除湿技术的常见应用方式

应用场合		常见系统形式	应用举例
舒适性空调	办公楼、宾馆客房等	溶液调湿新风机组 + 干式风机盘管	地产总部办公楼
	商场、火车站等高大空间	热回收型溶液调湿全空气机组	高铁站
洁净空调	无排风可利用的洁净手术部、医药厂房等	预冷型溶液调湿新风机组 + 高温冷水机组 + 高效过滤器	救护与疾病防控中心洁净手术部
	有排风可利用的洁净室	热回收型溶液调湿新风机组 + 高温冷水机组 + 高效过滤器	
深度除湿空调		热泵式溶液深度除湿机组	印钞厂、卷烟厂

除应用于制冷空调场合外，溶液除湿技术还可以应用在工业干燥、烟气余热回收等领域。在压缩空气干燥领域，传统的冷冻干燥法电耗大且不适用于压力露点低于2℃的场合，固体干燥法则存在再生温度高和再生能耗大的问题。为发展低能耗的压缩空气干燥技术，国内学者提出了一种利用空压机废热驱动溶液再生的溶液式压缩空气干燥系统（图 9）。干燥后的压缩空气压力露点可达 –2.4℃（0.8MPa），空压机废热能够满足溶液再生需求。

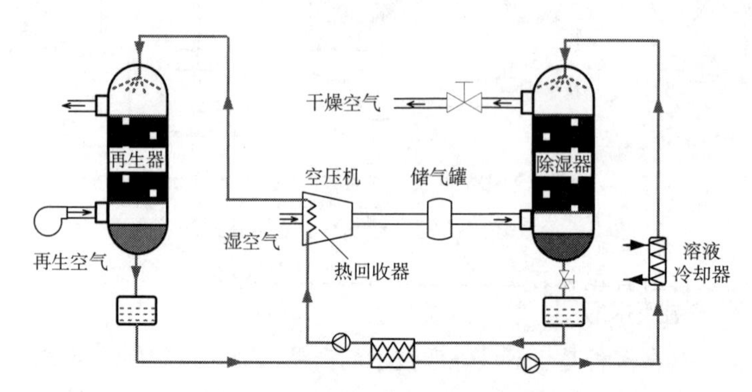

图 9　空压机废热驱动溶液再生的溶液式压缩空气干燥系统

3. 固体除湿空调技术

3.1　固体除湿材料研究

固体除湿空调主要技术核心在于干燥剂材料的选择。目前对干燥剂材料的研究十分活跃，低成本、高性能的材料可使干燥剂除湿系统获得最优性能。适用于固体除湿系统的理想干燥剂材料应具有以下特点：①物理和化学稳定性。要求干燥剂材料不发生液解（对固体材料），循环不存在滞后现象。②吸附率高，即单位重量和体积干燥剂吸湿量要大。高吸附率可以减少干燥剂用量，并且减小设备尺寸。③低水蒸气分压下具有高的吸附能力。吸湿能力在很低的水蒸气压下不下降，可以提高处理空气的干燥度，减小风机功率的消耗。④吸附（或吸收）热小。⑤价格低、来源广泛。⑥理想的等温吸附线类型。

活性炭、活性氧化铝、分子筛、硅胶、氯化锂和氯化钙等天然干燥剂往往不能满足固体除湿系统的需要，所以近年来对固体除湿空调系统中应用的干燥剂的研究主要分为复合干燥剂、无机多孔纳米材料和聚合物干燥剂三大类，如图 10 所示。

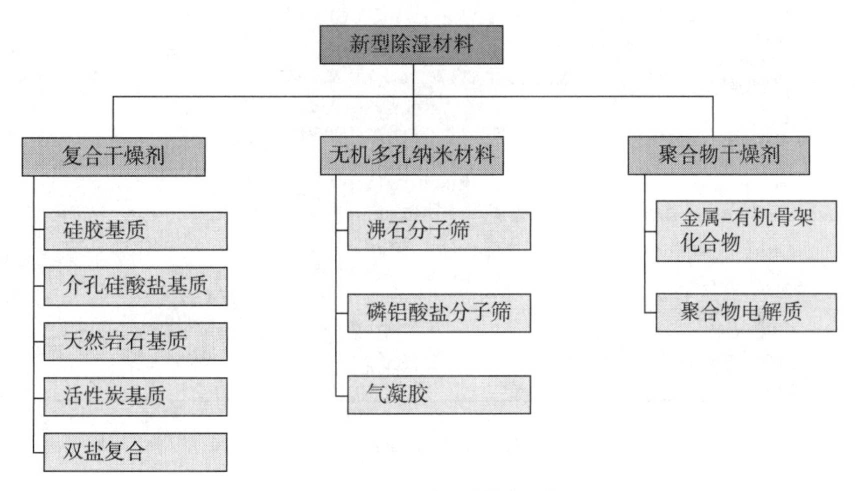

图 10　新型除湿材料分类

复合干燥剂一般由吸湿性盐浸渍到多孔干燥剂的孔隙中制得。与多孔材料基质相比，大部分复合干燥剂具有较高的水蒸气吸附量及较低的再生温度（< 100℃）。复合干燥剂主要通过四个方面改善复合干燥剂的吸附性能：复合干燥剂制备方式，多孔基质的孔隙结构，浸渍的盐种类及盐含量。

无机多孔纳米材料是指孔径在 0.2~50nm 区间的无机多孔固体材料，无论化学组成，天然或合成，晶体态或无定形态。常用的多孔化合物包括与二氧化硅和氧化铝有关的纳米材料，如硅胶、介孔硅酸盐、沸石分子筛、沸石类分子筛、气凝胶等。每类材料各有各的优势。铝磷酸盐类沸石分子筛再生温度低，某些特殊合成的类沸石分子筛（FAM）解吸温度可降至 40℃，而气凝胶吸附量比较大，SiO_2 气凝胶吸附量可达 1.35g/g。

聚合物由一系列大分子构成，可用作干燥剂的聚合物主要有金属 – 有机骨架化合物（MOFs）和聚合物电解质两类。MOFs 由金属离子和有机配体配位而成，由于不同的有机配体和金属离子有着不同的性质，可以针对特定的除湿系统，设计合成所需的 MOFs 材料，但大部分 MOFs 难以批量生产。聚合物电解质的亲水性可以通过在链节单元中引入有机亲水性官能团（羟基、羧基等）改变，某些聚合物电解质吸附量可以比硅胶高 2~3 倍。

本文提及的各种干燥剂的吸附和解吸性能见图 11。

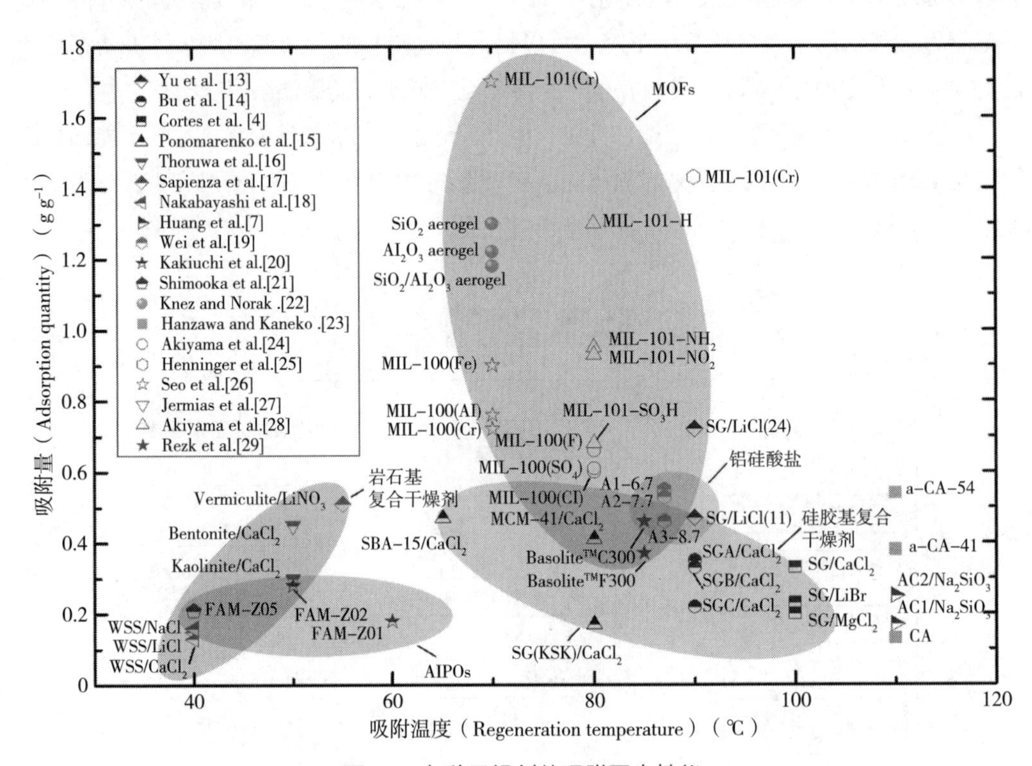

图 11　各种干燥剂的吸附再生性能

3.2 各类固体除湿空调系统及其研究现状

固体除湿空调系统又包括固定床式、转轮式和基于除湿换热器的除湿空调三种。固定床式由于其运行的间歇性难以用于空调系统，所以本文主要介绍转轮式和基于除湿换热器的除湿空调系统。

3.2.1 固体转轮除湿空调

除湿转轮系统如图 12 所示，一般由嵌入基材（纸、纤维、陶瓷等）干燥剂所构成的转轮、电机、风机等组成。如何降低吸附热对转轮除湿过程的影响，实现等温除湿过程，是降低转轮除湿空调系统再生温度和不可逆损失的有效途径，也是这种技术应用的关键。针对这一核心问题，国内外学者提出了通过中间冷却、分级除湿的方法去解决（图 13），这也是近来除湿转轮系统研究的热点。例如上海交通大学太阳能制冷课题组先后研制了采用复合干燥剂材料的两轮两级除湿空调系统和单轮两级除湿空调系统，实验结果表明，系统可利用 50℃以上的热源驱动，热力 COP 大于 1。普塔瓦科尔（PTavakol）等利用㶲分析，研究了两种基于热回收的新型两级干燥剂冷却循环，通过对燃料和产品的㶲计算、系统各部件与系统整体㶲损失的计算比较了两级系统与一级系统并且与传统的一级系统相比，其COP 和㶲效率分别提高 6.87%和 0.49%。

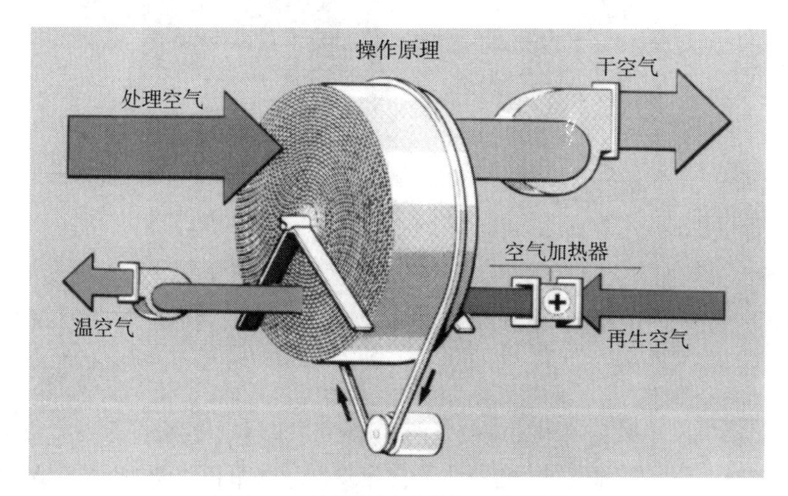

图 12　转轮除湿系统的工作原理

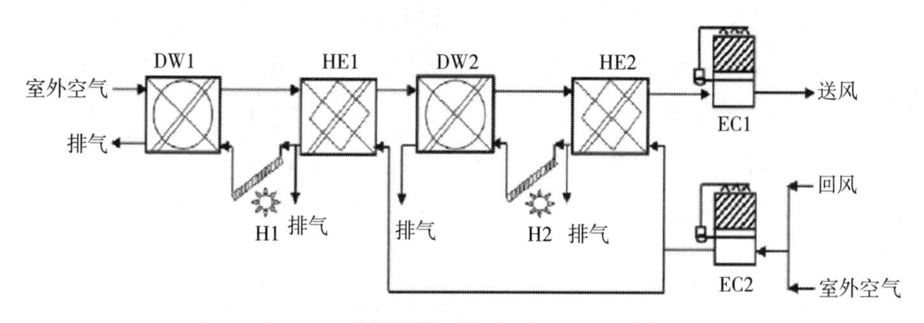

图 13　两级转轮除湿空调系统原理图

除此以外，太阳能除湿转轮系统也是近来的热点，研究主要集中在对不同类型太阳能集热系统与除湿转轮系统的匹配和运行研究方面。例如布尔杜坎（Bourdoukan）等指出平板式太阳能集热器效率过低，降低了太阳能转轮系统的性能，提出在太阳能转轮系统中利用真空管式太阳能集热器，他们建立的实验装置热力学 COP 可达 0.4，电力 COP 可达 4.0。卡比尔（Kabeel）等采用了多孔型太阳能空气集热器，实验表明该系统非常高效，热力 COP 可达 0.65~0.9。

3.2.2　基于除湿换热器的除湿空调

近期研究者们提出了一种通过对固体干燥剂进行内部冷却的方式实现等温甚至降温除湿的方法，即内冷式除湿过程。内冷式除湿过程可以从根本上解决除湿装置除湿过程中产生的吸附热效应，基于此原理提出的设备称为可再生式除湿换热器（简称除湿换热器，图 14）。

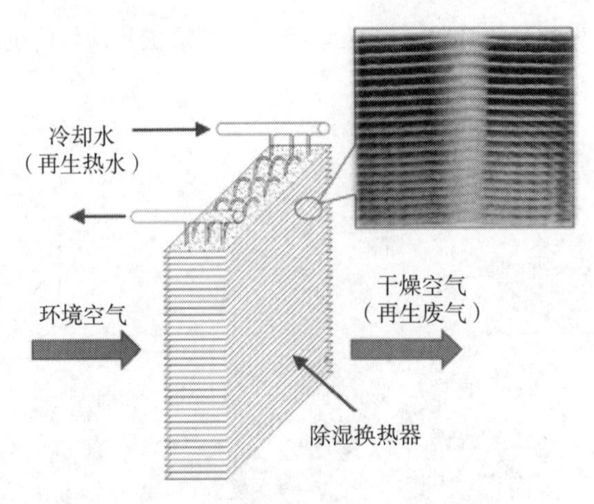

图 14　除湿换热器结构示意图

除湿换热器可以直接与太阳能结合，图 15 是典型的太阳能除湿换热器空调系统。它由 4 个模块组成：高温热源模块，包括太阳能集热器、水箱和辅助加热器；除湿和再生模块，包括过滤器、除湿换热器和蒸发冷却器，低温热源由冷却塔提供。本系统有两个工作周期，在第一个周期，来自冷却塔的冷水流过除湿换热器 1，带走了除湿过程中的吸附热，除湿后，环境空气通过蒸发冷却器进入室内。除湿换热器 2 由来自水箱的热水加热再生，再生空气带走解吸出的水蒸气。在第二个周期，两个四通阀将切换，除湿换热器 1 进入再生模式，除湿换热器 2 进入除湿模式。通过在上海地区典型夏季工况（干球温度 34.5℃，含湿量 17.8g/kg）下的测试，验证了系统设计的可行性。在该测试工况条件下，该空调系

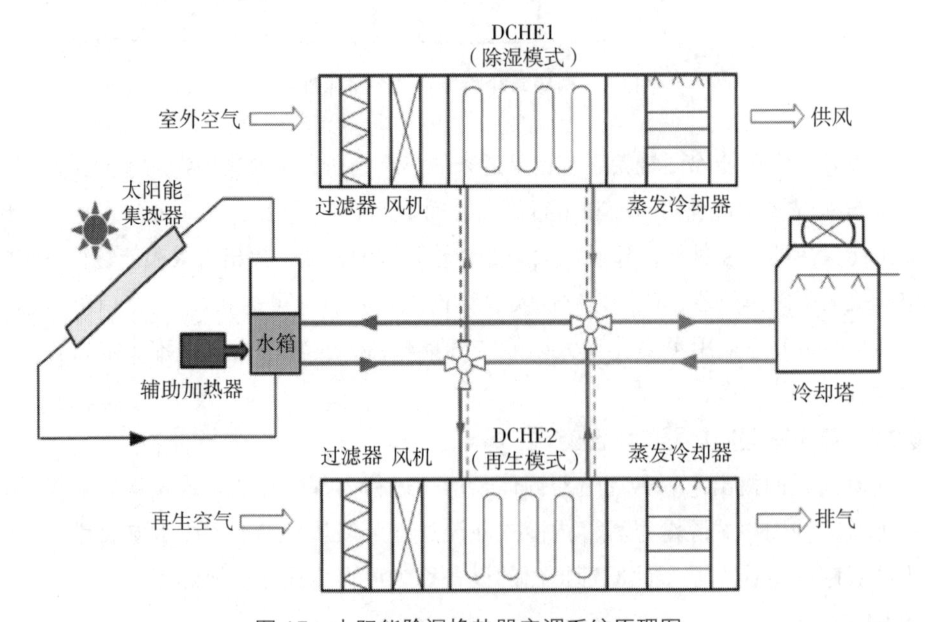

图 15　太阳能除湿换热器空调系统原理图

统的平均除湿量和系统热力 COP 分别可以达到 5.08g/kg 和 0.34。王惠惠等对该系统进行了进一步的研究，优化了部分参数，并在供风进入室内前加了一个蒸发冷却器支路，优化后 COP 可达 0.51。

另外，除湿换热器还可应用于常规压缩式热泵系统中，采用除湿换热器代替常规的蒸发 / 冷凝器，通过四通阀实现蒸发器与冷凝器之间的切换，节流机构采用双向膨胀阀，构建了一体式除湿热泵循环如图 16 所示。此系统实验研究的结果表明，系统采用硅胶 – 氯化锂复合吸附剂和 6min 的切换时间，在 13℃高蒸发温度和 45℃低冷凝温度下，夏季系统 COP 可达 6.2。

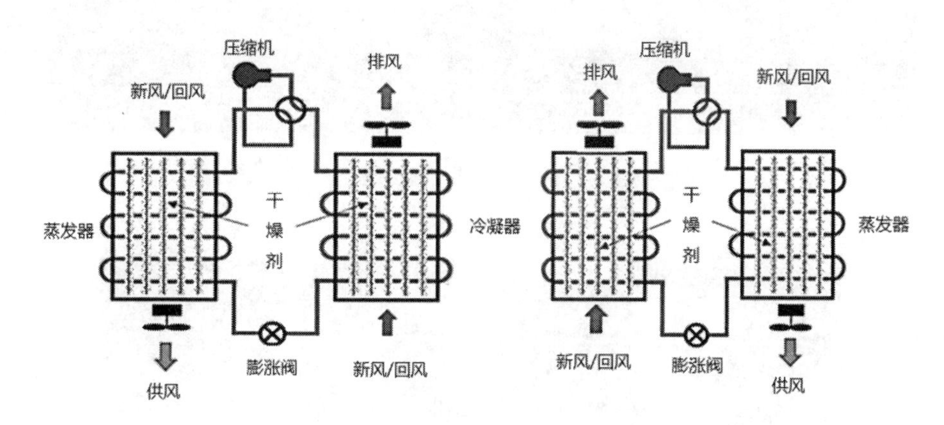

图 16　固体除湿热泵系统示意图

3.3　固体除湿技术的应用

固体转轮除湿系统已经在实际中获得广泛应用，例如在我国山东采用真空管空气集热器（140m^2）驱动除湿转轮系统再生，测试工况下（27.3℃，15.8g/kg），系统可输出 18.7℃、8.7g/kg 干冷空气，相应平均除湿量和制冷量分别为 10.3g/kg 和 22.4kW，平均热力和电力 COP 达 1.14 和 7.33。

除湿换热器系统由于可以实现更低热源驱动，其适用范围更广。例如在新加坡利用生物质气化炉 60℃左右废热驱动除湿换热器系统，余热利用率可达 86.5%，将原气化炉的发电量提高了 8kW，还能提供 2.5kW 的制冷能力，新风除湿系统的 COP 可达 1.34，平均除湿量可达 9.01g/kg 干空气，在新加坡典型高湿工况下可以提供满足要求的处理空气。

该系统是利用气化炉废热驱动除湿换热器再生的除湿空调系统，通过引入回热环节，该系统余热利用率可达 86.5%，将原气化炉的发电量提高了 8kW，还能提供 2.5kW 的制冷能力，新风除湿系统的 COP 可达 1.34，平均除湿量可达 9.01g/kg 干空气，在新加坡典型高湿工况下可以提供满足要求的处理空气。

图 17　除湿空调复合能量系统

图 18　新加坡国立大学废热驱动的除湿空调系统

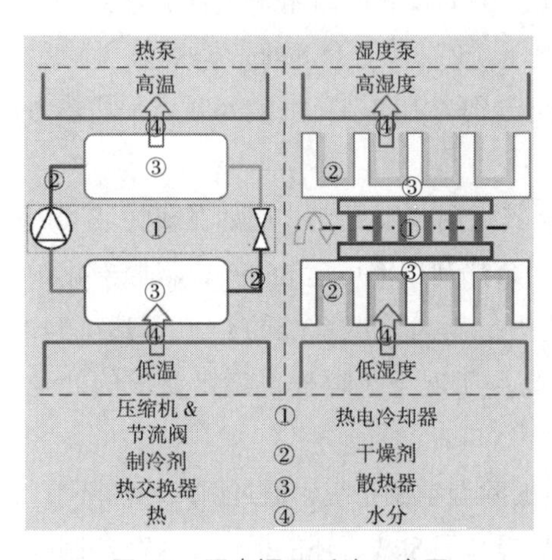

图 19　固态湿泵系统示意图

上海交通大学王如竹教授团队还提出了一种最新的固体除湿空调系统：固态湿泵。如图 19 所示，类比于热泵可以将热量从低温环境搬运至高温环境的功能，该团队提出的“湿泵”可以将空气中的水分从低湿度空间搬运至高湿度空间从而实现对湿度的主动控制。使用商用热电模块和硅胶除湿剂搭建了概念验证样机。通过特殊的涂层工艺和紧凑的结构设计，有效降低固态系统的接触热阻与传质阻力。典型工况下的测试结果优于其他已报道的小型除湿系统。研究成果发表在了细胞（Cell）子刊焦耳（Joule）上。

4. 温湿度独立控制

目前常规空调在夏季通过表冷器冷凝除湿来实现室内热湿负荷的消除，由于热湿耦合，该空气处理过程存在两个弊端：①热湿耦合处理冷热补偿损失大（或者牺牲房间的温、湿度舒适性）；②制冷系统的冷凝/蒸发温差过大，阻碍空调系统整体能效的进一步提升。

针对上述问题，温湿度独立控制（Temperature and Humidity Independent Control，以下简称 THIC）空调系统应运而生，其核心思想为：将空调系统分成温度控制系统和湿度控制系统，采用不同的方式分别处理室内的显热负荷和潜热负荷。

当前的 THIC 系统大部分基于独立新风设备建立，其基本原理如图 20 所示。

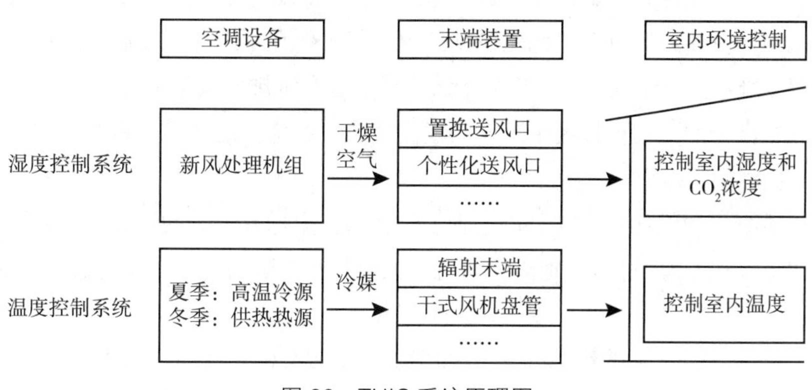

图 20　THIC 系统原理图

4.1　基于独立新风的 THIC 系统

4.1.1　显热末端

4.1.1.1　辐射末端

辐射末端是指辐射换热占总换热量 50% 以上的换热末端，主要有混凝土辐射板和装配式模块化辐射板两种形式，后者又可分为模块化金属板和毛细管型辐射板，不同类型辐射板性能对比如表 2 所示。

辐射末端一般采用比热容较高的水作为载冷/热剂，传输能耗约为全空气系统的 25%。辐射末端采用的冷水温度一般为 15℃ ~20℃，系统可采用高温冷水机组，冷源效率较高。

应用方面，结合提高供水温度、置换通风等防凝露措施，辐射空调可推广至长江以南、热带国家等炎热潮湿地区。目前，大空间公共建筑、零能耗建筑等领域也出现了辐射空调的身影。

表 2　不同类型的辐射板性能

辐射板类型	辐射板热阻 R_p（$m^2 \cdot ℃/W$）	时间常数	表面温度分布均匀性	板表面最低温度与供水温度差异
混凝土辐射地板	0.1~0.2	3~4h	比较均匀	大
抹灰形式毛细管辐射顶板	0.02~0.06	5~15min	比较均匀	较大
金属辐射顶板	＜ 0.02	＜ 1min	不易均匀	较小

4.1.1.2　干式风机盘管

干式风机盘管指表面温度高于处理空气露点温度的风机盘管，常规风机盘管和干式风机盘管的名义供冷 / 热工况如表 3 所示，干盘管的换热温差较小，单位面积换热能力显著降低，因此须针对显热运行工况优化设计。由于仅工作在干工况，干盘管的强化换热设计可以不考虑冷凝水。如流程优化，典型干式风机盘管和常规风机盘管的结构对比如图 21 所示，干式风机盘管的流程更接近于理想的逆流换热。此外，还可采用新型开窗铝翅片增强湍流效果，提高供冷能力。

借助无冷凝水的优势，干式风机盘管的结构可完全抛开现有的形式，如采用“线性设计外形 + 贯流风机”“吊灯型 + 轴流式风机”以及落地安装的立柱式风机盘管等形式。

表 3　湿式风机盘管和干式风机盘管的名义供冷 / 暖工况对比

状态	参数	供冷工况		供热工况	
		常规盘管	干盘管	常规盘管	干盘管
入口空气状态	干球温度 /℃	27.0	26.0	21.0	21.0
	湿球温度 /℃	19.5	18.7	—	—
供水状态	供水温度 /℃	7.0	16.0	60.0	40.0
	供回水温差 /℃	5.0	5.0	—	—
	供水量 /（kg/h）	按供回水温差得出		与供冷工况相同	

4.1.2　高温冷源

温湿度独立控制系统需要 15℃ ~20℃冷水替代传统空调 5℃ ~7℃的冷水处理显热，冷源温度提高带来的节能是 THIC 系统高效运行的关键。

4.1.2.1　自然冷源

①地下水换热：在地下水温度较低的地区，若地质条件允许完全回灌，即可有效地

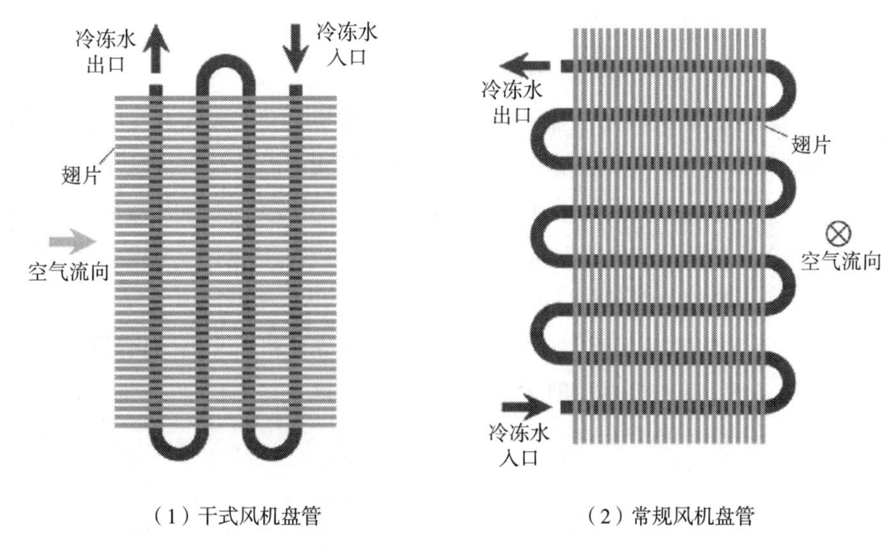

（1）干式风机盘管　　（2）常规风机盘管

图 21　典型风机盘管流程分布

利用地下水的冷量用于供冷。②土壤换热：对于负荷较小的建筑，可通过地埋管利用土壤冷源，实现廉价供冷。前述两者均可与热泵结合，以解决全年热平衡和冬季供热的问题。③蒸发冷却：在我国的西北地区，可采用直 / 间接蒸发冷却技术，用于承担室内显热负荷，相关技术的发展情况可参见本章第 5 章相关内容。

4.1.2.2　机械冷源

因自然冷源受环境的影响较大，多数 THIC 系统需直接采用机械冷源或者采用机械冷源作为补充冷源，机械冷源主要包括高温冷水机组和干式多联机。

①高温冷水机组：技术标准 JB/T 12325—2015 中规定高出水温度冷水机组名义制冷工况的出水温度为 16℃。常规的冷水机组出水温度上限为 12℃ ~14℃，若直接提高出水温度会出现部件性能不匹配、回油困难等问题。因此，高温冷水机组须针对性设计。

某离心式高温冷水机组以 2.0 为设计压比，针对性设计了三元闭式叶轮和串列叶片回流器，在名义工况满负荷 COP 可达 9.47。某永磁同步变频螺杆式冷水机组通过转速和滑阀的调节，实现压比、负荷与工况需求的匹配，在额定工况下满负荷 COP 可达 7.8。

磁悬浮离心式冷水机组因其部分负荷效率高、无润滑油等特点，可成为理想的高温冷源。实际工程中，磁悬浮冷水机组在出水温度为 17.5℃时，COP 达 8.9。

②干式多联机：干式多联机是制冷剂在高蒸发压力下于室内末端直接蒸发处理显热的系统，较水系统结构简单，避免了二次换热损失。干式多联机能效比较高，例如某 R410a 干式多联机 COP 达 7.4。实际应用中，ASHRAE 总部大楼采用了基于多联机的温湿度独立控制系统，已获得 LEED 铂金认证。

4.1.3 新风处理设备

4.1.3.1 基于冷凝除湿的新风处理设备

冷凝除湿过程中，若高温高湿新风直接与低温冷水换热会造成较大换热损失，因此机组中一般设有热回收装置，可利用排风、除湿后的空气或高温冷源对新风预冷。此外，若直接将除湿后的空气送入房间，会导致部分区域过冷，解决措施包括利用排风或新风再热除湿后的空气，或者将热泵的蒸发器作为表冷器，冷凝器作为再热器以实现高效除湿和再热。

4.1.3.2 基于干燥剂除湿的新风处理设备

基于干燥剂除湿的新风处理设备主要包括溶液除湿新风机组和固体除湿新风机组，在前文中已有充分介绍，典型设备如图 22~ 图 24 所示。

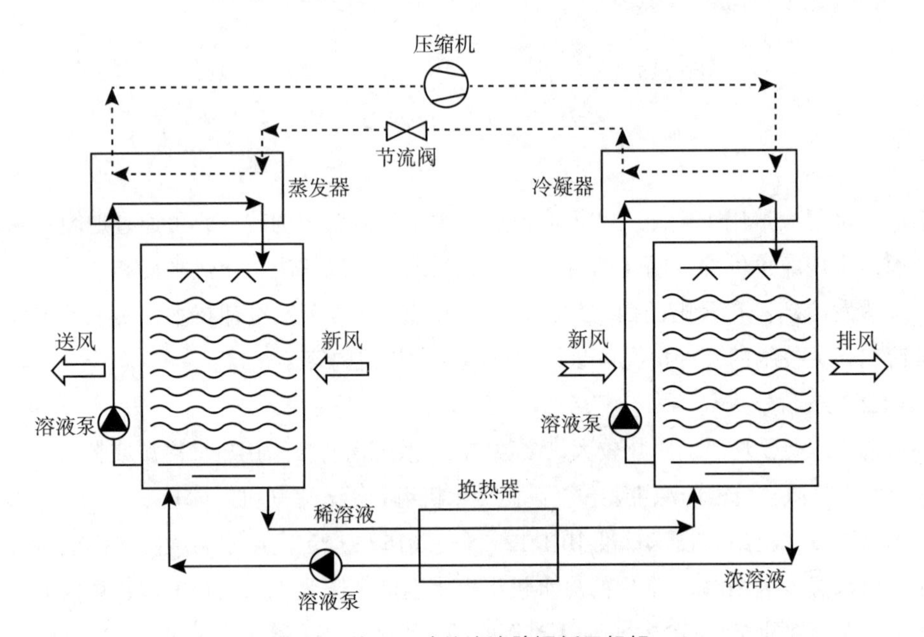

图 22 热泵驱动的溶液除湿新风机组

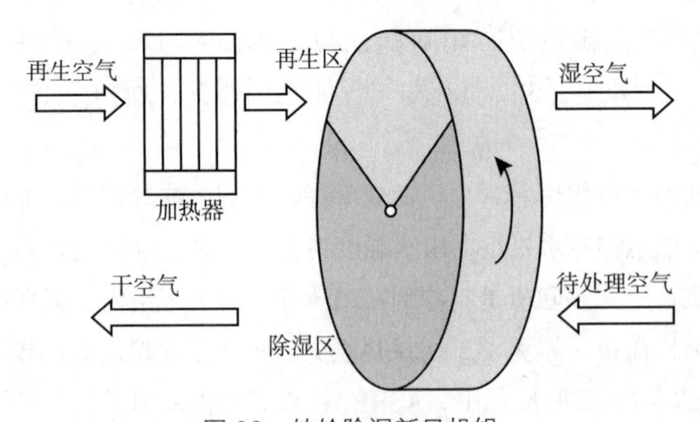

图 23 转轮除湿新风机组

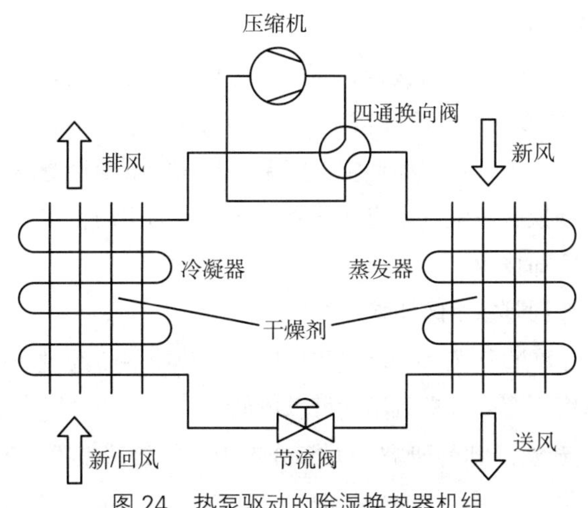

图 24 热泵驱动的除湿换热器机组

4.1.3.3 基于薄膜除湿的新风处理设备

薄膜除湿是基于膜材料的选择透过性，利用膜组件代替填料塔或利用回风全热回收实现新风液体除湿的过程。膜材料通常为聚合物材料，包括全氟磺酸、再生纤维素等。膜组件形式分为平板膜组件、板翅式膜组件、交叉波纹板和中空纤维膜组件等。

薄膜除湿处理新风时可与热泵、太阳能等结合提高能量使用效率，还可以与冷凝除湿、固体除湿相结合以承担室内的潜热负荷。

4.2 其他形式 THIC 系统

除了常规基于独立新风的温湿度独立控制系统外，近年来还衍生出了其他形式的 THIC 设备。

基于双回路表冷器的恒温恒湿空调系统，通过改变在冷冻水回路上增设的两个三通阀的开度，调节送风状态点，实现温湿度独立控制。

除湿换热器的空气处理过程存在温湿度弱关联的特性，可实现利用管内流体温度控制温度，循环切换时间控制湿度的控制策略。

中小型建筑常采用的直膨式空调可通过调节压缩机转速改变蒸发器表面温度，调节风机转速改变空气流速，从而影响送风温湿度状态，实现直膨式空调的温湿度控制。

5. 蒸发冷却技术

5.1 各类蒸发冷却技术及其研究现状

蒸发冷却技术历史悠久，在20世纪30年代左右，蒸发冷却技术已开始用于空调领域，首先出现的是直接蒸发冷却技术。

5.1.1 直接蒸发冷却技术

直接蒸发冷却，是空气和水直接接触而进行的蒸发冷却过程。通过直接蒸发冷却制取比湿球温度高 2K~3K 的冷却水（冷却塔），或者利用直接蒸发冷却制备冷风为房间降温。由于直接蒸发冷却通过对空气加湿而使空气降温，其仅能近似沿等焓线处理空气，这就使得排显热和排湿能力相抵触，限制了直接蒸发冷却技术的应用，仅能用于极干燥地区。进而，出现了间接蒸发冷却技术。

5.1.2 间接蒸发冷却制备冷风技术

间接蒸发冷却，是在直接蒸发冷却过程中嵌入显热换热。经过间接蒸发冷却处理后的空气，温度降低但湿度不变，且送风温度可以更低。

国内外关于间接蒸发冷却的研究，大部分集中在间接蒸发冷却制备冷风装置上。首先，关于流程研究，集中在讨论二次风来源。二次空气来源包括室外风、室内回风以及一次出风的一部分。采用一次出风一部分作为二次风，如图 25 所示，其一次出风温度极限均可以无限接近室外露点温度。图 25（a）所示的 M- 循环，由于多级的一次风被抽取作为二次风，其总进风量要大于图 25（b）和（c）所示方式；图 25（b）的外冷型流程更容易实现所有换热过程的逆流设计。

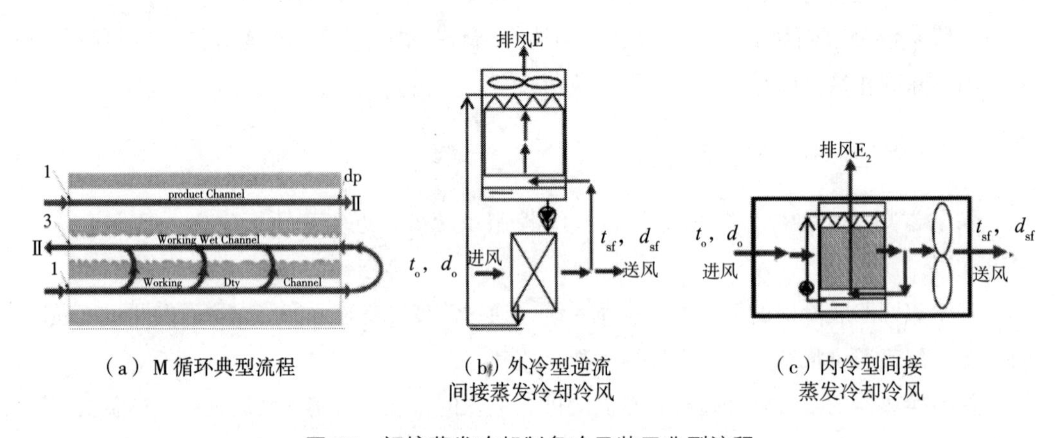

（a）M 循环典型流程

（b）外冷型逆流间接蒸发冷却冷风

（c）内冷型间接蒸发冷却冷风

图 25 间接蒸发冷却制备冷风装置典型流程

除流程外，不少研究涉及多种不同工艺的间接蒸发冷却器，包括板式、管式、热管式间接蒸发冷却器等。这些不同类型的间接蒸发冷却器在 20 世纪 80 年代即有专门的研究，在美国、澳大利亚也已有相关的产品；90 年代中期至今，我国也已有较成熟的产品。

然而，由于间接蒸发冷却制备冷风装置以空气为载冷介质，风机电耗高，风道占用空间大，仅能在小的单体建筑、体育馆、影剧院等高大空间被采用，大大限制了蒸发冷却技术的应用场合。

从载冷介质出发，输送相同冷量，冷水系统输配电耗约是冷风系统的1/4~1/10。由此，利用间接蒸发冷却制备冷水，成为蒸发冷却技术推广应用的迫切需要。

5.1.3 间接蒸发冷却制备冷水技术

5.1.3.1 间接蒸发冷却制备冷水的系列流程

利用间接蒸发冷却制备冷水的技术——间接蒸发冷水机组在2004年由江亿、谢晓云等提出，其基本原理如图26所示。

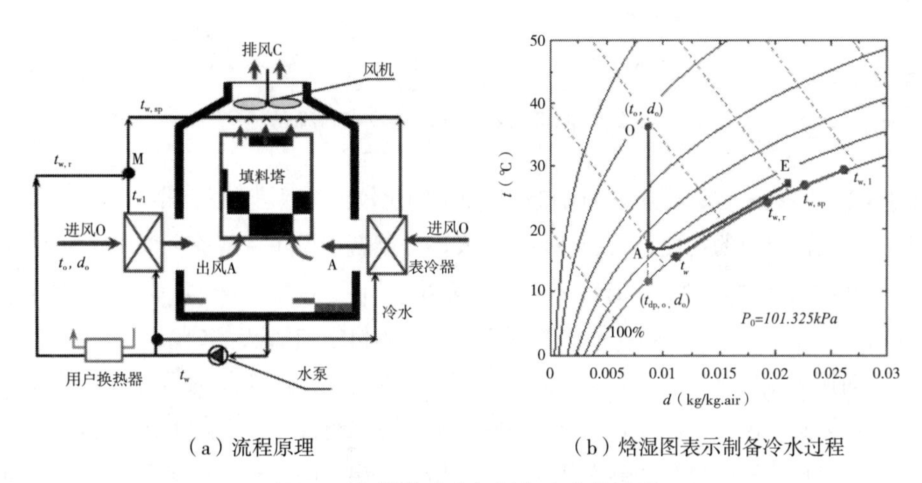

（a）流程原理　　（b）焓湿图表示制备冷水过程

图26　间接蒸发冷却制备冷水的流程

室外空气O首先经过表冷器被填料塔制备出冷水的一部分等湿降温至A，之后空气A进入填料塔和喷淋水直接接触进行蒸发冷却，空气被加热加湿至C排出；喷淋水被降温至t_w成为制备的冷水输出。冷水出水（t_w）分为两部分，一部分被送往表冷器，另一部分作为用户的供水；之后用户回水与表冷器出水混合后回到填料塔顶部喷淋，制备出冷水出水，从而完成冷水循环。

当该间接蒸发冷水机组的核心部件均为逆流换热且流量匹配时，出水极限温度可无限接近室外空气的露点温度。实际装置的出水温度，处在室外湿球和室外露点的平均值。对于干燥地区，湿球温度一般比露点温度高6K~10K，利用间接蒸发冷水机可制备出15℃~19℃的冷水，比普通冷却塔出水温度低5K~9K。间接蒸发冷水机组研发成功及其应用，大大拓宽了间接蒸发冷却技术的应用场合。

也有研究者提出了一些利用间接蒸发冷却制备冷水的不同流程，如图27所示，但两类流程冷水出水的极限温度都无法达到室外露点温度，比露点温度高，且受末端环境温度的影响。

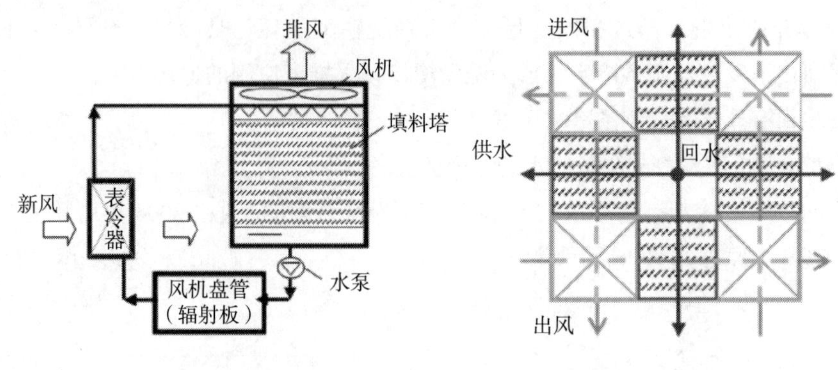

（a）表冷器与用户串联流程　（b）进风、排风热回收流程

图 27　间接蒸发冷却制备冷水的流程

5.1.3.2　间接蒸发冷却制备冷风和制备冷水的比较

从排出室内显热的角度，应选择间接蒸发冷却制备冷风还是制备冷水，成为系统设计的关键。利用间接蒸发冷却制备冷风系统可等效为间接蒸发冷水机组加一个新风表冷器；而间接蒸发冷却制备冷水系统实际上是间接蒸发冷水机组加回风表冷器。当二者送风状态一致时，间接蒸发冷却制备冷风系统需要额外的排除新风的显热，使得系统制冷量增加，相应设备换热面积也增加。因此，应采用间接蒸发冷却制备冷水来排除室内的显热。

为了同时排除室内显热和输送新风，也有研究提出了间接蒸发冷却冷水与冷风同时产生的机组，如图 29 所示，同时制备出房间所需的新风和所需冷水，冷水送入室内辐射地板等末端带走房间显热。

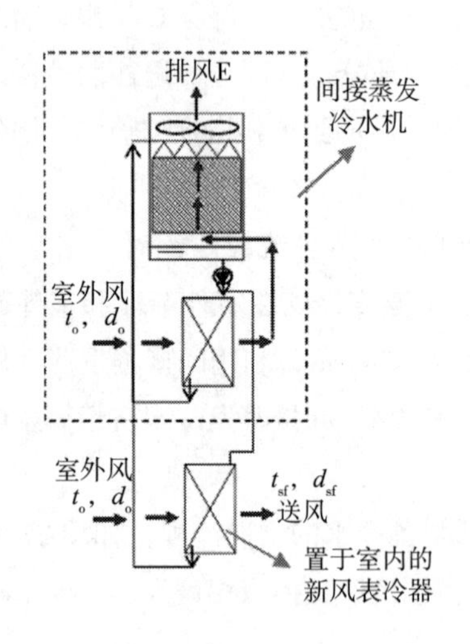

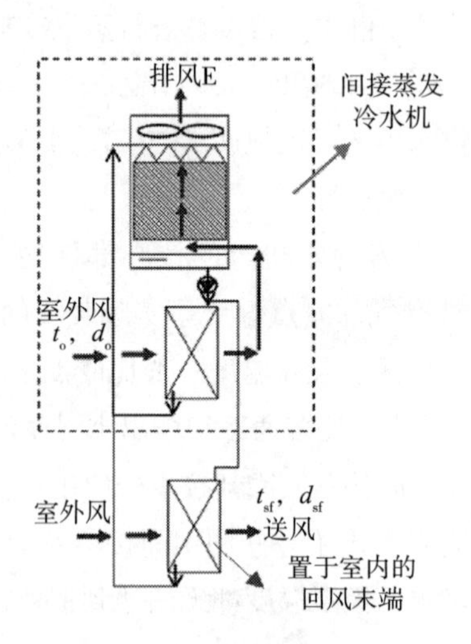

（a）间接蒸发冷却制备冷风排出室内显热　（b）间接蒸发冷却制备冷水排出室内显热

图 28　间接蒸发冷却制备冷风与制备冷水方式的比较

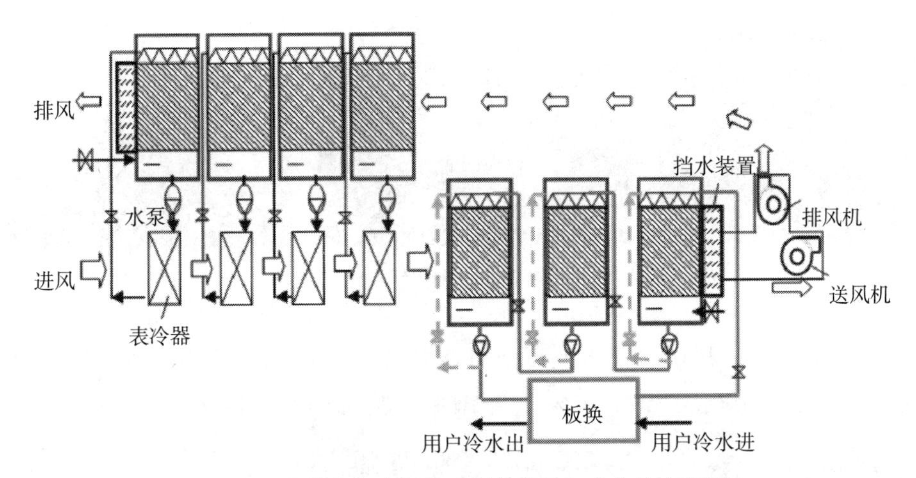

图 29　间接蒸发冷却同时制备冷风和冷水的流程图

5.1.3.3　间接蒸发冷却制备冷水的装置研发与系统应用

2005 年，清华大学与新疆绿色使者空气环境技术有限公司合作研发出首台间接蒸发冷水机组（图 30）并成功用于工程示范，实测出水温度为 15℃ ~19℃，低于室外湿球温度，基本处在室外湿球和露点温度的平均值（图 31）。

图 30　间接蒸发冷水机组照片

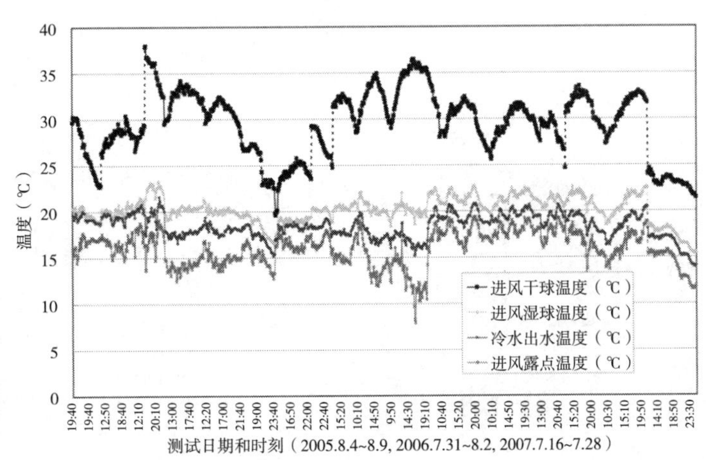

图 31　实测间接蒸发冷水机组出水温度

自 2005 年至今，间接蒸发冷水机组已在中国西北地区超过 200 万平方米的公共建筑中应用，典型的工程有新疆乌鲁木齐会展中心（30 万平方米，曾在此召开中亚欧博览会），新疆乌鲁木齐高铁站（10 万平方米），新疆软件园（14 万平方米），新疆维吾尔自治区中医院（3 万平方米），甘肃金昌传媒中心（3 万平方米）等，已创经济效益上亿元。

图 32　间接蒸发冷水机组的示范工程

在实际工程中，利用间接蒸发冷水机组替代了常规电制冷机，实测房间温度在 25℃ ~28℃，房间相对湿度 50%~65%，实测比传统空调节电 40%~70%。

5.2　间接蒸发冷却技术在数据中心冷却领域的应用

间接蒸发冷却技术近年来也开始用于全年冷却，如数据中心冷却，典型的系统流程如图 33 所示。利用间接蒸发冷却塔代替普通的冷却塔，在夏季为电制冷机排热，冬季和过渡季实现自然冷却。与常规水冷冷却系统相比，利用间接蒸发冷却塔可以提高冷机的 COP，降低冷机耗电，还能显著增加自然冷却时间，从而显著降低系统全年电耗；更突出的是可以实现冬季冷却塔的防冻，不依靠任何外来的热源，仅依靠设备自身的流程，实现了蒸发冷却过程和表冷过程的防冻，从而解决了冬季常规冷却塔结冻的难题，为数据中心水冷系统在北方地区安全可靠的应用提供了一条全新的技术途径。

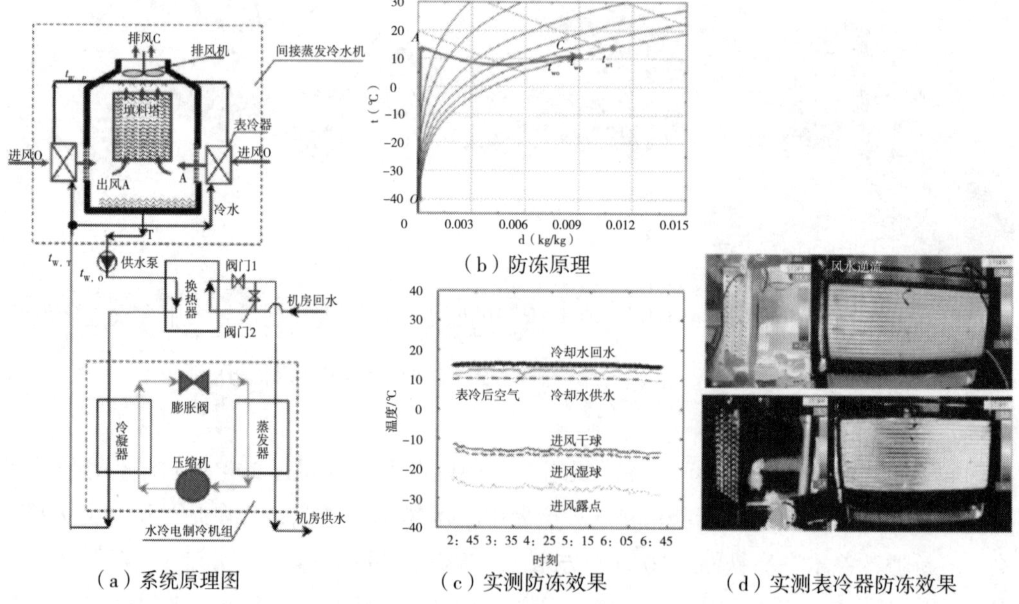

（a）系统原理图　（b）防冻原理　（c）实测防冻效果　（d）实测表冷器防冻效果

图 33　利用间接蒸发冷水机组实现冬季冷却塔防冻的系统

6. 数据中心冷却技术

6.1 数据中心能耗及负荷特征

数据中心能耗指数据中心所有用能设备能耗量的总和，空调系统是数据中心提高能源效率的重点环节，它所产生的功耗约占数据中心总功耗的 40%，如图 34 所示。

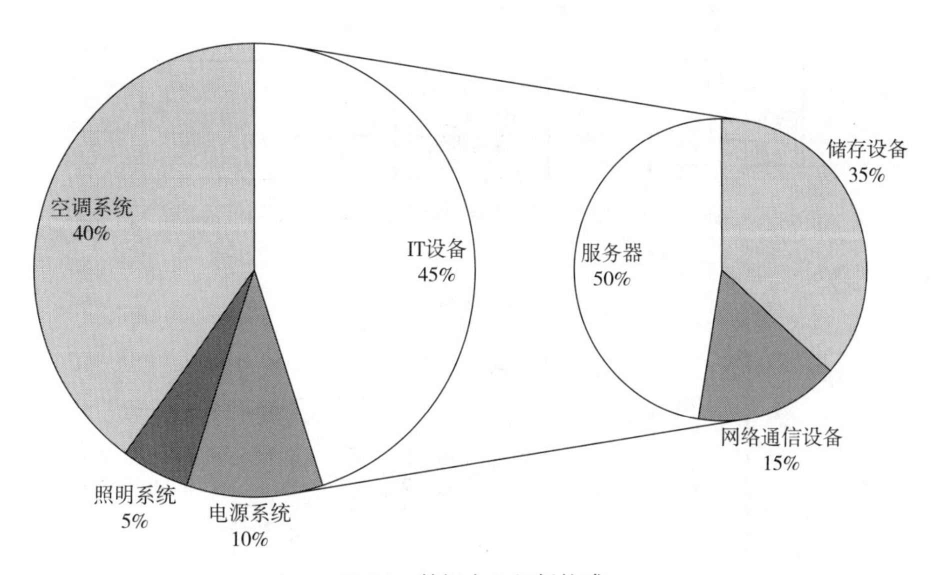

图 34　数据中心能耗构成

数据中心冷却用空调系统是一种工艺性空调，与传统建筑的舒适性空调系统相比，数据中心热湿环境需求的特点及对冷却系统的要求主要体现在以下几个方面：① IT 及其他设备的散热量占总负荷的 90% 以上；②冷负荷大、湿负荷小；③需全年连续运行。因此，需要全年不间断运行的空调冷却系统，把服务器散热排至室外大气或其他自然冷源中。

针对上述特点和要求，ASHRAE 在其编写的数据中心环境控制指导书中多次逐步放宽了数据中心的最低能效要求，允许温度上升以节省冷却资源。我国颁布发行的新版《数据中心设计规范》与目前国际上对服务器等设备进风温度普遍适用的要求相当。机房冷通道或机柜进风区域的温度推荐值扩大到 18℃ ~27℃，当 IT 设备对环境温度和相对湿度可以放宽要求时，机房冷通道或机柜进风区域的温度允许扩大到 15℃ ~32℃。

为了降低数据中心冷却系统能耗，优化热量传递过程、提高各传热环节效率、尽量采用自然冷源，是数据中心冷却技术的发展趋势。

6.2 数据中心排热过程与冷却系统构成

数据中心机房热环境冷却排热过程的主要环节如图 35 所示，该过程实质上是在一定的驱动温差下，将热量从室内搬运到室外的过程。图 36 给出了传统 CPU 风冷形式下，从服务器到室外热汇（湿球温度）的典型排热过程的 T–Q 图的表征。

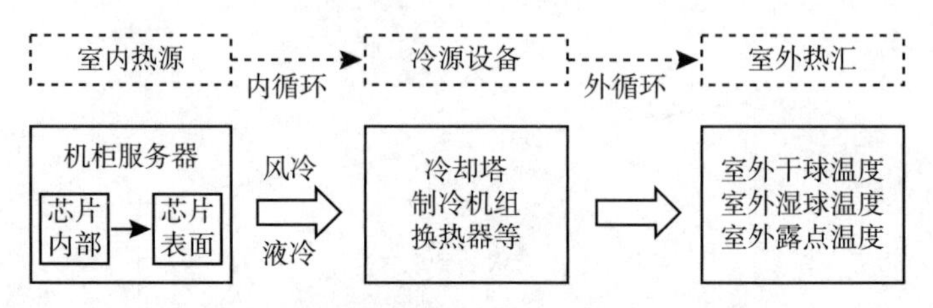

图 35　数据中心机房热环境营造过程的主要环节

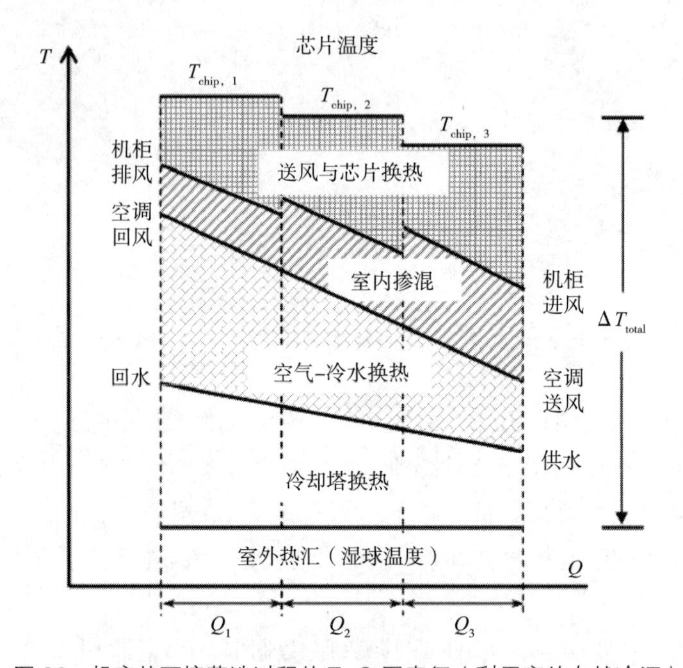

图 36　机房热环境营造过程的 T–Q 图表征（利用室外自然冷源）

数据中心冷却系统主要形式包括芯片级冷却、服务器级冷却、列间级冷却、房间级冷却等，如图 37 所示。

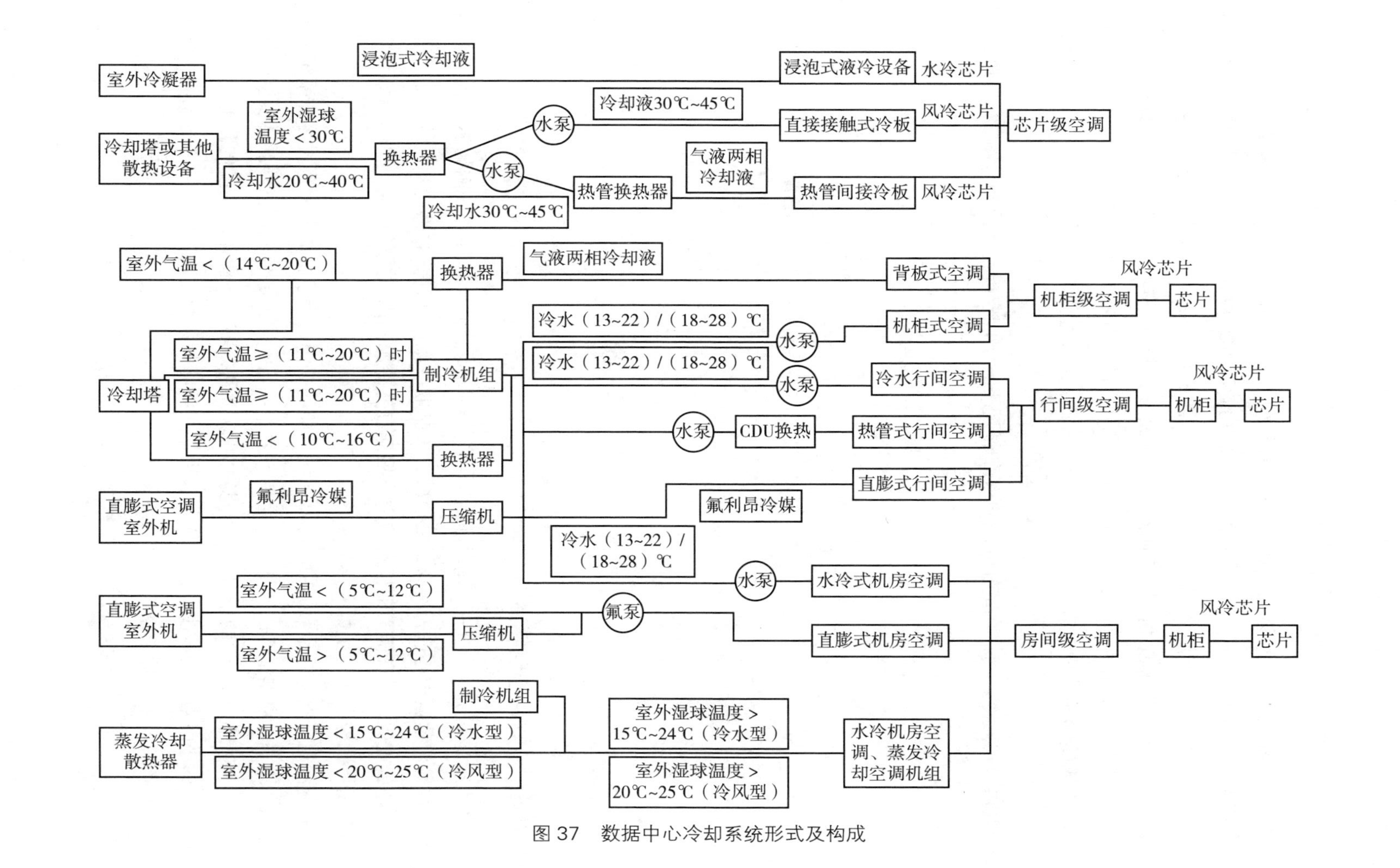

图 37　数据中心冷却系统形式及构成

6.3 芯片级冷却技术及系统研究进展

芯片技术的飞速发展、芯片集成度的提高，受到了电子元器件发热而引起的“热障”所限制，快速、及时排走服务器芯片散热的高性能冷却技术引起高度关注，极高热流密度的芯片、微系统的冷却系统研究成为非常重要而又十分活跃的研究领域。由于芯片级冷却系统直接将芯片的散热通过空调管路、换热设备排至室外大气，换热效率高、环节少，不需要增加人工冷源（制冷机），在所有空调冷却系统中冷却效率最高。目前，较为成熟的芯片冷却技术主要有浸泡式液冷设备、直接接触冷板式液冷、热管式液冷等。

以热管式液冷为例，在室外环境40℃的情况下，仍能实现自然冷却（图38）。

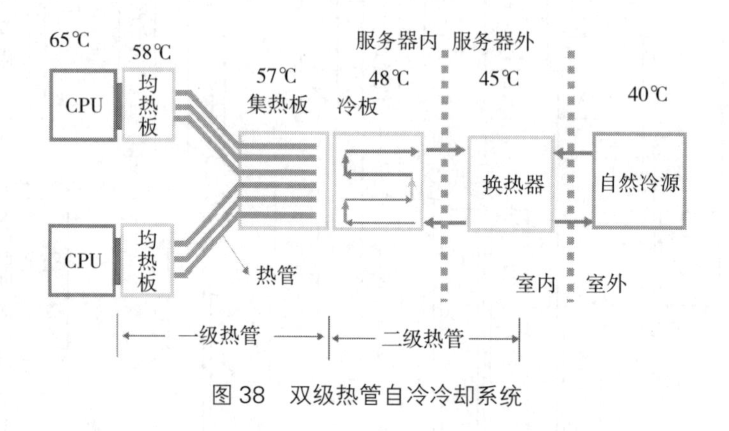

图38 双级热管自冷冷却系统

6.4 数据中心自然冷却技术

自然冷却系统是指在过渡季节或者冬季，利用周围的自然环境，例如温度较低的空气、海水等对数据中心进行冷却，由于减少了制取冷源的耗功，自然冷却系统能显著提高数据中心的能效，具有极大的推广潜力。根据自然冷源利用方式的不同，自然冷却系统可以分为以下几种，如表4所示。

充分利用自然冷能是数据中心冷却系统节能的关键，为了提高各种形式冷却系统的自然冷能利用率，数据中心的选址尤为重要。表5给出了国内部分城市室外湿球温度分别低于10℃、15℃和20℃时的小时数，从表中可以看到，随着冷源需求温度的降低，可利用自然冷源的小时数显著减少。因此优化各种形式的冷却系统提高其需要的冷源温度，配合数据中心选址，是降低数据中心电耗的关键。

表 4　数据中心自然冷却系统分类

系统分类	类型	特征
风侧自然冷却系统	直接型 间接型	将室外冷空气直接（或经过蒸发冷却降温后）引入室内 通过换热器（如转轮等）利用室外冷空气冷却室内空气（也可以辅助以蒸发冷却）
水侧自然冷却系统	直接水冷型 风冷型 冷却塔型 / 蒸发冷却型	直接利用自然环境中的冷水（如海水、湖水） 利用空气冷却室内回路中的水 利用冷却塔 / 蒸发式冷却器冷却室内回路中的水
热管自然冷却系统	按驱动力 按系统形式 按室外冷源形式	重力型、液泵辅助型、气泵辅助型 单独热管型、与机械制冷系统复合制冷型 风冷型、水冷型、蒸发冷却型

表 5　部分城市可利用自然冷源小时数（湿球温度）

典型城市 \ 湿球温度	$t_w < 10$℃小时数	$t_w < 15$℃小时数	$t_w < 20$℃小时数
哈尔滨	5673	6831	8114
北京	4762	5758	7232
兰州	4947	6467	8432
太原	4932	6274	7831
上海	3228	4516	5967
合肥	3338	4423	5952
广州	986	2523	3988

6.5　数据中心高效人工冷源（制冷机组）技术

针对数据中心热湿环境控制的需求，制冷机组通过提高蒸发温度（高温冷水机组）、降低冷凝温度（蒸发式冷凝）、提高部分负荷性能（压缩机变频控制）、提高压缩机性能（小压比压缩机、磁悬浮技术）等技术手段，提升了冷水机组的性能，降低数据中心冷却用的能耗，降低了数据中心的 PUE，达到节能的目的。上述新技术中一项或者多项集成应用于冷水机组中，形成新型高效数据中心冷却用制冷机组。并且制冷机组结合自身系统的特点，构建出多种与自然冷却相结合的一体式制冷机组，以提高其全年运行性能。

7. 近零能耗建筑技术与系统

7.1　近零能耗建筑国内外发展状况

对于“近零能耗建筑”世界各国定义都有所差异。如 1988 年，瑞典德隆大学的博达姆森（Bo Adamson）和德国住房与环境研究所的沃尔夫冈·菲斯特（Wolfgang Feist）就今后建筑发展进行了探讨，首次提了出“被动房”概念，“被动房”即为欧洲的“近零能耗建筑”一种形式。1992 年，德国弗劳恩霍夫（Fraunhofer）太阳能研究所沃斯·K（Voss.K）等人，研究采用光 / 热 / 电一体化太阳能采暖技术，满足建筑物所需相关能耗，提出“无源建筑”（Energy Autonomous House，也称为 Self-sufficient Solar House）概念，无源建筑也为“近零能耗建筑”一种形式。1994 年，瑞士鲁迪·克里西（RuediKriesi）和海因茨·尤伯萨克斯（Heinz Uebersax）共同提出“迷你能耗房”（Minergie）概念，“迷你能耗房”主要强调建筑可持续发展、超低能耗及高舒适度等。2002 年，意大利国家建筑研究中心斯特凡诺·法特（Stefano Fattor）和弗拉维乌斯·鲁菲尼（Flavio Ruffini）博士提出“气候房”（Climate House）一词，“气候房”也是“近零能耗建筑”一种表现形式。除此之外，世界范围内不同国家对“近零能耗建筑”定义及称谓方式多种多样，还包括“Low energyhouse”、“High performance buildings”、“Energysaving house”、“Ultra low energy house”、“Zero energy house”、“Zero energy buildings”、“Zero heating energy house”、“Plus energy house”、“Zero carbon house”、“Emission free house”、“Carbon free house”、“Energy self sufficient”、“BREEAM building”、“EQuilibrium house”、“Green building”、“Very low energy house”等。

我国对于“近零能耗建筑”相关技术引进较晚。2010 年上海世博会上引人注目的“德国汉堡之家”是中国引进的第一座经过认证的近零能耗建筑。2011 年起，在中国住房和城乡建设部的支持下，建设了河北秦皇岛在水一方、黑龙江哈尔滨溪树庭院、河北省建筑科技研发中心科研办公楼、中国建筑科学研究院近零能耗示范建筑、珠海兴业近零能耗示范建筑等示范工程。2015 年 11 月，中国建筑科学研究院在充分借鉴国外近零能耗建筑建设经验并结合我国工程实践的基础上，编制了《被动式超低能耗绿色建筑技术导则》。2017 年 2 月，住房和城乡建设部发布《建筑节能与绿色建筑发展“十三五”规划》提出：积极开展近零能耗建筑、近零能耗建筑建设示范，鼓励开展零能耗建筑建设试点。同年 9 月，由中国建筑科学研究院牵头、共 29 家单位参与的“十三五”国家重点研发计划项目“近零能耗建筑技术体系及关键技术开发”启动。2019 年 3 月，《近零能耗建筑技术标准》发布，为推动我国近零能耗建筑的快速发展提供了有力的技术支撑。

7.2 近零能耗建筑性能指标

近零能耗建筑强调气候适宜性和以性能目标为导向，近零能耗建筑的本质是使建筑达到极高的建筑能效，建筑能效反映在建筑物能源消耗量及建筑围护结构热工性能、关键用能设备能源效率等性能指标，并最终体现在建筑物的负荷及能源消耗强度。因此，技术指标是认定近零能耗建筑的核心。

7.2.1 健康舒适的建筑室内环境指标

健康、舒适的室内环境是近零能耗建筑的基本前提。近零能耗建筑室内环境参数应满足较高的热舒适水平（表 6）。室内热湿环境参数主要是指建筑室内的温度、相对湿度，这些参数直接影响室内的热舒适水平和建筑能耗。

表 6　近零能耗建筑主要房间室内热湿环境参数

室内热湿环境参数	冬季	夏季
温度（℃）	≥ 20	≤ 26
相对湿度（%）	≥ 30①	≤ 60

7.2.2　科学合理的主要控制性性能指标

控制性性能指标作为近零能耗建筑技术体系的核心，其科学合理对近零能耗建筑的发展有着至关重要的意义。能效指标是判别建筑是否达到近零能耗建筑标准的约束性指标，能效指标中能耗的范围为供暖、通风、空调、照明、生活热水、电梯系统的能耗和可再生能源利用量。近零能耗居住建筑能效指标如表 7 所示，近零能耗公共建筑能效指标如表 8 所示。

表 7　近零能耗居住建筑能效指标

建筑能耗综合值		≤ 55［kWh/（m^2・a）］或≤ 6.8［kgce/（m^2・a）］				
建筑本体性能指标	供暖年耗热量［kWh/（m^2・a）］	严寒地区	寒冷地区	夏热冬冷地区	温和地区	夏热冬暖地区
		≤ 18	≤ 15	≤ 8		≤ 5
	供冷年耗冷量［kWh/（m^2・a）］	≤				
	建筑气密性（换气次数 N_{50}）	≤ 0.6		≤ 1.0		
可再生能源利用率（%）		≥ 10				

注：本表适用于居住建筑中的住宅类建筑，表中 m^2 为套内使用面积；WDH_{20}（Wet-bulb degree hours 20）为一年中室外湿球温度高于 20℃时刻的湿球温度与 20℃差值的逐时累计值，（单位：kKh，千度小时）；DDH_{28}（Dry-bulb degree hours 28）为一年中室外干球温度高于 28℃时刻的干球温度与 28℃差值的逐时累计值（单位：kKh，千度小时）。

表 8　近零能耗公共建筑能耗指标及气密性指标

建筑综合节能率（%）		≥ 60				
建筑本体性能指标	建筑本体节能率（%）	严寒地区	寒冷地区	夏热冬冷地区	夏热冬暖地区	温和地区
		≥ 30		≥ 20		
	建筑气密性（换气次数 N_{50}）	≤ 1.0		—		
可再生能源利用率（%）		≥ 10				

7.3 近零能耗建筑围护结构

近零能耗建筑是以超低的建筑能耗值为目标，因此采用具有高保温隔热性能和高气密性的外围护结构是必需的技术手段。我国地域广阔，横跨多个气候带，五大建筑气候分区气候特点差异大，因此对应不同气候区的围护结构要求也各不相同。针对我国的具体国情，通过对大量的建筑模拟和示范工程调研，根据建筑类型不同，近零能耗建筑技术标准中给出了表 9~ 表 11 的围护结构非透光部分传热系数参考值。

表 9　居住建筑非透光围护结构平均传热系数表

围护结构部位	传热系数 K［W/（m^2·K）］				
	严寒地区	寒冷地区	夏热冬冷地区	夏热冬暖地区	温和地区
屋面	0.10~0.15	0.10~0.20	0.15~0.35	0.25~0.40	0.20~0.40
外墙	0.10~0.15	0.15~0.20	0.15~0.40	0.30~0.80	0.20~0.80
地面及外挑楼板	0.15~0.30	0.20~0.40	—	—	—

表 10　公共建筑非透光围护结构平均传热系数表

围护结构部位	传热系数 K［W/（m^2·K）］				
	严寒地区	寒冷地区	夏热冬冷地区	夏热冬暖地区	温和地区
屋面	0.10~0.20	0.10~0.30	0.15~0.35	0.30~0.60	0.20~0.60
外墙	0.10~0.25	0.10~0.30	0.15~0.40	0.30~0.80	0.20~0.80
地面及外挑楼板	0.20~0.30	0.25~0.40	—	—	—

表 11　分隔供暖空间和非供暖空间的非透光围护结构平均传热系数表

围护结构部位	传热系数 K［W/（m^2·K）］	
	严寒地区	寒冷地区
楼板	0.20~0.30	0.30~0.50
隔墙	1.00~1.20	1.20~1.50

7.4 近零能耗建筑室内环境控制系统

7.4.1 新风系统

近零能耗建筑由于采用了高性能的围护结构，建筑具有较好的气密性，合理的通风换气模式对近零能耗建筑非常重要。新风系统不但是保持室内清洁和降低能量损耗的途径，更是保证人员健康需氧量的必备装置。近零能耗建筑中新风系统的指标要求包括：

（1）新风量：合理确定近零能耗建筑新风量对改善室内空气环境和保证室内人员的健康舒适具有重要的现实意义。近零能耗公共建筑的新风量应满足现行国家标准《民用建筑供暖通风与空气调节设计规范》（GB 50376）的规定。近零能耗居住建筑主要房间的室内新风量不应小于 30［m^3/（h · 人）］。

（2）热回收装置换热性能：热回收效率是评价热回收装置换热性能的主要指标，结合工程实践经验和能效指标，提出新风热回收装置换热性能指标为：显热回收装置的显热交换效率不应低于 75%；全热热回收装置的全热交换效率不应低于 70%。相关研究结果表明，制冷工况下的显热交换效率和全热交换效率均比制热工况下低大约 5%，此处显热交换效率和全热交换效率均指制热工况。为保障有效新风量及热回收效果，新风热回收装置在压差 100Pa 时的内侧及外侧漏气率不大于 5%。

（3）新风单位风量耗功率：随着建筑供冷供暖需求的下降，通风能耗占比逐渐提高，单位风量耗功率是评价的主要参数。对居住建筑而言，基于典型户型、风机选型及运行时间测算，对应单位风量耗功率 0.45W/（m^3/h）指标下的风机能耗已占居住建筑能耗的 12%~15%，因此应提高对近零能耗建筑风机单位风量风机耗功率的要求，不应高于 0.45W/（m^3/h）。对于公共建筑而言，单位风量耗功率应满足现行公共建筑节能设计标准相关要求。

（4）净化效率：新风净化根据所应用的区域有所不同，整体而言其等级应满足在能量交换部件排风侧迎风面布置过滤效率不低于 C4 的过滤装置，在新风侧迎风面应布置过滤效率不低于 Z1 的过滤装置，过滤装置应可以便捷地更换或清洗。《近零能耗建筑技术标准》中规定：新风热回收系统空气净化装置对大于等于 0.5μm 细颗粒物的一次通过计数效率宜高于 80%，且不应低于 60%。

7.4.2　能源系统

近零能耗建筑由于良好的围护结构及密闭性设计建造工艺，有效地降低了建筑的冷热负荷需求，这给建筑供能系统带来了新的机遇和挑战。经过对国内外近零能耗建筑资料的调研分析，结合我国近年来多项近零能耗示范项目建设的实际经验，可以决定近零能耗建筑能源系统的关键因素主要有以下几点：①所处地区的气候类型及特点；②建筑类型；③当地资源条件；④建筑使用者的习惯及需求。

近零能耗建筑中能源系统的指标要求包括：

（1）分散式房间空气调节器：当采用分散式房间空调器作为冷热源时，宜采用转速可控型产品，其能效等级应达到产品能效等级的一级要求，如表 12 所示。

表 12　分散式房间空气调节器能效指标

类型	制冷季节能源消耗效率（W · h）/（W · h）
单冷式	5.40
热泵型	4.50

（2）户式燃气供暖热水炉：对于居住建筑，当供暖热源为燃气时，考虑分散式系统具有较高能效，且适应居住的使用习惯，便于控制，因此采用户式燃气供暖热水炉是一种较好的技术方案。当以燃气为能源提供供暖热源时，可以直接向房间送热风，或经由风管系统送入；也可以产生热水，通过散热器、风机盘管进行供暖，或通过低温地板辐射供暖。所应用的户式燃气供暖热水炉的热效率也应为第一级，如表 13 所示。

表 13　户式燃气供暖热水炉的热效率

类型		热效率值（%）
户式供暖热水炉	η_1	99
	η_2	95

* 注：η_1 为供暖炉额定热负荷和部分热负荷（热水状态为 50% 的额定热负荷，供暖状态为 30% 的额定热负荷）下两个热效率值中的较大值，η_2 为较小值。

（3）空气源热泵：作为供暖热源，空气源热泵有热风型和热水型两种机组。研究表明，热风型机组在冬季设计工况下 COP 为 1.8 时，整个供暖期达到的平均 COP 值与采用矿物能燃烧供热的能源利用率基本相当，热水机组由于增加了热水的输送能耗，设计工况下 COP 达到 2.0 时才能与 COP 为 1.8 的热风型机组能耗相当。为提高能源利用效率，空气源热泵性能系数在现行节能设计标准建议值上均有所提高，机组性能系数 COP 应满足表 14 的规定。

表 14　空气源热泵机组性能系数（COP）

类型	低环境温度名义工况下的性能系数 COP
热风型	2.00
热水型	2.30

（4）多联式空调（热泵）机组：目前多联式空调（热泵）机组主流厂家的高能效产品均超过 6.0。多联式空调（热泵）机组的全年性能系数 APF 能更好地考核多联机在制冷及制热季节的综合节能性，已经采用机组能源效率等级指标（APF）进行考核。当采用多联式空调（热泵）机组时，在名义制冷工况和规定条件下的制冷综合性能系数 IPLV（C）或机组能源效率等级指标（APF）可按表 15 选用，两项指标符合一项即可。

表 15　多联式空调（热泵）机组性能

类型	制冷综合性能系数 IPLV（C）	能效等级 APF（W · h）/（W · h）
多联式空调（热泵）	6.0	4.5

（5）燃气锅炉：在严寒地区，冬季可再生能源利用受限，资源条件许可的情况下，单栋建筑采用燃气锅炉供暖具有一定的技术合理性，应通过技术经济比较确定锅炉机组的能效。当采用燃气锅炉时，在其名义工况和规定条件下，锅炉的设计热效率不应低于表16的数值。

表16 燃气锅炉的热效率

性能参数	锅炉额定蒸发量 D（t/h）或者额定热功率 Q（MW）	
	$D \leqslant 2.0$ $Q \leqslant 1.4$	$D > 2.0$ $Q > 1.4$
锅炉的热效率（%）	92	94

（6）蒸气压缩循环冷水（热泵）机组：提高制冷、制热性能系数是降低近零能耗建筑供暖、空调能耗的主要途径之一，当采用电机驱动的蒸气压缩循环冷水（热泵）机组时，其在名义制冷工况和规定条件下的性能系数（COP）或综合部分负荷性能系数（IPLV）可按表17选用。

表17 冷水（热泵）机组的制冷性能系数（COP）

类型	性能系数 COP（W/W）	综合部分负荷性能系数 IPLV
水冷式	6.00	7.50
风冷或蒸发冷却	3.40	4.00

7.4.3 热泵新风一体机

将可再生能源热泵系统与新风热回收系统相结合的热泵新风一体机是近年来适应近零能耗建筑的能源环境需求，研发的一种新型暖通空调装置。机组可以实现高效新风热回收，同时以可再生能源热泵系统实现不利条件下的冷热负荷补充，在满足节能性、舒适性的同时，使近零能耗建筑摆脱了对传统主动式供能系统的依赖，而且一体机具有良好的调节性能，进一步提高了环境控制的灵活性。同时机组便于安装，节省占地空间，产权划分明确，尤其适用于近零能耗居住建筑项目。

目前，市场上已经有十几个品牌的热泵新风一体机产品销售，具有热泵新风一体机研发能力的企业则可多达上百家，随着近零能耗建筑市场的不断扩大，热泵新风一体机占新风机销售的市场份额会进一步增加。由于服务对象为居住建筑，热泵新风一体机产品容量基本在3匹以下，1.5匹为主流机型，具体需要根据住宅面积和所在气候区决定的负荷，配置热泵机组。新风量则根据用户使用人数，集中在500m^3/h以下，200m^3/h为主流机型。考虑与建筑安装一体化，根据住宅用户需求，一体机主要有吊顶式、壁挂式和立式三种安装方式，吊顶式和壁挂式具有节省安装空间的特点，较为常用。立式机组需要占用一定用户使用面积，且通常为大容量机组，适用于越层住宅、联排或者独立别墅。

热泵新风一体机是新近研发的装置，应用于近零能耗建筑中，以其实现的功能对应指标对其进行考核，即若采用空气源热泵新风一体机，则需同时满足新风量、单位风机耗功率、空气源热泵机组能效、新风机过滤效率以及噪声等标准。

8. 总结和展望

8.1 溶液除湿技术

解决现有溶液除湿技术存在的装置尺寸较大、溶液腐蚀性较强以及可能产生的液滴夹带等问题，实现溶液除湿技术与现有成熟技术（如蒸气压缩制冷、吸收式制冷、蒸发冷却）的集成，是推动溶液除湿技术发展的关键。未来的主要研究方向如下：

（1）综合性能更优的新型除湿溶液、适用于高浓度溶液除湿 / 再生的高性能膜材料，以及增强材料抗腐蚀性和润湿性的表面改性方法。

（2）溶液除湿 / 再生过程的流动特性及热质耦合传递特性，强化传热传质的方法以实现装置的小型化。

（3）针对溶液除湿与吸收式制冷或蒸发冷却结合的系统，研究如何根据热能品位和应用场合构建合理的循环流程以实现热能的高效回收利用。

8.2 固体除湿空调技术

（1）高效干燥剂研究：干燥剂是除湿空调的根本，其品质直接决定着整个系统的性能。所以，开发出吸附量大、再生容易、成本低廉的干燥剂至关重要。

（2）除湿组件研究：应用于固体除湿空调系统中的除湿组件从吸附床，转轮再到除湿换热器，性能得到了不断的提高。进一步开发出和干燥剂吸附除湿过程配合更好的除湿组件是固体除湿空调技术。

（3）除湿空调系统的研究：将除湿组件配合高低温热源等组件就构成了除湿空调系统，在系统中运用回热等节能技术或蒸发冷凝等制冷技术可以达到不同的效果。针对不同应用环境提出更适用的系统也是固体除湿空调技术的重要研究内容。

其中近期固体除湿的发展使得其驱动热源温度降低至液体除湿系统的水平，未来一段时间的总体发展趋势仍会集中在新型内冷除湿即除湿换热器相关方面的研究上。除湿换热器作为一种全新的传热传质装置，对于其干燥剂的优选和匹配、数学模型的构建、传热传之特性分析都将会是研究的重点；在系统层次方面，除低温太阳能驱动的固体除湿系统外，采用除湿换热器替代常规压缩式空调系统中的蒸发 / 冷凝器所构建的除湿热泵系统可实现现有空调系统 COP 翻倍至大于 6 的突破，未来前景可观。另外，固体除湿的发展将更加注重多学科的交叉和融合，例如与材料科学及化学科学中高效吸附剂材料的研发（MOF、Polymer）及新型加工制作工艺对除湿装置的优化。此外，目前国际学科前沿方向空气取水、无水加湿等高新技术都可通过固体除湿方法形成解决方案，这对于解决偏远地区水资源问题以及常规电加湿所造成的室内环境污染都具有重要的意义。

8.3 温湿度独立控制

温湿度独立控制系统经历了快速的发展，但距离其体系的完全成熟仍有继续研究的空间，未来的研究主要集中在以下几个方面：

（1）THIC 系统理论的完善：针对不同气候特点、建筑功能、用户需求等条件，优选 THIC 系统方案，基于相应设备的运行特点，优化包括选型、安装、运维等在内的系统全生命周期过程。

（2）高效 THIC 系统设备的研发：基于温湿度独立控制的理念和设备的运行需求，针对性研发高效高温冷水机组、显热末端、新风机组等关键设备。

（3）基于学科交叉的相关研究：如通过与人工智能领域的结合，基于大型 THIC 系统海量运行数据，挖掘系统特性，实现智能设计、控制、运维。通过与材料学科的交叉，开发新型固 / 液体除湿材料，实现湿度的高效处理等。

8.4 蒸发冷却技术

蒸发冷却技术尤其是间接蒸发冷却技术，以间接蒸发冷却制备冷水技术为代表，在设备研发与工程应用上已有了较大的发展。然而，从满足各类工程要求到间接蒸发冷却装置自身的优化还需深入的研究。受全球气候变化的影响，一些本来非常干燥的区域，例如中国的新疆地区，夏季室外已有逐年变湿的趋势，如何应对变湿的气候条件，也是未来研究的方向。

（1）间接蒸发冷却装置的流程优化：研究适用于不同室外干燥条件下的最佳的间接蒸发冷却流程方式，研究不同的间接蒸发冷却流程的比较方法和最佳的间接蒸发冷却流程的构建方法，为低成本、低运行费用的装置研发奠定理论基础。

（2）空气 - 水经过填料的传热传质性能研究和新填料的研发：目前已有一些研究开始深入讨论填料的传热传质性能，但是专门适用于间接蒸发冷水机或间接蒸发冷却塔的工况条件的填料还有待深入研究。包括在较小的风水比下、一定的布液密度下尽可能提高填料的润湿性能，从而提高填料的传热传质系数；尽可能降低填料的风阻；实现填料的传热传质性能和阻力性能的综合优化等。

（3）解决水质问题的闭式流程构建与优化：由工程条件限制，当水质问题成为制约工程是否安全运行的关键问题时，开式系统的应用受限，如何设计闭式系统，使得既满足水质的要求，又使得对传热传质性能的影响降到最低。

（4）间接蒸发冷却技术与常规电制冷结合的技术研究：应对室外空气变湿的情况，研究间接蒸发冷却技术与常规电制冷技术的结合方式，使得在满足末端冷水温度要求的同时，尽可能降低系统的运行费用和系统的总投资。

（5）间接蒸发冷却技术在数据中心冷却领域的应用：推进间接蒸发冷却技术在数据中心的工程应用，使得其能在降低数据中心冷却系统 PUE、实现防冻方面真正发挥作用。

8.5 数据中心冷却技术

随着 5G 移动通信、物联网、云计算、大数据等应用的快速发展，人民生活生产方式发生巨变，并推动了数据中心产业的飞速发展。为了保证数据中心的安全、可靠、高效运行，数据中心冷却技术未来研究方向主要在如下几个方面：

（1）热电一体化设计：针对芯片等 IT 器件的高效稳定运行的需求，研究各种传热方式与不同散热需求的器件之间的协同优化设计，避免局部“热点”，并提高对工作环境温度的允许值，为充分利用自然冷能提供可能。

（2）高效冷却技术集成优化：将各种冷却方式、各个传热环节所设计的技术和产品进行集成优化，使得蒸气压缩主动制冷（或其他主动制冷方式）与自然冷却进行有机融和，并充分利用蒸发冷却特别是露点蒸发冷却技术提高自然冷却的利用时间、提升主动制冷的运行效率。

（3）高效热回收技术：数据中心能耗大且在快速增长，如碳化硅、氮化镓等新型 IT 材料耐高温的特性，其冷却介质的温度也可以不断提高，对这部分热量进行回收利用也是节能减排的重要措施。

8.6 近零能耗建筑技术

建筑节能和绿色建筑是推进新型城镇化、建设生态文明、全面建成小康社会的重要举措。近零能耗建筑作为可实现的新一代建筑，其健康、舒适、节能的特点必将在我国新型城镇化的进程中扮演重要的角色。“十三五”期间，近零能耗建筑有巨大市场需求和广阔发展前景，同时也要正视仍然存在的很多问题。未来主要研究方向主要有以下几个方面：

（1）技术路线完善：针对多样复杂的应用场景，建立以基础理论与指标体系建立为先导，主被动技术和关键产品研发为支撑，设计方法、施工工艺和检测评估协同优化为主线的近零能耗建筑技术体系，并集成示范。

（2）开发专用产品：随着不同气候区域近零能耗建筑体系的不断完善，对能源环境系统也提出了新的要求，符合区域特点、满足不同类型近零能耗建筑的专用产品开发需要不断深入，建筑微能系统研发更加活跃，针对各类用户的新型产品会不断涌现。

（3）优化能源系统：能源系统配置优化、控制策略优化也应进一步提升，可再生能源的利用进一步扩大，高性能的适用能源新产品新系统将会得到更快的发展。

参考文献

[1] 王沐，殷勇高，郭枭爽，等. 经济型多元溶液的替代方案及除湿再生性能验证［J］. 化工学报，2018，69（S2）：420-424.

[2] Wen T，Lu L，Zhong H. Investigation on the dehumidification performance of LiCl/H_2O- MWNTs nanofluid in a falling film dehumidifier［J］. Building and Environment，2018，139：8-16.

[3] Dong C，Lu L，Wen T. Experimental study on dehumidification performance enhancement by TiO_2 superhydrophilic coating for liquid desiccant plate dehumidifiers［J］. Building and Environment，2017，124：219-231.

[4] Abdel-Salam M R H，Besant R W，Simonson C J. Design and testing of a novel 3-fluid liquid-to-air membrane energy exchanger（3-fluid LA MEE）［J］. International Journal of Heat and Mass Transfer，2016，92：31329.

[5] 黄斯珉. 膜式热泵与空气湿度调节膜操作原理［M］. 北京：科学出版社，2017.

[6] Qi R，Li D，Zhang L Z，et al. Performance investigation on polymeric electrolyte membrane-based electrochemical air dehumidification system［J］. Applied Energy，2017，208：1174-1183.

[7] 江晶晶 . 内冷型溶液除湿过程热湿传递性能研究［D］. 北京：清华大学，2014.

[8] Duong H C，Hai F I，Al-Jubainawi A，et al. Liquid desiccant lithium chloride regeneration by membrane distillation for air conditioning［J］. Separation and Purification Technology，2017，177：121-128.

[9] Cheng Q，Zhang X，Jiao S. Experimental comparative research on electrodialysis regeneration for liquid desiccant with different concentrations in liquid desiccant air-conditioning system［J］. Energy and Buildings，2017，155：475-483.

[10] Liu X，Xie Y，Zhang T，et al. Experimental investigation of a counter-flow heat pump driven liquid desiccant dehumidification system［J］. Energy and Buildings，2018，179：223-238.

[11] 单楠楠. 一种带溶液循环的高效热泵系统制冷性能探究与优化［D］. 南京：东南大学，2018.

[12] Su B，Han W，Jin H. An innovative solar-powered absorption refrigeration system combined with liquid desiccant dehumidification for cooling and water［J］. Energy Conversion and Management，2017，153：515-525.

[13] 张凡，殷勇高. 一种低位热驱动除湿冷却空调系统的热性能分析［J］. 化工学报，2016，67（S2）：275-283.

[14] 殷勇高，张小松，王汉青. 空气湿处理方法与技术［M］. 北京：科学出版社，2017.

[15] Aristov，Y.I. Challenging offers of material science for adsorption heat transformation：A review［J］. Applied Thermal Engineering，2013，50（2）：1610-1618.

[16] Tso，C. Y.，Chao，C. Y. H. Activated carbon，silica-gel and calcium chloride composite adsorbents for energy efficient solar adsorption cooling and dehumidification systems［J］. International Journal of Refrigeration，2012，35（6）：1626-1638.

[17] Yu，N.，Wang，R. Z.，Lu，Z. S.，etc. Development and characterization of silica gel-LiCl composite sorbents for thermal energy storage［J］. Chemical Engineering Science，2014，111（24）：73-84.

[18] He，Z. H.，Yuan，H. R.，Chen，Y.，et al. Study on Adsorption Desiccant Based Hybrid Air Conditioning System［J］. Advanced Materials Research，2012：516-517，1196-1200.

[19] Seo，Y. K.，Yoon，J. W.，Lee，J. S.，et al. Energy-Efficient Dehumidification over Hierachically Porous Metal-Organic Frameworks as Advanced Water Adsorbents［J］. Advanced Materials，2012，24（6）：806-810.

[20] Peyman Tavakol. Ali Behbahaninia. Presentation of two new two-stage desiccant cooling cycles based on heat recovery and evaluation of performance based on energy and exergy analysis［J］. Journal of Building Engineering，

2018，20：455-466.

[21] Bourdoukan P，Wurtz E，Joubert P. Experimental investigation of a solar desiccant cooling installation [J]. Sol Energy，2009，83：2059-2073.

[22] 赵耀，葛天舒，代彦军. 基于太阳能驱动的连续除湿换热器空调系统的实验研究 [J]. 工程热物理学报，2014，35（2）：223-227.

[23] HUA L J，JIANG Y，GE T S，et al. Experimental investigation on a novel heat pump system based on desiccant coated heat exchangers [J]. Energy，2018，142：96-107.

[24] Bangjun Li，Ruzhu Wang et al. A Full-Solid-State Humidity Pump for Localized Humidity Control [J]. Joule，2019.

[25] 潘云钢，刘晓华，徐稳龙. 温湿度独立控制（THIC）空调系统设计指南 [M]. 北京：中国建筑工业出版社，2016.

[26] Liu X H，Jiang Y，Zhang T. Temperature and Humidity Independent Control（THIC）of Air-conditioning System [M]. Springer Berlin Heidelberg，2014.

[27] Rhee K N，Olesen B W，Kim K W. Ten questions about radiant heating and cooling systems [J]. Building & Environment，2017，112：367-381.

[28] JB/T 11524-2013. 干式风机盘管机组 [S]. 北京：中国标准出版社，2013.

[29] Zhang T，Liu X，Jiang Y. Development of temperature and humidity independent control（THIC）air-conditioning systems in China—A review [J]. Renewable and Sustainable Energy Reviews，2014，29：793-803.

[30] JB/T 12325-2015. 高出水温度冷水机组 [S]. 北京：中国标准出版社，2015.

[31] 中国制冷学会数据中心冷却工作组. 中国数据中心冷却技术年度发展研究报告 2018 [M]. 北京：中国建筑工业出版社，2019.

[32] Tu Y D，Wang R Z，Ge T S，et al. Comfortable，high-efficiency heat pump with desiccant-coated，water-sorbing heat exchangers [J]. Scientific reports，2017，7：40437.

[33] Xu X，Zhong Z，Deng S，et al. A review on temperature and humidity control methods focusing on air-conditioning equipment and control algorithms applied in small-to-medium-sized buildings [J]. Energy and Buildings，2018，162：163-176.

[34] 新疆绿色使者空气环境技术有限公司 [EB/OL]. http：//www.cnlssz.com.

[35] Yi Jiang，Xiaoyun Xie，Theoretical and Testing Performance of an Innovative Indirect Evaporative Chiller，Solar Energy，2010，84：2041-2055.

[36] Xiaoyun Xie，Yi Jiang. Comparison of Two Kinds of Indirect Evaporative Cooling System：To Produce Cold Water and To Produce Cooling Air，Procedia Engineering，2015，121：881-890.

[37] 谢晓云，江亿，冯潇潇. 一种利用间接蒸发冷却实现冷却塔冬季防冻的系统及方法. 2017.10.10. 中国，ZL 201510149223.9.

[38] 中国制冷学会数据中心冷却技术工作组. 数据中心冷却技术年度发展研究报告 2018 [M]. 北京：中国建筑工业出版社，2019.

[39] 中国制冷学会数据中心冷却技术工作组. 数据中心冷却技术年度发展研究报告 2017 [M]. 北京：中国建筑工业出版社，2018.

[40] Zhang H，Shao S，Tian C，et al. A review on thermosiphon and its integrated system with vapor compression for free cooling of data centers [J]. Renewable and Sustainable Energy Reviews，2018，81：789-798.

[41] Zhang H，Shao S，Tian C. Free cooling of data centers：A review [J]. Renewable and Sustainable Energy Reviews，2014，35：171-182.

[42] ASHRAE. ASHRAE thermal guidelines for data processing environments [S]. Atlanta：ASHRAE，2011.

[43] 计算机和数据处理机房用单元式空气调节机：GB/T 19413—2010 [S].

[44] 数据中心设计规范：GB 50174—2017 [S]

[45] 张海南，邵双全，田长青. 数据中心自然冷却技术研究进展 [J]. 制冷学报，2016，37：46-57.

[46] Choi J，Lim T，Kim B. Viability of datacenter cooling systems for energy efficiency in temperate or subtropical regions：case study [J]. Energy and Buildings，2012，55：189-197.

[47] Ham S，Kim M，Choi B，et al. Energy saving potential of various air-side economizers in a modular data center [J]. Applied Energy，2015，138：258-275.

[48] Shabgard H，Allen M，Sharifi N，et al. Heat pipe heat exchangers and heat sinks：Opportunities，challenges，applications，analysis，and state of the art [J]. International Journal of Heat and Mass Transfer，2015，89：138-158.

[49] 田浩. 高产热密度数据机房冷却技术研究 [D]. 北京：清华大学，2012.

[50] Zhang H，Shao S，Xu H，et al. Integrated system of mechanical refrigeration and thermosyphon for free cooling of data centers [J]. Applied Thermal Engineering，2015，75：185-192.

[51] D Agostino D. Assessment of the progress towards the establishment of definitions of Nearly Zero Energy Buildings (n ZEBs) in European Member States [J]. Journal of Building Engineering，2015，1：20-32.

[52] Groezinger J，Boermans T，John A，et al. Overview of Member States information on NZEBs – Working version of the progress report – final report [R]. Pan European：European Commission，2014.

[53] 徐伟，刘志坚，陈曦，等. 关于我国"近零能耗建筑"发展的思考. 建筑科学，2016，(34) 4：1-6.

[54] Center UISE，Resjml-ct. Application and analysis of low-carbon technologies in Expo 2010 Shanghai [M]. Berlin，Heidelberg：Springer，2014.

[55] 张时聪. 超低能耗建筑节能潜力及技术路径研究 [D]. 哈尔滨：哈尔滨工业大学，2016

[56] 王学宛，张时聪，徐伟，等. 超低能耗建筑设计方法与典型案例研究. 建筑科学，2016，(32) 4：44-53.

[57] Xu W，Li H，Yu Z，et al. Technology and performance of China Academy of Building Research Nearly zero energy building [J]. Zero Carbon Building Journal，2017，5：29-40.

[58] 中国建筑科学研究院有限公司. 中国超低/近零能耗建筑最佳实践案例集 [C]. 北京：中国建筑节能协会被动式超低能建筑分会，2017.

[59] 中华人民共和国住房和城乡建设部. 被动式超低能耗绿色建筑技术导则（试行）（居住建筑）[M]. 2015.

[60] 中华人民共和国国务院. "十三五"节能减排综合工作方案 [M]. 2016.

[61] 徐伟，孙德宇. 中国被动式超低能耗建筑指标体系研究 [J]. 生态城市与绿色建筑，2015，1：37-41.

[62] 梁俊强，刘珊，喻彦喆. 国际建筑节能发展目标的比较研究——迈向零能耗建筑 [J]. 建筑科学，2018，(34) 8：118-123.

[63] 徐伟，杨芯岩，张时聪. 中国近零能耗建筑发展关键问题及解决路径 [J]. 建筑科学，2018，(34) 12：165-173.

撰稿人：徐　伟　殷勇高　葛天舒　张学军　谢晓云　邵双全　杨灵艳

冷链装备技术发展研究

1. 研究背景

根据国家统计局发布的2012—2017年数据，我国易腐食品的总产量巨大且在逐年递增（表1），易腐食品总量已超过13亿吨。并且，我国易腐食品产供销具有地域性、季节性和习惯性特征，这使得易腐食品产业发展在多样化、流通效率以及产品增值等方面受到不同程度的限制。对此，冷链能够提供很好的解决方案，甚至改善传统的易腐食品产供销格局，在为消费者提供种类更加丰富易腐食品的同时，提升产品价值，为企业增加收益。

表1　2012—2017年我国主要易腐食品总产量（万吨）

年份	水果	蔬菜	肉类	水产品	禽蛋	牛奶
2012	22091.50	70883.06	8471.10	5481.85	2885.39	3174.93
2013	22748.10	73511.99	8632.77	5721.72	2905.55	3000.82
2014	23302.63	76005.48	8817.90	5975.83	2930.31	3159.88
2015	24524.62	78526.10	8749.52	6182.87	3046.13	3179.83
2016	24405.24	79779.71	8628.33	6379.48	3160.54	3064.03
2017	25241.90	81141	8654.43	6445.33	3096.29	3038.62

我国每年易腐食品的总调运量达3亿多吨，综合冷链流通率仅为19%，长期以来我国易腐食品在流通环节中损失严重，以果蔬、肉类和水产品为例，其流通腐损率分别达到20%~30%、12%、15%。大量易腐食品在产销过程中的损耗和变质造成了社会资源的巨大浪费，所导致的直接经济损失达到6800亿元，约占GDP的1%。要降低流通过程中的腐损率就必须对易腐食品生产、加工、储运和销售环节的温度进行控制，冷链已成为降低易腐食品流通损耗率、保障食品质量和食品安全的最重要途径。

冷链装备是冷链物流体系的核心组成部分，是冷链物流的基础设施。表 2 给出了冷链各环节涉及制冷技术的冷链装备情况。综述了冷加工、冷冻冷藏、冷藏运输和冷藏销售各环节涉及制冷技术的冷链装备近年来发展现状和技术进展。

表 2　冷链环节中的冷链装备分类

冷链环节	冷加工		冷冻冷藏	冷藏运输	冷藏销售
	预冷	速冻			
冷链装备	压差预冷 冰预冷 真空预冷 冷水预冷	空气强制循环（隧道、流化床、螺旋） 接触式 喷淋浸渍	氨制冷系统 氟制冷系统 CO_2 制冷系统	机械式冷藏车 一次性冷能冷藏车 蓄冷冷藏车	商用冷藏柜 商用冷冻柜 生鲜配送柜

2. 冷冻冷藏工艺

根据果蔬、肉类、水产、蛋类、牛奶等易腐食品冷冻冷藏工艺要求，我国国家标准（GB/T 24616—2009、GB/T 22918—2008、GB 50072 等）已对其储运要求、储藏温湿度进行了明确规定，为易腐食品储运提供了技术依据和相关要求。但是由于我国易腐食品种类众多，不同食品营养成分存在差异，且存在现有冷冻冷藏工艺食品种类覆盖面较窄问题，因此近年来国内许多学者对冷冻冷藏工艺开展了进一步的研究工作，按照易腐食品种类可分为肉类、水产品、果蔬以及米面制品等。

在我国饮食结构最常见的猪牛羊肉冷冻冷藏方面，有学者研究表明，宰后冷藏可以有效提高羊肉的品质，且贮藏温度越低，羊肉品质降低越慢。另外的研究表明牛肉如果贮藏期在 5 个月以内，建议贮藏温度为 −14℃，大于 5 个月，从牛肉品质和生产成本角度建议贮藏温度为 −18℃较为理想；温度波动对肉品质影响较大。对于猪肉，研究结果认为，为确保冷冻猪肉肉品质量，贮存期 6 个月以内可用 −18℃温度贮存，贮存期达 12 个月则以 −26℃温度保存较为理想。

对水产品在不同贮藏条件下的品质变化研究也逐步开展。明虾的最佳冻藏温度为 −20℃，而南极磷虾、鱿鱼、秋刀鱼等的最佳冻藏温度则为 −30℃及以下。小黄鱼的贮藏温度越低货架期越长，但是冻藏温度低对鱼肉蛋白质变性严重也是其不可忽视的缺点，如果能够严格控制微冻温度精度，微冻保鲜可成为小黄鱼等水产品的主要流通方式。同样，带鱼的微冻保鲜技术研究表明，其冻结点温度为 −1.9℃。另外，随着小龙虾市场的不断扩大，有研究者通过对小龙虾的贮藏温度对其品质影响进行了研究，认为 −60℃贮藏温度下能更有效维持小龙虾原有挥发性成分物质，更好保持其鲜度品质。鲈鱼在 −80℃贮藏条件保鲜效果最佳。斑点叉尾鮰鱼片的冻藏温度越低，鱼肉品质变化越慢，−40℃冻藏条件下鱼体内组织结构保持更完整。鳙鱼在冻结温度均为 -50℃时，液体快速冻结通过最大冰晶生成带的时间为 9min，其冻结速率是相同温度下气体冻结的 5.3 倍，完成冻结过程的时间是 32min。且经过 -50℃液体快速冻结后，冻藏温度为 -25℃和 -18℃时鱼肉品质差异不大。

对于果蔬类贮藏温度对品质的影响研究方面，有研究者对不同冻藏温度对香蕉品质的影响研究表明，以 -45℃冻结并于 -28℃贮藏的速冻香蕉，可贮藏 60 天以上。草莓以 -35℃为最佳速冻温度。鲜食玉米冻结时过冷点为 -1.2℃，冰点为 -0.7℃。速冻玉米在 -18℃采用包冰衣的方法可实现 0~3 个月的短期保藏，采用真空包装可以保藏 6~8 个月。-60℃冻藏条件有利于速冻荔枝果肉的长期保存，可以达到防褐保鲜、多季供应的目的。微冻技术是近年来发展的一种新型保鲜技术，有研究者对雷竹笋和鲜切毛竹笋的微冻技术研究表明，微冻比冻藏具有较好的保鲜优势，更有利于营养成分的保留。山野菜经热水烫漂后的菜体，-30℃最适宜作为菜体的速冻终温，-20℃最适宜作为菜体的冻藏温度。而速冻苹果的最佳冻藏工艺条件为：冻藏温度 -18℃、冻藏时间 180 天、采用铝箔袋包装。巴杀橙汁在冰温（-2℃）条件下储藏的橙汁在可溶性物、挥发性风味物质等与风味相关的指标上更具优势。

在其他速冻食品方面，速冻汤圆在 -25℃冻藏条件可以有效地抑制速冻汤圆品质变劣。冷冻面条在 -40℃条件下进行冻结的品质优于 -30℃条件下冻结，且差异性显著。冷冻水饺在 -25℃速冻后在 -18℃冻藏的品质明显优于其他冻藏温度的样品。新鲜豆皮在 -40℃预冷处理后在 -18℃下冻藏，品质保持最好。

对于大多数冻结食品来讲，-18℃是最经济的冻藏温度。近年来，国际上冷藏库的储藏温度趋于低温化，如被欧洲大多数冷库所采用的英国推荐 -30℃储藏冻结鱼虾类制品，美国则认为应在 -29℃以下，日本专用冷库一般在 -25℃左右或以下，而国内水产冷库的冻藏温度大多在 -20℃左右。而对于大多数果蔬以及带鱼等水产，采用微冻技术可以最大程度保持食品品质，当然，采用微冻技术的货架期比低温冻藏的货架期短。

3. 冷加工装备

3.1 果蔬预冷装备

预冷是使水果蔬菜从初始温度快速降至所需要的冷藏温度，迅速排除田间热，抑制其呼吸作用，保持水果蔬菜的鲜度，延长储藏期。预冷技术主要包括压差预冷、真空预冷、冰预冷和冷水预冷。

压差预冷果蔬从常温冷却到 5℃只需 2~6h，具有运行简单、预冷速度快、费用低、适用范围广等优点，目前已成为国内外果蔬预冷的主要方式。但是现有压差预冷装备存在造价高、使用率低等问题。针对这个问题，近年来国内有企业开发了撬装式压差预冷技术（图 1），装备可移动，解决了原差压预冷装备移动性差的问题。

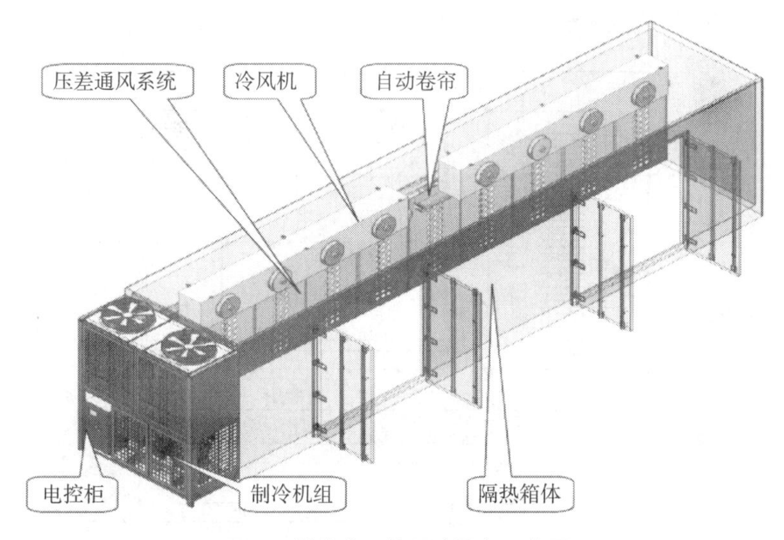

图 1　撬装式压差预冷设备示意图

果蔬真空预冷是根据水沸点随着压力降低而降低的原理，利用水的汽化潜热从果蔬吸热降温，达到预冷效果。一般来说，果蔬自身水分每蒸发 1% 时，果蔬自身温度降低 6℃ ~7℃。

为了提升压差预冷速率及均匀性，有人提出一种新型的双向交替送风压差预冷方式。双向交替送风的原理图如图 2 所示，预冷装置主要包括空气冷却单元、双位风阀和均压孔板。空气冷却单元用于给循环空气降温冷却，双位风阀用于切换空气循环方向，均压孔板用于给果蔬预冷区域进行均压送风。进行果蔬预冷时，2 个双位风阀首先切换到如图 2（a）所示位置，此时空气按顺时针方向循环，在果蔬预冷区域形成正向送风。当 2 个双位风阀切换到如图 2（b）所示位置后，空气如图中所示逆时针方向循环，此时在果蔬预冷区域形成反向送风。如此反复切换双位风阀，就在果蔬预冷区域形成双向交替送风的方式。经模拟和实验对比，采用双向交替送风压差预冷方式比传统差压预冷方式达到相同终温预冷时间要节省 20% 左右，且可显著降低果蔬降温过程中的不均匀性。

流态冰是一种特殊的冰水混合物，比热容大且流动性好，既可以直接对果蔬进行预冷，又可以制取低温高湿空气对果蔬进行预冷。采用过冷水动态制冰，蒸发温度在 -5℃以上，预冷运行费用低；冰晶小，比表面积大，换热快；冰晶松软，可直接与果蔬接触，不损坏食物，果蔬损伤小。基于流态冰蓄冷技术可分别与冰水预冷、差压预冷和真空预冷进行结合，形成流态冰冰水预冷装备、流态冰差压预冷装备、流态冰真空预冷装备。通过与不同预冷方式结合，不同果蔬与流态冰或低温高湿空气间的传热传质，提高果蔬预冷速度，降低流态冰消耗。在保证实现果蔬预冷节能的同时，一方面通过流态冰蓄冷降低设备的装机容量和初始投资，另一方面通过流态冰蓄冷实现电网的“削峰填谷”，降低流态冰预冷装备的运行费用。

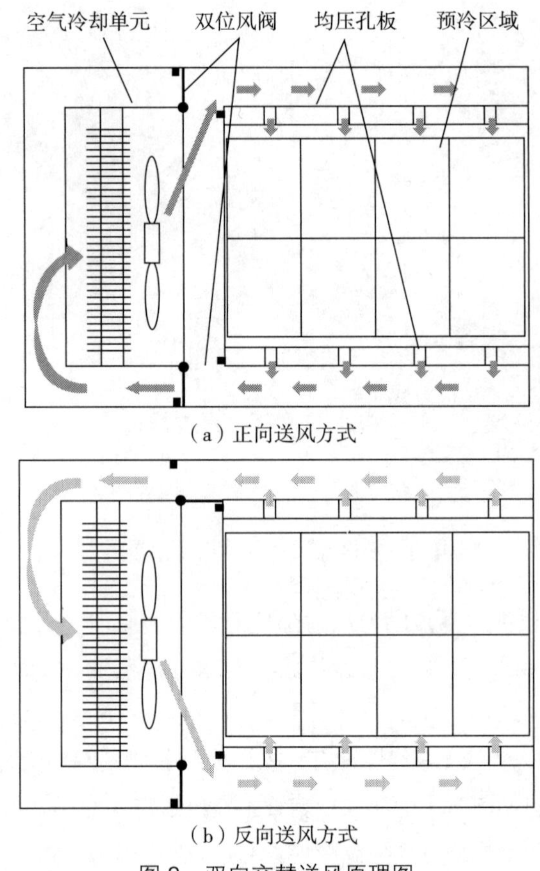

（a）正向送风方式

（b）反向送风方式

图 2 双向交替送风原理图

图 3 为流态冰差压预冷装备示意图。利用冰水载冷流体与循环空气进行冷量交换，有效降低空气温度，加快预冷速度，降低设备和运行成本，减少果蔬预冷失水率。流态冰差压预冷装备可实现装机功率下降 30%，运行成本降低 20%。

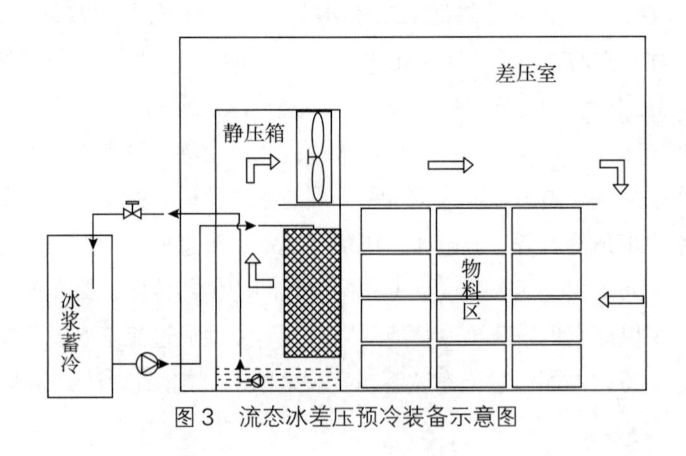

图 3 流态冰差压预冷装备示意图

3.2 速冻装备

3.2.1 冲击式速冻技术

冲击式速冻是利用高速冷气流冲击食品的上部或是同时冲击食品的上部和下部表面（图 4），通常气流速度高达十几米每秒到几十米每秒，破坏食品表面热边界层，强化冷气流和食品之间的对流换热，从而加快食品的冻结速度，形成更小更均匀的冰晶，减少对食品内部组织的破坏；另外在高速冷气流的作用下，食品表面能够迅速冻结，减少了食品内部水分向表面的迁移，降低了速冻食品的干耗，提升了食品的冻结品质。相比于传统的隧道式速冻机，由于冲击式速冻具有较高的传热速率，其具有体积更小、效率更高等优势。除此之外，冲击式速冻能够显著减少冻结时间，在一定程度上能够降低冻结能耗。近些年来，冲击式速冻机也凭借其更好的冻结效果及较小的能耗，逐渐被应用于诸如鸡肉片、牛肉饼、鱼肉片、扇贝等扁平、小颗粒的食品速冻中。

但是目前冲击式速冻设备普遍存在气流组织设计不合理，导致运行效率低、风机能耗高等问题，因此该设备的设计优化就显得尤为重要。设备的喷嘴结构是决定冻结区内流场的重要因素之一，影响着物体与周围环境的传热。已有学者针对喷嘴倾斜角度对内部流场传热特性的影响进行了许多试验研究。另外，不少学者研究了喷嘴的形状对速冻设备内部流场传热特性的影响。

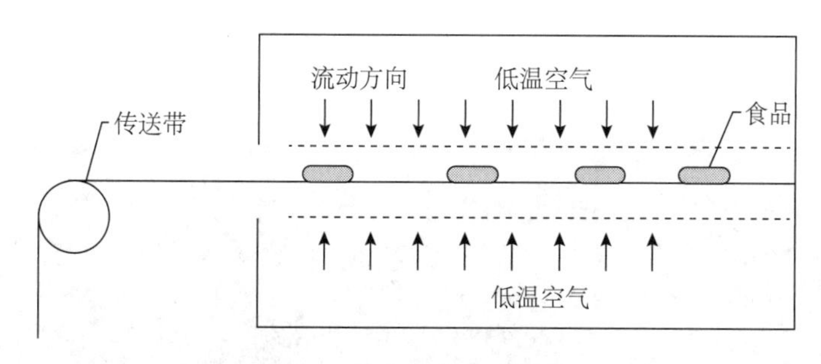

图 4　冲击式速冻原理图

3.2.2 自堆积式螺旋速冻装置

螺旋式速冻装置以其连续冻结、产能大、占地小、适用品种广等优势得到越来越多的应用。目前，最先进的螺旋速冻装备为全自动堆积式螺旋速冻装置。该设备由输送带螺旋自堆积传动系统、驱动系统、换热系统、空气除霜系统、冷气流对流系统、制冷系统、CPI 清洗系统、检测监控系统、控制系统等组成。在链条驱动系统及螺旋线导轨系统的共同作用下，输送带实现自堆叠螺旋线运动，待冻食品在螺旋输送带上输送的同时，与换热系统进行强烈热交换，输送出时已冻结至 −18℃以下，这个过程根据不同冻品可以无级调速。全自动堆积式螺旋速冻装置设备结构如图 5 所示。

图 5　全自动堆积式螺旋速冻装置

目前，国内外专家、学者主要从螺旋速冻装备的机械结构设计、蒸发器制冷技术、流场分析与优化、运行控制技术等方面进行了相关研究。

3.2.3　超低温速冻技术

低温工质（如液氮、液体 CO_2、LNG 等）速冻具有冷却介质温度低、冻结速冻快、冻结食品品质高、设备简单、使用寿命长等优点。目前已利用液氮气化技术，解决了一些货架期极短的易腐食品（草莓、毛豆、河豚等）的保鲜问题。图 6 为已开发的超低温速冻处理设备示意图。

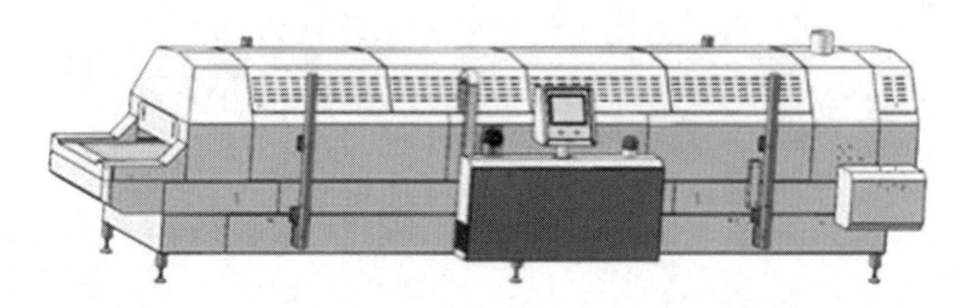

图 6　超低温速冻设备图

目前液氮冻结装置在市场上主要有三种形式：直接喷淋式、间接喷淋式（用风机循环）、连续冻结式（包括隧道式和螺旋式冻结）。

液氮速冻具有以下明显的优点：①冷冻速度快；②保持食品品质；③物料干耗小；④设备与动力费用低。

另外，液氮速冻技术对水产品的鲜度品质、质构特性和微观结构都有极佳的保护作用，因此在一些高经济价值水产品如金枪鱼、虾、蟹等的速冻上已开始得到应用。

3.3 物理场辅助冻结技术

在冻结食品的过程中，较大的冰晶会对细胞组织造成显著的伤害，均匀分布的细小冰晶能够在很大程度上减少对细胞的损伤。过冷度越高，冰晶的数目越多，尺寸越小。为了提高食品品质，提出了新兴的技术来辅助冻结过程，并取得了很好的效果。

3.3.1 电、磁场辅助冻结

电场辅助冻结是一种新方法。国外有研究者以猪肉作为实验材料，发现采用电场辅助可以减少对肉类的损伤，以及采用脉冲电场和静态磁场相联合进行食品冻结，得到细小且均匀的冰晶，并缩短了相变的时间。但关于这项技术的研究并不彻底，对于各种不同类型的电场，如静电场、不同占空比的脉冲电场及两者的联合等，需要进一步实验研究其对食品作用不同时间的影响，还需要进一步证实微观机理。

在冷冻室内，运用振荡的磁场延迟冰晶的形成，结果表明，由于这种延迟效应，可形成均匀的冰晶，减少对食品结构的破坏。目前关于磁场对食品的影响还存在较多争议，研究主要集中在较低强度的静磁场、交变磁场在工频下对食品冻结过程的影响，今后可能需要在更宽频带、更宽的场强范围以及不同类型磁场的叠加方面进行更多的研究，进一步探索磁场对冻结过程的影响。关于磁场作用的机理也还需要进一步研究进行证实，目前主要观点是磁场会影响氢键的强度，削弱分子簇内的氢键，将大尺寸的分子簇碎成小尺寸的分子簇，从而延缓结晶，但也有学者认为是洛伦兹力或食品内部铁磁性材料等的影响。

3.3.2 微波辅助冻结和射频辅助冻结

微波辅助冻结和射频辅助冻结（Alain Le-Bail）是两种较新的技术，目前虽然对这方面的研究较少，但两种方法的原理相似，都是利用微波或射频引诱水分子的偶极子旋转来破坏冰核的形成和发展。微波或射频的运用会引起温度的波动，有实验数据表明这种有限的温度波动能够减少冰晶的尺寸。截至目前，仅有少量的研究证实这种有效性，还需做进一步研究。

3.3.3 超声波冻结

超声对速冻过程的影响是确定的，但超声影响结晶过程的机理仍未统一。关于超声诱发成核的机理有以下几种比较认同的说法：①超声引起微小气泡的剧烈崩塌，非常高的压力导致较大的过冷度，形成较多且较小的冰晶；②超声具有毁坏树枝状冰晶的能量，形成的碎片可以作为冰核；③由于宏观上的湍流和微观上高度的粒子碰撞使固液边界变薄。由于这一系列的原因，使在超声的辅助下传热系数相对较高。但超声辅助冻结一般运用于浸渍冻结，其他情况的运用较少，所以其适用场合有一定限制。不同的超声强度、频率及辐射温度对食品的影响需要进一步研究。

3.3.4 压力辅助冻结（超高压辅助冻结）

在食品行业，高压的使用非常广泛，比较常见的是高压辅助冻结和压力转换辅助冻结。两种方式都是通过较高的压力来控制冻结过程，但原理略有差别。高压辅助冻结是在较高的压力下冷冻食品。压力转换辅助冻结是在高压到低压的变化过程中实现食品的冻结，与高压辅助冻结方式不同的是，高压释放时发生相变，较高的过冷度形成了更小更均匀的冰晶。针对压力转换辅助冻结方式的研究要比高压辅助冻结方式多，原因是前者形成的冰晶更小更均匀，冻结时间也较短。若要广泛运用还存在一些限制，如能够承受高压的设备投资费用很高，并需要进一步研究在短时间内如何迅速移除产生的大量热量。

3.3.5 其他冻结方法

脱水冷冻是目前一种新兴的技术。水果蔬菜一般会比其他食品有更多的水分，在冻结过程中由于水的膨胀对细胞组织造成更大的伤害。脱水冷冻的原理是让食品先进行一定程度的脱水后再冻结。水分的减少可以降低冰点，并减少在冻结过程中产生的热量。该种方法已经在某些装置中使用并取得了较好的效果。

结构蛋白不能阻止冻结，但可以控制冰晶的尺寸和形状。但现在除了在生产冰淇淋时采用结构蛋白，在其他食品中还未得到广泛应用，还需更多的研究来发现适用于该方法的产品。

成核蛋白的作用和结构蛋白的作用相反，主要是提高成核温度及减少过冷度。通过该方法，能够减少冻结时间，形成较为均匀的冰晶。但是目前成核蛋白的使用受到一定限制，因为这些成核蛋白一般从细菌中得到，运用到食品中需要考虑安全性，如何将不可食用的细菌完全移除尤为重要。

4. 冷库用制冷系统

4.1 冷库用 CO_2 制冷系统

可分为亚临界循环和跨临界循环两种。目前，跨临界循环主要见于超市冷柜系统，因此这里主要介绍二氧化碳亚临界制冷循环系统。

目前国内已开发出一种地源 CO_2 亚临界循环制冷系统，如图 7 所示。采用地埋管植入式冷凝器，将制冷系统冷凝热排入大地，保证了冷凝侧常年处在恒定且较低的温度，使系统处于亚临界循环状态，改善系统运行工况，进而提升系统效率。该系统循环流程是：来自蒸发器的低温低压 CO_2 气体，被压缩机吸入后，被压缩成高温高压的 CO_2 气体，排入冷凝器中被冷凝成高压液体，经过浮球阀后被储存到储液器内，储液器内 CO_2 液体再流经节流阀，经过节流降压后进入蒸发器中吸热蒸发，变成 CO_2 气体，被压缩机吸入。该系统循环流程简洁，相比于大型氨制冷系统，无低压循环桶、泵和风机等辅助设备，更好地保证了系统运行安全和维护方便。

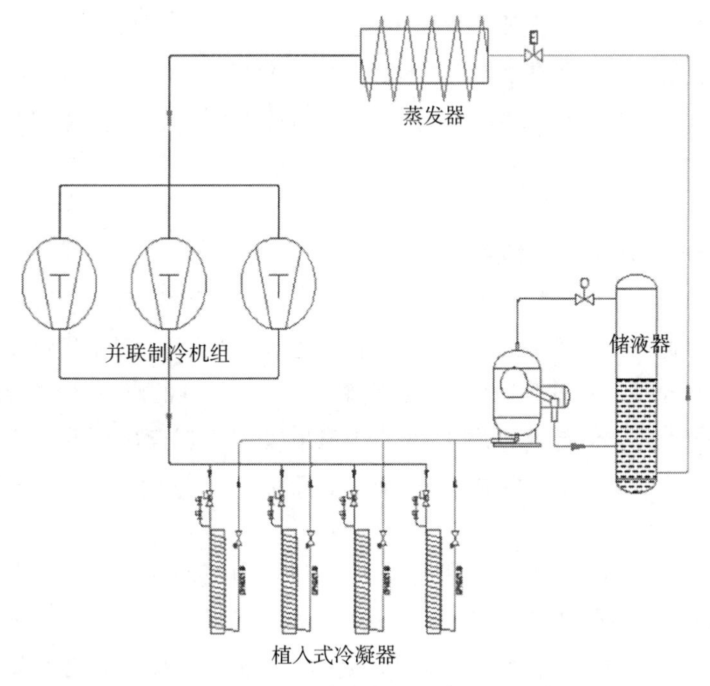

图 7　地源 CO_2 亚临界循环制冷系统原理图

4.2　宽温区冷热联供集成系统

由于制冷系统存在大量冷凝热排放，为了将制冷系统的冷凝热回收及利用，目前国内开发了能够满足用户不同温度下用热需求的宽温区冷热联供集成系统（图 8），其可以提供 50℃ ~180℃的热水、2 ~8 bar 的蒸气，实现节能目的。

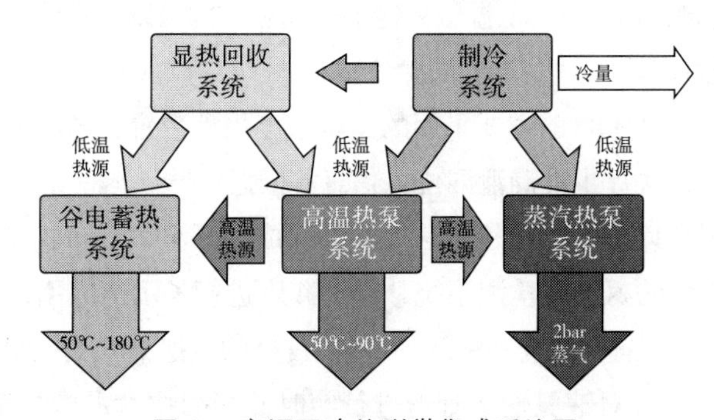

图 8　宽温区冷热联供集成系统图

制冷系统的冷凝热通过简单的显热回收可以回收到 30℃ ~60℃的低温热水，用于地面清洗、洗手淋浴；显热回收加高温热泵，可以回收到 60℃ ~90℃的高温水，用于工艺用水或者生活采暖；谷电蓄热应用比较灵活，可以回收到 60℃ ~180℃的高温热水，用于热能储备或者消毒杀菌，移峰填谷，可以用来解决瞬时制热量不足以及冷热量时段不匹配的问题，考虑到峰谷电价的存在，它的制热水成本可以与燃气锅炉齐平；在高温热泵的基础上增加蒸汽热泵系统可以回收到100℃ ~200℃的热水或者蒸气，用于热量的补给或者蒸煮。集低温制冷、高温制热、谷电蓄热、微压蒸汽及蒸气增压等系统于一体，形成的宽温区高效制冷供热耦合系统集成技术，实现了 –55℃ ~ 180℃温度范围内的高效环保冷热联供功能。

4.3 涉氨冷库安全技术

4.3.1 氨制冷剂充注减量技术

采用分散式制冷系统，将大的冷库制冷系统分割为多个小的系统，降低单个制冷系统的氨充注量。以风冷模块机组为代表，采用模块化结构的设计，使机组可以以标准的模块单元进行生产和运输。在安装现场组合成完整的机组，标准的模块单元重量轻、体积小，使机组运输、安装及调试与维护更加方便，节省吊运、安装与运行费用。模块化的风冷机组，其每个制冷系统都是彼此独立，互为备用。任何一个制冷回路发生异常情况都不会影响其他制冷回路的正常运行。

其次，可以采用低循环倍率的供液系统，同时利用冷风机代替国内普遍使用的冷排管，可大大降低系统的充氨量。目前，北京二商集团的西郊冷库在2014年完成改造，采用的是定量泵供液系统，放弃了多倍供液方式，成功减少了氨的充注量，可减少氨充注量30%以上。

另外，采用间接式制冷系统，可以在很大程度上减少氨的使用量，而且还能做到将用氨区域和库内区域隔离，使得人员操作更加安全。目前该项技术主要有 NH_3/CO_2 载冷剂制冷系统和 NH_3/CO_2 复叠式制冷系统。NH_3/CO_2 载冷剂制冷系统是由主回路 NH_3 制冷剂循环系统和载冷剂 CO_2 循环系统两个独立子系统组成（图9），而 NH_3/CO_2 复叠式制冷系统是把 NH_3 作为高温级制冷剂，CO_2 作为低温级制冷剂的复叠式两级制冷系统（图10）。

4.3.2 氨泄漏检测技术

氨冷库的泄漏预警技术目前主要采用的是氨浓度报警装置，这种方法存在着反应时间较长、选择性较差、无法提供准确泄漏位置信息等问题。

目前国内已发展了以流量压力检测法、红外热成像测温、分布式光栅测温三种检测方案综合应用多角度检测的氨泄漏检测系统，在某冷库进行了示范应用，响应报警时间≤ 1s（浓度达到150ppm），泄漏点位置≤ 1m，取得了良好的氨泄漏检测效果。

利用流量和压力信号对液氨输送管道进行实时监测的技术，检测系统结构如图11所示。目前该系统可成功实现对泄漏的判断以及泄漏点定位的功能，同时在北京西郊冷库中得到应用。

4.3.3 应急处置技术

在应急处置方面，国内企业开发了一系列的氨冷库“主动防御”技术装备和产品。例如，水幕隔离、爆破片、应急联动等，多角度、多方面地控制了氨泄漏的危害性，降低了涉氨冷库的泄漏风险。

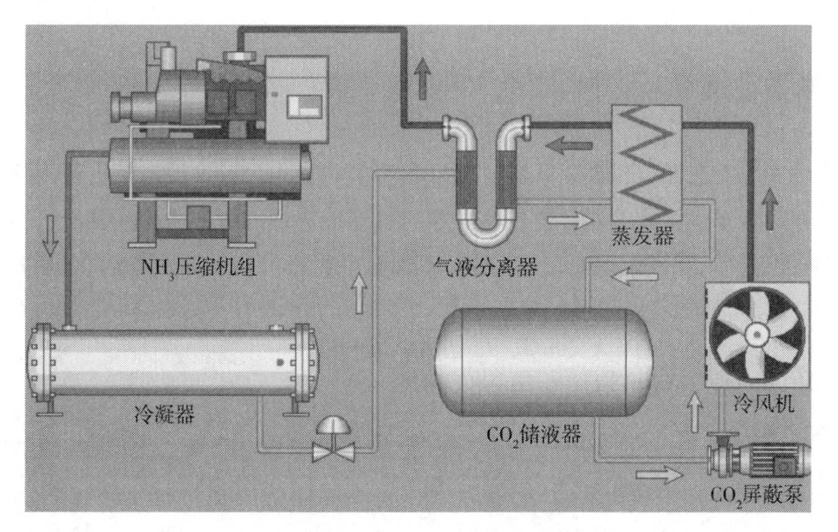

图 9　NH_3/CO_2 载冷剂制冷系统

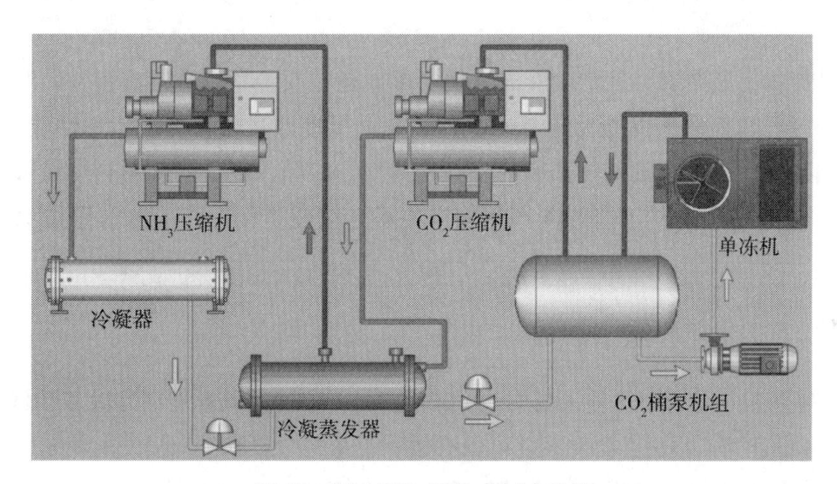

图 10　NH_3/CO_2 复叠式制冷系统

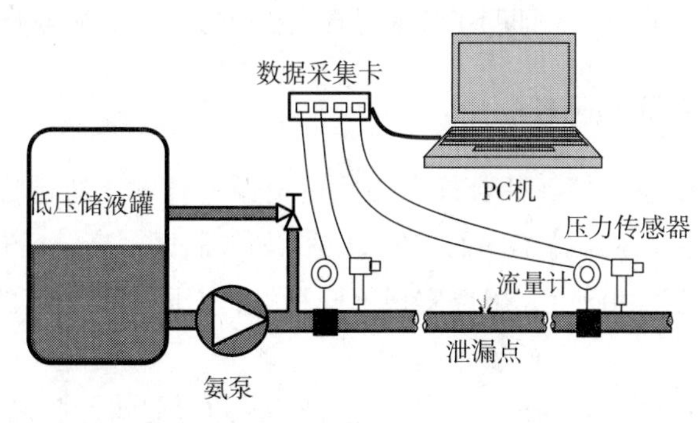

图 11　管道液氨泄漏流量、压力检测系统原理图

5. 冷藏运输技术

冷藏运输主要有公路、铁路、水路、航空等形式，其中公路冷藏运输占最大比例。公路冷藏运输车以卡车、拖车为主，制冷方式以机械制冷为主。近年来，我国冷链运输发展迅速，公路冷藏运输占货物运输总量的份额不断上升，目前我国冷藏车约有 12 万辆。这里主要介绍公路冷藏车的技术发展。

5.1 厢体隔热材料与隔热厢体制作技术

当前，节能和新技术的运用成为各国研究的重点，对于冷藏运输装备的节能，厢（箱）体的围护结构热性能是一个重要因素。隔热厢体的隔热材料、厢体的制作与发泡技术直接影响着冷藏运输装备的隔热能力、冷藏车厢体机械强度，以及性价比。然而，当前研究主要集中在对冷藏运输装备的厢体各种隔热材料隔热性能及其厢（箱）体设计。

随着材料的不断革新、发泡制作工艺的不断改进，改善了冷藏运输装备的漏热、漏气问题，同时可以延缓装备老化速度，进而也提高了冷藏运输装备整体的性能。显然，改进隔热厢体制作工艺、提高隔热厢体整体密封性、机械强度、降低隔热材料重量，研究开发真空绝热厢（箱）体制造技术是未来冷藏运输装备厢（箱）体制作技术的发展方向。

5.2 冷藏运输用压缩 / 喷射制冷系统

冷藏运输的能耗是通过运输工具的油耗来表征的，制冷系统耗能在运输工具总耗能中占有大约 1/3 的比例。压缩 / 喷射系统可以有效利用系统中膨胀过程损失的能量来实现节能。实验测试结果表明，制冷机的能耗降低了 27%，车辆整体耗能降低了 5%。相比膨胀阀节流制冷机，在相同的制冷量情况下，COP 提升了 32%。压缩 / 喷射制冷系统构成图如图 12 所示。其他研究者的研究也证明了喷射循环在提升效率上有显著的效果。

5.3 多温区多空间冷藏车

多温区多空间冷藏运输是一种合理利用物流资源的技术。通过将车厢内的空间进行分区，然后利用制冷系统维持不同的车厢温度（如三温区：高温区 0℃ ~ 10℃，中温区 –20℃ ~ 0℃，低温区 –40℃），用以实现不同种类、不同储藏温度的易腐货物的运输（图 13）。

多温区冷藏车能够实现多种货物同一批次的运输，将区域间整车运输的优势发挥到极致，节省运输时间，降低运输成本，同时保证了不同货物对温度的不同需求。

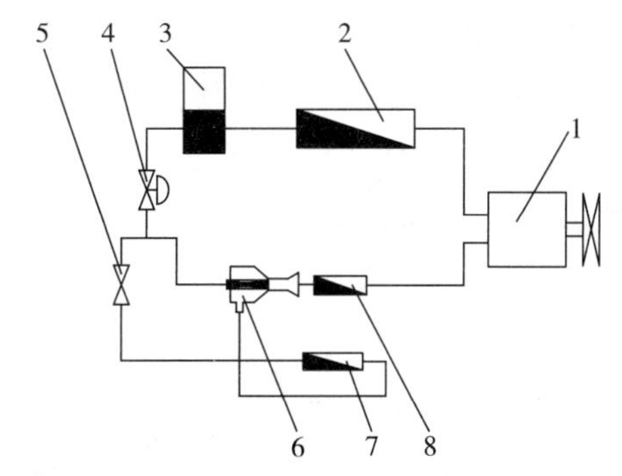

1–压缩机，2–冷凝器，3–储液器，4–膨胀阀
5–节流阀，6–喷嘴，7–下风侧蒸发器，8–上风侧蒸发器

图 12　喷射循环系统原理图

图 13　三温区冷藏车实物图

5.4　气调冷藏车

气调保鲜运输是通过提高 CO_2 浓度、降低 O_2 浓度来抑制果蔬呼吸，延长果蔬保鲜时间。在气调运输装备中，研究开发利用的气调系统主要有四种类型，分别为：以开利（Carrier）为代表的制氮气调系统；以英格索兰（Thermo King）为代表的自身气调系统；以 TranFRESH 为代表的充注气调系统；以 PurFRESH 公司为代表的制臭氧气调系统。

国内对气调保鲜运输的研究开发起步较晚，对果蔬气调保鲜运输车的气体成分与温湿度环境的控制、车厢体结构设计、变频通风系统及能耗等进行了较全面的试验研究，但目前研究主要集中在静态试验测试方面，对于动态（行驶）试验特性、气调运输装备智能化、集成化研究应是今后的主要研究方向。

5.5　蓄冷式冷藏车

蓄冷式冷藏运输车利用蓄冷板相变蓄冷（图 14）来维持车厢内低温环境。蓄冷式冷藏车可采用地面电源或地面制冷机组为蓄冷板蓄冷，减小车用燃油，蓄冷效率高；车辆运行时蓄冷机组不工作，蓄冷机组故障率低、维修费用低、使用寿命高；蓄冷式冷藏车在运输过程中利用相变“释冷”，保温厢体内温度波动较小，能够维持恒定的温度。蓄冷式冷藏运输车将在冷藏运输领域有较好的发展前景。

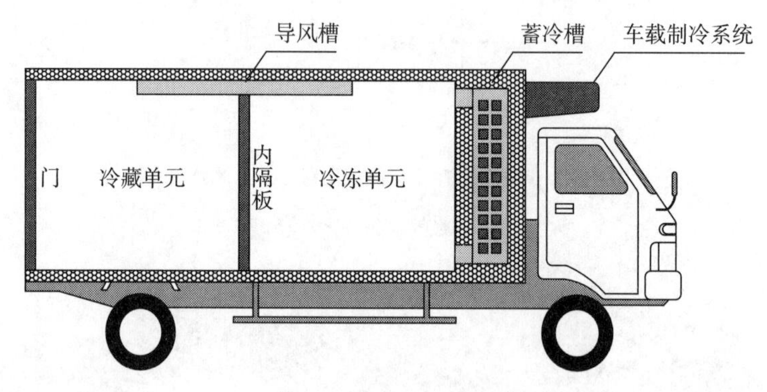

图 14　蓄冷式冷藏车

5.6　电动冷藏车

在冷链物流的最后环节配送过程中，需要有中小型冷藏配送车来保证易腐食品处于适宜的冷藏运输环境。为了满足环保需求，近年来已开发出机车驱动和冷藏箱制冷均采用电池驱动的电动冷藏车。

为满足城市冷链配送的“最后一公里”需求，电动冷藏三轮车应运而生，目前有单温区冷藏三轮车和冷藏冷冻双温区冷藏三轮车等多种型式。

6. 冷藏销售

6.1　超市冷柜

大、中型超市的制冷负载一般包括：中、低温陈列柜，冷冻物冷藏冷库和冷却物冷藏冷库，中、高温加工间和制冰机等。按应用温度范围可分为中温（–15℃ ~ –10℃）和低温（–40℃ ~ –30℃）两个温区。由于大、中型超市冷量需求较大，并且负荷变化范围较宽，两个温区一般都采用一套或多套并联机组（每套并联机组由多台压缩机并联组成）集中供冷。

随着合成制冷剂淘汰计划的实施，在超市制冷系统中采用天然工质制冷剂是必然的方向。其中发展 CO_2 超市制冷系统受到了特别重视。CO_2 在大、中型的超市制冷系统上的应用有三种基本方式：

（1）作为第二制冷剂用于主制冷循环的二次回路，或称有相变的二次回路。与采用常规载冷剂的二次回路不同，CO_2 液体在蒸发器盘管内吸热蒸发，换热主要是通过相变的潜热交换完成。

（2）作为主制冷剂，应用于亚临界系统。一般与高温级回路一起组成复叠系统，通过蒸发冷凝器冷凝 CO_2，保证其处在亚临界区内循环。

（3）作为主制冷剂，应用于跨临界系统。通过气冷器冷却来自压缩机的高温高压 CO_2 气体，与亚临界循环的冷凝器不同，制冷剂在气冷器中不会发生相变。

针对不同的应用需求和超市有中、低温两段温区制冷的需要，可在以上三种基本方式的基础上，组合出各种不同的混合系统。

为了解决 CO_2 制冷系统在炎热地区高室外温度制冷性能不佳的问题，近年来欧洲发展了采用喷射器辅助压缩制冷系统。图 15 所示为 CO_2 作为单一工质的超市中低温制冷系统，该系统中温（蒸发温度 -15℃ ~ -10℃）采用 CO_2 跨临界循环，低温（蒸发温度 -40℃ ~ -30℃）采用 CO_2 亚临界。为了提高能源利用效率，将冷冻与冷藏集成至一个循环系统中，通过两级压缩，降低压缩机单次压比。当中温压缩机的排气量不足时，并联压缩机投入运行。通过并联循环，避免了部分制冷剂膨胀到更低压力，从而减少了制冷剂节流的能量耗

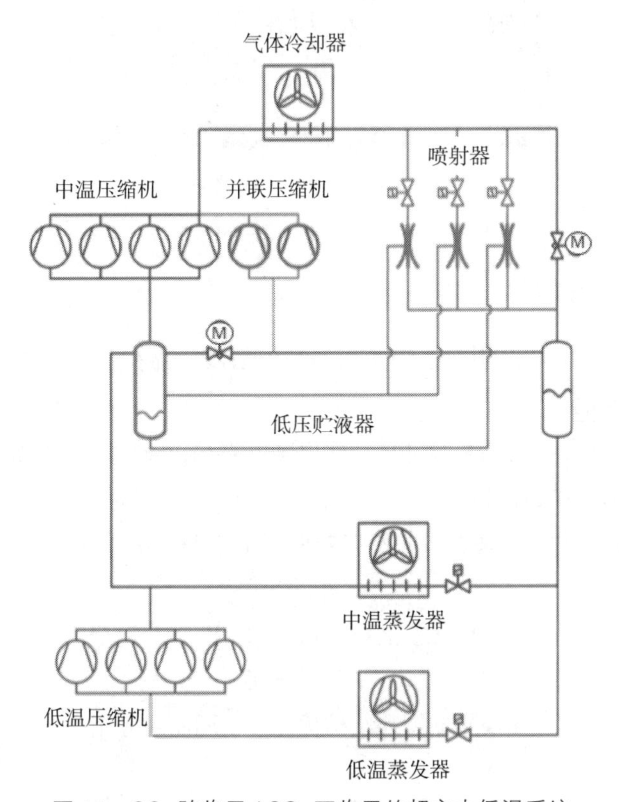

图 15　CO_2 跨临界 / CO_2 亚临界的超市中低温系统

散。同时采用喷射器取代了原有膨胀阀，进一步回收节流损失。对应用于超市的该系统实际测量结果表明，当喷射器全部开启时，在保持超市冷柜温度不变情况下中温压缩制冷系统的蒸发温度可由 -8℃提高到 -2℃，带喷射器和并联压缩机系统比常规系统节能可达18% 以上。

6.2 生鲜配送柜

智能生鲜配送柜主要针对生鲜食品（产品适用于蔬菜、水果、肉类、生鲜等产品）配送设计的冷鲜类智能配送柜（图16）。产品集冷藏、保鲜、智能配送及网络化管理为一体，可与生鲜电商及冷链物流密集结合，实现生鲜食品网络智能化配送功能，并很好地解决配送保鲜问题。

相对于外卖配送模式，生鲜配送柜可以让物品保鲜性更好，客户自取时间更方便，但是生鲜配送柜制造成本高，需要选择适宜的运营模式推广应用。

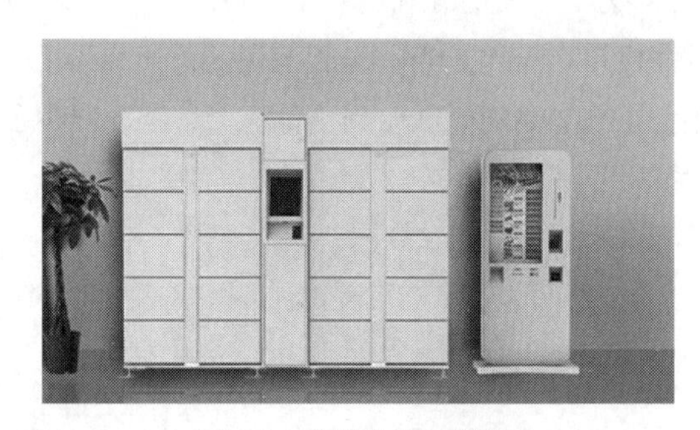

图 16　冷链生鲜配送柜

6.3 冷藏销售末端共性技术问题

冷链物流销售末端均由制冷系统和保温箱体组成，存在着共性技术发展问题，主要包括：

（1）制冷系统优化：包括系统部件优化以降低末端设备能耗、采用高效两级压缩制冷循环以及喷射 - 压缩制冷循环等。

（2）PCM 蓄能技术：包括双蒸发器并联回路采用 PCM 优化系统能效、蒸发器和冷凝器采用 PCM 技术等。

（3）绝热提高技术：包括优化发泡策略、采用 VIP 板、新型门封应用等。

（4）制冷剂替代技术：包括 R290、CO_2 等天然制冷剂的推广使用。

（5）换热增强技术：如换热器翅片结构优化、表面涂层应用。

7. 需要解决的关键技术问题与未来发展方向

7.1 需要解决的关键技术问题

（1）保障食品品质的储运环境参数及其精准控制

冷藏储运环境对易腐食品品质影响很大，而表征环境的主要参数有温度、湿度、气体浓度、风速、压力、光强度以及各参数的波动等，对于不同种类的易腐食品，其冷藏储运所需的环境条件也各不相同。因此需要开展冷藏储运环境下易腐食品品质研究，探究不同冷藏储运条件下、不同成熟度果蔬、不同加工工艺易腐食品的品质变化规律，为冷冻冷藏工艺和冷链装备开发奠定理论基础。

（2）环境友好型高效制冷系统

寻求安全、高效节能、零 ODP、低 GWP 的替代制冷剂成为当前制冷界的一项紧迫而重要的任务，冷链装备也不例外。需要对零 ODP、低 GWP 环保单组分制冷工质、混合工质的热物理性质进行测试分析，获取可靠、精确的热物性数据。在研究新工质的同时，还要注重与新工质相对应的热力循环基础研究，例如深冷混合工质内复叠制冷循环、压缩 / 喷射制冷循环等，以提高制冷系统能效，便于新型环保制冷剂的推广和应用。

（3）涉氨制冷系统安全性

氨制冷系统的安全运行是冷库安全生产的保障，从技术角度来说，解决涉氨制冷系统安全问题的主要措施有：一是降低氨充注量，二是氨制冷系统泄漏检测技术，三是氨制冷系统泄漏应急处置技术，通过多方式处置氨泄漏的危害，降低涉氨冷库的泄漏所带来的风险。

（4）冷链装备信息化

在冷链物流信息化技术方面，重点突破易腐食品代谢产物、有害微生物、关键功能营养成分、新鲜度等关系到产品质量安全、销售价格的感知技术，发展食品品质感知技术；开发利用温度、湿度、光照、空气含氧量、乙烯含量、硫化氢含量等传感器的环境参数感知技术；结合 GPS、北斗导航等定位系统，利用智能手机等移动终端，开发产品位置感知技术；将自动识别技术、实时感知技术和中心数据库有机结合，发展易腐食品安全溯源技术；基于上述感知技术和溯源技术，建立冷链物流数据中心，收集各环节实时数据，整合冷链物流资源以实现行业内的信息共享和协同运作。

7.2 未来发展方向

（1）高效节能

发展低温环境强化换热技术、低温环境下蒸发器抑霜除霜技术、物理场辅助冻结技术、变容量制冷技术、冷热一体化、可再生能源和自然冷能利用等技术，开发全程冷链各环节高效冷链装备系列，并开展冷链装备与设施能效评价标准制定和能效评价工作。

（2）安全环保

开展零 ODP、低 GWP 环境友好型制冷剂的制冷系统和冷链装备研究工作。对于可燃制冷剂（如碳氢类）和可燃有毒制冷剂（如氨），开展制冷剂充注减量技术、制冷剂泄漏检测及应急处置技术；深入研究和完善 CO_2 制冷系统，包括跨临界、亚临界、压缩 - 喷射等的制冷系统。

（3）精准环控

研究储运环境参数及其波动对易腐食品品质影响，综合制冷系统容量调节、均匀供冷末端设备、气流组织优化等技术，发展储运环境参数精准控制的链装备和设施。

（4）信息化

发展食品品质感知技术、环境参数感知技术、产品位置感知技术、食品安全溯源技术，应用于冷链各环节冷链装备中，建立冷链物流数据中心实现冷链流通体系的信息化。

参考文献

[1] 周远，田绅，邵双全，等. 发展冷链装备技术，推动冷链物流业成为新的经济增长点［J］. 冷藏技术，2017，40（1）：1-4.

[2] HongxiaZhao，Sheng Liu，ChangqingTian，et al. An overview of current status of cold chain in China［J］. International Journal of Refrigeration，2018，88：483-495.

[3] Wentao Wu，Philippe Häller，Paul Cronjé，et al. Full-scale experiments in forced-air precoolers for citrus fruit：Impact of packaging design and fruit size on cooling rate and heterogeneity［J］. Biosystems Engineering，2018，169：115-125.

[4] Samuel Mercier，Jeffrey K. Brecht，Ismail Uysal. Commercial forced-air precooling of strawberries：A temperature distribution and correlation study［J］. Journal of Food Engineering，2019，242：47-54.

[5] 申江，张川，刘升，等. 多功能果蔬保鲜装置的研制及大白菜真空预冷实验［J］. 制冷学报，2017，38（1）：107-112.

[6] Yuping Gao，Shuangquan Shao，Shen Tian，et al. Energy consumption analysis of the forced-air cooling process with alternating ventilation mode for fresh horticultural produce［J］. Energy Procedia，2017，142：2642-2647.

[7] 唐君言，邵双全，徐洪波，等. 食品速冻方法与模拟技术研究进展［J］. 制冷学报，2018，39（6）：1-9.

[8] 杜娟丽，田绅，邵双全，等. 冷库制冷剂管路检漏与定位实时模型研究［J］. 制冷学报，2015，36（5）：43-48.

[9] 山田悦久，西嶋春幸，松井秀也，等. 小型货车用喷射式冷冻机［J］. 制冷技术，2010，2：35-39.

[10] Xiangjie Chen，Mark Wora，Siddig Omer，et al. Theoretical studies of a hybrid ejector CO_2 compression cooling system for vehicles and preliminary experimental investigations of an ejector cycle［J］. Applied Energy，2013，102：931-942.

[11] 李锦，谢如鹤，刘广海，等. 多温冷藏车降温特性及其影响参数研究 [J]. 农业机械学报，2013，44（2）：128–135.

[12] A. Hafner, J.Schönenberger, K. Banasiak, et al. R744 ejector supported parallel vapour compression system [C]. 3rd IIR International Conference on Sustainability and the Cold Chain，London，UK，2014.

撰稿人：田长青　徐洪波　申　江

低温技术发展研究

1. 研究背景

随着经济的发展和社会的进步，科学技术对于一个国家综合国力的重要性与日俱增。“十三五”国家科技创新规划指出：“……持续攻克‘核高基’（核心电子器件、高端通用芯片、基础软件）、集成电路装备、宽带移动通信、数控机床、油气开发、核电、水污染治理、转基因、新药创制、传染病防治等关键核心技术，着力解决制约经济社会发展和事关国家安全的重大科技问题；研发具有国际竞争力的重大战略产品，建设高水平重大示范工程……”而这些领域的发展与进步，离不开与之相辅相成的低温技术的进展。低温技术在众多科技发展领域都扮演着不可或缺的角色，大到诸如散裂中子源这样的国家大科学工程，小到高性能的家用冰箱，从深空探测的卫星探测器，到保存疫苗的冷冻箱，低温技术的身影无处不在。甚至有时研发相匹配的低温系统会成为某些研发项目“卡脖子”的技术难点。我国科学家在低温领域持续探索研发了数十年，已经取得了长足的发展与进步。

2. 低温制冷机及低温系统大科学工程

低温制冷（$< 120K$）根据实现方式可以分为被动式杜瓦制冷技术和主动式机械制冷技术。被动式杜瓦制冷技术利用储存在高效绝热容器内低温液体的蒸发吸热实现制冷效应，这种方式可以获得较稳定的温度，在早期的航天探测领域中广泛应用，技术相对成熟，但是存在体积和重量大、绝热系统复杂、发射成本高以及使用寿命受低温液体存储量限制等缺点。

主动式机械制冷技术是在驱动源（压缩机）的驱动下，制冷工质通过一系列热力部件完成一个闭式制冷热力学循环，从而产生制冷效应。相比于携带低温液体的被动式杜瓦制冷技术，主动式机械制冷技术具有寿命长（不受低温液体携带量的限制）、结构紧凑、效率高、可靠性高等优点，从而在空间探测、低温超导等领域得到广泛应用。

低温制冷机可以按照换热结构的不同分为回热式低温制冷机和间壁式低温制冷机。主要的回热式制冷机包括脉管制冷机、斯特林制冷机、GM 制冷机以及不同回热式制冷机相互耦合的回热式复合型制冷机。

与回热式制冷机不同，冷热流体在间壁式换热器内沿着不同的流道按照单一方向流动，从而建立起温度梯度，实现冷热流体之间的换热。间壁式换热器广泛应用于 J–T 节流制冷系统以及大科学工程的低温制冷系统中。这里将针对小型低温制冷机和大科学工程中的低温系统的最新发展动态进行介绍，主要包括脉管制冷机、斯特林制冷机、复合型回热式制冷机、预冷型 J–T 节流制冷机、低温脉动热管和大型低温气体液化循环六部分。

2.1 脉管制冷机

脉管制冷机由 W. E. 吉福德（W. E. Gifford）和 R. C. 朗斯沃思（R. C. Longsworth）于 1964 年发明，由于其冷端不存在运动部件，所以具有可靠性高、寿命长和振动低的优点，从而在空间探测、军事导航、超导医疗等领域具有特殊的优势得到了广泛的应用。脉管制冷机根据驱动源的不同分为 G–M 型脉管制冷机（低频 / 有阀）和斯特林（Stirling）型脉管制冷机（高频 / 无阀），两种机型当前均能到达液氦温区，但是效率均不理想，需要进一步提升，所以当前面向深低温的高效脉管制冷机是研究的热点和难点。脉管制冷机的研究主要集中在：制冷机理、液氦温区（20K 及以下）、声功回收、大冷量以及小型化等方面。

2.1.1 制冷机理

在制冷机理方面，在脉管制冷机的研究过程中存在表面泵热、焓流调相、热力学非对称热声理论等诸多分析理论，这些理论对于深入理解脉管制冷机理产生了重要的作用，但是也具有较多的局限性，例如表面泵热理论是针对基本型脉管制冷机提出的，而焓流调相理论也只针对脉管制冷机。

中科院陈玲、罗二仓，浙江大学植晓琴、邱利民等采用 CFD 模拟方法，采用拉格朗日方法对脉管制冷机的回热器以及脉管内微团的热力学循环进行了计算分析，揭示了脉管制冷机制冷效应产生的本质。中科院理化所杨鲁伟等采用格子玻尔兹曼（Lattice–Boltzmann）数值计算方法研究了回热器内的流动与传热情况，给出了沿回热器轴向的流速、压力及温度分布。

除了通过对回热器这一关键部件进行深入的理论分析，整机阻抗的匹配也是研究的重点。中科院理化所戴巍通过压缩机效率表达式解释了为什么存在最佳阻抗。浙江大学甘智华等构建了回热式制冷机整机的声 – 力 – 电耦合匹配理论（图 1），揭示了脉管制冷机中发生的一系列声 – 力 – 电转化现象。

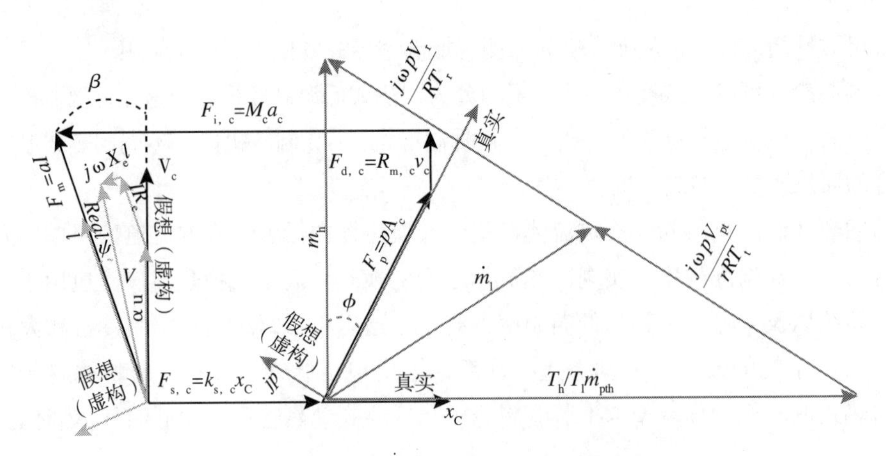

图 1　脉管制冷机整机声 – 力 – 电耦合向量图

2.1.2　液氦温区

得益于高比热容的磁性蓄冷填料的研究，GM 型脉管制冷机（三级结构）于 1993 年首次获得液氦温区，1997 年德国吉森大学和中国浙江大学采用不同结构的两级脉管制冷机分别获得液氦温区，为深低温脉管制冷机的商业化奠定了基础，目前两级 GM 型脉管制冷机可获得 2.3K 的无负荷制冷温度，可在 4.2K 提供超过 1W 的制冷量；浙江大学则保持着单级 GM 型脉管制冷机的无负荷制冷温度的记录（10.6K）。

2.1.3　声功回收

脉管制冷机由于缺乏类似于排出器的膨胀功回收部件，导致其本征效率仅为 Tc/Th，低于卡诺性能系数，且在高温温区与卡诺性能系数具有较大的差距，所以针对高制冷温区（如 LNG 或室温冰箱）等应用领域，声功回收是实现脉管制冷机高效制冷的关键。

声功回收的方式主要可以根据有无运动部件进行分类，引入运动部件主要是为了将声波转换为机械振动，然后进行回收；无引入运动部件主要是通过管道对声功进行合理传输并再利用。这方面的研究主要代表为以美国斯威夫特（Swift）和浙江大学甘智华为代表的被动型声功回收和以中科院罗二仓团队和同济大学朱绍伟为代表的主动型声功回收。

2.2　斯特林制冷机

斯特林循环是由 R. 斯特林（R.Stirling）于 1816 年提出的由两个等温过程和两个等容过程组成的热力学循环，它的设计初衷是用于发动机。随着热力学的发展，人们认识到循环的方向性和其作用效果之间的理论联系，所以使用逆斯特林循环作为制冷机成为一种科学发展的逻辑必然。1834 年 J. 赫歇尔（J.Hershel）提出采用逆斯特林循环制冰，但是斯特林制冷循环这一方案直至 1860 年才由 A. 克里克（A.Krik）实现，并在 1874 年总结了该斯特林制冷机在一个酿酒厂运行 10 年的经验。图 2 列出了斯特林制冷机发展过程中一些重要的时间节点。

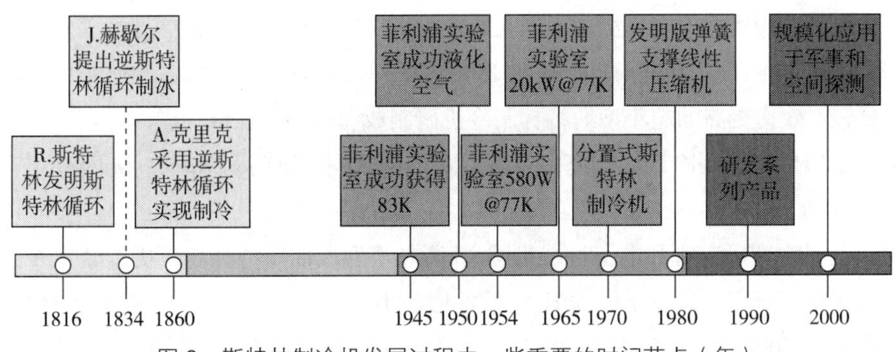

图 2　斯特林制冷机发展过程中一些重要的时间节点（年）

由于斯特林制冷机经过长期的发展，国内外已经有多家厂商具备大规模生产的条件和能力，斯特林制冷机主要的研究方向主要包含工艺改进，可靠性提升，高效压缩机及膨胀机，多级化、大冷量以及小型化等。

2.2.1　大冷量与多级化

大冷量成为近几年斯特林制冷机发展的重要趋势之一，同时如何高效率地实现斯特林制冷机冷量的提升也是不容忽视的问题。2014 年中科院理化技术研究所研究人员报道了一台气动型斯特林制冷机，该制冷机工作频率 50Hz，充压 3MPa，冷指输入声功 933W 时能在 80K 获得 56W 制冷量，整机相对卡诺效率 16.4%。2019 年中科院理化技术研究所研究人员报道了一台大冷量的气动型斯特林制冷机及相关的一系列研究。图 3 给出了几款大冷量斯特林制冷机的结构。

图 3　几款大冷量斯特林制冷机

随着对斯特林制冷机制冷温度要求的不断降低，传统的单级斯特林制冷机已经无法实现在更低的温度下制冷，所以研究人员也在多级斯特林制冷机方向开展了相关研究。2015 年中科院理化技术研究所研究人员报道了一台两级斯特林制冷机，可以达到 10K 的无负荷最低制冷温度。在输入电功 2.23kW 下可以在 77K 获得 140W 制冷量，整机相对卡诺效率超过 44%。

2.2.2　小型化

高工作温度（High Operation Temperature）红外探测器件（HOT 器件）的技术研究取

得了巨大突破，探测器的工作温度得到大幅度提升。国外中波红外探测器的工作温度提高到130K~150K温区，并有进一步提高到150K~200K的趋势。HOT器件的研制成功，使得更小、更轻、效率更高的超小型斯特林制冷机研制成为可能，也成为国内外制冷机研制热点。国外小型斯特林制冷机的研究主要集中在德国AIM、以色列Ricor、美国DRS、美国Cobham、法国Thales Cryogenics等公司。

国内昆明物理研究所和电子科技集团16所在小型线性斯特林制冷机领域开展了诸多研究。昆明物理研究所研发了一款HOT器件用超小型自由活塞斯特林制冷机C312，该制冷机总质量为400g，输入功率为8W时，可在110K提供0.4W的制冷量。中国电子科技集团16所2019年报道了一台小型线性斯特林制冷机，该制冷机在输入功为25W时，可在80K提供0.7W制冷量，总质量不大于400g。

2.3 复合型回热式制冷机

复合型回热式制冷技术在近年来得到了广泛关注和快速发展，主要结构有斯特林/脉管复合型回热式制冷技术（ST/PTC）、斯特林/逆布雷顿复合型制冷技术（ST/RBC）、脉管/逆布雷顿复合型制冷技术（PT/RBC）、维勒米尔/脉管复合型制冷技术（VM/PTC）。

2.3.1 VM/PTC

VM/PTC的概念本质上是热压缩机驱动的脉管制冷机。该概念由日本大学MATSUBARA等在2000年提出，其主要是采用热压缩机替代机械压缩机来实现脉管制冷机的低频驱动，他们提出两种结构：一种是传统的热压缩机，即冷端工作在室温；另一种是热端温度为室温的热压缩机。

VM/PTC是一种低频运行的广义斯特林回热式制冷系统，系统中不存在低频回热式制冷机常用的阀门，同时由于运行频率较低可以实现较为充分的热交换，所以理论上具有较高的效率。当前VM/PTC的研究主要集中在中科院理化所周远团队和戴巍团队。周远团队针对VM/PTC开展了大量的工作，采用液氮预冷和He-4作为工质，获得了2.5K的最低无负荷制冷温度，所需的液氮预冷量为3~4L/h，展示了VM/PTC高效获得液氦温区的巨大潜力。

2.3.2 ST/PTC

ST/PTC是斯特林制冷机与脉管制冷机的耦合，它结合了斯特林制冷机在高制冷温区高效、高可靠性和脉管制冷机在低制冷温区较为高效、高可靠性的优势，成为一种满足当前长周期深空探测任务的潜在理想机型。

雷神（Raytheon）公司一直致力于斯特林制冷机和脉管制冷机的研究，经过十多年的研究和发展，雷神公司的ST/PTC复合制冷机已经可以实现当输入功率为600W时，两级的无负荷制冷温度分别为38.7K和5.9K。国内浙江大学甘智华团队率先开展了ST/PTC复合制冷技术的研究，首次建立了ST/PTC的热力学模型，对ST/PTC的级间耦合特性、热力学特性、级间冷量分配进行了深入的研究，提出了 ST/PTC 两级同时能够制冷的关键判据。图 4 展示了 ST/PTC 与单级斯特林制冷机的压力相量关系，图 5 为浙江大学研制的 ST/PTC。中科院上海技物所也对 ST/PTC 复合制冷技术开展了相关研究。

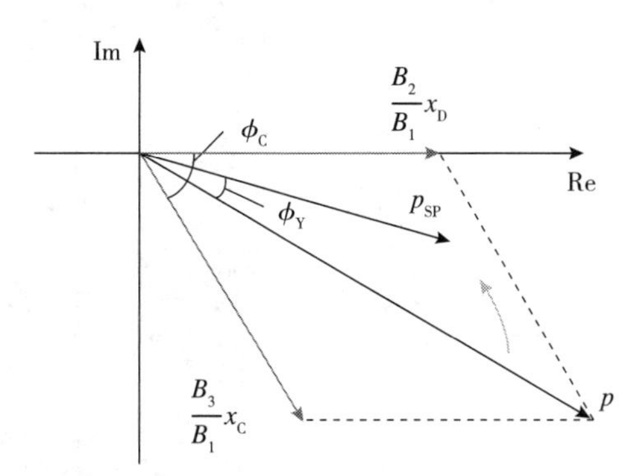

图 4　ST/PTC 与单级斯特林制冷机的压力相量关系

图 5　浙江大学研制的 ST/PTC

2.4　预冷型 J-T 节流制冷机

液氦温区是当前小型低温制冷机的研究热点。J-T 制冷机是有潜力实现液氦温区高效制冷的一种低温制冷机。典型两级回热式制冷机预冷的 J-T 制冷机制冷流程如图 7 所示，预冷型 J-T 制冷机由压缩机、两级间壁式换热器、两级预冷换热器、冷端换热器、J-T 阀以及预冷机组成。一般为了缩短降温时间，J-T 制冷机配有旁通阀。

近年来，J-T 制冷机主要向高效率、大冷量、多工作温区、微型化与极低温方向发展。为提高 J-T 制冷机效率，曹海山等在传统单级节流 J-T 制冷机基础上，研制出一套微型两级节流 J-T 制冷机。制冷机原理图如图 6 所示，第一级与第二级 J-T 制冷机制冷工质分别为氮气和氢气，第一级 J-T 制冷机为第二级 J-T 制冷机提供预冷。整机尺寸为 20.4mm × 85.8mm × 0.72mm。第一级制冷机冷量为 50mW@97K，第二级 J-T 制冷机冷量为 20mW@28K。两级 J-T 制冷机流量分别为 14mg/s 和 0.94mg/s。Narasaki 研究发现采用两次节流的 J-T 制冷机在 1K 温区冷量可提高 100%，4K 温区冷量可提高 30%。两次节流 J-T 制冷机低温部分如图 7 所示。

为服务于 X 射线、量子及光子探测，J-T 制冷机需要工作在 4K 以下温区。因此，极低温 J-T 制冷机得到发展。为了冷却超导纳米单光子探测器，小坪（Kotsubo）等研制出一台三级脉管制冷机预冷的 J-T 制冷机，输入功为 250W。脉管制冷机预冷温度分别为 80K、25K 和 10K。J-T 制冷机以氦 3 为制冷工质，制冷量为 1.4 mW@1.7K。楢崎（Narasaki）等同样发展了 1.7K J-T 制冷机，该制冷机以氦 3 为工质，采用两级斯特林制冷机预冷。梁惊涛等研制了一套 2.65K 预冷型 J-T 制冷机。J-T 制冷机采用两级脉管制冷

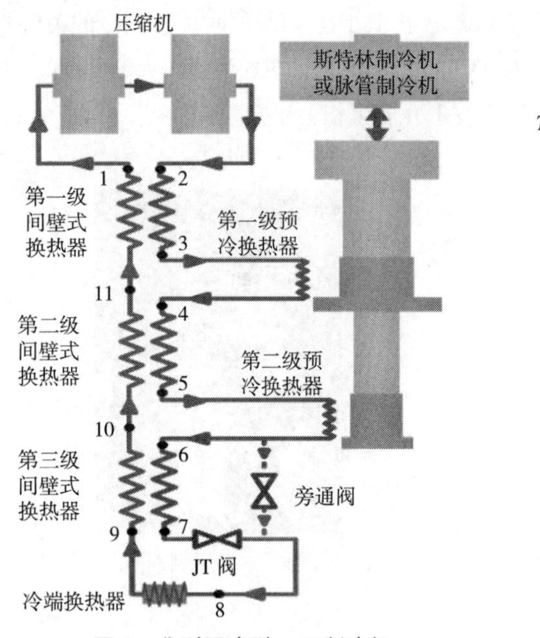

图 6　典型预冷型 J–T 制冷机

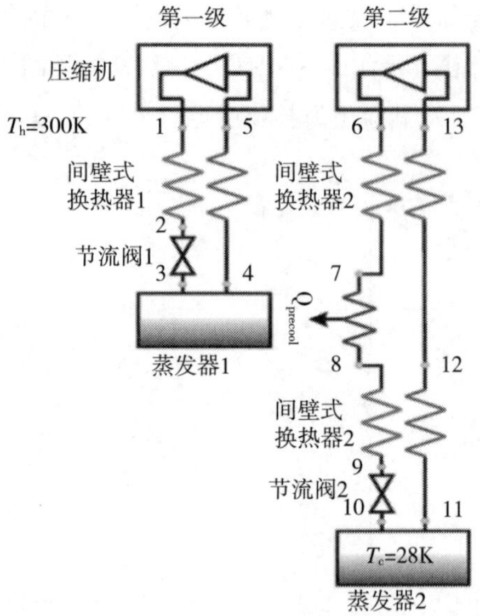

图 7　两级节流 J–T 制冷机

机预冷，预冷温度分别为 64.5K 与 14.6K。J–T 制冷机制冷量为 1.48mW@2.71K，低于设计值 4mW@2.7K。制冷机整机耗功 317.3W（其中，脉管制冷机耗功 278.6W，J–T 制冷机耗功 38.7W），整机重量约为 55kg。

综上所述，J–T 制冷机以其固有优势得到了空间项目的应用。

2.5　低温脉动热管研究进展

由于小型低温制冷机能够提供的冷量比较有限，冷却对象与制冷机冷源之间的传热变得至关重要，在超导材料冷却等领域多采用纯度较高的无氧铜作为冷量传输的方法，但是该方法很难实现长距离高效传热，且被冷却对象的温度均匀性难以保证。近年来低温脉动热管作为一种高效低温传热技术得到了广泛的关注。

赤地（Akachi）在 1990 年发明的脉动热管（Pulsating Heat Pipe，PHP）被认为是一种高效的低温传热解决方案。根据流道结构，PHP 可分为三类（图 8）:（a）无阀闭式 PHP;（b）有阀闭式 PHP;（c）开式 PHP。根据加工方式和外形可以将 PHP 分为管式和板式两种，管式 PHP 由毛细管道弯折成多个弯头而成，板式 PHP 是在板上铣出相应几何尺寸的槽道再密封而成。

与传统热管相比，PHP 的优势有：①结构简单，成本较低；②有效热导率高，且在传热极限内随着热流密度增大而增大；③结构多样化，可小型化，适应能力强。这些优点使得 PHP 适合作为高效传热元件应用于高热流密度的场合中。

2.5.1 低温 PHP 研究进展

低温 PHP 的研究始于 1997 年，工质主要为氦、氢、氖和氮四种。

日本的夏目（Natsume）和水户（Mito）等致力于实现将 PHP 嵌入高温超导磁体线圈内部的散热方案（图 9），先后开展了氢、氖和氮三种工质，在不同充液率、加热功率和倾斜角下的 PHP 传热性能实验研究。

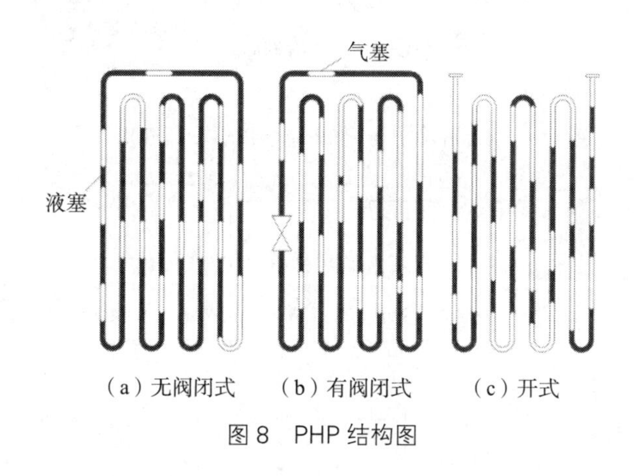

图 8　PHP 结构图

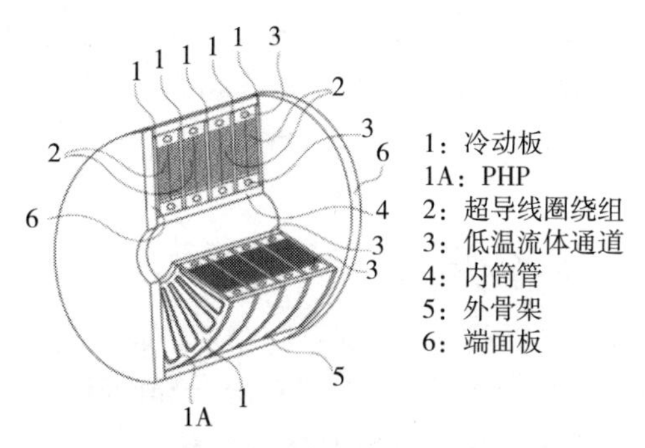

图 9　嵌入高温超导磁体中的 PHP

欧洲超导屏蔽空间辐射项目（SR2S）采用了一种利用低温 PHP 与制冷机结合的空间冷却方案（图 10），实验结果表明弯折数为 18 的 PHP 在 5W 加热量下可以达到 350 kW/（m·K）的有效热导率。

国内对低温 PHP 的研究始于 2014 年左右。浙江大学甘智华等设计了液氢温区 PHP 实验装置（图 11），通过实验证明该 PHP 有效热导率在 30000W~70000W/（m·K），证明两弯折的 PHP 能高效运行。

中国科学院电气工程研究所的李毅等研究了以氮和氖为工质的 PHP 的性能，中国科学院理化技术研究所的徐冬等设计了一种新型液氦温区 PHP 预冷系统。

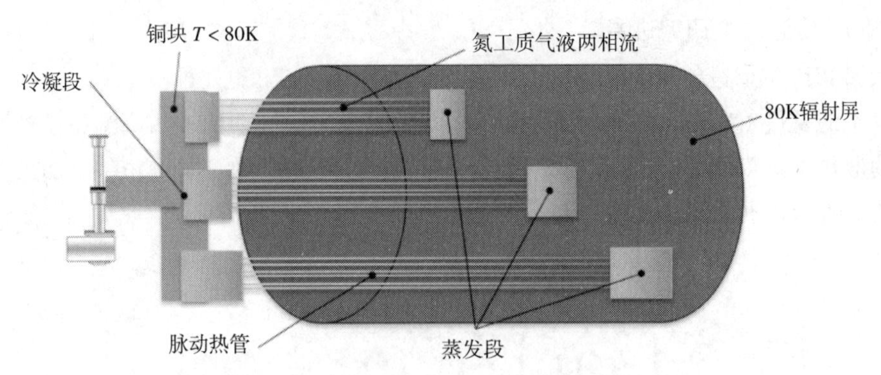

图 10　低温制冷机与 PHP 结合用于冷却 80K 冷屏

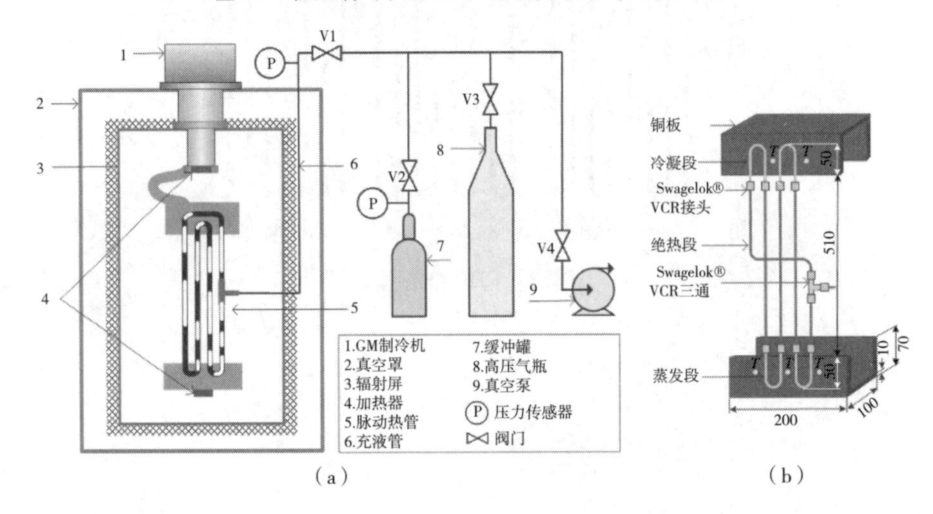

（a）　　　　　　　　　　　　（b）

图 11　浙江大学低温 PHP 结构示意图

2.5.2　理论研究进展

低温 PHP 的理论研究在数量上远少于实验研究，理论研究主要集中于关联式的拟合与模型的建立。夏目（Natsume）等以室温温区 PHP 的半经验关联式为基础，利用 59 组实验数据，拟合了液氢、液氖、液氮温区用于预测 PHP 传热量的关联式，但预测结果总体偏大 30% 左右。同时，梁（Liang）等针对氖工质 PHP 提出了预测不同充液率和冷凝段温度下的传热性能的关联式，预测值与实验值的平均标准偏差约 15%。古力（Gully）等建立了一个单流道 PHP 两相流模型，以研究 PHP 内气塞的热力学状态，结果表明 PHP 气塞温度可能比气塞压力对应的饱和温度更高，甚至可能高过壁面温度。

甘智华等建立了两弯折 PHP 塞状流模型，模拟结果显示氮工质 PHP 的显热传热占总传热量的 88% 以上。此外，还模拟了绝热段长度和冷凝段温度等因素对氢工质 PHP 传热性能的影响，与实验结果吻合较好。模型得到了低温工质 PHP 的塞状流流型图，需要可视化实验进行验证。马文统等利用流体动力学软件 ANSYS Fluent，运用多相流 VOF 方法建立了低温 PHP 的三维模型，以氮为工质进行了数值模拟。

2.6 发展趋势与展望

小型低温制冷机在空间探测、低温超导冷却等领域广泛应用，当前低温制冷机的研究已至一个稳定期，已斯特林和高频脉管制冷机为代表的斯特林型制冷机具有较高的效率和可靠性，结合 J-T 节流制冷技术，已能够满足 1K 以上空间探测任务需求，进一步提高效率和可靠性则成为关键。以 GM 制冷机和 GM 脉管制冷机为代表的商用制冷机已能够满足一般商业和地面应用需求，但是在低温真空泵等应用场合，进一步提高效率也成为其进一步扩展应用的瓶颈。

深空探测和量子芯片冷却亟须 mK 级制冷技术，绝热去磁和稀释制冷技术是两种获得 mK 级温区的主要技术，其中由于量子芯片对磁场的敏感性，其冷却方法当前只能采用稀释制冷技术。我国目前在这两种技术领域均无相关技术储备，加之中美贸易战造成的相关设备禁运，所以需要进一步加大投入，以满足应用需求。

3. 大科学工程中的低温系统

氦液化 / 制冷技术始于 1908 年的荷兰，昂内斯（Onnes）采用液氮及液氢预冷氦气，再对其节流的方法成功获得了 60 mL 的液氦。1928 年犹太人西蒙・弗朗西斯（Francis Simon）发明了西蒙膨胀氦液化器，但是没有改变液化氦气仍需液氮、液氢预冷的现状。1934 年苏联的卡皮察（Kapitza）用膨胀机代替液氢预冷，首次实现了带膨胀机的氦液化循环（即液氮预冷的 Claude 循环），该液化器有 1.7~2 L/h 的液化量。1946 年美国的塞缪尔・柯林斯（Samuel C. Collins）通过增加温度级以减少循环不可逆性的方式，提出了一种多级膨胀和节流相结合的氦液化循环，即柯林斯循环，如图 12 所示。柯林斯循环减小了氦液化器的体积，以便为实验室提供可用的液氦，其液化流程成为近现代大型氦液化器的原型。

表 1 列出了世界上主要的大科学工程中的氦低温系统现状。

表 1 世界大科学工程低温系统冷量统计

中文名	地点	低温系统冷量	状态
大型强子对撞机（LHC）	瑞士、法国交界	8 × 18kW@4.5K feed 8 × 2.4kW@1.8K	建成
J-T-60 托卡马克装置（J-T-60）	日本	350L/h+1200W	建成
托卡马克聚变试验堆（TFTR）	美国	1070W@3.8K-4.5K	建成
日本散列中子源（J-PARC）	日本	2kW@4.5K	建成
美国散列中子源（SNS）	美国	2300W@2.1K+8300W@38K+15g/s	建成
超导托卡马克试验装置（STTA）	日本	3000L/h 的 LHe 或 12kW@4.4K	建成
LHD	日本	5.65kW@4.4K+650L/h 的 Lhe+20.6kW@80k	建成

续表

中文名	地点	低温系统冷量	状态
韩国超导托卡马克先进研究（KSTAR）	韩国	640–680g/s 的 SHe+140–280g/s 的 GHe+17.5g/s 的 LHe（当量制冷量 9kW@4.5K）	建成
TORE SUPER	法国	300W@1.75K+745W@4.5K+5.6g/s 的 Lhe+11kW@80K	建成
TOSKA	德国	700W@3.3K+400W@4.4K+1kW@70K+4g/s 的 Lhe	建成
STT-1	印度	650W@4.5K+200L/h 的 LHe	建成
正负电子对撞机重大改造项目（BEPC-II）	北京	800W@4.5K+60L/h 的 LHe	建成
台湾光源（TLS）	新竹	（134L/h 的 Lhe or 469W@4.5K）+（138L/h 的 Lhe or 457W@4.5K）	建成
台湾光子源（TPC）	新竹	239L/h 的 Lhe or 890W@4.5K or（890W@4.5K+36L/h 的 LHe）	建成
上海光源（SSRF）	上海	一期 650W@4.5K	建成
先进实验超导托卡马克（EAST）	合肥	1050W@3.5K+200W@4.5K+13g/sLHe+13~25kW@80K	建成
中国散列中子源（CSNS）	东莞	2200W@20K	建成
上海光源二期（SSRF- Ⅱ）	上海	二期 650W@4.5K（包含 60W@2K）	在建
加速器驱动嬗变研究装置（CiADS）	惠州	加速器 18kW@4.5K；测试站 2.5kW@4.5K	在建
国际热核聚变实验堆（ITER）	法国	LHe：65kW@4.5K + LN2：1300kW@80K	在建
欧洲散裂中子源（ESS）	瑞典	ACCP：3kW@2K+10.8kW@40K+9g/s TICP：76W@2K+422W@40–50K+0.2g/s TMCP：20kW@16K	在建

注：国外列出国别，中国境内列出所在地城市

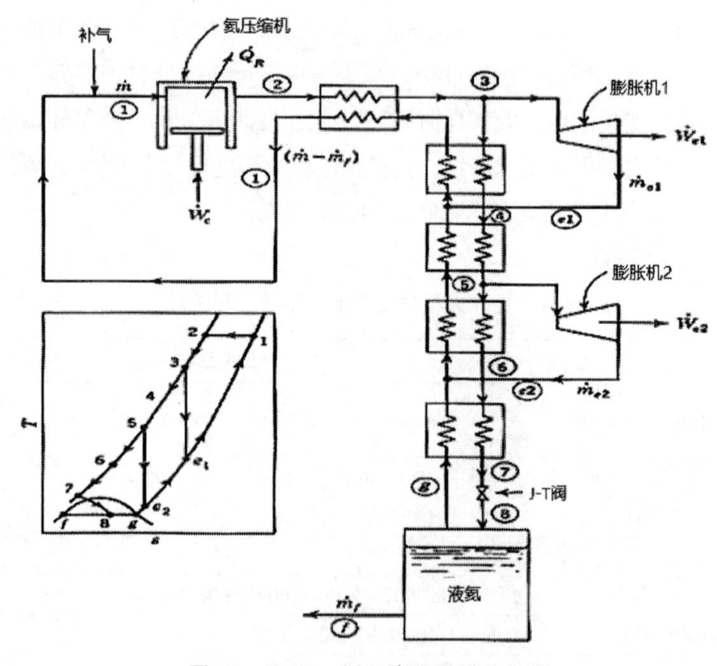

图 12　Collins 循环流程图及 T–s 图

3.1 国外发展情况

3.1.1 大型强子对撞机

欧洲核子研究中心（CERN）的大型强子对撞机（Large Hadron Collider，LHC）是目前世界上能量最高的粒子加速器，于 2008 年 9 月开始运作。LHC 主体为一个 100 GeV 正负电子对撞环（LEP），由约 7000km 长的 NbTi 超导导线组成，正常运行时磁场强度为 8.3T。为将超导导线全部降至超导临界温度以下，需要用超流氦对磁体进行冷却。法液空公司和林德公司分别为其建立了不同的氦低温系统，流程图如图 13、图 14 所示。

该装置的负荷中大都表现出静态和动态分量，前者由漏热产生的，依赖于绝热结构；

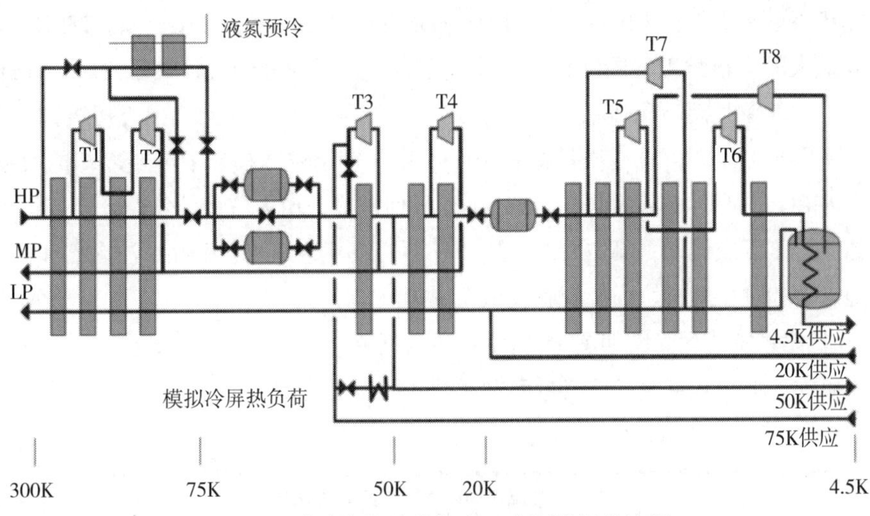

图 13　法液空设计的包含 8 个膨胀机的流程

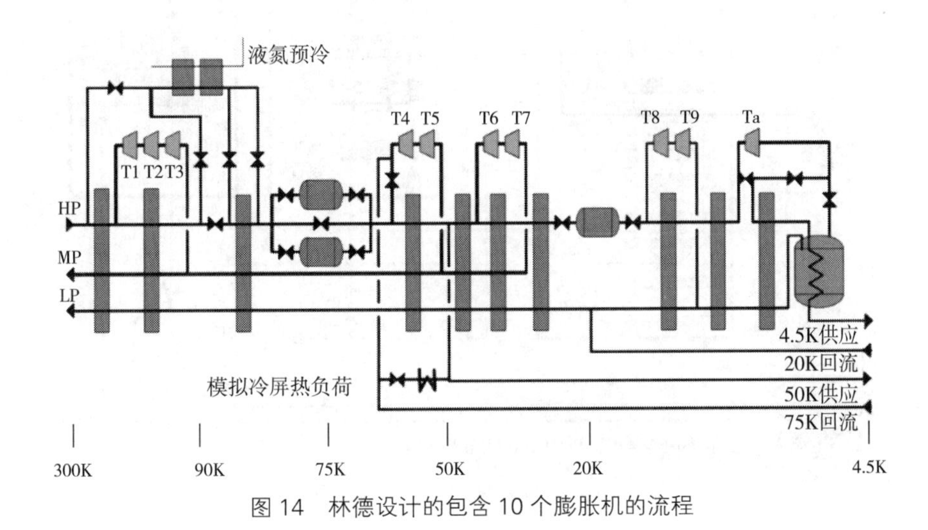

图 14　林德设计的包含 10 个膨胀机的流程

后者是由磁铁供电和高能高强度光束循环产生的。考虑到这些负荷，以及静负荷和总负荷不确定性为 1.25 和 1.5 的因素，最终的 LHC 装机制冷能力如表 2 所示。

表 2　LHC 设计装机热负荷

温度	50K~75K（W）	4.6K~20K（W）	4.7K（W）	1.9K（W）	3K~4K（W）	20K~280K（g/s）
高负载扇形区	33000	7700	300	2400	430	41
低负载扇形区	31000	7600	150	2100	380	27

3.1.2　国际热核聚变实验堆

国际热核聚变实验堆（International Thermonuclear Experimental Reactor，ITER）计划是当今世界最大的大科学工程国际科技合作计划之一，目前处于设计最后阶段。ITER 低温系统主要冷却对象是超导磁体系统，包括 18 个环形场（TF）线圈、中心螺线管（CS）和 6 个极向场（PF）线圈，总冷质量接近 10~13 吨。超导磁体系统中需要冷却的对象包括：线圈，由 CICC（cable-in-conduit conductors）导体制成，由大流量的氦循环泵（约 12kg/s）驱动导体中的氦工质流动；真空泵组，用于环面初级真空系统、中性束注入器和低温恒温器；其他，例如颗粒燃料、回旋管和测试系统等。

ITER 低温系统流程简图如图 15 所示，包括氦装置及氮装置。液氮预冷至 80K 的压缩氦气用于磁铁、低温真空泵和所有低温输送管线的冷屏冷却。

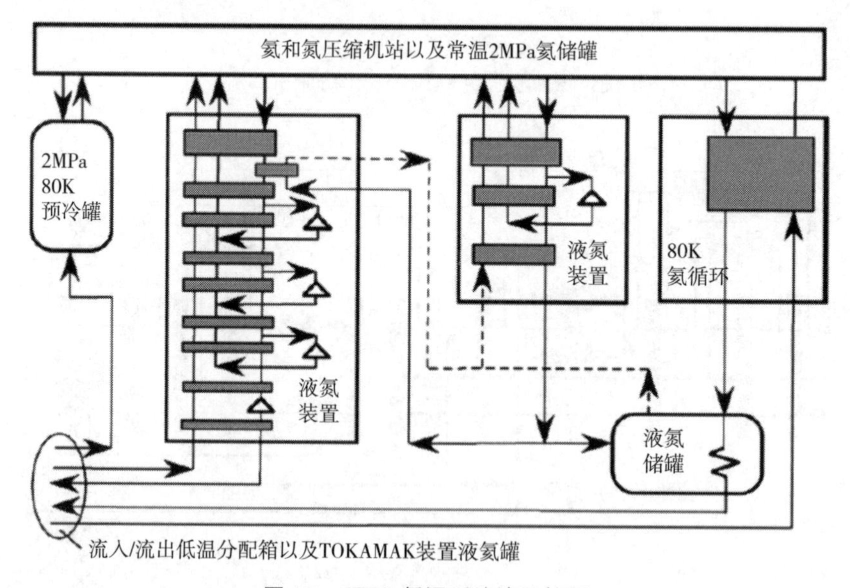

图 15　ITER 低温系统流程简图

氦装置的最大热负荷需求（表3）是为了应对1000s的等离子脉冲，其制冷量当量接近70kW@4.5K。每台双压（0.4MPa~2MPa）氦气制冷机包含一级液氮预冷、一组逆流换热器和四台膨胀机。液氮装置在制冷模式下运行，为氦装置的第一级提供液氮。

表3　氦系统热负荷要求

ITER低温组件	要求	运行温度
线圈电流引线	0.13kg/s	4.5K
磁体和分配系统静热负荷	11.9kW	4.2K
磁体平均脉冲热负荷	10.7kW	4.2K
氦循环泵热负荷	11.4kW（最大）	4.2K
低温真空泵	5.5kW+0.03kg/s	4.5K
小型低温用户	1.0kW	4.5K
总计	34kW@4.2K+（0.16kg/s+6.5kW）@4.5K	

3.1.3　欧洲散裂中子源

欧洲散裂中子源（European Spallation Source，ESS）位于瑞典隆德，是一个正在建设中的跨领域科研机构，建成后将拥有世界上通量最高的脉冲散裂中子源。

ESS的低温系统由三个独立的氦制冷/液化装置组成：加速器低温装置（ACCP）、目标慢化剂低温装置（TMCP）和试验仪器低温装置（TICP），此外还包括一个低温分配系统（CDS），将低温设备与其用户连接起来。

超导加速器是ESS主要冷却对象：低温模块中的SRF空腔工作温度为2K，冷却屏温度为40K，所需冷量将由ACCP提供，其中热负荷估算如表4所示。

表4　ACCP热负荷估算

运行模式		2K负荷			4.5K负荷		40K~50K
		等温	非等温	总计	4.5K	液化	总计
第一阶段（2019—2023）	正常模式	1860	627	2478		6.8	8140
	降负荷模式	845	627	1472		6.8	8140
	待机模式				1472	6.8	8140
	TS待机模式	—	—	—	—	—	8140
	最大液化模式	待机模式的负荷加上进入储罐的最大液化量					
第二阶段（2023—）	正常模式	2226	824	3050		9.0	10819
	降负荷模式	1166	824	1990		9.0	10819
	待机模式				1990	9.0	10819
	TS待机模式	—	—	—	—	—	10819
	最大液化模式	待机模式的负荷加上进入储罐的最大液化量					

ACCP 的总当量冷量为 3kW@2K+10.8kW@40K+9g/s 的 LHe（用于动力耦合器冷却）。TICP 为低温模块试验台提供冷量，设计冷量为 76W@2K+422W@40K+0.2g/s 的 LHe。在纯液化模式下运行时，TICP 每月将生产超过 5000L 的 LHe。TMCP 用于冷却靶周围中子慢化剂中的超临界氢，目前预计所需冷量为 20kW@16K。

3.2 国内发展情况

上海已经建成了一套 650W@4.5K 的氦低温系统用于第三代中能同步辐射光源中超导高频模组的冷却，目前正在新建一套 650W@4.5K（可提供 60W@2K 制冷量）的氦低温系统，用于新增的超导三次谐波高频腔冷却；中国散裂中子源位于广东，其氦低温系统的制冷量为 2200W@20K；合肥的全超导托卡马克，氦低温系统的制冷量包括 1050W@3.5K、200W@4.5K、13~25kW@80K 以及 13g/s 的 LHe 产出，分别用于冷却磁体、冷屏等不同部件；“十三五”规划中的加速器驱动嬗变装置，其氦低温系统的制冷量高达 18kW@4.5K（用于加速器）以及 2.5kW@4.5K（用于测试站）；中科院理化所已经研制了一台全国产的 250W@4.5K 的氦低温制冷机，并向韩国出口一台 200W@4.5K 的氦低温制冷机，并于 2019 年完成了理化所第一台千瓦级制冷机（2500W@4.5K 或 500W@2K），同时也是第一台国产 2K 氦制冷机；北京高能同步辐射光源正在建设一台制冷量约 2000W@4.5K 的氦制冷机；国内的大型氦低温系统逐渐朝着高制冷量、低制冷温度发展并逐步实现关键部件甚至整机的国产化。

以上海硬 X 射线自由电子激光装置（SHINE：Shanghai High repetition rate XFEL and Extreme light facility）为例进行介绍。SHINE 是国家“十三五”规划优先布局的大科学项目之一，主要用于提供更高亮度的光源以对微小粒子进行更清晰的成像。其低温系统包括激光装置低温系统和超导模组测试平台低温系统。

激光装置低温系统的主要冷却对象为超导高频直线加速器、超导波荡器及低温分配系统，其系统热负荷要求如表 5 所示。为满足这些负荷，设计了三套当量制冷量为 4kW@2K 的低温系统，分布在两个低温工厂内，其实际分配的冷量为：4kW@2.0K+1.3kW@5K+15kW@35~40K+15g/s 的 LHe。硬 X 射线自由电子激光装置低温系统的整体结构如图 16 所示，1 号低温工厂安置两套制冷系统，2 号低温工厂只安置一套，分别冷却不同位置的低温模组、阀箱等部件。

表 5 SHINE 低温系统热负荷

低温设备	特性	2 K 热负（kW）	4.5 K 热负（kW）
1.3 GHz 超导高频	静态	0.75	1.575
低温模组	动态	6.075	0.375
	总计	6.825	1.95

续表

低温设备	特性	2 K 热负（kW）	4.5 K 热负（kW）
超导波荡器	静态		0.4
	动态		4
低温分配系统	分配阀箱	1	1
	传输管线	1.5	1.5
总计		9.325	8.85

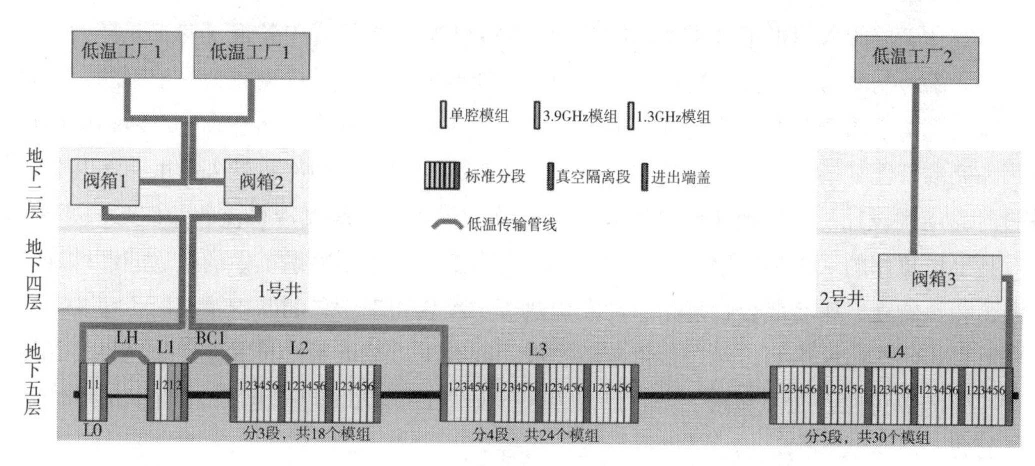

图 16　硬 X 射线自由电子激光装置低温系统结构图

图 17 为硬 X 射线自由电子激光装置低温系统的流程示意图，设计流程中包括五台冷压机、四台膨胀机、三台室温泵组、一台中压压缩机和一台高压压缩机。为获得 215g/s@2.0K 的超流氦，需将氦气减压至 0.027 个大气压，该压力可通过 5 级串联负压离心压缩机（冷压机）或 3~4 级冷压机加室温真空泵组混合模式得到。在设计工况下，系统消耗液氮 $50m^3/d$，消耗电功 13.2MW，消耗冷却水 $1250m^3/h$。

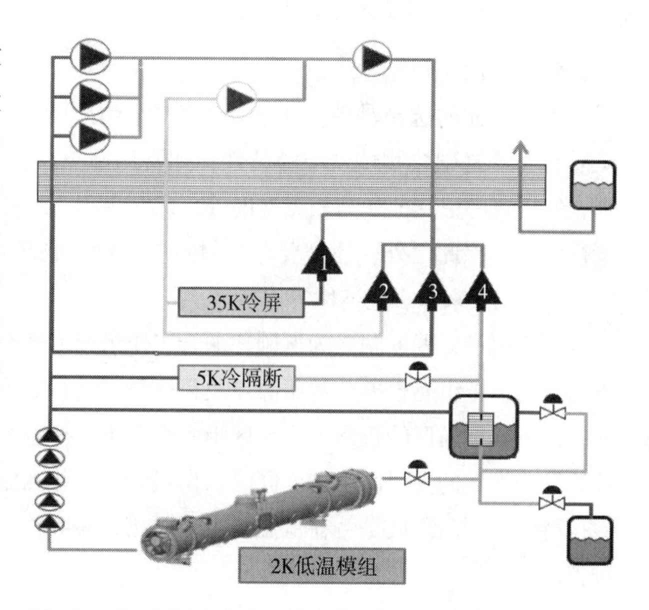

图 17　硬 X 射线自由电子激光装置低温系统流程设计示意图

4. 深冷混合工质节流制冷技术及应用

多元混合工质节流制冷技术可以高效地满足从液氮温区（80K）至单级蒸气压缩制冷循环的下限温度（230K）这一广阔温区的制冷需求。采用混合工质的优点突出表现在：在深冷温区相同的温度及压力工况下，混合工质的节流制冷效应较纯工质提高了 1~2 个数量级；大幅降低制冷机的运行高压，直至单级普冷制冷空调压缩机的工作范围内，由此可以采用普冷领域量大面广的油润滑单级压缩机驱动实现深度制冷，降低了制冷机成本、提高了可靠性。

混合工质的采用也带来了新的问题。首先由于混合物组成中各组元沸点差异大，在实现大温跨制冷时，混合物物性变化剧烈，热物性准确获取及预测成为一个难题，这其中涉及平衡态热物性及输运物性。另外混合工质在大温跨制冷中相态多变，两相区的传热和流动特性复杂，基础研究积累不够，这些都为准确设计制冷机带来难度，尤其是换热器的准确设计。同时由于混合物及相分离器的采用，使得制冷机流程组织形式多样，对其工作机理的认识难度增加。集中在深冷混合工质节流制冷系统中的上述问题体现了混合物热物性、深冷混合物多相流动及传热等工程热物理学科的基础及前沿，蕴含丰富而重要的学术研究内容。经过数十年的发展，混合工质节流制冷技术在工质物性、相平衡、变浓度特性、循环流程、部件特性及整机研发诸多方面建立起了丰富的知识体系，下面做一简要介绍。

4.1 工质筛选及节流制冷效应

4.1.1 组元筛选

工质组元的选择是混合工质制冷系统热力设计工作首要的任务。其筛选依据主要是工质自身的基础热物性及节流特性，如常压沸点、临界参数等是选择工质最为基础的数据，然后再考虑其他如三相点温度等，以避免因三相点温度过高，导致低温下固相析出而堵塞流道。除此之外，还需要考与材料兼容性、物理化学稳定性、对环境的影响（ODP、GWP），以及来源、经济性等因素。

下面以液氮温区制冷为例阐述混合工质组元的选择。不同制冷目标温区对组元的需求不同，可以把组元根据其常压沸点及目标温度进行划分为：低于目标制冷温度的低温区组元，接近目标温区的正常工作温区组元，介于目标温区及环境温区的中间温区组元，以及接近环境温区的高温区组元。同时根据组元的三相点温度，以及所能够获取的液固相平衡数据特性来判断工质是否在低温下出现固相。表 6 给出了以液氮温度为目标温度的混合物种类。

表 6　液氮温区常用混合物组元正常沸点及其分组

No.	工质组元	沸点温度（K）	工作温区划分
1	He，Ne	4.2，27.0	低温区组元
2	N_2，Ar	77.4，87.3	正常温区组元
3	CH_4	111.7	中低沸点组元
4	CF_4	145.2	中低沸点组元
5	C_2H_4，C_2H_6	169.4，184.6	中间温区组元
6	C_3H_8，C_3H_6，iC_4H_{10}	231.04，225.53，261.4	中高温区组元
7	iC_5H_{12}	300.98	高温区组元

4.1.2　节流制冷工作原理

混合工质节流制冷机是基于实际气体的节流效应实现制冷的，因此首先简单介绍一下节流效应和节流制冷机的基本工作原理。实际气体的节流特性包括微分节流效应、积分节流效应和等温节流效应（图 18）。其中微分节流效应为：工质绝热节流的稳定流动过程中，节流前后焓不变时温度随压力变化的关系，其定义公式如下：

$$\mu=\left(\frac{\partial T}{\partial p}\right)_h=\frac{1}{c_p}\left[T\left(\frac{\partial v}{\partial T}\right)_p-v\right] \tag{1}$$

根据热力学理论，微分节流效应 μ 的三个可能的值都代表一种状态：$\mu>0$ 为节流后温度降低，$\mu<0$ 为节流后温度升高，$\mu=0$ 节流前后温度不变，所对应的温度称为转回温度。

在绝热节流过程中，给定一个宏观的压力降后，工质所表现出来的宏观温度变化为积

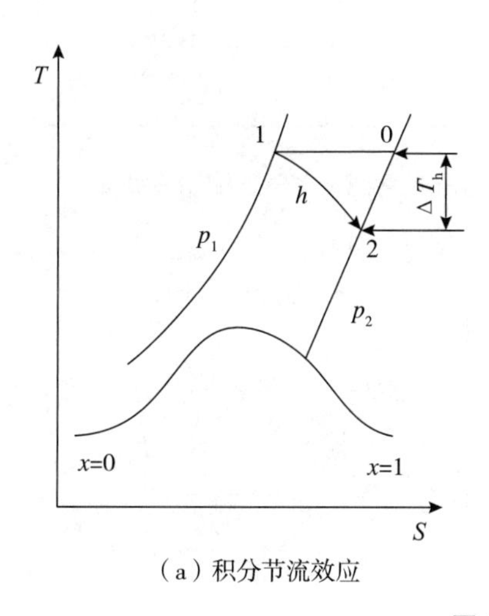

（a）积分节流效应

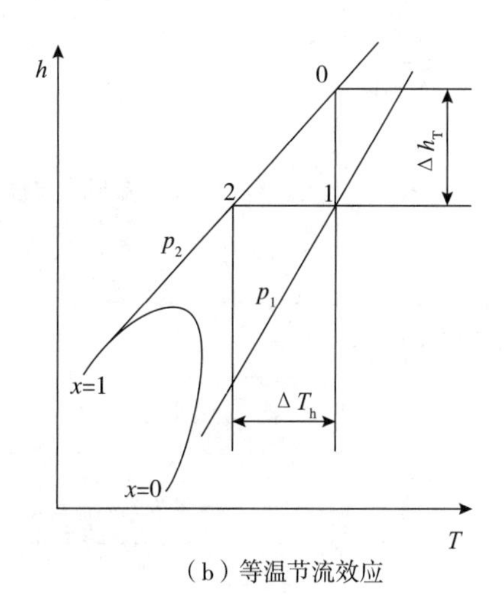

（b）等温节流效应

图 18　节流效应

分节流效应，它表示流体由状态 1 绝热节流到状态 2 所引起的温度变化的总量 ΔT_h，即

$$\Delta T_h = \int \mu dp = \int \left(\frac{\partial T}{\partial p} \right)_h dp = T_2 - T_1 \tag{2}$$

ΔT_h 的大小与节流前压力、温度及节流后压力有关。一般来说，提高节流前的压力或降低节流前的温度，都可以增大积分节流效应。

参见图 22，先将气体从初态点 0 等温压缩到状态 1，然后绝热节流到初始压力，达到状态 2，再令气体定压吸热回到初态 0，这一定压吸热过程中的吸热量称为等温节流效应 Δh_T，是节流制冷循环分析时一个很有用的概念，它定义为：

$$\Delta h_T = h\,(T,\ p_H) - h\,(T,\ p_L) \tag{3}$$

4.1.3 节流制冷的基本构成及工作原理

转变温度以下的高压实际气体在经过一个节流元件后，其温度伴随着压力的下降而下降。采用单级蒸气压缩制冷技术（图 19）的最低有效制冷温度一般在 -40℃以上，根据低温热力学原理，为实现深度制冷，必须采取回热或复叠的技术措施。采用两级复叠循环可实现 -80℃温区的有效制冷，如图 20 所示，其实质是两个独立的单级蒸气压缩循环，高温级对低温级提供预冷。当制冷温度再进一步降低，需要增加复叠的级数。但串连级数越多，系统构成复杂且传热㶲损失大，系统可靠性和制冷效率就越低，造成设备成本高、运行和维护费用大。除在早期用于科学研究外，少见三级以上的复叠制冷系统。

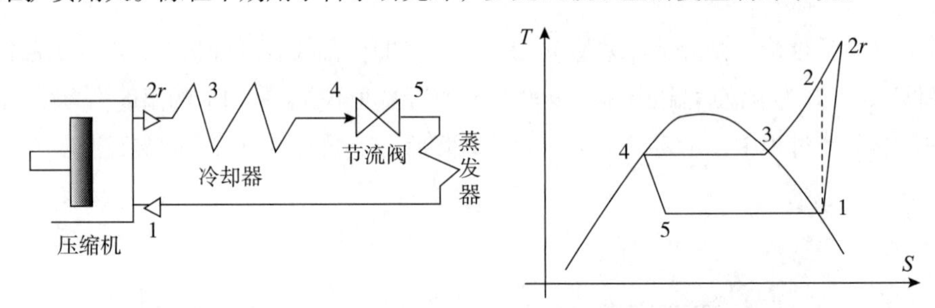

图 19 近室温区单级节流制冷流程及其热力过程示意图（蒸气压缩制冷循环）

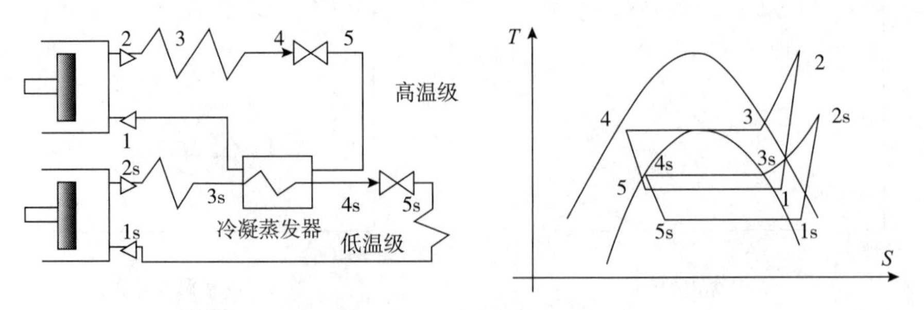

图 20 两级复叠节流制冷系统及其热力循环示意图

另外一种实现低温制冷的方式就是回热。可以利用节流后的冷量实现自身回热，逐步降低节流前的温度，由此可实现更低的制冷温度。例如采取回热的节流方式，利用氮气的节流可以实现液氮温度。图 21 所示的是具有回热的节流制冷循环及其热力学示意图。

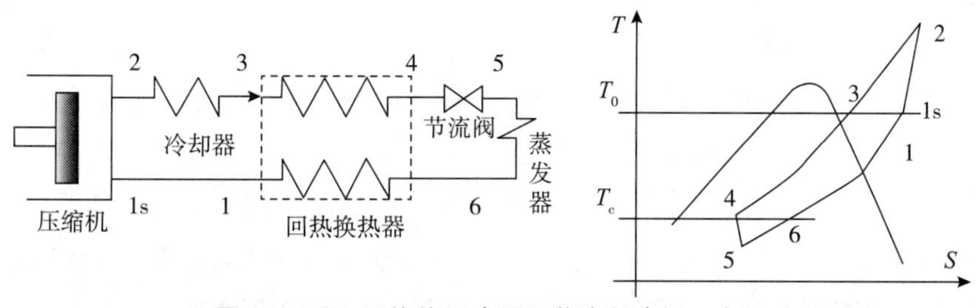

图 21　采取回热的闭式循环节流制冷机示意图

图 22 给出了具有不同沸点的纯质其节流效应随温度的变化关系，从 iC_5H_{12} 至 N_2。从低沸点组元到高沸点组元，其等温节流效应在它们相应的气液相变区间最大，出此温度范围外节流效应急剧降低。从这一点说明了多元混合工质组元选取时应该注意的问题，应使各组元最大节流效应区间能够实现接力匹配。在最高 2.0MPa 的节流前压力，液氮以上温区均可以找到具有不同沸点的工质使各工质最大节流制冷温度范围能够相互覆盖，实现制冷效果的接力传递。基于上述的理由，可以期望通过合理匹配混合工质内各组元间沸点，使其最大节流效应区间能够实现接力匹配，使多元混合工质在整个温区都实现较大的等温节流效应。使混合物的最小等温节流效应在全温区内比任何一个纯工质的最小等温节流效应都大，这是混合工质提高节流制冷循环的热效率的原因。

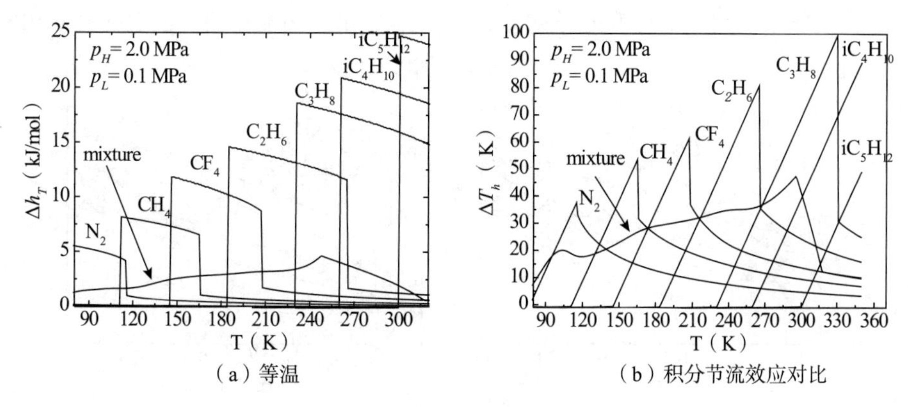

图 22　混合物与纯质组元

4.2　气液相平衡研究

对流体混合物来说，确定了温度、压力和组分这三个参数就可以完全确定混合物的状态，因此，表征温度 - 压力 - 组分关系的相平衡特性是混合物最为关键的基础热物性。通过相平衡数据推导的混合物状态方程是描述混合物流体性质的基本工具。结合理想气体比热参数，利用热力学模型可直接推算焓、熵等量热热物性，进而即可对混合工质制冷循环特性分析。

对于混合物相平衡研究无外乎实验测量和理论预测两种手段。实验测量是最为根本的研究手段，也是理论研究的基础和验证。但随着混合物种类的增加，实验研究的工作量急剧增加，因此从有限实验数据发展理论模型，提高预测精度是研究中应该重点关注的。有关多元混合物的气液、液液和液固相平衡特性理论预测基础及计算分析在各类文献和教科书中报道较多，这里不再赘述。在制冷领域，二参数 Peng-Robison 状态方程仍是描述流体热物性最普遍应用的手段，其形式简单又不失准确性，方程形式如下：

$$p=\frac{RT}{v-b}=\frac{a}{(v+c_1b)(v+c_2b)} \tag{4}$$

对混合物性的计算，需引入混合规则，对制冷剂混合体系而言，简单的单流体混合规则即可满足计算精度要求，其形式如下：

$$a=\sum_i\sum_j x_ix_j\sqrt{a_{ii}a_{jj}}\,(1-k_{ij}) \tag{5}$$

$$b=\sum_i\sum_j x_ix_jb_{ij} \tag{6}$$

对制冷剂体系的相平衡计算可详见文献，图 23 给出了四氟化碳 + 乙烷的气液相图。

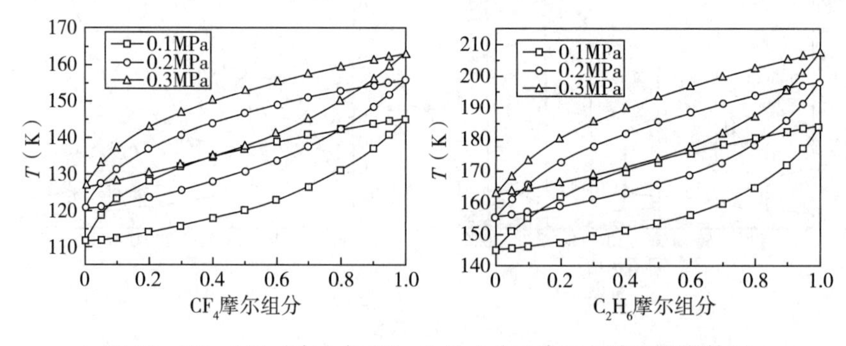

图 23　CF_4+CH_4（左）与 CF_4+C_2H_6（右）定压气液相平衡数据

4.3　深冷混合工质制冷循环

采用单台油润滑压缩机驱动的混合工质一次节流回热循环制冷机，其系统简单，但由于压缩机润滑油会进入制冷机低温端，在经过一个较长期的运行后，积累在低温端的润滑油可能会堵塞节流组件，影响制冷机性能。针对各种不同的应用场合，基于提高效率、可靠性以及适应不同冷负荷需求下，不断有不同形式的制冷流程出现。阿列克谢夫（Alexeev）提出了带蒸气压缩制冷作预冷级的混合工质循环，并进行了实验研究，取得很好的结果，其流程特点是预冷系统同时给主混合工质节流循环的润滑油分离器提供冷凝，提高润滑油的分离度，如图 24 所示。利特尔（Little）提出了一种自清洁循环，如图 25 所示，设置了一个分离器，其中能够利用返流工质的冷量实现压缩机润滑油分离。上述措施是从润滑油分离角度出发而采取的措施。浙江大学从精馏分离角度出发，提出一种新型节流制冷循环，采用精馏塔实现气液分离，必然也能够高效地实现润滑油分离。西安交通大学、华中理工大学和中山大学等单位也针对混合工质节流制冷技术中的一些问题展开研究。中科院理化所提出一种利用冷凝回流分离措施的分凝分离循环（图 26），利用低压返流工质冷量实现气液分离，该循环能有效完成润滑油分离，同时兼顾了效率与可靠性。

混合工质不同循环形式之间其热力学本征性能如何，即自动复叠分离循环、林德·汉普森（Linde-Hampson）一次节流循环等各种形式的节流制冷循环之间热效率。这成为学

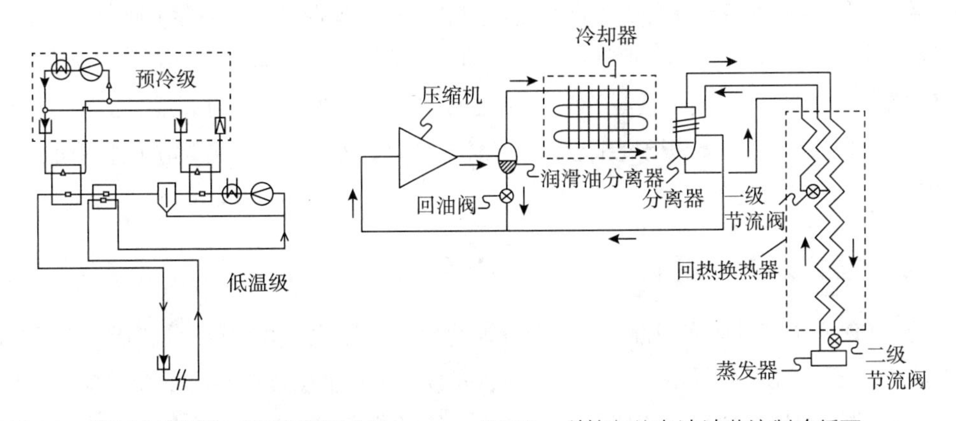

图 24　带预冷的混合工质节流制冷机　　　图 25　利特尔的自清洁节流制冷循环

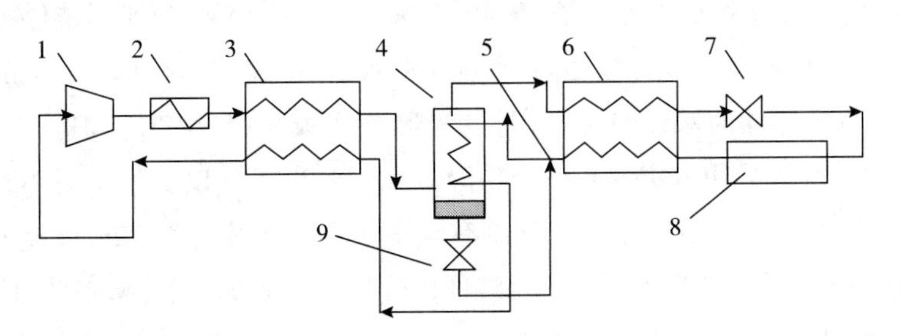

1. 压缩机；2. 后冷却器；3. 一级回热换热器；4. 分凝分离器；5. 混合点；
6. 二级回热换热器；7. 末级节流阀；8. 蒸发器；9. 一级节流阀

图 26　分凝分离循环

术界最为关心的一个问题。国际上陆续发表了一系列研究报道，就该问题展开讨论。比较一致的意见是：不同循环的最优混合工质配比不同，在各自优化的情况下，效率接近，但不带气液分离器的一次节流循环具有最高的本征热力学效率，最关键的问题在于所采用的混合工质配比。

4.4 变浓度特性

深冷混合工质节流制冷机有着与普冷单级压缩制冷机不同的运行特征。对深冷混合工质节流制冷机动态特性研究工作还不是很多。GongM 率先开展了混合工质变浓度特性的研究，对混合工质不同运行阶段循环浓度变化进行了实验测量，指出制冷机内循环浓度在不同时期会不同，最终稳定循环浓度与最初充配浓度有差异，其表现为高沸点组元浓度降低。实际上，有多种因素会导致循环浓度发生变化，具体有：混合物中不同组元与润滑油具有不同溶解度，会造成浓度变化；系统内出现两相流动，其中气液相流速不同，会导致液相或气相积存，由于非共沸混合物气液相浓度不同会造成循环浓度变化。在正常系统中上述两点是造成浓度变化的最大原因，另外系统泄漏和系统内部相分离器均会造成浓度变化。理化所分别系统研究了润滑油选择性溶解和气液相分离造成浓度变化特性，对混合工质节流制冷机变浓度特性获得了更深入的研究和认识。根据对深冷混合工质节流制冷机动态运行特性的深入研究，理化所提出了一种简单可靠的变工况运行控制措施，确保了制冷系统高效可靠的运行。文卡塔拉特南（Venkatarathnam）在几年后也开展了工质浓度变化的研究。国内近年也有类似研究报道，但总体来讲这仍然是一个远未解决但影响重大的一个问题。

4.5 国内外混合工质节流制冷机的发展

原 APD 公司较早地实现混合工质节流制冷机的商业化，其针对液氮温区的小型混合工质制冷机已在高温超导器件、红外器件、高真空水汽捕获冷阱等方面获得应用。MMR 公司也提供不同规格的混合工质节流制冷机。其研发了一种液氮供应机 ELAN2，能够把环境空气液化，获得 98% 纯度的液氮，压缩机功率为 900W，每小时能够提供 250mL 的液氮。该项产品技术获得美国 2006 年度 100 项 R&D 大奖。德国 Kochenburger 等研究了用于冷却超导部件的双级 MJTR 制冷机；其预冷级采用 $N_2/CH_4/C_2H_6/C_3H_8$ 混合工质预冷至 120K，主冷级采用 $Ne/N_2/O_2$ 混合物降温至 60K 以下。以色列学者 Maytal 对混合工质节流制冷技术，尤其是快速节流制冷有较多研究，在其著作 *Miniature Joule-Thomson cryocooling* 列举了较多应用实例。中科院理化所开展了 MJTR 制冷机在低温生物储存、天然气液化、液氮机等方面的应用研究。

天然气液化是混合工质节流制冷技术的一个重要应用场合。自 20 世纪 70 年代以来，混合工质节流制冷机大规模应用于天然气液化领域，成为 LNG 生产的主要流程，即

MRC（Mixed Refrigerant Cycle）流程。在此基础上衍生出大量液化流程，如 SMR、DMR、C3MR、AP-X 等，对各类天然气流程的分析、优化和系统研发工作有较多文献报道，此处不再赘述。

混合工质节流制冷器另一个重要应用是深冷保存方面。中科院理化所从 2002 年开始研制成功系列混合工质深冷冰箱，覆盖温区从 -186℃ ~-40℃，已经成功实现产业化。图 27 给出了理化所研制的 -186℃低温冰箱照片，可在 2h 左右降温至 -180℃，极限低温为 -192.4℃（图 28）。此类机械式制冷低温冰箱与液氮生物容器相比存在较大优势，低温容积有效利用率在 80% 以上，而液氮容器不超过 30%。

图 27　-186℃低温冰箱照片

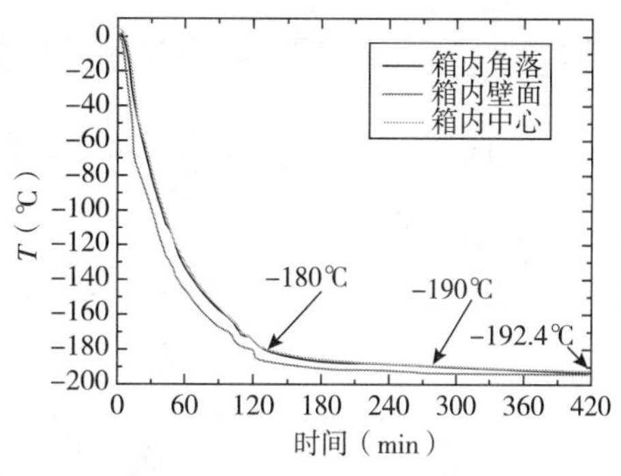

图 28　典型降温曲线图

随着微电子机械系统（MEMS）的发展，微型节流制冷器得以出现并应用。荷兰 Twente 大学 Lerou 等人通过在玻璃片上刻蚀微流道研制了微型节流制冷器，另外在此基础上发展了带预冷级的改型。美国国家标准与技术研究院 Lewis 等人研制的微型节流制冷器利用玻璃纤维制作回热换热器，外管和内管外径分别为 617μm、125μm，冷端尺寸仅 2mm × 2mm，该制冷器可达到液氮温度，结构极为紧凑。美国 MMR 公司也研发了数款微型 MJTR 制冷器，用于冷却红外探测器等微型元件。

对于各类低温制冷机的特点，ter Brake 等做了详细的调查和汇总（图 29），对比结果表明在 80K 温区 Stirling，G-M 制冷机效率更高，但 MJTR 制冷机具有最低的制造成本。而在 100K 及更高温区，MJTR 制冷机可实现较高的效率，且大量采用普冷部件和货架产品，与 Stirling、G-M 等制冷机相比，在保证性能相当的前提下具有明显成本优势。对于大型制冷中最常用的 MJTR 和逆布雷顿循环（RBC），Wang 等也进行了分析，结果表明，在 100K 及以上温区，MJTR 明显优于 RBC，而在 80K 及以下温区，MJTR 性能衰减很大（图 30），主要原因是 MJTR 在氖气和氮气之间缺乏“接力”工质。

综上所述，混合物工质节流制冷机具有十分美好的商业应用前景，成为从液氮温度到传统蒸气压缩循环制冷温度这一广阔温区的主力制冷机。在过去几十年，国内外众多学者对混合工质节流制冷机进行了广泛而深入的研究，无论在基础理论方面还是在实验研究方

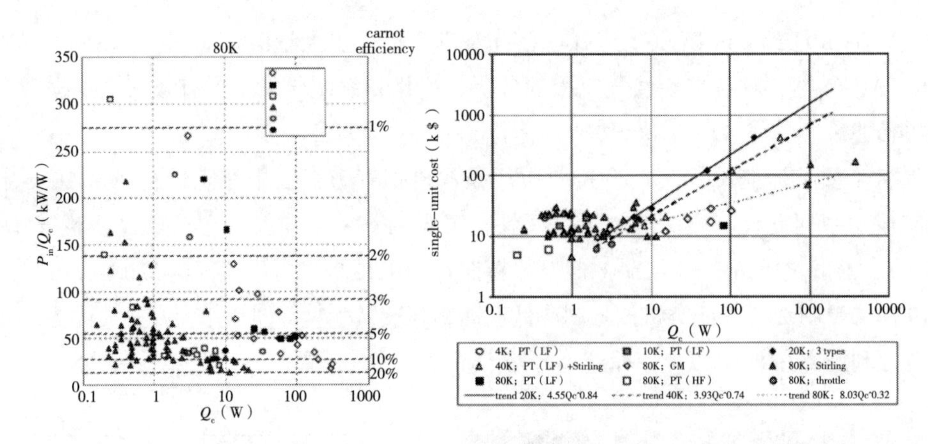

图 29　80K 低温制冷机的效率与单机造价调查结果

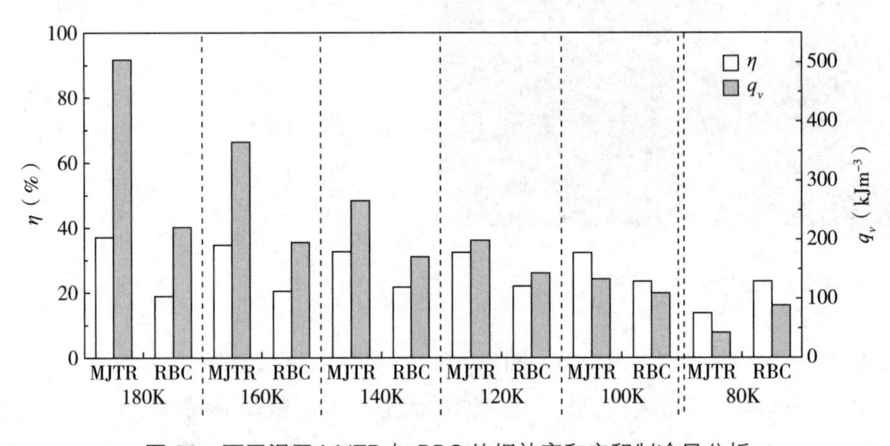

图 30　不同温区 MJTR 与 RBC 的㶲效率和容积制冷量分析

面已经取得了很大进展，且已经有部分产品出现。混合工质制冷机的基本热力过程简单明了，但是内部工作过程还远未认识清楚，蕴藏着丰富的学术内容，且多数涉及学科基础前沿，自成体系。

4.6　发展趋势及展望

4.6.1　基础问题研究

（1）多元混合工质体系热物性及流动传热特性。包括多元混合物的超临界、气液相平衡、液液相平衡、固液相平衡、比热、黏度、表面张力、热导率、两相流动及传热等性质，对系统仿真、部件设计、运行控制等意义重大，但对多元、多相体系而言无论实验还是理论方面均还需要系统而深入的研究。

（2）混合工质各组元的有效作用温区与作用机理的定量揭示。对多元工质中单一组元的作用机理及作用温区还缺乏科学的、定量的认识，为在应用中实现设计效果，还需进一步揭示混合工质变浓度特性。

4.6.2 混合工质制冷技术新应用

（1）非可燃混合工质制冷技术。在低温医疗、高温超导等领域中，安全性往往是最优先考虑的指标，有限的非不可燃工质为工质筛选和系统构建提出新的挑战，如何提高效率并降低制冷温度下限将大幅拓展非可燃混合工质制冷技术的应用。

（2）空间应用的无油压缩混合工质制冷技术。随着无油压缩机的推广，混合工质制冷技术不再被回油问题所局限，将有望在空间制冷（卫星、空间站、平流层飞艇）等追求效率、轻量化、高可靠性的领域应用，这一制冷技术势必随着制冷部件的进步而焕发新的活力。

5. 生命科学与制冷技术

低温制冷技术与生命科学的结合形成低温生物医学技术，根据不同应用目的，既可以保护或保存生物活体，也同时可以对生物活体进行破坏或者治疗。低温生物医学技术与低温保存、冷冻干燥、低温医疗、基因等领域密切相关，相应的低温保存箱、生物样本库、血液操作台、血液冰箱、低温治疗仪、药品干燥机等设备应运而生，并发展迅速。

低温能抑制生命体的新陈代谢，因而被广泛应用于生物组织、细胞、器官等的低温保护或保存。尽管细胞、组织等可以在低温下实现长期保存，但如果操作不当，在细胞、组织的冷冻过程中也会造成低温损伤。此外，深低温或玻璃化保存的生物样品在复温过程时，如果复温方式和复温速率不当，很可能存在因为过慢复温所导致的再结晶（或反玻璃化）损伤或过快复温所导致的热应力机械损伤，这也是目前较大体积生物材料深低温保存后没有成功复活关键因素。当然，低温对于生物体来讲是一把“双刃剑”，众多研究者扬其长，避其短，利用低温造成细胞损伤开展低温治疗，大大推进了低温外科的快速发展。

低温生物医学的研究和应用，不仅促进了生物学、医学等基础学科的发展，而且为农业、畜牧业、医药工业、肿瘤治疗、医学转化以及食品工业的发展也带来了巨大的效益。特别是近几年，血液制品的低温保存、临床生物样本库的建设和管理、生物药品的冷冻干燥、低温外科以及与低温生物相关关键设备的研发等领域有了很大的进步，已成为该领域新的增长点。

本节总结和评述了我国最近几年本学科发展的新方法、新成果、新技术等的概况和进展，分析我国低温生物医学发展的新需求和新方向，旨在提出本学科在我国未来的发展策略和对策，从而促进我国低温生物医学的发展。

5.1 我国生命科学与制冷技术相关产业的发展趋势

近年来，随着“个性化医疗”和“精准医疗”概念的提出，我国各大医院都在不遗余力地进行生物样本库的建设；而随着冻干食品、药品和生物制品需求量急剧增长，其冷冻干燥保存方法研究及其技术开发都有非常大的潜力。目前，低温医疗装备正逐渐成为临床“绿色疗法”的优选方法，低温生物医学相关科学和应用的仪器与装备亟待发展突破。

纵观全球，美国、欧洲以及国际卫生组织都投入了几千万到几亿美元来建立大型生物样本库。我国已先后建成了中国人类遗传资源平台、中华民族永生细胞库、华南肿瘤生物样本库、泰州人群队列样本库、北京重大疾病临床数据和样本资源库、上海生物样本库协作网络温州医学院样本库七大临床样本库平台，含 700 多个各类疾病样本库。

低温医疗是近年涌现出来的一种相当有效的新的物理疗法，目前我国已有超过 100 家医院开展肿瘤冷冻治疗业务，并呈快速增长趋势；而在美国，开展冷冻治疗的医院已超过 450 家。近几年，全球多个区域还纷纷成立冷冻治疗学会，旨在推进这一新型高效疗法的研究和应用。当前飞速发展的信息技术和工业技术带领下，诸多低温生物医学仪器和设备得以成功研制及完善，并形成更多的新兴产业。

5.2 生物样本低温保存及样本库建设与管理

生物细胞在医疗中的应用，表现在对于机体原有细胞的补充或替代上，由于患者的组织相容性抗原的匹配问题、血型匹配问题、患者的身体状况及最佳应用时间等因素，使得生物细胞的应用多为择期使用，这就要求细胞在长期时间内保持其生物学活性。特别是近些年，随着“个性化医疗”和“精准医疗”概念的提出，生物样本库成为低温技术在生物样本保存中的重要应用平台。

5.2.1 低温保存的生物样本种类

目前，进行低温保存的生物样本种类主要包括血液制品（4℃，-20℃）、干细胞保存（4℃，-80℃）、人类生殖细胞保存（精子、卵母细胞，-196℃）、种质资源保存（-80℃，-196℃）、组织工程材料保存（-196℃）以及临床医学样本保存（-80℃）等。

5.2.2 生物样本库的建设及管理情况

生物样本库的实质为一个有组织的搜集人口或大规模族群生物材料和相关数据和信息并加以保存的机构，严格标准化储存样本，并有效地为科学研究、疾病治疗做服务是广大科研机构工作的重点之一。

在疾病生物样本库中，肿瘤组织库最先开始发展。天津肿瘤医院从 2004 年在美国癌症基金会支持下，开始规范化规模化建设肿瘤组织库。之后，国内各大肿瘤医院和大型综合医院陆续开始规范化、规模化建库，目前范围和规模还在持续增加中。国内人群生物样本库的典型项目为中国慢病前瞻性研究项目（又称 ChinaKadoorie Biobank），在 2004—

2005年间采集了10个地区的506 673人的200万份样本。随着干细胞技术的发展和免疫治疗的突破，近两年国内的干细胞库和免疫细胞库也开始突飞猛进，多家上市公司投资参与了这些商业运营库的建设。

国内生物样本库行业整体发展中，有以下几个标志性的事件：

2009年，中国医药生物技术协会组织生物样本库分会成立，行业协会的成立推进了行业规范的设立，促进了业界的交流。

2011年，“重大新药创制”科技重大专项设立重大疾病生物资源标本库子项，这是第一个国家级的生物样本库专项项目，促进了各大医院加快投入样本库建设。

2015年，中国宣布将在精准医疗领域投入600亿元，专家提出生物样本库是精准医疗的基石。

2015年，科技部颁布人类遗传资源管理行政许可服务指南，为生物样本资源的规范化管理设立基本准则。

2015年，全国生物样本标准化技术委员会成立，未来几年标准化的生物样本将带动基础临床和转化研究，加快中国生物医药事业走向国际前列。

2016年，全国68家知名三甲医院成立了中国生物样本库联盟，将在生物样本公开、共享、可持续发展与建设新模式等方面进行探索与实践。

2017年，国家科技资源（人类遗传资源）共享服务平台北京、上海、广州创新中心相继成立，承担科技部重大项目，更加有效地促进生物样本的共享应用。

5.2.3 临床医学样本的主要类型

临床医学的生物样本主要包括原始样本、分离提取物和分子衍生物三大类。图31为常见的用于长期储存的生物样本种类。

不同的样本类型，其储存方式和对应有效期限均有不同，而有效期限的主要决定因素是温度，此外还有容器介质和添加剂，以及采集及前处理方法。

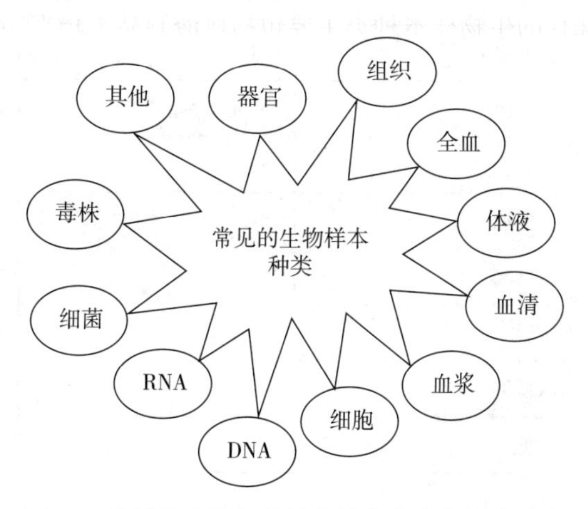

图31 常见的用于长期储存的临床生物样本种类

5.2.4 生物样本库的分类

生物样本库的分类依据有多种，常见的有：样本来源、管理机构、研究目的以及规模大小等。根据样本来源的分类如图 32，以规模大小的分类如表 7。

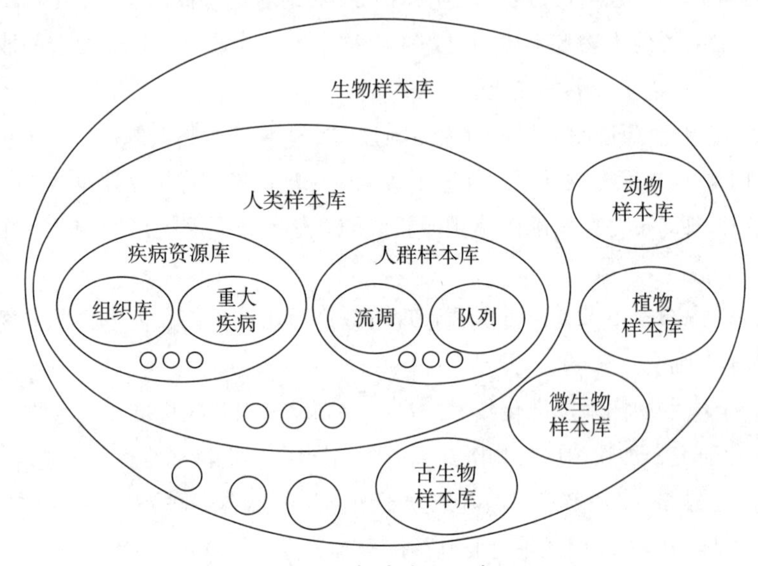

图 32　样本来源分类

表 7　样本库规模级别分类

样本库规模	保存环境	样本容量（万份）	储存空间（m^2）
小型生物样本库	深低温	＜ 5	＜ 100
	超低温	＜ 10	
	常温	＜ 15	
中型生物样本库	深低温	5~15	100~300
	超低温	10~30	
	常温	15~45	
大型生物样本库	深低温	15~30	300~600
	超低温	30~60	
	常温	45~90	
超大型生物样本库	深低温	＞ 30	＞ 600
	超低温	＞ 60	
	常温	＞ 90	

5.2.5 生物样本库的相关产业装备

生物样本库相关产业装备主要包括低温存储设备、样本过程处理装备以及配套信息化管理系统等，表8总结了常见生物样本的推荐保存温度，表9总结了常见的样本库区域及对应手动、自动方案的处理设备。低温存储设备用于满足样本推荐的保存温度，目前常用的样本库低温存储设备包括4℃冰箱、-20℃冰箱、-80℃冰箱、-150℃冰箱以及液氮罐等。

表8 常见生物样本的推荐保存温度

科研用途	样本类型	样本推荐保存温度（℃）
DNA提取	新鲜组织	-20
		≤-80
	白细胞（先提）	≤-80
RNA提取	新鲜组织（先提）	≤-80
	血浆（先提）	≤-80
mRNA的提取	血清、血浆（先提）	≤-80
蛋白质提取	组织（先提）	≤-80
	血清（先提）	≤-80
形态学	石蜡切片	常温
免疫组化	石蜡切片	常温
	OCT冷冻切片	-20
免疫荧光	OCT冷冻切片	-20
科研方向不明确	所有类型样本	≤-150

表9 常见的样本库区域及对应手动、自动方案的处理设备

样本库区域	手动方案	自动方案
样本接收区	电脑、条码打印设备、条码扫描设备、低温转移容器、低温暂存容器	电脑、条码扫描设备、低温转移容器、低温自动挑管器、低温暂存容器
样本前处理区	生物安全柜、低温操作平台、低温离心机、通风橱、组织处理相关设备	全自动液体前处理设备、低温离心机、通风橱、组织处理相关全自动设备、全自动核酸提取仪
样本质量控制区	电泳仪、凝胶成像系统、紫外分光光度计等	多功能生物分析仪
样本储存区	液氮罐、超低温冰箱	自动化存储系统（-20℃、-80℃、-196℃）

图 33 深圳华大基因生物样本库

5.3 食品、药品及生物制品的冷冻干燥

冷冻干燥简称冻干，就是将含水物质先冻结成固态，而后使其中的水分从固态升华成气态，以除去水分而保存物质的方法。冻干的物料能在常温下长期保存，而且性能稳定、便于运输；干燥后的物料疏松多孔，保持了原来的结构且复水性极好；物料中的一些挥发性成分和受热变性的营养成分损失很小。

5.3.1 冷冻干燥技术的主要应用领域

冷冻干燥技术在多个领域有着广泛的应用，主要分为以下几类：①冻干药品和生物制品；②冻干食品；③其他应用。

5.3.2 药品及生物制品冷冻干燥现状

冻干药品及生物制品由于其稳定性、便于储存等优势在药品中的比例越来越大。我国目前年产冻干粉针超过 11 亿瓶。目前，我国粉针制剂中有 20% 的药品为冻干制剂，在化学原料药中有 5% ~ 6% 的药品为冻干药品，在生物制剂中冻干药品的比重达 30%。而在国外，粉针制剂中有 50% ~ 60% 的药品为冻干制剂，化学原料药中有 20% 的药品为冻干药品。近年来，我国制药行业保持快速增长，尤其生物制药的增长率达到 30%，作为制造医药产品的医药冻干机及其系统必将得到快速增长。

5.3.3 食品冷冻干燥现状

冻干食品在国际市场的价格是热风干燥食品的 4 ~ 6 倍，是速冻食品的 7 ~ 8 倍，且其产量正以每年 30 % 的速度递增。目前，美国每年消费冻干食品 500 万吨，日本 160 万吨，法国 150 万吨。国内冻干食品工业尚处于发展初期，产量还很低。目前，我国生产的冻干食品产量不足 3000 吨。食品行业产品附加值很低，冻干机巨大的能耗、高额的维护费、操作员工的技术水平成为制约要素，使得冻干食品成本极高，影响了冻干食品的市场销量。

5.3.4 冷冻干燥装备产业情况

按照冷冻干燥机的用途和设备规模，可以分为实验型冻干机和生产型冻干机两类。

实验室冻干机主要应用在生物技术、临床医学、动植物研究、土壤研究、海洋学、考古等科学研究领域，也用于小批量生产试制。2013 年中国实验室冻干机行业市场进口冻干机市场份额达到 1.6 亿元人民币左右。

而生产型冻干机因成本高昂等因素，目前以国内产品居多，生产企业约有 500 家，有代表性的是上海某公司的产品（占国内市场 60% ~ 70%）。目前国内市场总值在 10 亿元左右。

5.3.5 冷冻干燥技术装备存在的不足与发展趋势

有些国产冻干机存在一些不足之处：搁板温度不均匀；干燥速率低；无法判断干燥何时结束；捕水器及真空系统设计不合理。

国产冻干设备的发展趋势：①改进结构，优化设计，降低成本，减少能耗；②设备所控制的工艺参数精确化；③开发全自动无人操作、免维修型冻干机；④提高大型原料用冻干机（30 ~ 40m^2 以上）的效率；⑤提高卫生标准。

5.4 低温医疗装备

低温医疗作为生物医学工程学领域内的一门新兴的交叉学科，是近年来涌现出的一种相当有效的物理疗法。其原理在于：通过低温治疗疾病，改善机体功能，促进人体健康。主要特点包括：治疗快速，副作用小，止血无痛，患者生活质量高等。以肿瘤冷冻治疗为例，目前我国已有超过 100 家医院开展肿瘤冷冻治疗业务，并呈快速增长趋势；而在美国，开展冷冻治疗的医院已超过 450 家。低温医疗装备研发空前活跃，最近一些年，全球多个区域还纷纷成立冷冻治疗学会，旨在推进这一新型高效肿瘤疗法的研究推广和低温医疗设备应用。

5.4.1 低温医疗实现的技术途径

一般来讲，实现低温医疗的技术途径有三种，即相变制冷、节流制冷和热电制冷。

（1）基于相变制冷的低温冷冻治疗仪

医用制冷设备中常用的制冷剂包括：液氮、液态二氧化碳（干冰）和氟利昂等，而其中液氮的应用最广。如图 34 所示为 CryoPort 公司生产的便携式液氮治疗仪，该装置操作很方便，广泛应用于皮肤病的治疗。

近年来，在低温医学界研究人员的努力下，逐渐在桑拿的领域内出现了一种新型保健方法，即低温桑拿。其原理在于利用低温蒸气对人体的冷刺激作用进行理疗，如图 35 所示为 Cryohealthcare 公司推出的全身低温桑拿设备冷冻桑拿。

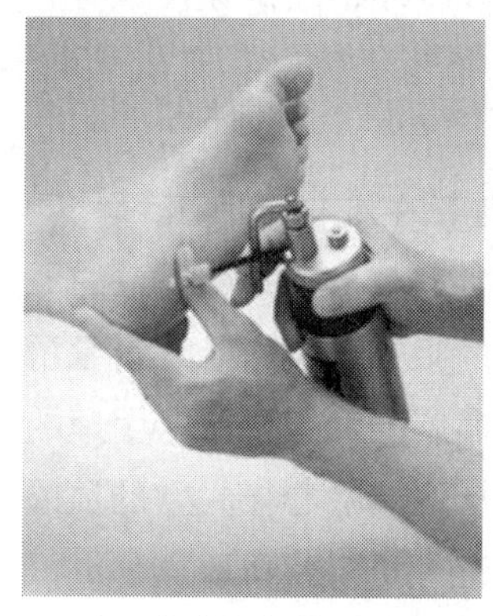

图 34 公司生产的便携式液氮治疗仪

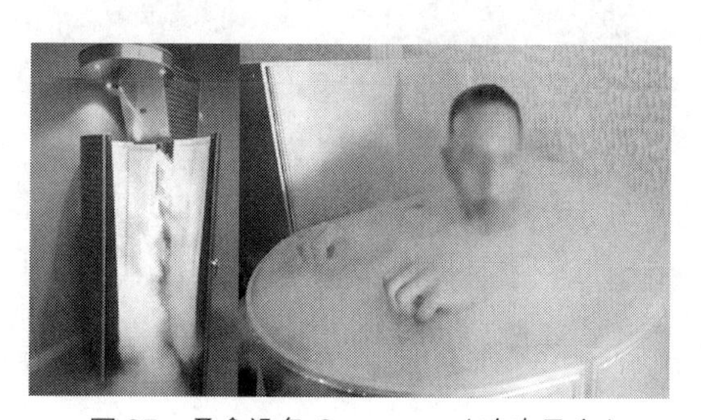

图 35 桑拿设备 Cryosauna（冷冻桑拿）

（2）基于气体节流效应（Joule-Thomson，J-T）制冷的低温冷冻治疗仪

采用常温气体高压节流的制冷设备发展至今已有多种产品问世，目前应用最成功也最广泛的有美国 Endocare 和以色列 Galilmedical 公司生产的氩氦冷冻系统，如图 36 所示。中国科学院理化技术研究所研制的复合式肿瘤微创超低温冷冻消融治疗技术是国内外首次实现的集超低温冷冻治疗与高温热疗功能于一体的医疗设备“康博刀”，如图 37 所示，符合单一冷冻治疗和高温热疗的观念（最低温达到 -196℃，高温达到 80℃），为肿瘤的高效靶向治疗提供了有力的工具，且运行过程所需工质耗材易获取，工质耗材成本仅为国外同类产品的 1% ~ 2%。

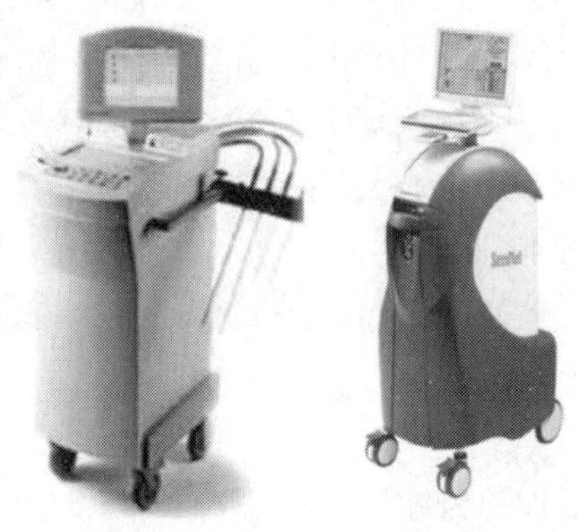

图 36　美国 Endocare 和以色列 Galilmedical 生产的冷冻治疗设备（氩氦刀）

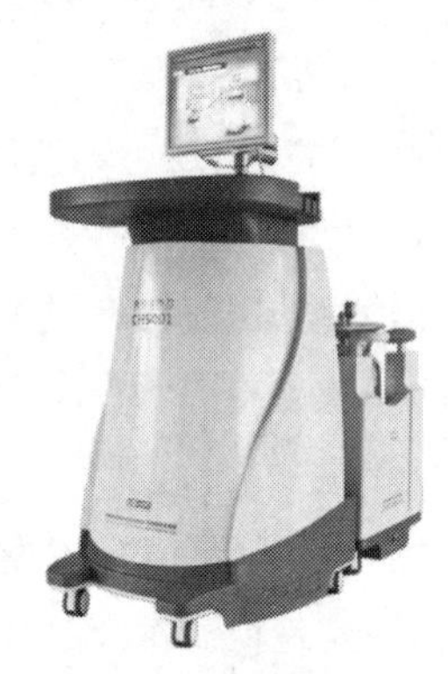

图 37　复合式肿瘤微创超低温冷冻消融治疗系统（康博刀）

（3）基于热电制冷效应的低温医疗装备

图 38 所示为采用半导体制冷实现冷冻粘连，可以实现病灶区的摘除，如坏死眼球冷冻粘连摘除手术等。冷冻粘连手术过程一般是通过微细冷冻刀头将局部组织快速降温和冻结，从而将靶向组织与刀头粘连一起，最终实现定点摘除。冷冻粘连摘除技术具有微创、减少出血、镇痛等优势，具有较大的临床应用价值。

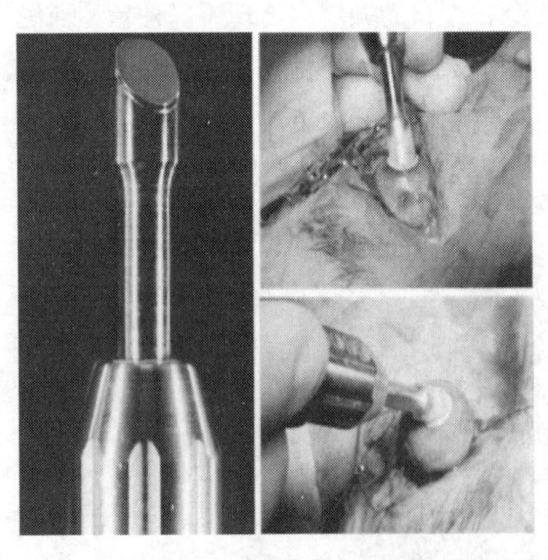

图 38　微细冷冻刀头将局部组织快速降温和冻结

（4）其他正在研发的低温治疗技术

心脏冷冻消融术：冷冻消融的原理是通过液态制冷剂的吸热蒸发，带走组织的热量，使得消融部位温度降低，异常电生理的细胞组织遭到破坏，从而减除心律失常的风险，患者疼痛度大幅降低，如图 39 所示。

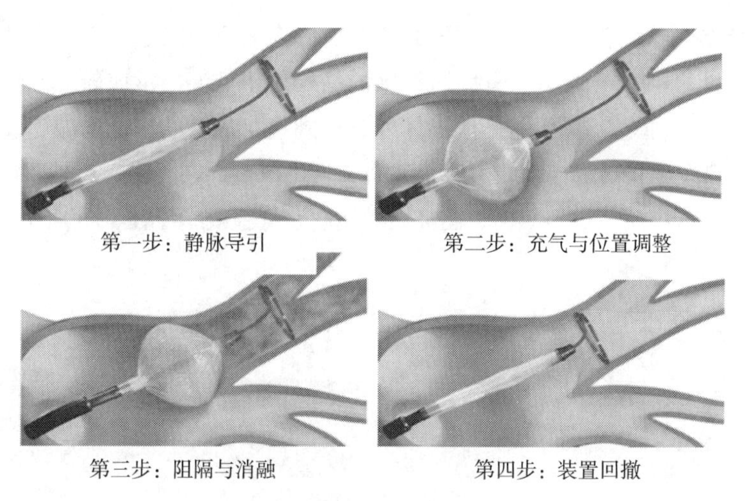

图 39　冷冻球囊工作示意图

低温脑保护装备：脑卒中、高（或低）体温症等病理状态中脑热失衡尤为严重，且是加剧脑损伤首要诱因，脑低温保护对这类病理状态的改善和恢复具有重要的临床意义。特别是在一些急性脑血管疾病以及脑损伤抢救性治疗过程中，通过对大脑进行有效的选择性冷却，降低局部代谢率以减少对氧气的需求，从而延长抢救生命的时间窗口。目前脑低温保护方法主要包括头盔式冰帽和管腔式主动冷却技术。冰帽降温的原理是通过头皮热传导方式将冷量输入大脑内部（图 40 左），该方法较为简单但冷却效果时效性较差。管腔式主动冷却技术是借助于鼻腔及血管（如通过静脉注射低温生理盐水）等腔道，将可控的冷剂量快速的输送至大脑内部，该技术临床操作相对复杂，但降温效果显著（图 40 右）。值得指出的是，这些方法试图对整个头部进行降温，其靶向性较弱以致降温效率难以提升。快速定位脑损伤或脑热异常区域是实现靶向选择性冷却的核心环节，而目前这方面的研究和技术进展偏少。

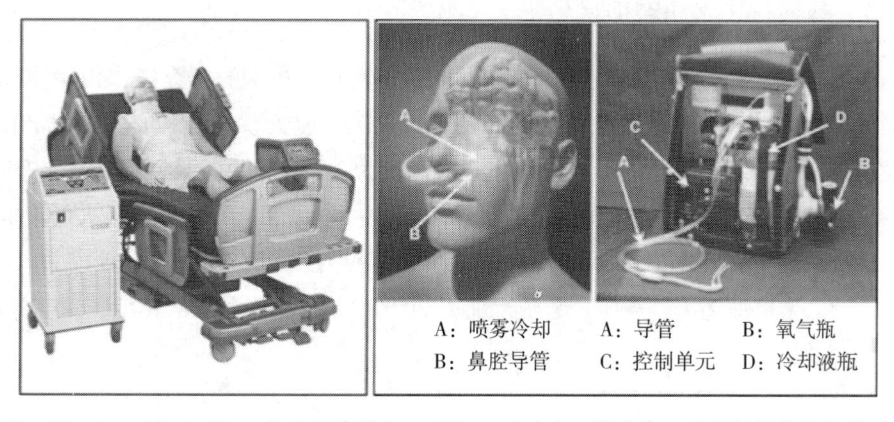

图 40　Cincinnati Sub-Zero 公司研发的 Head Wrap（左），鼻腔介入式脑低温保护仪器（右）

低温减脂装备：低温减脂（Cryolipolysis）是将冷冻溶脂仪置于人体皮肤表面，使皮下组织冷却到 4℃ ~5℃，由于只有脂肪细胞的结构对于低温的反应较为敏锐，诱导脂肪细胞提前凋亡，并通过新陈代谢排泄出体外，达到瘦身的目的。低温减脂设备泽尔蒂克（Zeltiq）由哈佛大学和马萨诸塞州总医院的研究人员研制，在美国、英国、加拿大等国家已得到广泛的临床应用。截至目前，已经完成 200 万低温减脂疗程（图 41）。

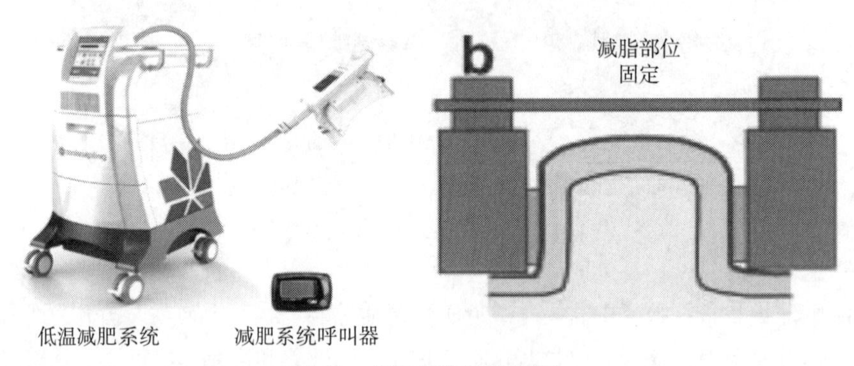

图 41　低温减脂及原理图

5.4.2　低温医疗装备的发展趋势

随着临床医学和相关高新技术的快速发展，低温医疗装备呈现出以下发展趋势：临床界对微创、高效、低副作用低温医疗装备的需求巨大，该领域将迎来新的发展机遇，呈快速增长趋势；低温医疗装备的应用对象也呈多样化发展趋势，如肿瘤患者、心血管患者、肥胖患者、亚健康人群等；低温医疗也会与其他治疗方式，以及医学影像技术、纳米材料、新制剂等相结合，从而促成医疗科技的协同发展。

6. 氢液化

6.1　氢液化技术研究现状

氢自 1898 年被液化后的半个世纪里，大部分氢液化技术的研究工作仍停留在实验室阶段。20 世纪 50—60 年代，美国为满足石油化工、航天事业等对液氢日益增长的需求，建造了首批大型氢液化工厂：1952 年建成产量为 320 L/h 的中型液氢装置，1959 年开始相继建立了日产吨级规模的大型液氢装置，1964 年建成了目前世界上最大的液氢生产厂，生产能力达 60 吨 / 天（TPD）。目前北美大型氢液化工厂 15 座，总生产能力大于 400 TPD，欧洲大型氢液化工厂 4 座，总生产能力 20 TPD，亚洲大型氢液化工厂 16 座，总生产能力 50 TPD。

6.1.1 氢原料气纯化技术

氢的液化需要经过原料气的纯化、降温、正仲氢转化、液化等环节来完成。原料氢通常来源于水电解、氨或甲醇的热－催化分解、烃的蒸气重整、烃的部分氧化、焦炉气等化工尾气的分离等工艺。原料氢来源不同，其所含组分也不同。考虑到在氢液化装置中，除氦以外所有气体杂质在氢液化前都会凝固，造成管道的堵塞，特别是氧的固化与聚积还可能引起爆炸，因此必须对原料氢进行纯化以确保装置的稳定安全运行。目前实际应用的原料氢的纯化方法主要有冷凝法、吸收法、低温吸附法、变压吸附法等，其中变压吸附法是一种较新的氢纯化工艺，具有以下优点：①能够处理各种杂质含量不同的不纯氢，能生产出不同纯度的高纯氢；②能够一次同时除掉许多种不同沸点的杂质；③具有优良的产品回收率；④具有高度的灵活性；⑤设备和操作简单，装置性能可靠。

6.1.2 氢的正－仲转化技术

氢分子存在着正氢（O–H_2）与仲氢（P–H_2）两种状态。正－仲氢的平衡组成仅是温度的函数。在常温或较高温度下，平衡态是 75% 正氢和 25% 仲氢，在液氢的正常沸点 20.4K 下，平衡态的氢含有 99.79% 的仲氢。正氢和仲氢之间存在着能量差别，在任一温度下仲氢总是处于较低的能态，因此，当仲氢的含量小于平衡值时，正氢会自发地转化为仲氢，并放出转化热，而且转化温度越低，转化热越大：在 20.4K 下，正常氢转化成平衡氢时转化热为 525kJ/kg，100K 时的转化热则只有 88.3kJ/kg。在没有催化剂作用的情况下，氢正－仲态转化的速率是缓慢的。为避免转化热引起液氢产品的气化，在生产过程中会采用催化剂转化来加快转化速率，以保证产品中仲氢的含量超过 95%。

正－仲氢催化转化反应器可分为等温、绝热和连续三个类型。等温转化反应器功耗大，经济性差，但结构紧凑，操作方便，在中小型液氢装置普遍采用。连续转化在理论上接近可逆转化过程，转化耗功最小，被广泛应用于大型氢液化装置。但连续反应器的结构复杂，催化剂用量多，阻力较大。多段转化反应器的功耗虽然较连续转化反应器大一些，但结构简单，装换催化剂容易，在大型液氢装置中也有被采用的案例。

6.1.3 氢制冷液化技术

氢液化装置按其生产能力可分为小型、中型和大型三类（表 10）。氢液化循环按其制冷方式也可以分为三种类型，即氢节流液化循环、氦制冷的氢液化循环、氢直接膨胀制冷的氢液化循环，分别对应于上述的小、中、大型装置。

表 10　氢液化器的规模与分类

规模	液化率（L/h）	制冷方法	工作压力（MPa）
小型	＜ 100	J–T 节流	10 ~ 15
中型	100 ~ 3000	氦膨胀制冷	H_2：0.3 ~ 0.8 / He：0.4 ~ 1.5
大型	＞ 3000	氢膨胀制冷	~ 2.1

随着液氢需求量的不断增大，老旧的中小型设备逐渐停产，正在运行的设备大多是大型氢液化器。氢制冷液化技术的研究集中在大型氢液化器的核心设备和流程优化两个方面。

（1）大型氢液化器的核心设备——氢透平膨胀机

氢透平膨胀机主要有三个种类，即油轴承透平膨胀机、静压气体轴承透平膨胀机、动压气体轴承透平膨胀机。其中动压气体轴承透平膨胀机具有无油路系统、效率高、结构紧凑、可靠性高、免维护、不使用过程气、轴承气系统相对密闭而与冷的过程气体隔离等优点，是技术最为先进的氢透平膨胀机。

然而由于氢气具有相对分子量小、密度小、黏度小、易燃易爆、氢脆等特点，给氢透平膨胀机特别是气体轴承氢透平膨胀机带来一系列问题，使其具有很大的技术难度。

2004 年，瑞士林德低温技术公司在动压气体轴承氦气透平膨胀机的基础上开发出动压气体轴承氢透平膨胀机，通过设定特殊的轴承间隙，调整透平控制参数，限定轴承操作范围等技术措施，使其气体轴承轴向承载能力得到了显著提高，具备替代油轴承氢透平膨胀机的能力。该机被用于替代大型氢液化器上 4 个油轴承氢透平膨胀机中的 1 个，已累计成功运行超过 16 000 多个小时。试运行结果显示，该动压气体轴承氢透平膨胀机的性能、维修性和可靠性等方面均优于油轴承氢透平膨胀机。

（2）氢制冷液化流程

2007 年 9 月林德在德国洛伊纳（Leuna）建成了当时德国规模最大的氢液化工厂（其原理流程见图 42）。Leuna 液氢工厂采用基于液氮预冷的氢克劳德循环，最佳比能耗达到 10~12 kW·h/kg（LH_2）水平，技术较为先进，具有典型性。

现代大型氢液化系统（以 Leuna 氢液化系统为代表）的流程通常可以分为四个阶段，依次为：室温压缩及冷却阶段，300K~80K 的预冷阶段，80K~20K 的低温冷却阶段，节流液化阶段。其技术特点包括：采用有液氮预冷的氢克劳德循环，使用大型活塞压缩机作为主循环压缩机，原料氢气的纯化过程全部在液氮温区的吸附器中完成，使用正仲氢连续转换器，应用喷射器作为一级节流设备以吸收液氢储罐中的闪蒸气，实现原料氢气的 100% 液化。

进入 21 世纪以来，随着氢能利用前景变得越发明朗，氢液化技术的研究也随之活跃起来，多名学者提出了多个高效的氢液化循环概念，使氢液化的比能耗理论上可降低到 5 kW·h/kg（LH_2）的水平。

首先针对使用液氮预冷时会出现较大的换热温差（如图 43 左图所示），以及由于氢、氦难以被压缩而导致压缩能耗较高的问题，有学者参照液化天然气的方法，提出了混合工质多级预冷的概念（MR System，如图 43 右图所示）。在这个方案中，利用不同蒸发温度的蒸气制冷循环对原料氢气进行多级预冷，最终使得预冷阶段的换热温差始终较小而且均匀，大幅降低了换热的不可逆损失。

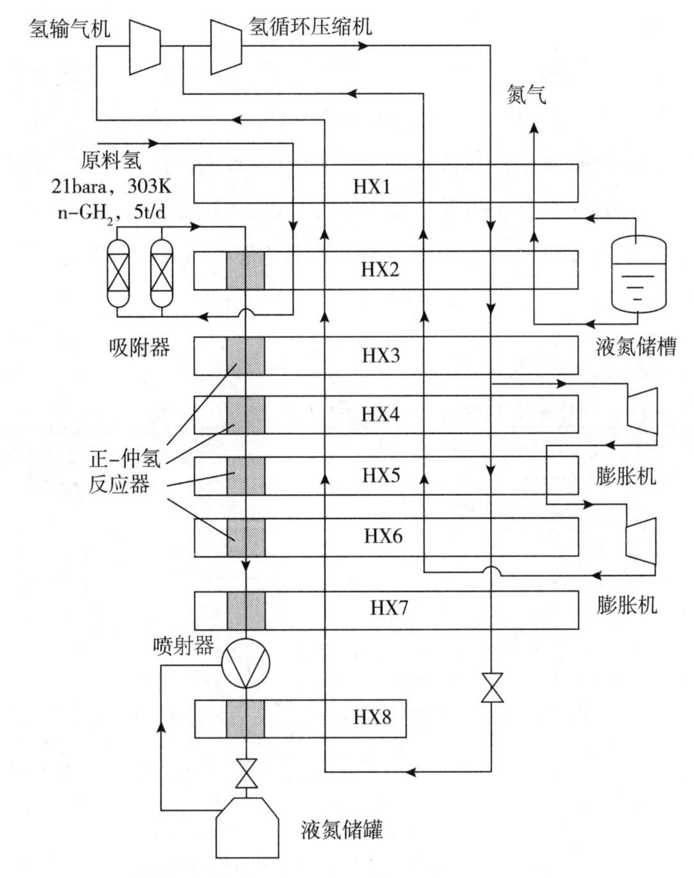

图 42　德国洛伊纳（Leuna）氢液化系统原理流程图

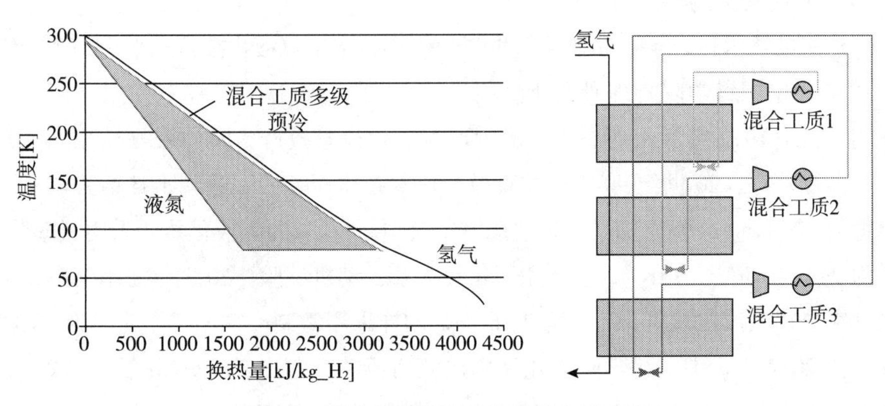

图 43　氢液化循环预冷阶段的改进方案

另外，G. 瓦伦蒂（G. Valenti）等和 H. 夸克（H. Quack）分别提出了可使有效能效率提高到 50.2% 及 52.6% 的新型氢液化流程，两者比能耗均接近 5 kW · h/kg（LH_2）。图 44 给出了几个典型的已有大型氢液化装置以及包括混合工质多级预冷、Valenti 和

Quack 等流程创新流程的能耗对比。

在 Quack 流程中，预冷级采用三级丙烷蒸气压缩制冷循环，丙烷制冷循环 1、2、3 级的蒸发温度分别为 273K、247K、217K。制冷级为 He/Ne 布雷顿循环，He–Ne 混合工质中 Ne 的含量为 20%。末级膨胀采用氢膨胀机，产生的闪蒸气被低温压缩机压缩至 8MPa，然后在 He–Ne 循环的低温换热器中冷凝，最后经过 J–T 节流而液化。在 Valenti 流程中，原料氢压力为 6MPa，制冷循环由 4 级氦 Brayton 循环级联而成。末级膨胀采用氢膨胀机，避免了闪蒸并降低了熵产。

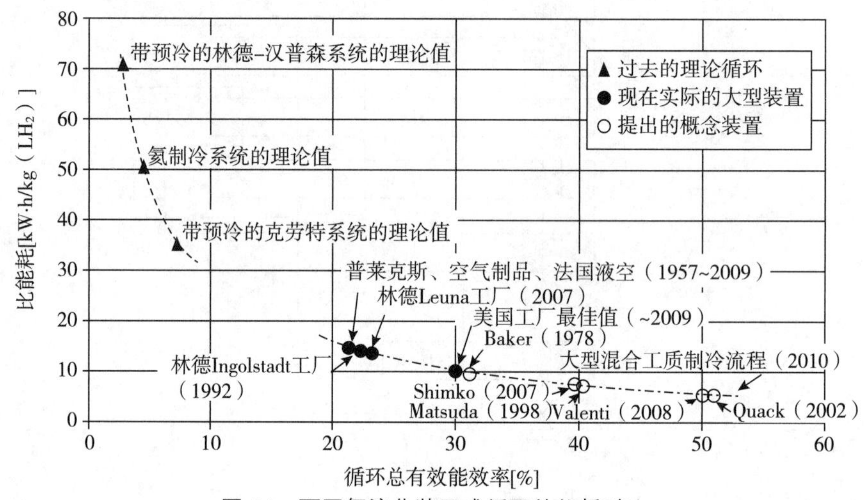

图 44　不同氢液化装置或循环的能耗对比

6.1.4　我国氢液化技术

我国液氢的需求量较少，导致液氢生产规模小，本土氢液化技术水平仍处于初级研发阶段。1956 年中国科学院物理研究所洪朝生院士等人，首次在实验室使用林德 – 汉普森循环获得液氢。1972 年陕西兴平化肥厂国产氢液化设备投产，同样采取林德 · 汉普森循环，但目前已停产。20 世纪 90 年代北京航天试验技术研究所引进瑞士林德公司氢液化设备，产量为 300 L/h。21 世纪初又引进法国液空公司 600 L/h 的氢液化器，采用氦膨胀制冷，比能耗为 24 kW · h/kg（LH_2），主要用于氢氧火箭发动机试验。2013 年海南文昌发射场引进法国液空公司氢液化设备，产量为 1.5m^3/h，同样采用氦制冷循环，比能耗为 18 kW · h/kg（LH_2）。2014 年，中国科学院理化技术研究所成功研制出 2kW@20K 及 10kW@20K 大型氦制冷机，为后续开展大型氢液化器的自主研制奠定了基础。

6.2　发展方向

6.2.1　关键设备 / 子系统

美国能源部氢程序（Hydrogen Program）针对氢液化器相关工艺设备或子系统的发展

提出了一系列的规划（表 11），为大型氢液化系统关键设备的发展指明了方向。其中需要特别说明的是压缩机、膨胀机、微通道换热器以及磁致冷技术。

表 11　美国能源部关于氢液化系统工艺设备或子系统的发展规划

部件 / 子系统	目前技术水平	中期目标	长期目标
压缩机	往复式、螺杆	往复式、离心式	离心式、氢化物、冲击波
初级预冷循环	液氮	混合工质	磁致冷
低温制冷循环	传统逆布雷顿循环	带先进膨胀机的逆布雷顿循环	磁致冷、热声制冷
换热器	板翅式换热器	板翅式换热器、微通道换热器	微通道换热器

（1）氢气被压缩过程的损失是造成氢液化系统有效能损失的关键因素之一，需要被特别关注。离心式压缩机具有更多的级数及多次的中间冷却，压缩过程更接近于等温压缩过程，因而具有更高的热效率。但由于氢的分子量极小，必须添加低沸点气体才能适合离心式压缩机的工况。从近期来看，循环压缩机组件的效率可以通过降低压缩机入口、级间和冷却后的温度来提高。

（2）膨胀机未来的发展方向包括：①动压气体轴承氢透平膨胀机具有诸多优势，对提升整机效率将起到重要作用，是未来大型氢液化器的一个发展方向。②随着氢液化能力的不断提高，未来大型氢液化装置的透平膨胀机轴功将达到一个不可忽视的体量。为提高整机效率，将透平膨胀机轴功回收利用势在必行。③发展接近等熵膨胀过程的两相氢透平膨胀机，以替代效率较低的 J–T 阀。

（3）微通道换热器比传统换热装置具有高效、紧凑、轻巧的优势，代表着换热装置的发展方向，同样是大型氢液化器的一个发展方向。

（4）虽然应用于氢液化场合的磁制冷技术尚处于起步阶段，但在氢液化方面有巨大的市场前景。磁致冷与气体压缩制冷有如下优势：①磁制冷不需要大型压缩机；②结构紧凑型；③工质本身为固体材料以及可用水作为传热介质，无环境污染；④磁致冷的效率可达到卡诺循环的 30%~60%；⑤运动部件少且转速缓慢，可大幅降低振动与噪声，可靠性高，寿命长，便于维修。

6.2.2　工艺流程

未来在压缩机、膨胀机、换热器等关键设备技术和性能进步的基础上，将发展具有更强液化能力和更高热效率的氢液化流程及系统，单机液化能力有望达到 100TPD 以上，比能耗有望降低到 5kW · h/kg（LH_2）的水平。

工艺流程的发展将主要集中在氢液化的三个低温阶段：①对于氢气预冷阶段，为减小换热温差，将采用混合工质制冷循环替代液氮预冷；即使仍保留液氮预冷，为充分利用冷氮气的显热以及避免氮气从空气中分离时的能量损失，会增加一个闭式的氮气再液化器。

②对于氢的低温冷却阶段，使用 Ne-H_2-He 混合工质制冷循环替代氢的克劳德循环。③对于氢的节流液化阶段，使用两相氢透平膨胀机替代效率较低的 J-T 阀。

7. 低温技术总结

自从现代科学诞生以来，人类对于“冷”和“热”的探索脚步就从未停止过。低温制冷技术因其在各个科技发展领域不可或缺的角色而吸引着越来越多的关注和兴趣，重大工程和重点项目的成功实施离不开可靠的低温技术的保障。目前，整个低温制冷技术正朝着“更宽温区，更大冷量，更高效率，高可靠性，高集成度”的方向不断发展，与之匹配的高效传热技术也有了长足的进步。而低温技术相关的工程应用，如低温医疗，低温生物技术、清洁能源技术等也展现出巨大的发展前景和庞大的市场潜力，成为未来经济社会发展的热点领域。

参考文献

[1] 甘智华，王博，刘东立，等. 空间液氦温区机械式制冷技术发展现状及趋势［J］. 浙江大学学报（工学版）. 2012，46（12）：2160-2177.

[2] 甘智华，陶轩，刘东立，等. 日本空间液氦温区低温技术的发展现状［J］. 浙江大学学报（工学版）. 2015，49（10）：1821-1835.

[3] 胡剑英，罗二仓. 回热式低温制冷研究进展［J］. 科技导报，2015，33（2）：99-107.

[4] 陈国邦，颜鹏达，李金寿. 斯特林低温制冷机的研究与发展 . 低温工程［J］. 2016（5）：1-10.

[5] 张楷浩，邱利民，甘智华，等. 制冷机传导冷却的超导磁体冷却系统研究进展 . 浙江大学学报（工学版）［J］. 2012，46（07）：1213-1226.

[6] 孙潇，韩东阳，焦波，等. 脉动热管可视化实验研究进展［J］. 化工进展，2018（08）：2880-2891.

[7] 刘东立. 基于热力学的预冷型液氦温区 J-T 制冷机理研究［D］. 浙江大学，2017.

[8] SWIFT G W. Thermoacoustics：A Unifying Perspective for Some Engines and Refrigerators［B］. 2nd edition，Springer，Cham，2017.

[9] ZHI X Q，QIU L M，PFOTENHAUER J M，et al. Refrigeration Mechanism of the Gas Parcels in Pulse Tube Cryocoolers Under Different Phase Angles［J］. International Journal of Heat and Mass Transfer，2016，103：382-389.

[10] PAN C，WANG J，LUO K Q，et al. Progress on a Novel V M-type Pulse Tube Cryocooler for 4 K［J］. Cryogenics，2017，88：66-69.

[11] CONARD T，SCHAEFER B，BELLIS L，et al. Raytheon Long Life Cryocoolers for Future Space Missions［J］. Cryogenics，2017，88：44-50.

[12] WANG L Y，WU M，SUN X，et al. A Cascade Pulse Tube Cooler Capable of Energy Recovery［J］. Applied Energy，2016，164：572-578.

[13] ZHU S W. Step Piston Pulse Tube Refrigerator［J］. Cryogenics，2014，64：63-69.

[14] XU J Y, HU J Y, HU J F, et al. Cascade Pulse-Tube Cryocooler Using a Displacer for Efficient Work Recovery [J]. Cryogenics, 2017, 86: 112-117.

[15] Wang B, Gan Z H. A critical review of liquid helium temperature high frequency pulse tube cryocoolers for space applications [J]. Progress in Aerospace Sciences, 2013, 61: 43-70.

[16] Guo Y X, Chao Y J, Wang B, et al. A general model of Stirling refrigerators and its verification [J]. Energy Conversion and Management, 2019, 188: 54-65.

[17] Wang B, Guo Y X, Chao Y J, et al. Acoustic- Mechanical-Electrical (Ac ME) coupling between the linear compressor and the Stirling-type cryocoolers [J]. International Journal of Refrigeration, 2019, 100: 175-183.

[18] Yu, H.Q., Wu, et al. An efficient miniature 120Hz pulse tube cryocooler using high porosity regenerator material [J]. Cryogenics, 2017, 88, 22-28.

[19] RABB J, TWARD E. Northrop Grumman Aerospace Systems Cryocooler Overview [J]. Cryogenics, 2010, 50 (9): 572-581.

[20] WANG X, ZHANG Y, LI H, et al. A High Efficiency Hybrid Stirling-Pulse Tube Cryocooler [J]. AIP Advances, 2015, 5 (3): 037127.

[21] Liu D, Gan Z H, de Waele A T A M, et al. Temperature and mass-flow behavior of a He-4 Joule-Thomson cryocooler [J]. International Journal of Heat and Mass Transfer, 2017, (109): 1094-1099.

[22] Quan J, Zhou Z J, Liu Y J. A miniature liquid helium temperature J-T cryocooler for space application [J]. Science China Technological Sciences, 2014, 57: 2236-2240.

[23] Ma Y X, Quan J, Wang J, et al. A closed loop 2.65 K hybrid J-T cooler for future space application [J]. Science China Technological Sciences, 2019, 62 (2): 361-364.

[24] Han X, Wang X, Zheng H, et al. Review of the development of pulsating heat pipe for heat dissipation [J]. Renewable and Sustainable Energy Reviews. 2016, 59: 692-709.

[25] Fonseca L D, Pfotenhauer J, Miller F. Results of a three evaporator cryogenic helium pulsating heat pipe [J]. International Journal of Heat and Mass Transfer, 2018, 120: 1275-1286.

[26] Sun X, Pfotenhauer J, Jiao B, et al. Investigation on the temperature dependence of filling ratio in cryogenic pulsating heat pipes [J]. International Journal of Heat and Mass Transfer, 2018, 126: 237-244.

[27] Li M, Li L, Xu D. Effect of number of turns and configurations on the heat transfer performance of helium cryogenic pulsating heat pipe [J]. Cryogenics, 2018, 96: 159-165.

[28] Qiu L L, Zhuang M, Hu L B, et al. Operational performance of EAST cryogenic system and analysis of it's upgrading [J] .Fusion Engineering & Design, 2011, 86 (12): 2821-2826.

[29] Arnold P, Fydrych J, Hees W, et al. The Ess Cryogenic System [C]. International Particle Accelerator Conference, 2014.

[30] Ii J G W, Arnold P, Fydrych J, et al. Specialized Technical Services At ESS [C]. International Particle Accelerator Conference, 2014.

[31] 公茂琼，吴剑峰，罗二仓．深冷混合工质节流制冷原理及应用 [B]．北京：中国科学技术出版社，2014.

[32] 公茂琼，郭浩，孙兆虎，等．小型可移动式天然气液化装置研究进展 [J]．化工学报，2015，66：10-20.

[33] 芮胜军，张华，贺滔，等．自动复叠制冷系统非共沸混合工质组分变化特性 [J]．制冷学报，2016，37(4)：39-45.

[34] 潘垚池，刘金平，许雄文，等．自复叠制冷系统降温过程组分浓度优化及控制策略 [J]．化工学报，2017，68 (8)：3152-3160.

[35] Narayanan V, Venkatarathnam G. Performance of two mixed refrigerant processes providing refrigeration at 70K [J]. Cryogenics, 2016, 78: 66-73.

[36] Kochenburger T, Grohmann S, Oellrich L. Evaluation of a two-stage mixed refrigerant cascade for HTS cooling

below 60 K [J]. Physics Procedia, 2015, 67: 227-232.

[37] Maytal B. Argon-oxygen mixtures for Joule-Thomson cryocooling at elevated altitude [J]. International Journal of Refrigeration, 2015, 60: 54-61.

[38] Lim W, Choi K, Moon I. Current status and perspectives of liquefied natural gas (LNG) plant design [J]. Industrial & Engineering Chemistry Research, 2013, 52 (9): 3065-3088.

[39] Mortazavi A, Alabdulkarem A, Hwang Y, et al. Novel combined cycle configurations for propane pre-cooled mixed refrigerant (APCI) natural gas liquefaction cycle [J]. Applied Energy, 2014, 117: 76-86.

[40] Gong M, Wu J, Yan B, et al. Study on a miniature mixed-gases Joule-Thomson cooler driven by an oil-lubricated mini-compressor for 120K temperature ranges [J]. Physics Procedia, 2015, 67: 405-410.

[41] Derking J, Holland H, Lerou P, et al. Micromachined Joule-Thomson cold stages operating in the temperature range 80K~250K [J]. International Journal of Refrigeration, 2012, 35 (4): 1200-1207.

[42] Derking J, Vermeer C, Tirolien T, et al. A mixed-gas miniature Joule-Thomson cooling system [J]. Cryogenics, 2013, 57: 26-30.

[43] Cao H, Vanapalli S, Holland H, et al. Sensitivity of micromachined Joule-Thomson cooler to clogging due to moisture [J]. Physics procedia, 2015, 67: 417-422.

[44] Lewis R, Wang Y, Bradley P, et al. Experimental investigation of low-pressure refrigerant mixtures for micro cryogenic coolers [J]. Cryogenics, 2013, 54: 37-43.

[45] Wang H, Chen G, Dong X, et al. Performance comparison of single-stage mixed-refrigerant Joule-Thomson cycle and pure-gas reverse Brayton cycle at fixed-temperatures from 80 to 180 K [J]. International Journal of Refrigeration, 2017, 80: 77-91.

[46] Liu A, Pollard K. Biobanking for Personalized Medicine [J]. Adv Exp Med Biol, 2015, 864: 55-68.

[47] McShane L M, Cavenagh M M, Lively TG, et al. Criteria for the use of omics-based predictors in clinical trials [J]. Nature, 2013, 502 (7471): 317-320.

[48] 金力，王笑锋. 人群健康大型队列建设的思考与实践 [B]. 北京：人民卫生出版社，2015.

[49] Harris, J.R., et al., Toward a roadmap in global biobanking for health [J]. Eur J Hum Genet, 2012. 20 (11): 1105-1111.

[50] 郜恒骏. 中国生物样本库向标准化迈进 [J]. 中国医药生物技术，2015，10 (6) 481-483.

[51] Massett HA, Atkinson NL, Weber D, et al. Assessing the need for a standardized cancer HUman Biobank (caHUB): findings from a national survey with cancer researchers [J]. J Natl Cancer Inst Monogr, 2011 (42): 8-15.

[52] 刘静，低温生物医学工程学原理 [B]. 北京：科学出版社，2007.

[53] Chu K.F., Damian E. D. Thermal ablation of tumours: biological mechanisms and advances in therapy [J]. Nature Reviews Cancer, 2014, 14: 199-208.

[54] Breen D. J. and Riccardo L. Image-guided ablation of primary liver and renal tumours [J]. Nature Reviews Clinical Oncology, 2015, 12: 175-186.

[55] Bonomi, F.G. de Nardi, M. Fappani, A. et al. Impact of different treatment of whole-body cryotherapy on circulatory parameters [J]. Archivum Immunologiaeet Therapia Experimentalis, 2012, 60: 145-150.

[56] Agnieszka D. B. Anna S. Halina, P. Application of thermovision for estimation of the optimal and safe parameters of the whole body cryotherapy [J]. Journal of Thermal Analysis and Calorimetry, 2012, 111: 1853-1859.

[57] Wan, R.X. Yan, C.Y. Bai, R. et al. The 3.8 Å Structure of the U4/U6.U5 tri-snRNP: Insights into Spliceosome Assembly and Catalysis [J]. Science, 2016 (1): 1-9.

[58] 高岩，张秉新，李斌，等. 血站设备分类与编码初探 [J]. 北京医学，2015 (4): 386-387.

[59] Michael L. Etheridge, Yi Xu, Leoni Rott, Jeunghwan Choi, Birgit Glasmacher, John C. Bischof. RF heating of magnetic nanoparticles improves the thawing of cryopreserved biomaterials [J]. Technology, 2014(2): 229-242.

[60] Manuchehrabadi N, Gao Z, Zhang J, et al. Improved tissue cryopreservation using inductive heating of magnetic nanoparticles [J]. Science Translational Medicine, 2017, 9 (379): eaah4586.
[61] Cardella U, Decker L, Klein H. Roadmap to Economically Viable Hydrogen Liquefaction [J]. International Journal of Hydrogen Energy, 2017, 42 (19): 13229–13338.
[62] Numazawa T, Kamiya K, Utaki T, Matsumoto K. Magnetic Refrigerator for Hydrogen Liquefaction [J]. Cryogenics, 2014, 62: 185–192.
[63] K, Decker L. Latest Developments and Outlook for Hydrogen Liquefaction Technology [C]. Cryogenics and Refrigeration – Proceedings of ICCR' 2013, 2013: 1311–1317.
[64] Ohlig K, Bischoff S. Dynamic Gas Bearing Turbine Technology in Hydrogen Plants [J]. Advances in Cryogenic Engineering, 2012, 57A: 814–819.
[65] Krasae–in S, Stang J, Neksa P. Development of Large–scale Hydrogen Liquefaction Processes from 1898 to 2009 [J]. International Journal of Hydrogen Energy, 2010, 35 (10): 4524–4533.

撰稿人：甘智华　王博公　茂　琼　赵延兴　刘宝林
刘　静　赵　刚　胥　义　周新丽　刘立强

空气源热泵发展研究

热泵是一种利用高位能使热量从低位热源空气流向高位热源的节能装置，可以把不能直接利用的低位热能（如空气、土壤、水中所含的热量）转换为可以利用的高位热能，从而达到节约部分高位能（如煤、燃气、油、电能等）的目的。而空气源热泵是热泵的一种具体的体现形式，其能量来源除了少量电能之外，大部分来自于环境大气中蕴含的热量，归根结底来源于太阳能。空气作为热泵的低位热源，取之不尽，用之不竭，处处都有，可以无偿地获取，而且，相比于水源热泵和地源热泵，空气源热泵不需要抽取地下水或配置地埋管等，其安装和使用都比较方便。

在常见的应用场合中，基于压缩制冷循环的空气源热泵应用最为广泛。“十三五”期间提出北京地区实现“煤改电”，主要针对北京郊区、农村地区由每家每户燃煤取暖炉改为“电取暖”，而“电取暖”中绝大部分指的就是压缩式空气源热泵取暖。2018 年 11 月 1 日已经实现了北京郊区 312 个村、12.2 万户的改造，一个采暖季可以减少燃煤 452 万吨，减少 CO_2 排放 1176 万吨、SO_2 排放 10.86 万吨。长江流域夏热冬冷地区的冬季供暖问题也得到广泛关注，空气源热泵也成为首选，包括制冷剂直接与室内空气换热的系统（房间空气调节器）以及利用空气源热泵热水机组的热水采暖系统、热风机等正在得到越来越广泛的推广和应用。

除此之外，吸收式空气源热泵系统可以由太阳能、地热能、生物质能、工业余热等驱动，同样能够实现从空气源吸热，产生热水满足工业和居民的用热需求。吸收式空气源热泵系统在实际的应用中主要以水（R718）和氨（R717）这两种纯天然制冷剂作为运行工质，符合国际上制冷剂替代的重要方针。针对吸收式空气源热泵在实际应用过程中可能出现的种种问题，学者们不断提出了不同的结构改造，以期适应更为广阔的应用区间。

在整个供热链条中，除了以上所提及的制热端意外，实际用热场所里的散热末端同样会对供热链条的整体效率产生重要的影响，因此本文最后部分着重介绍了辐射末端的发展现状。

1. 压缩空气源热泵系统

1.1 研究背景

近年来，热泵作为一种能够有效提升热能品位的技术得到了广泛的关注，其中空气源热泵更是由于其良好的适应性而被大量使用。从 20 世纪 70 年代起，我国的空气源热泵产业的发展经历了引进、消化吸收、自主创新后，形成了产品涵盖空气源热泵冷/热水机组、空气源热泵热水器等的规模化产业链。2012 年仅国内市场的注册空气源热泵生产厂家达 300 余家，具有热泵功能的房间空气调节器销量就达 1.3 亿台。

这里主要介绍空气源热泵热水器和空气源热泵空调、适用于北方低温环境的热风机以及能源塔，包括已有的一些家用、商用空气源热泵产品、将来的研究方向等。

1.2 空气源热泵热水器

空气源热泵热水器由于高效稳定，便于与建筑集成安装，被认为是城市地区，尤其是高层建筑密集的大城市替代电热水器和太阳能热水器的最有效方式。而基于采暖、制冷及热水于一体的热泵能源中心在综合解决建筑用能问题方面具有简单、可靠、高效等很大的优势，有希望成为住宅、宾馆等民用建筑的首选能源系统形式。

空气源热泵热水器是利用逆卡诺循环原理，即通过消耗部分高品质能量（电能）从低温热源（空气）中吸热，并将其温度提升转变为高温热源，加热生活用水。

空气源热泵热水器的系统结构如图 1 所示，包括压缩机、蒸发器、膨胀阀、过滤器、储液罐、冷凝器、水箱以及相应的控制装置等部件。理想工作过程如下：蒸发器中的液态制冷剂从空气吸热蒸发成气态，由压缩机吸入蒸气，压缩成高温高压的过热气体，在冷凝盘管中冷凝成过冷液体，冷凝放热给需要加热的生活用水，冷凝后的液体制冷剂通过膨胀阀，降温降压，部分气化，变成气液两相混合物。两相混合物进入蒸发器开始下一次循环。

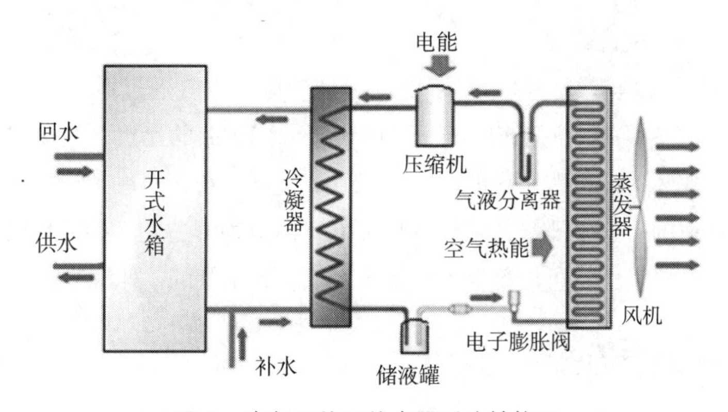

图 1　空气源热泵热水器系统结构图

简单而言，空气源热泵热水器的主要分类有：①一次加热式热泵热水器：又称为直热式热泵热水器，冷水流过内部的热交换器一次就达到用户设定温度；②循环加热式热泵热水器：冷水多次流过换热器逐渐达到设定温度；③静态加热式热泵热水器：通过换热器与水直接或间接接触，被加热水侧以自然对流方式使水温逐渐达到设定温度，主要用于家用。

1.3 空气源热泵空调

利用空气源热泵做冷热源的空调系统均属于空气源热泵空调系统。随着近年来夏热冬冷地区采暖需求的提出，要求南方地区的空气源热泵空调系统不仅具有夏季制冷功能，而且要在冬季提供采暖功能，从而使空气热泵的全年使用时间大大增加，运行工况也更为复杂。

目前，国内常见的空气源热泵空调有变制冷剂流量热泵空调系统、空气源热泵冷热水系统和风管式空调系统等。

（1）变制冷剂流量热泵空调系统

变制冷剂流量多联分体式热泵空调系统（以下简称多联式热泵空调系统）是通过控制压缩机的制冷剂循环量和进入室内换热器的制冷剂流量，适时地满足室内冷热负荷需求的空调系统。通过变频或变容量调节制冷剂流量，或需设置电子膨胀阀，以调节进入室内机的制冷剂流量；通过控制室内外换热器风扇的不同转速，调节换热器的换热能力。

（2）空气源热泵冷热水系统

该种机组一般末端设备采用风机盘管，通过水管输送冷热水，目前在实际工程中应用较多。家用空气源热泵冷热水机组大多采用涡旋压缩机，一般都自带水泵、气体定压膨胀罐和水力组件，末端设备和主机采用联动控制装置后，操作简单、安装使用方便。

空气源热泵冷热水机组采用变频压缩机能适应家庭用户热负荷差异大、能量调节范围宽的使用要求，制冷（热）迅速，系统水温波动小。除霜时水温下降幅度小，而且能够实现大容量机组的连续能量调节。但除霜时供热效果仍不能充分保证，针对结霜机理和融霜技术仍然需进一步研究。

（3）空气源热泵风管式空调系统

风管式空调系统是将经过冷（热）源集中处理后的空气通过风管送入各空调房间排除或供给空调房间热量的空调系统，较适用于层高大于 3m 的建筑，但存在分室温度调节能力差、系统能耗大、运行费用高的问题。风管式空调系统在解决了分室温度控制和新风问题后是较为舒适的，空气质量也是较有保证的，但这种舒适性又必须是以高投入来保证的，选择低端技术路线就不可避免地失去了风管式空调系统的性能优势。

1.4 空气源热泵热风机

空气源热泵热水机在近几年成为北京以及天津地区农村取暖改造的主体，但存在安装以及对原锅炉管道暖气片的冲洗困难等问题，并且热泵热水机开启后，室内升温比较慢。空气源热泵热风机（以下均称热风机）可以解决以上诸多问题，热风机不需要连接管道与暖气片，直接对室内的空气加热，房间温度提升较快，而且热风机的安装与维修更为便捷。

2018年以来，热风机已经成为空气源热泵行业的一个风口。无论格力、海尔、美的、奥克斯，还是天加、芬尼克兹等企业均已经推出或打算推出热风机。据估计，截至2018年4月，至少有70家企业推出热风机产品。

为满足北方低温环境下的制热，需要空气源热泵压缩比达到甚至超过10以上，而对于目前单级压缩系统其压缩比一般为3~4，显然无法满足北方供暖的需要。因此降低机组的压缩比和排气温度是实现空气源热泵系统在寒冷地区正常运行的主要途径。基于双级增焓变频压缩机的空气源热泵采暖技术可有效解决低环境温度下空气源热泵制热量衰减的问题。双级压缩和单级压缩循环压焓图和系统原理示意图分别如图2、图3所示。

双级增焓转子式变频压缩机的两个气缸分别承担低压级压缩和高压级压缩。该技术通过单压缩机双级压缩喷气增焓变排量比运行，将压缩过程从单级压缩变为双级压缩，减小每一级的压差，降低压缩腔内部泄漏，提高容积效率，通过中间闪发补气降低排气温度，提高了容积制热量系统。同时采用双级变容技术实现变排量和变排量比的两种双级压缩运行模式，从而实现热泵制热环境下制热量和能效的大幅提升。

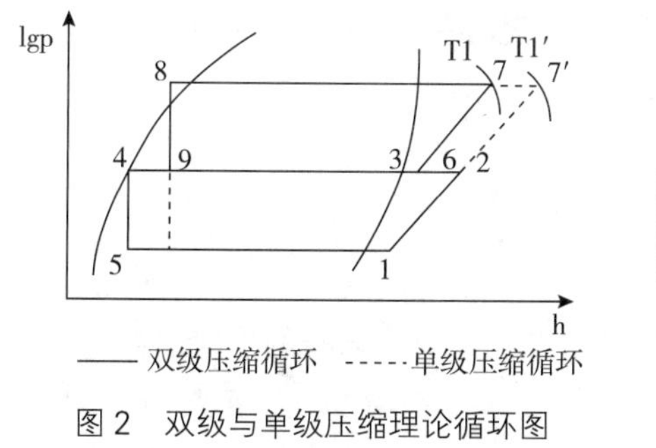

图2 双级与单级压缩理论循环图

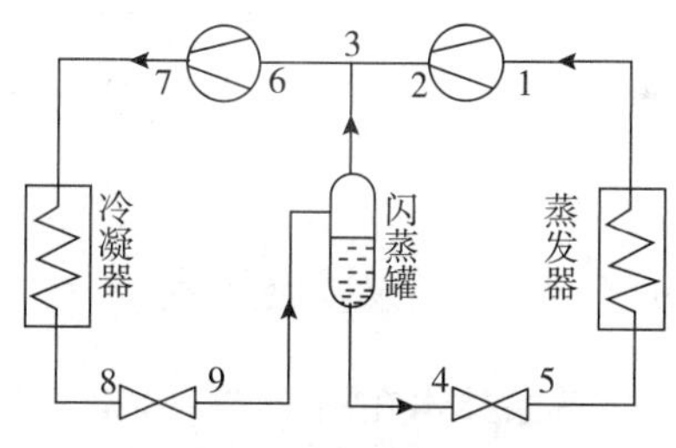

图3 双级增焓循环原理图

1.5 能源塔

热源塔热泵技术最早起源于20世纪80年代的日本，本质上属于空气源热泵，也是一种新型的建筑冷热源方案，工作原理如图4所示。制冷工况下，热源塔作为冷却塔使用，将热量排到大气实现制冷，可实现水冷冷水机组高效率运行；制热工况下，热源塔利用低于冰点载体介质（如乙二醇溶液）高效地提取环境空气中低品位热能，将低于湿球温度的防冻溶液均匀地喷淋在具有亲液性质填料层的凹凸形波纹板上，形成液膜，空气侧经由多层波板填料空间的表面空隙逆向流通，与液膜发生显热、潜热交换，再通过热泵机组对建筑物进行供热。

防冻液的使用可以有效避免常规空气源热泵冬季制热时的结霜问题，具有使用灵活、不受地理条件限制等特点。由于能源塔是按照供热负荷能力设计的换热面积，相对比风冷热泵换热性能稳定，整个冬季机组的 COP 可在 3.0 ~ 3.5 范围内变化。由于夏季能源塔是按照冬季提取显热负荷能力设计的，转化为冷却塔后有足够的换热面积可承受瞬间高峰空调余热负荷，冷却水温低，换热效率最高。机组的能效比 EER 可在 4.2 ~ 4.5 范围内变化，节能效果显著。

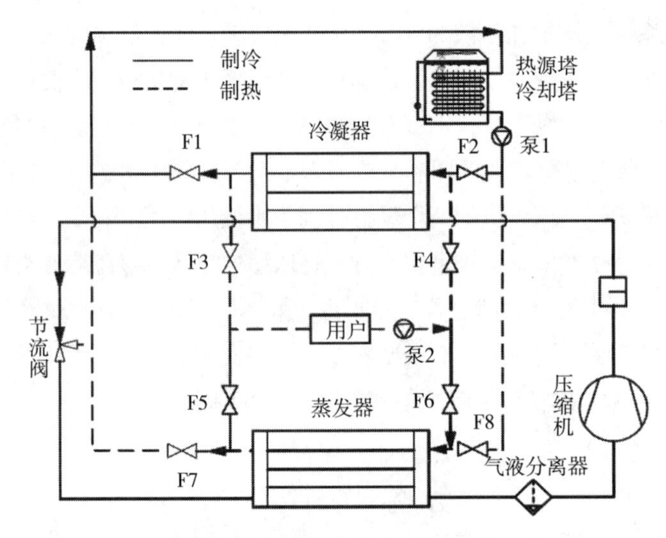

图 4　热源塔热泵系统工作原理图

1.6　空气源热泵发展展望

空气源热泵技术在国家“煤改电”项目中得到了前所未有的推广，被广大用户和国家认可。空气源采暖将在未来呈现数以亿计的市场，迎来空气源采暖行业的市场重组。目前，空气采暖行业已进入行业发展的转折期，新兴的采暖市场致使空气源采暖企业如雨后春笋般长成，行业已经步入强劲的市场竞争中，促进了技术研发和创新。同时空气源热泵也在物料干燥、农业大棚冬季控温等方面得以应用。新一轮的行业发展，我们翘首以盼。

目前空气源热泵的研究热点集中在系统改进、制冷剂研究、多热源、除霜、优化换热末端等方面，下面分别简要叙述。

（1）系统改进

系统改进主要针对应用在中国北方等地，运行环境温度在 -5℃以下的空气源热泵，在这一环境温度下空气的湿度低，不必担心结霜问题，但会造成单级压缩机压比太高，影响系统性能。为此双级、复叠、中间补气增焓等系统相继应用到空气源热泵，降低单级压比，提高系统的运行范围。

（2）制冷剂研究

研究制冷剂的充注量对热泵系统性能的影响；环保制冷剂（如 CO_2、R290）、人造新型环保制冷剂（如 R140A、R427a、R134a）的研究；复叠制冷系统在其运行范围内找到最佳的工质对（如 R1234ze/R404A 与 R1234ze/R1234yf 等）。

（3）多热源

冬季空气热源温度低，可以通过增加其他热源的手段来补充热源温度，例如，热电辅助压缩式空气源热泵，太阳能集热器与空气源热泵相结合，在空气源热泵内部余热回收压缩机机壳的热量等，进一步提高系统 COP 和热泵运行范围。

（4）除霜

除霜主要针对应用在中国南方等地空气湿度较大的地区，在冬季 5℃左右的环境温度下运行，极易造成空调外机结霜，造成停机，影响制热效果。为改善这一问题，近年来很多学者在蒸发器的表面涂吸湿材料，可有效地减少结霜，更有效的吸湿材料也在不断研发。更高效、节能的新型除霜方法也在推出，比如基于相变储能的新型逆循环除霜方法等。对于融化的霜如何快速排走等设计，以及除霜系统的启动控制策略的优化也在不断改进。

（5）优化换热末端

经末端换热后较低的回水温度会提高系统性能，因此提升末端换热器的换热效率可以进一步提升系统的效率。近来兴起的新型双金属片散热器、地板辐射采暖、小温差风机盘管等换热末端可有效地降低供水温度，提升能量利用效率。

2. 氨水吸收式空气源热泵

吸收式空气源热泵系统可由太阳能、地热能、生物质能、工业余热等热能驱动，从空气源吸热产生热水满足工业和居民的用热需求，热效率大于 1。常用的吸收式热泵工质是水（R718）和氨（R717）这两种天然制冷剂。当蒸发温度低于 0℃时，水基吸收式热泵难以运行，而氨基吸收式热泵是可应用的热驱动空气源热泵技术，其中氨 – 盐和氨 – 离子液体吸收式热泵系统由于结晶、溶液黏度大等缺点限制了其推广应用，目前仅停留在研究阶段。因此，氨水吸收式空气源热泵系统是当前主要的研究和应用对象。近年来，利用空气源热泵技术的“煤改电”政策对我国节能降耗和雾霾治理作用显著，可利用热能驱动的氨水吸收式空气源热泵同样为清洁供暖提供了一种可行的技术路线。根据吸收式热泵的系统结构，氨水空气源热泵可分为第一类氨水吸收式空气源热泵、氨水吸收 – 压缩空气源热泵、氨水混合 / 复合吸收 – 压缩空气源热泵、氨水吸收 – 再吸收空气源热泵等。

（1）第一类氨水吸收式空气源热泵

类比于压缩式空气源热泵系统，第一类氨水吸收式空气源热泵是以氨水溶液的吸收和解吸代替机械压缩机实现氨工质的吸气和排气，氨的吸收过程和解吸过程在吸收器和发生器中完成，分别为低温排热过程和高温吸热过程，包括吸收器和发生器的溶液回路可以称为“热压缩机”。除了“热压缩机”，系统其他部件和压缩式空气源热泵一样。第一类氨水吸收式空气源热泵系统运行的基本原理如图 5 所示。

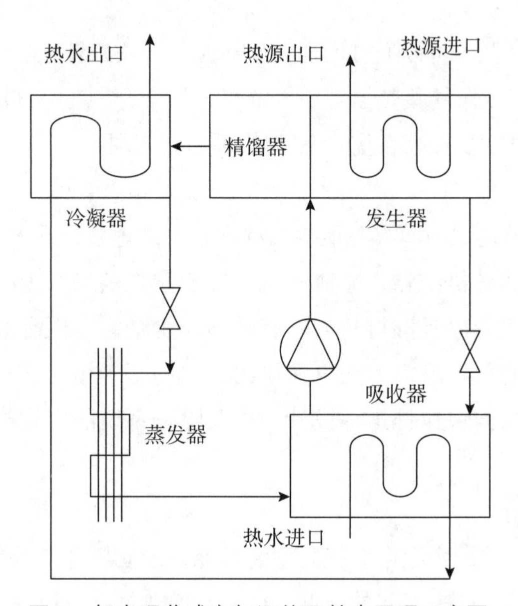

图 5　氨水吸收式空气源热泵基本原理示意图

其基本过程是氨水浓溶液在发生器中受热解吸，解吸后的稀溶液进入吸收器，解吸后的气体经过精馏提纯后进入冷凝器冷凝；冷凝液经过节流阀进入蒸发器吸取环境空气热量后蒸发为气体，气体进入吸收器中被稀溶液吸收；系统的吸收和冷凝为放热过程，从而产生热水；系统的热输入可以为燃气、太阳能等，根据不同运行工况、热源的要求不同，当环境温度较低或者出水温度较高时，热源的温度需相应提高。当驱动热源温度较高时，发生过程和吸收过程若出现温度重叠，系统可采用 GAX（发生过程和吸收过程热交换）结构。意大利的罗布尔（Robur）公司较早地开发了成熟的直燃型氨水 GAX 吸收式空气源热泵（图 6）。

当驱动热源温度较低时，此温度重叠不再存在，此时不能采用 GAX 系统结构。实际上，采用哪一种结构实现系统的高效性，依赖于系统的运行工况，存在一个通用的单级氨水吸收式制冷 / 热泵系统结构（图 7），其结合不同工况下的最优回热循环，能够在不同工况下输出最高的热效率。这意味着设计人员不需要再为选择什么样的系统结构而困惑，而只需要考虑系统各个部件的功能实现方式和有效设计。

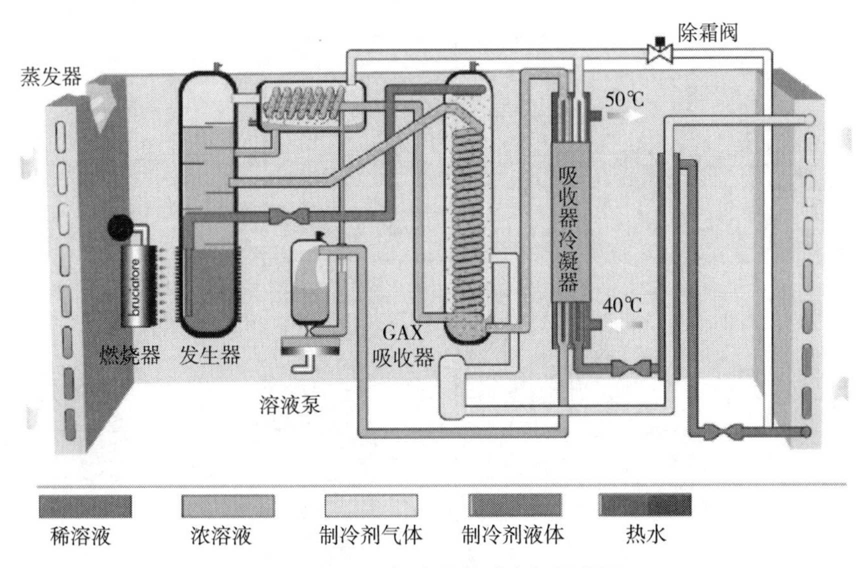

图 6　Robur 氨水吸收式空气源热泵

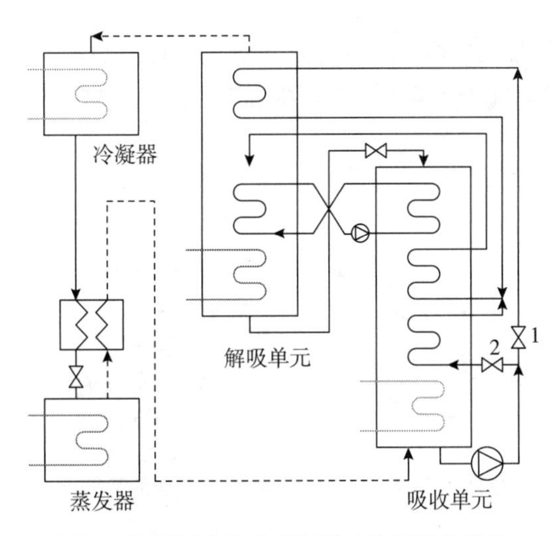

图 7　通用氨水吸收式制冷 / 热泵系统结构

第一类氨水吸收式空气源热泵是最为成熟的氨水吸收式热泵，然而它的供热温度有限，冬季达到 60℃以上的供热输出时，所需发生温度较高，系统的效率降低、压差增大，给机组的经济性、安全性和可靠性带来了挑战，因此在高供热温度应用时，氨水压缩 – 吸收式空气源热泵是一种替代方案。

（2）氨水压缩 – 吸收式空气源热泵

基本的氨水压缩 – 吸收式空气源热泵原理如图 8 所示，相比于压缩式空气源热泵系统，氨水压缩 – 吸收式空气源热泵以吸收器代替冷凝器、空气源发生器代替空气源蒸发器，吸收器与空气源发生器之间设置溶液回路实现工质的循环。

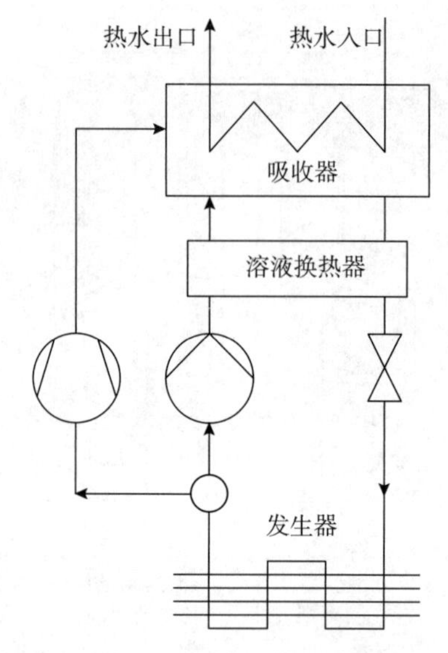

图 8　压缩 – 吸收式空气源热泵示意图

由于吸收过程具有温度滑移，可以与热水进行良好的热匹配，相比压缩式空气源热泵，氨水压缩 – 吸收式空气源热泵可以产生更高温度的热输出（图 9）。

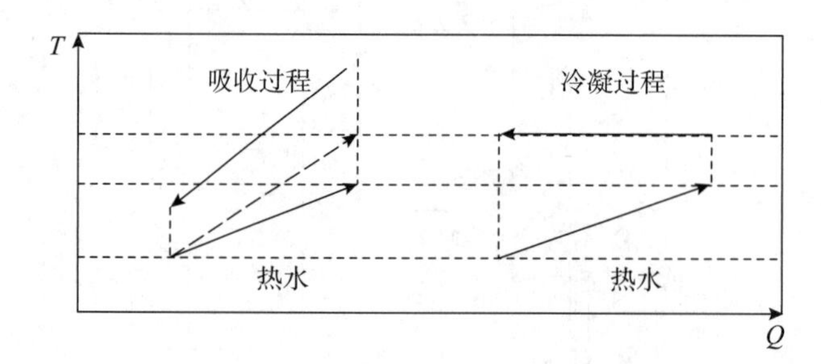

图 9　热水与吸收过程和冷凝过程的热匹配

另外，单位质量工质吸收过程的释热量大于冷凝热，能够提高机组供热能力。其缺点在于额外的溶液泵和溶液回路增加了系统的功耗和成本，氨水混合气对压缩机的润滑、密封等提出了更高的要求。

（3）氨水混合 / 复合压缩 – 吸收空气源热泵

除了上述直接的氨水压缩 – 吸收式空气源热泵系统，还可以在第一类氨水吸收式空气源热泵系统中添加压缩机作为辅助，形成混合 / 复合型氨水压缩 – 吸收式空气源热泵（图 10），目的是在更低环境温度条件下运行，或者产生更高温度热水，或者降低发生温度。

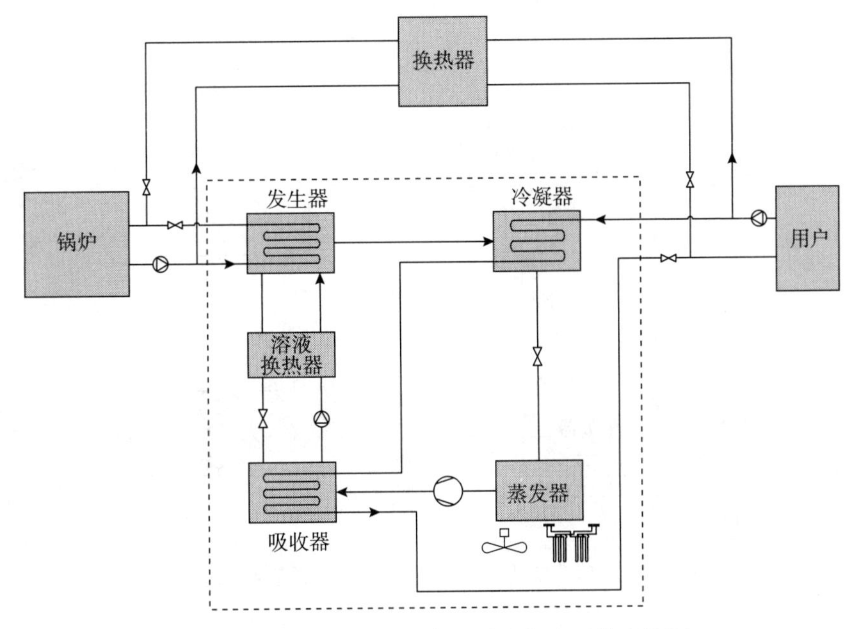

图 10　蒸发器 - 吸收器间压缩的复合吸收式热泵

（4）氨水吸收 - 再吸收空气源热泵

第一类氨水吸收式空气源热泵的相变冷凝过程和相变蒸发过程是恒温的，冷凝器与热水之间、蒸发器和空气之间仍然存在不合适的热匹配。为使得低品位余热能够用于空气源热泵供热，研究者们提出了氨水吸收 - 再吸收空气源热泵（图 11），将第一类吸收式空气源热泵中的冷凝器和蒸发器分别以再吸器和解吸器代替，利用吸收过程和发生过程的温度滑移，实现再吸器与热水、解吸器与环境空气之间良好的热匹配（图 12），同时再吸压力的降低可以降低发生温度，从而利用低品位的余热。其缺点在于环境温度过低时，系统便无法运行，更适合于冬季环境温度较高地区的供热。

（5）氨水吸收式空气源热泵商用产品

溴化锂 - 水吸收式热泵机组的商用化已非常成熟，但是氨水吸收式热泵的商用化远远落后，通常是非标制造，仅在溴化锂 - 水吸收式机组不能或难以使用时应用。其模块化的商用产品主要集中在直燃型氨水吸收式空气源热泵机组上，形成了系列化的氨水吸收式空气源热泵产品，单台机组供热能力 35kW~50kW，需大容量供热时，可采用多模块并联满足供热需求。

（6）氨水空气源热泵的发展前景

当前氨水吸收式空气源热泵的商用产品主要为直燃式，其运行成本高、应用受限。然而其可以利用工业余热等热能驱动，应用场合还非常多，具有很大的发展潜力。而且它还可以起到调节用电高峰负荷的作用。

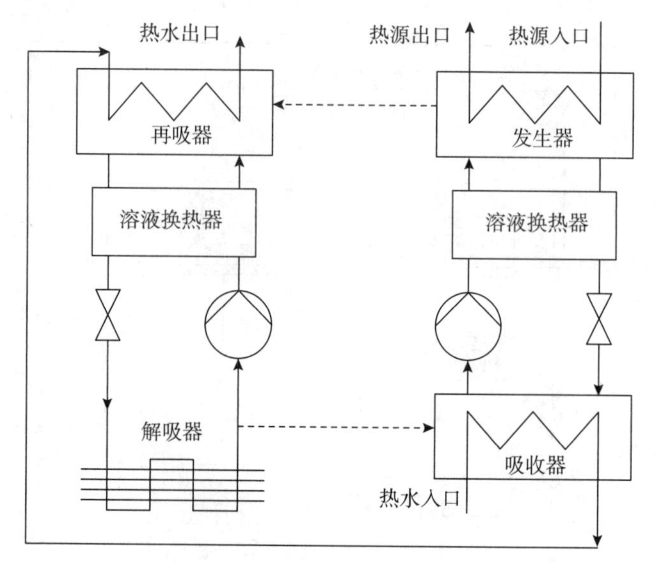

图 11　氨水吸收 – 再吸收空气源热泵

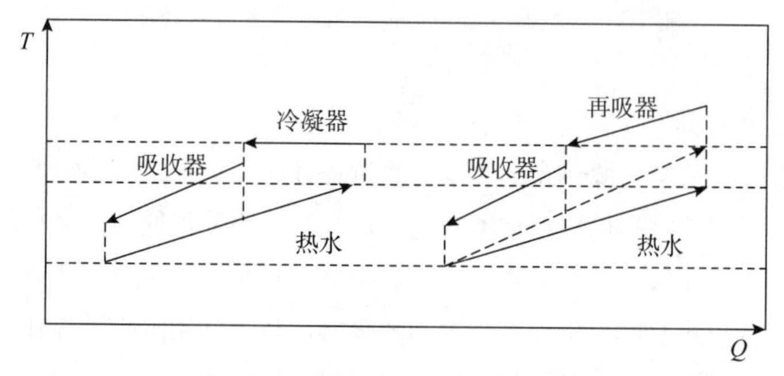

图 12　第一类吸收式热泵和吸收 – 再吸收热泵的热水热匹配

图 13　氨水吸收式空气源热泵商用机组

开发多种氨水吸收式空气源热泵需要注意几个关键问题。

（1）对于小型热泵系统（供热功率< 100kW），具有小流量高扬程特点的溶液泵的可靠、高效运行是系统正常运行的关键，通常采用的液压隔膜泵的隔膜运行寿命有限，其产品质量极大地影响系统的可靠运行。

（2）环境温度较低时，系统的高低压差较大，通常在 15bar 以上，此时需要相当高的发生温度，直燃式成为优先选择，则燃烧效率和热能的有效利用是氨水吸收式空气源热泵高效运行的关键，需要对系统进行良好的热设计；另外，蒸发器结霜会影响氨水吸收式空气源热泵的运行，系统效率下降，良好的除霜控制是系统高效运行的关键技术之一。

（3）当系统温升较大时，工业余热、太阳能、地热等热源不足以驱动第一类氨水吸收式空气源热泵，此时可应用压缩–吸收式的氨水空气源热泵技术，可靠的无油压缩机、热源和系统良好的热匹配，以及大温升、大压差下系统的稳定运行是需要解决的关键问题。

氨水吸收式空气源热泵的研究和发展会围绕这些关键问题进行，产品也会日趋成熟，在供热方向将会有更多的应用。

3. 辐射末端

3.1 辐射供暖 / 供冷介绍

3.1.1 辐射供暖

辐射供暖是指升高围护结构的一个或多个表面的温度，形成热辐射面，依靠热辐射面与人体、家具及其余围护结构表面等进行热交换的供暖方式。

目前低温热水地板辐射供暖是现代舒适节能型建筑的最佳采暖方式之一。在采用低温热水地板辐射供暖的房间中，热空气在室内下方，密度较小，会自发地向上流动，从而能够强化室内空气在垂直方向上的自然对流，室内温度均匀性较好，能够更好地将热量传递给人体。

3.1.2 辐射供冷

辐射供冷是指降低建筑围护结构一个或多个表面的温度，形成低温辐射面，通过低温辐射面与人体、家具和其他围护结构等之间的辐射换热来调节室内温度的供冷方式。与全空气系统不同，在实际供冷过程中，辐射换热相比于对流换热占据了主要作用。由于辐射供冷末端结构简单、传热热阻较小、传热性能较好，所以通常使用的冷媒温度在 15℃ ~ 20℃，而风机盘管等其他供冷末端需要使用的冷媒温度通常低于 10℃。

3.1.3 辐射供暖 / 供冷的特点

辐射供暖 / 供冷具有以下几个特点。

（1）室内空间整体热舒适性好

在稳定运行的过程中，辐射空调系统的辐射换热量占到了总换热量的 50% 以上。辐射末端能够有效地对室内其他围护结构的温度进行调节，同时也能通过辐射换热的方式调节人体表面温度。此外，在整个室内空间中，相对于全空气空调系统而言，室内某处温度偏低或偏高的情况不会出现，空气温度分布均匀，这有利于提高人体的热舒适性。

（2）占用室内空间少

传统的末端设备都会占用一定的室内有效使用面积，这给装修以及使用造成一定的影响，也会影响房屋的整体观感。而采用辐射空调系统，无论设置于地板还是吊顶，都可以与整个房屋融为一体，不占用有效使用面积，并且其本身也可以作为房屋装饰中的一部分。

（3）减小室内噪声

辐射末端内部冷媒为液体，换热方式为辐射换热和对流换热，能够实现零噪声运行。而传统的风机盘管设备，在工作时会向室内吹风，产生噪声。此外，采用辐射末端时，通常会加设一层绝热层，这也能起到一定的隔声作用，从而使上下层之间的噪声传递效果大大减弱。

3.2 辐射末端的类型

辐射末端主要是通过辐射换热的方式来调节室内温度的供冷或供热末端装置。一般而言，辐射末端可以分为两大类：一类是将特制的管路埋设于混凝土楼板之中，形成冷辐射地板或顶板，称为楼板埋管式辐射末端；另一类是以金属或塑料作为管路材料，制成模块化的辐射末端产品，使用时直接铺设在顶板或者墙壁，安装方便，常见的类型有金属板式辐射末端和毛细管网式辐射末端。

3.2.1 楼板埋管式辐射末端

楼板埋管式辐射末端是指将管路埋覆于混凝土之中所形成的辐射末端，常见结构如图 14 所示。这种辐射末端造价较低，技术比较成熟。管路通常选用聚丁烯材料，该材料有“塑料黄金”之称，在耐温耐压方面以及加工性能方面都要优于其他塑料。将管路埋覆于混凝土楼板中有两种常用方法：一种是在楼板浇筑施工时，将管件按照设计图纸的要求直接固定在结构钢筋网上，检测合格后浇筑混凝土，称为直接浇筑法；另一种是将管件按照图纸要求先固定在预制的保护钢筋网上形成组件，楼板浇筑前将组件放置在结构钢筋网上，检测合格后进行混凝土浇筑，称为组件浇筑法。

3.2.2 金属板式辐射末端

金属板式辐射末端是指将管路嵌入金属板中形成预制构件，可以安装在顶板或墙壁上的辐射末端。其本质是一种管内介质为水，管外介质为空气的表面式空气换热器。制造基本流程是将管路嵌入金属板中，在管路上方铺设绝热保温层，形成一种夹心式结构，保证热量只能通过金属板与外界进行交换，减少了能量的损失。

金属板式辐射末端的主要优点在于其对室内环境变化反应迅速，传热较快。其管路一般为铜管或钢管，辐射板一般为铝板或铁板，并且厚度较小。所以管路和辐射板的传热热阻占比很小，影响辐射板传热性能的主要因素是金属管与辐射板之间的接触热阻。目前常用的改进方法是使用传热性能较好的导热胶进行黏合，以减小接触热阻。

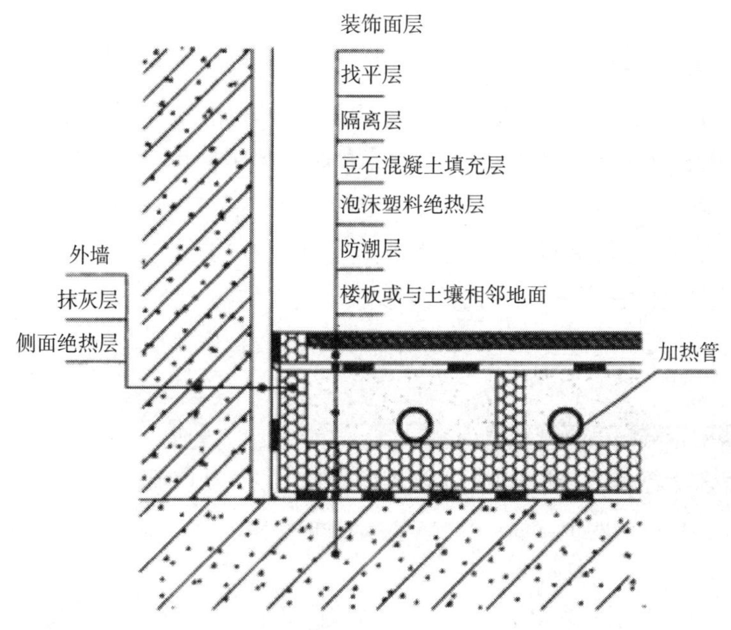

图 14　楼板埋管式辐射末端结构图

3.2.3　毛细管网式辐射末端

毛细管网式辐射末端是德国科学家根据仿生学原理提出的一种辐射末端形式。其散热机理与自然界中植物的叶脉和人体毛细血管类似，通过毛细管内流动的媒介与室内环境进行热交换，从而调节室内温度。

毛细管网式辐射末端具有较好的节能效果。其管路内径通常在 3mm 左右，由此毛细管网式辐射末端具有较大的散热表面积，在与室内环境进行换热时，就会有很高的换热效率。毛细管网式辐射末端的结构比较简单，其主要部件仅有毛细管网。通常所使用的材料是聚丙烯，这种材料安全无污染，可循环利用。毛细管网式辐射供冷系统长期运行在低温低压的状态下，管路不会因为压力过高而损坏，可靠性较高。

3.3　辐射末端的相关研究

辐射末端作为一种新型的空调末端形式，具有节能、舒适性强等特点，正越来越受到人们关注。下面将分别从辐射供暖以及辐射供冷两个方面，对辐射末端的国内外研究现状进行介绍。

3.3.1　辐射末端供暖研究现状

目前，对辐射末端供暖的研究主要包括以下三个方面：辐射末端供暖的传热性能、辐射末端的供暖能力、辐射供暖系统的控制策略。

在辐射末端的传热性能方面，李常河等建立了地板辐射采暖的二维稳态传热模型，分析了地面层材质与厚度、管间距、管径、水温及室温等因素对地板表面温度和热流密度的影响。

在辐射末端的供暖能力方面，李雄志等以长沙市某办公室为研究对象，以实验测量数据作为边界条件，建立了以空气源热泵为热源的地板辐射供暖和空调供暖两种数学模型进行模拟研究，指出在供暖能力方面，地板辐射供暖方式具有明显的优势。

在辐射供暖系统的控制策略方面，许可等利用 EES 和 TRNSYS 仿真平台建立了以空气源热泵为热源的低温地板辐射供暖系统仿真模型，基于地板辐射供暖系统的蓄热特性，提出电力负荷波峰波谷分时段运行的控制策略，并针对波峰波谷分时段运行及全波谷运行两种模式，比较供暖房间温度及运行能耗，指出波峰波谷分时段运行模式优于全波谷运行模式。

3.3.2 辐射末端供冷研究现状

目前，很多学者对辐射供冷进行了深入的研究，以推动这项技术的发展进步。现有的研究重点主要包括以下四个方面：辐射供冷末端的结露问题、辐射供冷末端的供冷能力、辐射供冷的运行能耗、辐射供冷的热舒适性。

在辐射供冷末端的结露问题方面，张顺波等提出了一种新型含空气层冷辐射板的数学传热模型，并通过实验验证了模型的准确性，进而利用该模型对辐射板进行了结露特性方面的改进。

在辐射供冷末端的供冷能力方面，刘乃铃等针对辐射顶板供冷系统与人体之间的换热特性进行了研究，认为达到稳定状态时，辐射换热量是对流换热量的 3.5 倍，辐射换热对温度调节起主要作用。于国清等提出了一种计算辐射供冷板供冷量的方法，并进行了实验验证，计算结果误差在 6.58% 以内，计算方法可信度较高。张岩等研究了不同辐射顶板温度时，顶板与墙面、人体的换热量关系，认为随着辐射顶板温度的降低，人体与辐射顶板的辐射换热量会增加，但是同时辐射顶板与其他围护结构的辐射换热量的增加幅度更大，从而使辐射顶板需要消耗更多的能量。

在辐射供冷的运行能耗方面，吴学红等对西安地区采用天然高温冷水的地板辐射供冷系统进行了模拟。结果表明，在夏初和夏末，运用天然高温冷水的地板辐射供冷已经能够满足人体的热舒适性要求，只有在夏季中期需要增加辅助空调，其耗冷量比常规空调系统少 68.7%，而整个夏季供冷工况下耗冷量减少 91.4% 左右。

在辐射供冷的热舒适性方面，上海交通大学制冷及低温工程研究所对上海某采用辐射末端供冷的办公建筑进行了相关的研究。实验建筑采用了地板辐射供冷加新风的温湿度独立控制空调系统，利用新风消除室内湿负荷，同时除去部分显热；利用地板辐射供冷系统除去剩余显热，系统结构如图 15 所示。基于该建筑基本信息，研究人员利用 airpak 软件建立建筑模型，研究辐射供冷系统的运行情况，如图 16 所示。

根据《中等热环境 PMV 和 PPD 指数的测定及热舒适条件的规定》（GB/T 18049—2017）规定，夏季条件下从事轻的主要是坐姿的活动（有空调），其垂直方向上的可接受的舒适

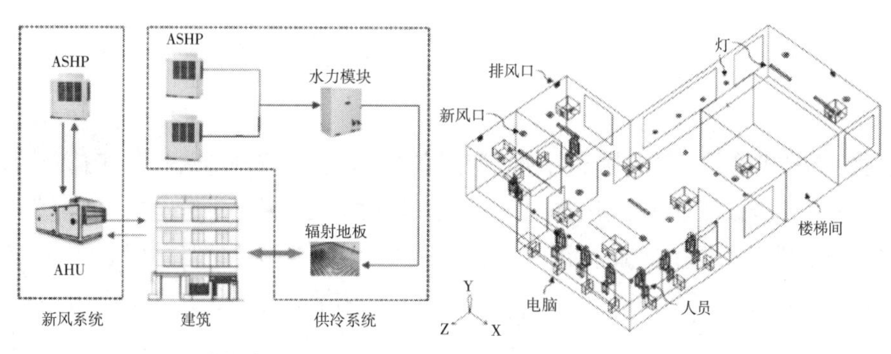

图 15　建筑空调系统图　　　　图 16　建筑室内模型

性条件如下：在高于地面 1.1m 与 0.1m（头与踝之间）的垂直方向空气温度差应小于 3℃。因此，以高度为 1.1m 与 0.1m 两处的温度分布情况作为分析对象。

研究结果表明，在高度为 1.1m 的水平面上，室内平均温度为 25.7℃。在高度为 0.1m 处的水平面上，室内平均温度为 23.5℃，与室内 1.1m 处的平均温度 25.7℃的差值为 2.2℃，符合 GB/T 18049—2017 的相关规定，满足舒适性要求。

室内热舒适性并不是只由室内温湿度决定的，还受到服装热阻、平均辐射温度、室内风速等多个因素的影响。因此，为了全面考察空调系统的舒适性，需要分析其 PMV（PredictedMean Vote，预测平均评价）和 PPD（Predicted Percentage Dissatisfied，预测不满意百分比）。

其中，PMV 是考虑人体热平衡的一种指标，共分为以下 7 个级别，如表 1 所示。然而，由于个体差异，即便在热中性环境下也仍会有人感到不满，需要由 PPD 来描述当前环境下的预测不满意百分，PPD 越低，则说明空调的舒适性越好，PPD 的取值范围为 0%~100%。不同热舒适度等级对应的 PMV、PPD 值如表 2 所示。

表 1　PMV 指数

PMV	–3	–2	–1	0	1	2	3
热舒适性	冷	凉	较凉	适中	较温暖	温暖	热

表 2　PMV 与 PPD 的对应关系

热舒适度等级	PMV	PPD
Ⅰ级	–0.5 ≤ PMV ≤ 0.5	≤ 10%
Ⅱ级	1 ≤ PMV < –0.5，0.5 < PMV ≤ 1	≤ 27%

根据仿真结果，在高度 1.1m 处，平均 PMV 为 –0.337，平均 PPD 为 8.84%，均满足上

表中的 I 级热舒适度要求，地板辐射供冷系统具有良好的热舒适性。

3.4 总结

辐射供暖 / 供冷是主要利用辐射换热调节室内热环境的空调形式。辐射末端主要包括三种基本形式：楼板埋管式辐射末端、金属板式辐射末端以及毛细管网式辐射末端。目前在我国，楼板埋管式辐射末端应用较广。此外，采用辐射空调系统需搭配新风系统来保证室内良好空气质量，并且可以使用新风系统弥补辐射末端处理局部负荷较差的缺点。

参考文献

[1] 吴伟，王宝龙，石文星，等. 氨水空气源吸收式热泵供热方案分析［J］. 供热制冷，2016（4）：18-21.

[2] Garrabrant M，Stout R，Glanville P，et al. Development of Ammonia-Water Absorption Heat Pump Water Heater for Residential and Commercial Applications［C］// Asme International Conference on Energy Sustainability Collocated with the Asme Heat Transfer Summer Conference & the Asme International Conference on Fuel Cell Science，2013.

[3] Dai E，Lin M，Xia J，et al. Experimental investigation on a GAX based absorption heat pump driven by hybrid liquefied petroleum gas and solar energy［J］. Solar Energy，2018，169：167-178.

[4] B.A. Phillips. Development of a high-efficiency，gas-fired，absorption heat pump for residential and small-commercial applications［J］. Nasa Sti/recon Technical Report N，1990，91.

[5] Keinath C M，Garimella S. Development and Demonstration of a Microscale Absorption Heat Pump Water Heater［J］. International Journal of Refrigeration，2018：S0140700718300069.

[6] Staedter M A，Garimella S. Development of a micro-scale heat exchanger based，residential capacity ammonia-water absorption chiller［J］. International Journal of Refrigeration，2018，89：93-103.

[7] Du S，Wang R Z. A unified single stage ammonia-water absorption system configuration with producing best thermal efficiencies for freezing，air-conditioning and space heating applications［J］. Energy，2019.

[8] Jung C W，Song J Y，Kang Y T. Study on ammonia/water hybrid absorption/compression heat pump cycle to produce high temperature process water［J］. Energy，2018，145：458-467.

[9] Wu W，Wang B，Shang S，et al. Experimental investigation on NH3-H2O compression-assisted absorption heat pump（CAHP）for low temperature heating in colder conditions［J］. International Journal of Refrigeration，2016，67：109-124.

[10] 吴伟，石文星，王宝龙，等 . 不同增压方式对空气源吸收式热泵性能影响的模拟分析［J］. 化工学报，2013，64（7）.

[11] Jia T，Dai E，Dai Y. Thermodynamic analysis and optimization of a balanced-type single-stage NH3-H2O absorption-resorption heat pump cycle for residential heating application［J］. Energy，2019，171：120-134.

[12] 张旭，隋学敏. 辐射吊顶的技术特性及应用［J］. 中国建设信息供热制冷，2008（09）：32-35.

[13] 聂鑫，朱晓涵，刘益才. 毛细管平面辐射空调系统的设计研究及展望［J］. 真空与低温，2015，21（01）：51-55.

[14] 彭伟丛. 辐射末端辐射特性的实验研究［D］. 邯郸：河北工程大学，2013.

[15] 尚超. 论辐射空调系统及其设计要点［J］. 住宅与房地产，2017（33）：61-62.

［16］李常河，宋孚鹏，吕维花，等. 地板辐射采暖系统若干问题的研究［J］. 中国住宅设施，2005（05）：32–35.
［17］李雄志，王汉青，等. 长沙地区空气源热泵地板采暖系统实测分析［J］. 制冷与空调，2007（06）：71–75，87.
［18］许可，王树刚，蒋爽，等. 空气源热泵用于低温热水地板辐射供暖系统的模拟研究［J］. 制冷技术，2014，34（01）：12–17.
［19］张顺波，宁柏松，陈友明，等. 含空气层冷辐射板的改进及供冷和抗结露性能分析［J］. 制冷学报，2015，36（05）：94–100，112.
［20］刘乃玲，刘英杰，方肇洪. 顶棚辐射供冷房间人体与环境换热的实验研究［J］. 制冷学报，2012，33（06）：26–31.
［21］于国清，贾文哲，赵彦杰. 辐射吊顶单元供冷量的理论计算模型及实验验证［J］. 制冷学报，2014，35(02)：115–118.
［22］张岩，冯圣红. 顶板辐射供冷房间节能性的探讨［J］. 建筑节能，2012，40（2）：6–8.
［23］吴学红. 西安地区高温冷水地板辐射供冷负荷特性及优化研究［D］. 西安：西安建筑科技大学，2012.

撰稿人：曹　锋　胡　斌　杜　帅　梁彩华　殷勇高　翟晓强　宋昱龙

太阳能制冷发展研究

1. 太阳能光伏制冷

光伏空调一般指利用光伏电池将太阳能转换为电能来驱动的蒸气压缩式空调系统。光伏空调研究的基本范畴包括：基于太阳能资源的光伏空调结构设计、部件选型及应用特性；针对不同工况的能源调度模式、运行控制。涉及气象学、电学、热学、系统论、控制论等多学科交叉的科学问题。

1.1 现状分析

1.1.1 光伏空调系统构建研究进展

光伏空调的系统构建方法根据光伏空调并网与否存在较大差异。对于独立光伏空调，由于储能设备的存在，一般只需考虑光伏发电与空调耗电总量上的平衡问题，对光伏空调的光伏与储能部件进行合理的选型与定容，在保证特定时域内的能量供需平衡的情况下，实现光伏空调经济性的最优化。对于并网光伏空调，则应同时考虑光伏发电与空调耗电的能量总量平衡与实时功率平衡，减少对电网侧的不良影响，且还需考虑电价政策、发电补贴等外部经济因素，构建多目标的优化问题。另外，不同形式光伏空调的系统结构与中间连接环节设计也是研究的重点。

在并网光伏空调研究方面，目前有大量针对特定地区的光伏空调系统构建的仿真或实验研究。如图 1 所示的并网光伏空调系统较为常见，光伏系统根据光电效应将太阳光能转化为直流电能，驱动直流离心压缩机，光伏电能不足或盈余时，系统中的换流器能实时进行电流形式的切换，实现电网、光伏、空调之间的功率平衡。除太阳能保证率外，“单位一次能耗费用”“单位冷负荷的光伏系统面积”等参数也可以作为评价光伏空调性能的指标。

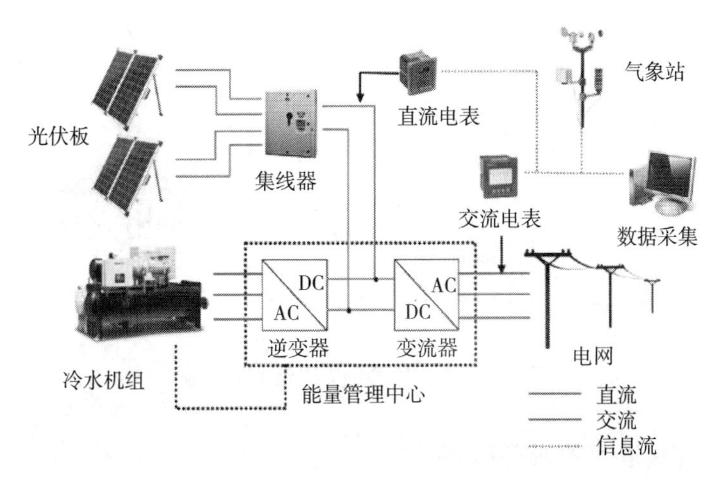

图 1　并网光伏空调系统示意图

在独立光伏空调研究方面，图 2 所示的常见独立光伏空调系统在直流端增加了蓄电池，在离网的情况下，依然能保证空调电能的持续供应；通过历史气象数据计算空调系统的夏季总能耗，由此可推出光伏系统和储能系统的最小设计容量。在它的基础上保留并网接口后，空调在光伏与蓄电池联合供电不足的情况下，依然能通过电网供电持续运行，这种形式的光伏空调能有效减少光伏与蓄电池容量大小，降低光伏空调的投资成本。除了蓄电池，以蓄冷为储能方式的独立光伏空调也得到了关注。

图 3 为包含蓄冷的独立光伏空调系统，光伏驱动制冷机进行制冷，并将冷量储存于蓄冷箱中，制冷负荷由蓄冷箱满足；对多种蓄冷材料如冰、二氧化碳水合物、碳酸与月桂酸共熔物的节能特性比较后，发现二氧化碳水合物是最佳的选择。由于蓄冷情况下空调的蒸发温度较低，其一次能源节能率低于带蓄电池的独立光伏空调。

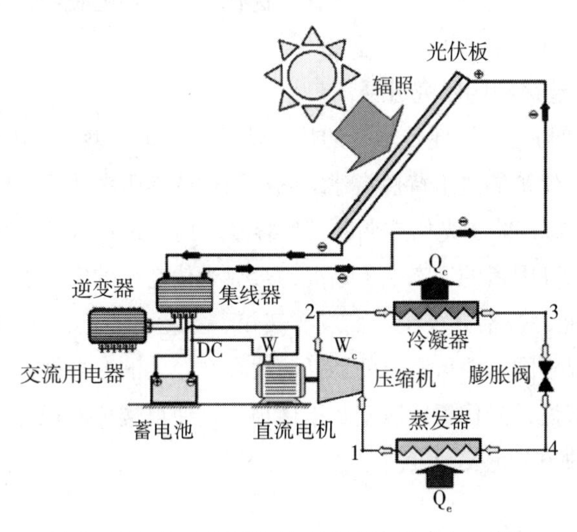

图 2　独立光伏空调系统（蓄电池形式）示意图

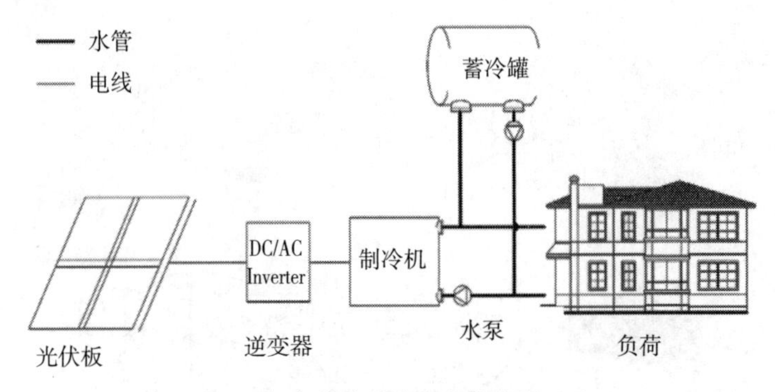

图 3　包含蓄冷的独立光伏空调系统

1.1.2　光伏空调运行控制研究进展

光伏空调的运行控制主要指针对空调系统和储能设备的控制。目前，光伏系统以固定式为主，其发电功率主要受光伏面板上的辐照强度决定，并通过内部的最大功率点跟踪技术（MPPT）使光伏阵列达到最大的功率输出。而空调系统作为一种可调节负荷，常用于电网负荷响应，通过调节开停时间和室内温度设定，对集群空调的能耗进行控制，达到削峰填谷的作用。储能设备的控制涉及运行模式切换，以及蓄能和释能的时间与功率设置。考虑到光伏能源的不稳定性对电网的负面作用，应着眼于光伏电能的当地最大程度利用，提高能源系统的能源独立性；在经济上，并网光伏空调涉及电力市场的电能交易，应考虑实际的电价的影响，通过光伏空调各部件的联动运行优化，实现用户经济收益的最大化。

预测控制是一种基于系统模型的控制方法，具有滚动优化、反馈校正的特点，适合用于大滞后、强扰动、多约束、多目标的控制系统。使用预测控制对一个光伏储能系统在分时电价、实时电价制度下进行负荷控制优化，优化目标为购电费用最小化，优化后系统在两种用电政策下的购电费用均可减少近 20%。

1.1.3　光伏空调建筑应用研究进展

光伏空调的设计与运行受建筑本身的热工特性、建筑类型、太阳能收集器（光伏板）可安装面积等影响。建筑的热工特性指建筑围护结构的热阻和热容，热阻的增加将有助于降低建筑的冷 / 热负荷，减少光伏空调的设计容量，而建筑热容则关系到建筑室内温度对环境温度、太阳辐照等因素的动态响应情况，会对光伏空调的实时控制产生影响；建筑类型则是指建筑的功能，包括办公楼、商场、宾馆、家庭等，不同类型建筑的空调开机时间、内热源分布情况不同，使得空调的能耗曲线存在较大的差异性，进而影响光伏空调的适用性；对于建筑来说，光伏板一般安装于楼顶，这使得楼顶面积与空调面积的比值将是光伏空调容量设计的一个重要因素。

1.2 国内外对比

当前，国外光伏空调的科研队伍主要集中在欧洲国家及热带发展中国家。欧洲国家侧重于基于气候的适用性分析及通过优化控制策略提高能效等，主要方法包括模拟及实验分析。热带国家侧重于常规应用示范及蓄能装置集成，研究具体气候条件下的运行特性。另外，国外的分析对光伏与空调的协同工作研究不多，相关企业的成套产品，特别是制冷量100kW以上产品尚未见到。我国有多个研究小组从事相关研究工作，研究内容较为全面，包括系统运行特性、控制、蓄能系统集成等。我国相关小组的研究成果对光伏空调的应用及产业化起到促进作用。中国企业在光伏空调的产业化及商业应用方面做了大量工作，形成了多种制冷量的系列光伏空调产品的商品化，相关产品实现了量产及对中东、美国等太阳能资源丰富国家及地区的出口应用。

1.3 研究前沿

针对光伏空调的研究现状，当前的前沿问题包括：光伏空调系统的能量耦合机理研究、基于典型气候的光伏空调构建与设计指导。

（1）光伏空调系统的能量耦合机理研究

图4为光伏空调的能量流动示意图。光伏空调的能量来源及负荷均与太阳能相关，作为一个典型能源“产消者（prosumer）”，外界气象因素如太阳辐照强度、气温、湿度、降雨量、风速等多种参数对光伏发电和建筑制冷/供暖负荷均有不同程度的影响，这使得光伏空调系统整体“源”“荷”之间存在较强的耦合性。而内部单元如蓄电池、光伏系统、蓄热/冷装置、空调主机和建筑之间也存在热能及电能两种不同能流形式的相互关联。电

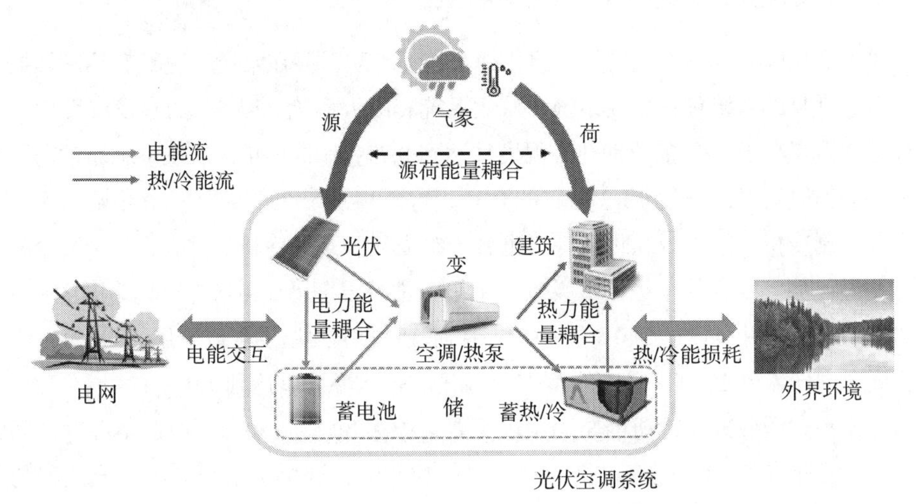

图4 光伏空调系统能量流动示意图

能与热能不同的影响因素、能量密度、响应时间尺度导致系统能量耦合过程较为复杂。再结合联网及蓄能需求，进一步增加了过程分析的复杂性。由于蓄热、蓄电在能量传输与转换过程、负荷响应等多方面有着显著差别，二者在光伏空调能流中的作用也不能简单类比。因此，对并网、蓄电、蓄冷的能量传输与转换特性、动态特性等需要深入研究。

（2）基于典型气候的光伏空调构建与设计指导

光伏空调的流程构建及各环节容量匹配与当地的气候特点（静态的）与气象分布（动态的）息息相关。已有研究多数只适用于一些特定地区或城市，而新的研究正在探索光伏空调设计的气候特征定性 / 定量的分析方法，基于各地区的日照情况和气温规律，对光伏空调的气候适用性进行评估，并形成普适性的光伏空调系统构建方法。

2. 太阳能吸收式制冷

太阳能既可以转换为电能，也可以转换为热能，因此在太阳能制冷系统中也存在太阳能光伏驱动的压缩式制冷和太阳能集热器驱动的热驱动制冷两种技术路线。吸收式制冷是热驱动系统，且驱动温度在 150℃以下即可运行，因此它是中低温太阳热能利用的优良选项。由于太阳能吸收式制冷集成了可再生能源即太阳能的利用以及采用环保制冷剂的吸收式制冷技术，其节能环保节能属性非常具有吸引力，因此太阳能吸收式制冷也在近二三十年得到了大力发展。早期的研究大多数是太阳能集热技术和吸收式制冷技术的简单结合，缺乏基于两种技术特点的耦合设计和系统运行优化，存在着整体系统效率低和运行不稳定等缺点，而近年来的研究则开始侧重于太阳能与吸收式制冷的匹配以及根据太阳能特性进行的吸收式制冷技术改进，对该领域的发展起到了很大的推动作用。

2.1 太阳能集热器与吸收式制冷的匹配

常见的商用吸收式制冷主要是以溴化锂水作为工质，并在空调工况具有热冷转换效率高的优势，常见的系统包括单效系统、双效系统和两级系统。以 5℃的蒸发温度为例，单效系统通常需要高于 90℃的驱动热源温度并达到 0.7 左右的 COP，双效系统通常需要高于 140℃的驱动热源温度并达到 1.2 左右的 COP，这两种系统在市场上较为常见。除了溴化锂水吸收式制冷机，氨水吸收式制冷机也属于常见吸收式制冷机，并在低于 0℃冷冻应用上具有明显优势。常见的单级氨水吸收式系统在进行温度低于 –15℃冷输出时需要 150℃以上的驱动温度，并可以达到 0.5 的 COP；针对 5℃的蒸发温度可以采用 GAX 氨水吸收式系统，此时同样需要 150℃以上的驱动热源温度，但效率可以达到 1.0 左右。

整体来说，吸收式制冷机的驱动温度主要集中在 65℃ ~150℃，而这个温度区间刚好和中低温太阳能集热器所能够提供的热源温度相匹配，这也是采用太阳能集热器与吸收式制冷进行匹配的技术前提。有聚光和追踪模式的平板式集热器和真空管集热器价格较便宜，有聚光但不需要追踪的复合抛物面聚光器价格次之，其他带有追踪的集热器价格较贵。当采用太阳能集热器驱动吸收式制冷机时，65℃ ~150℃的吸收式制冷机驱动温度所对应的均为成本较低的静止型集热器，这也为太阳能驱动的吸收式制冷提供了有力的支持。

根据以上的吸收式制冷机组驱动温度和太阳能集热器工作温度，可行的太阳能吸收式制冷组合包括以空调为目的的：①平板集热器驱动的两级溴化锂吸收式制冷；②平板 / 真空板 / 复合抛物面聚光器驱动的单效溴化锂吸收式制冷；③槽式集热器 / 线性菲涅尔集热器驱动的双效溴化锂吸收式制冷 / 氨水 GAX 吸收式制冷；④以冷冻为目的的槽式集热器 / 线性菲涅尔集热器驱动的氨水吸收式冷冻。根据整体效率、技术复杂度和经济性等因素的考虑，目前较为常见的仍然是平板 / 真空板 / 复合抛物面聚光器驱动的单效溴化锂吸收式制冷。

2.2 太阳能吸收式制冷系统常见配置与缺点

太阳能吸收式制冷系统的常见系统配置如图 5 所示，一般包括太阳能集热器、水箱、吸收式制冷机、冷却塔、备用热源和水泵等配件组成。其中太阳能集热器是热源，冷却塔是热沉，吸收式制冷机利用二者进行冷量输出，而水箱和备用热源则是用于维持热源的稳定输出，从而达到冷量的温度输出。

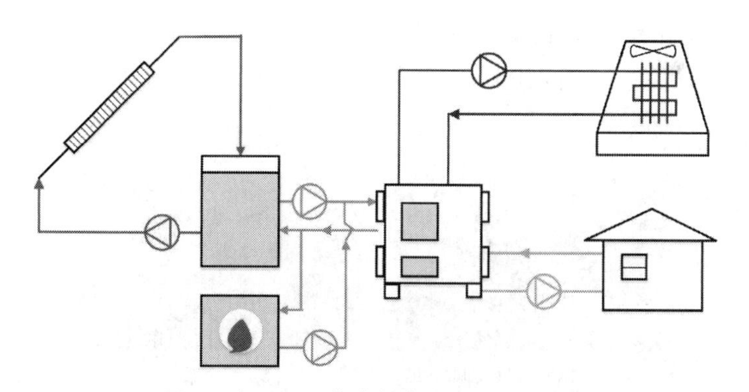

图 5 太阳能吸收式制冷系统的常见配置

太阳能吸收式制冷能够利用可再生能源进行驱动产生制冷，具有环保和节能等优势，但阻碍其大规模使用的仍然包括经济性、不稳定性和效率方面的因素：①太阳能不稳定性对系统的持续和温度输出造成影响；②集热器的成本仍然较高，导致太阳能吸收式制冷系统的回收期过长；③太阳能吸收式制冷系统的光 – 热 – 冷整体转换效率仍然偏低。

为解决太阳能不稳定性，一般的系统都会添加水箱和额外热源。其中水箱起到对太阳能热源的瞬时不稳定性进行缓冲和短期储热的作用，额外热源则在可以保证在昼夜交替和连续阴雨天气中系统连续运行的问题，一般的额外热源可以采用天然气等化石燃料燃烧。此外，还可以采用备用制冷系统的方式解决系统的不稳定性，这种方案相比采用化石能源燃烧作为备用热源的方案会增加初始投资，但运行费用会减少。

太阳能制冷整体系统效率低的问题与经济性考量以及热源不稳定性也有一定关系：一方面如果采用聚光型的集热器提供更高温度的热源并驱动高效吸收式制冷机即可达到高效制冷，但是系统的初始投资高；另一方面太阳热能的温度是不断变化的，如果以太阳热能所能够提供的最高温度去选取吸收式制冷机则会降低系统整体运行时长，如果以太阳热能所能够提供的平均温度去选取吸收式制冷机则会降低对于高温太阳能的利用效率。目前，新技术方案的目的也主要集中于整体效率和适应性提升。

2.3 太阳能吸收式制冷新进展

近年来，为了追求更高的太阳能制冷整体效率，有不少采用槽式集热器驱动双效溴化锂吸收式制冷和氨水 GAX 吸收式制冷的案例。卡内基梅隆大学研究了一个槽式集热器驱动双效溴化锂吸收式制冷实验系统，采用了 52m^2 的集热器和远大公司生产的 16kW 额定制冷量的吸收式制冷机，系统在夏季典型工况的单天运行数据显示，槽式集热器在工作温度为 150℃ ~160℃时平均集热效率为 33% ~ 40%，吸收式制冷机的 COP 为 1.0~1.1，因此系统的太阳能制冷整体效率为 0.33 ~ 0.44。奇威特在天津建造了一个采用槽式集热器驱动的氨水 GAX 吸收式系统，如图 6 所示。整个系统使用 270m^2 集热器驱动氨水 GAX 吸收式空气源热泵，为建筑提供太阳能制冷和采暖，并采用了氨水 GAX 吸收式循环达到对槽式集热器提供高温热源进行充分利用。

（a）氨水 GAX 吸收式制冷机组

（b）集热器

图 6 槽式集热器驱动的氨水 GAX 吸收式制冷系统

除了采用提升太阳能热源温度和吸收式制冷机驱动温度从而提升整体系统效率的方式外，提升太阳能吸收式制冷系统对工况适应性也非常重要。为了保证太阳能吸收式制冷系统连续工作的同时提升对于辅助热源利用效率，可以采用太阳能 – 燃气联合驱动的单 / 双效吸收式制冷，如图 7 所示为该系统在山东潍坊一家星级酒店实际实施的案例。当采用太阳能驱动时系统以单效模式运行，达到 0.7 左右的 COP；当太阳能集热器提供的热量不足或温度过低时，启用燃气燃烧器并以双效模式运行，达到 1.2 左右的 COP。

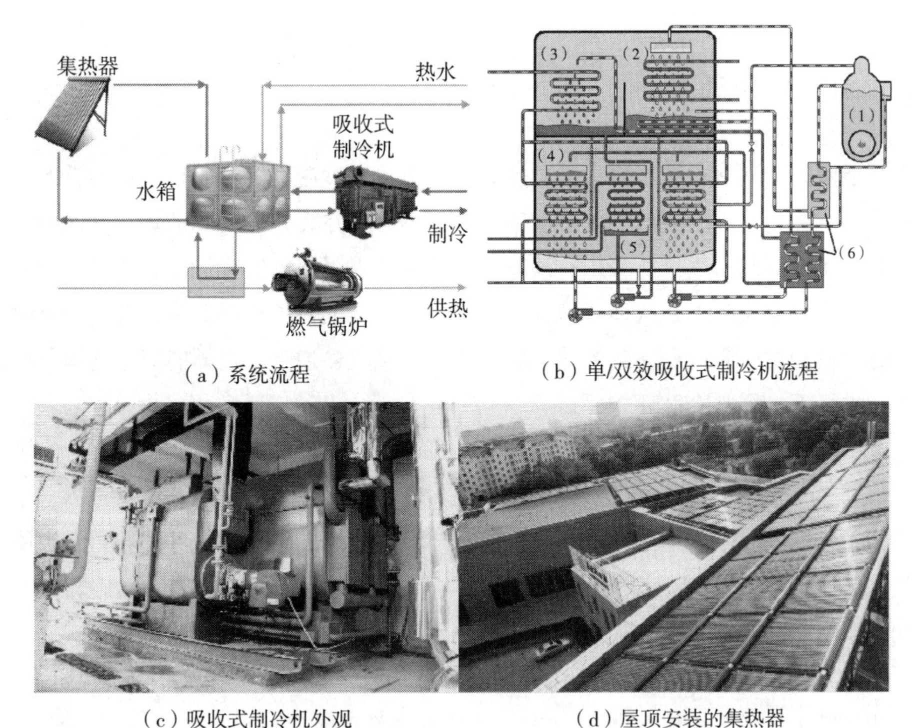

（a）系统流程　（b）单/双效吸收式制冷机流程

（c）吸收式制冷机外观　（d）屋顶安装的集热器

图 7　太阳能 – 燃气驱动的单 / 双效吸收式冷暖系统

在太阳能热源除了具有间歇性外还具有不稳定性，而不稳定性会带来对太阳热能的不充分利用。传统吸收式制冷只有单效和双效循环，在热源温度高于 90℃时可以采用单效循环达到 0.7 的 COP，在热源温度高于 140℃时可以采用双效循环达到 1.2 的 COP，但针对 90℃ ~140℃的典型太阳热能温度区间也只能采用单效吸收式循环达到 0.7 的 COP，会造成能源品位的浪费。如图 8 所示为针对传统吸收式循环热适应性差构建的新型变效溴化锂水吸收式制冷循环，该循环在 95℃ ~140℃的驱动温度范围下得到 0.8~1.05 的 COP，弥补了单双效循环之间的空白。

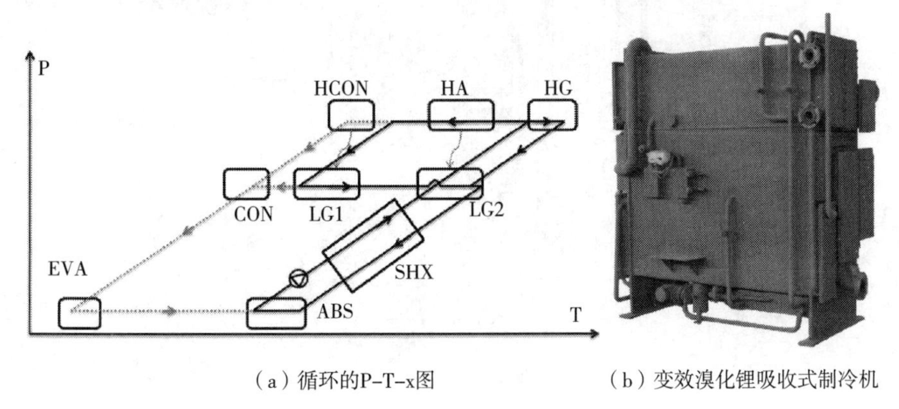

（a）循环的P–T–x图　（b）变效溴化锂吸收式制冷机

图 8　变效吸收式制冷系统

3. 太阳能吸附制冷

太阳能吸附式制冷系统主要由吸附床（集热器）、冷凝器、蒸发器、储液器组成。该系统的运行主要包括吸附制冷和受热解吸 2 个过程。当在无阳光暴晒的加热状态时，吸附剂在低温低压下对制冷剂进行吸附，液态的制冷剂蒸发吸热，实现制冷；该过程一般在夜间进行，吸附反应实际上是气体或液体在固体微空表面的传质过程。当在有阳光暴晒的加热状态时，夜间被吸附的制冷剂受热解吸为高温水蒸气，通过冷凝器时凝结为液体流回蒸发器中，进行下一个制冷循环。

3.1 国内太阳能吸附制冷发展现状

国内关于太阳能吸附制冷技术的研究主要集中在太阳能吸附空调技术和太阳能吸附除湿技术。上海交通大学团队研制了以硅胶－水吸附式冷水机为代表的物理吸附空调机组，如图 9 所示，利用太阳能加热水，再用热水驱动一个连续的吸附式制冷循环，制取冷冻水，为空调房间提供冷量。吸附床采用模块化设计，并采用串联回热，提高热量利用效率。测试结果显示，该机组能在 60℃ ~85℃ 热源温度下有效运行。在典型工况（热水、冷却水进口和冷水出口温度分别为 85.5℃、29.5℃和 11.1℃）下，机组制冷量、COP 和 SCP 分别为 42.8 kW、0.51 和 125.0W/kg。

化学吸附机组以氯化钙 / 活性炭复合吸附剂－氨制冷样机为代表，如图 10 所示。该系统包含两个蒸发器与两个冷凝器，储液器位于蒸发器上方，与蒸发器相通。与处于解吸

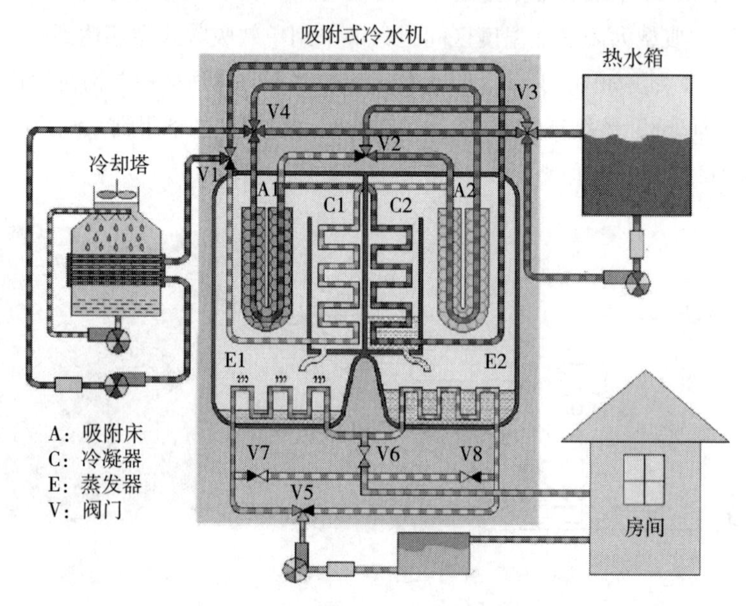

图 9 吸附式冷水机组原理图

阶段的吸附床相连的蒸发器充当储液器，因此压力远高于另一个蒸发器。若平衡两个蒸发器的压力（回质过程），则冷凝压力降低，蒸发压力升高，对解吸和吸附过程都有促进作用，从而实现系统性能的提升。样机启动时间短且运行稳定可靠，测试结果显示，样机运行的最佳回质时间和循环时间分别为 120s 和 50min，且随着加热温度和蒸发温度的升高以及冷凝温度的降低，系统制冷性能显著提高。若没有回质过程，系统制冷性能将降低 50%。

目前，位于北京奥林匹克森林公园内的零碳馆已经将太阳能制冷系统纳入其应用中。图 11 为零碳馆实景图。该建筑夏季冷负荷 60kW，冬季采暖负荷为 47kW。建筑有地源热泵制冷、采暖系统，地源热泵系统以风机盘管作为末端，与太阳能系统制冷采暖功能结合可以满足建筑全部冷热负荷。名义工况下，该装置的热水进口温度和热水回水温度分别为 80.2℃和 72.5℃，冷却水方面，其进口温度和回水温度分别为 30.1℃和 36.2℃，冷冻水的出口温度和回水温度分别为 16.1℃和 21.5℃，整个循环下来，系统的制冷量可达 15.7kW，

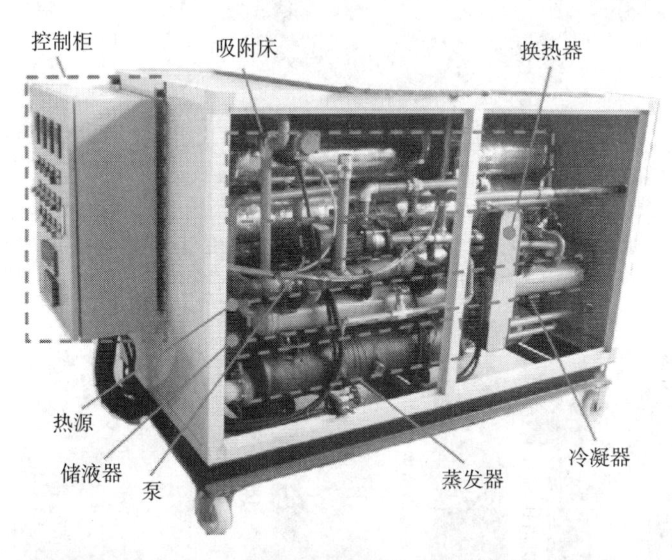

图 10　氯化钙 – 氨吸附式制冷样机

图 11　零碳馆实景图

COP 为 0.53。

关于太阳能吸附除湿技术，上海交通大学团队提出了一种除湿型空调系统，将除湿材料与传统的蒸汽压缩式系统相结合，从而提高暖通空调系统的效率。他们搭建了一套一体化的除湿型热泵系统，如图 12 所示。整套系统包括两个部分：蒸气压缩式循环和风道，

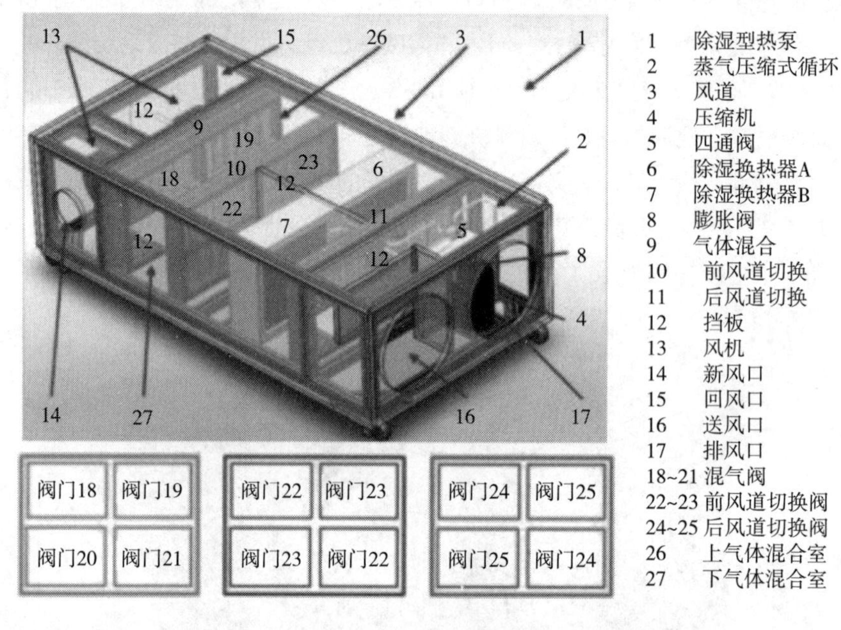

（a）原理图

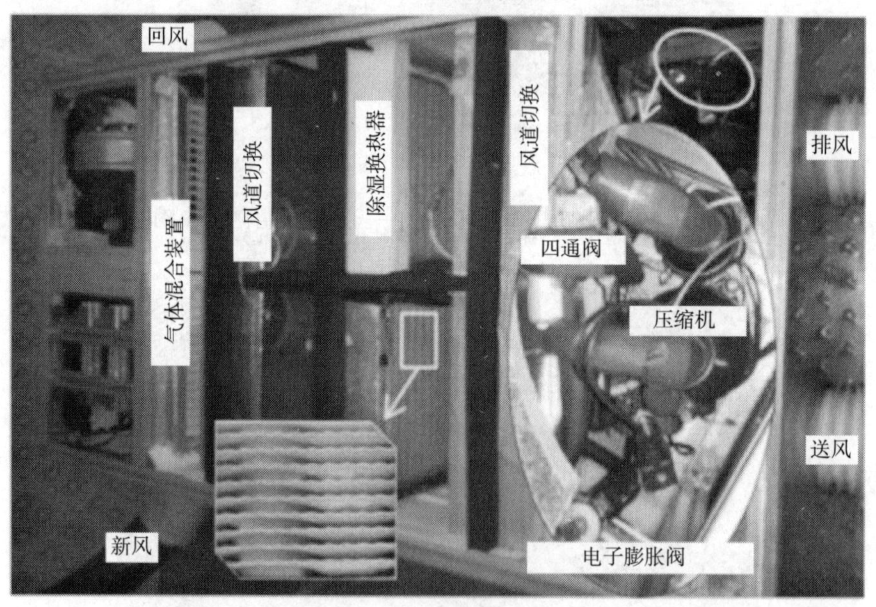

（b）实物图

图 12 除湿型热泵系统

封装在一个带有两个进风口和两个出风口的外壳内。

实验测试结果显示，在典型的冬季工况下，该除湿型热泵系统的平均制热量为 4.2kW，压缩机功耗 0.65 kW，蒸汽压缩系统的 COP 为 6.5 左右。能达到如此高的能效比主要由两个方面的原因：一是除湿换热器没有结霜的问题，所以不需要利用蒸气压缩循环除霜，这有助于提高蒸发温度；二是该除湿型热泵系统回收了部分排气的热量。在典型的夏季工况下，制冷量约为 7 kW，对应的压缩机 COP 为 7.14，系统 COP 为 6.2，几乎是现有一般室内空调系统的 2 倍。若采用太阳能驱动，一块 265Wp 的光伏板可处理上海 $10m^2$ 建筑面积在夏季典型气候条件下的冷负荷。

3.2 国外太阳能吸附制冷发展现状

关于太阳能吸附空调技术，国外许多学者也进行了相关研究。波兰的塞克雷（Sekret）和托尔茨基（Turski）构建了一套太阳能吸附制冷系统为一间 $40m^3$ 的房间供冷。如图 13 所示，测试系统包括四个基本的模块：发生模块、储能模块、传输模块和能量利用模块。通过平板集热器收集太阳能用于制取冷冻水，空气再与冷冻水换热用于房间内的降温。模拟结果显示在极端的太阳辐射强度条件下，即 200W/m 和 1200W/m 时，若 24h 室内平均空气温度在 19℃以上，则太阳能制冷系统无法满足房间内的冷量需求，但实际情况下极少出现这样的天气，所以仅作为理论分析。以波兰地区实际的太阳辐射情况进行测试，吸附制冷机制取冷冻水的 COP 为 0.27，整个太阳能吸附空调系统的 COP 为 0.23 左右。实验结果显示，在波兰典型的天气条件下，通过太阳能吸附制冷系统可以保证需要制冷的几个月，即整个 4 月到 10 月房间内的热舒适性。

该研究以实际的太阳辐射情况作为热源，所得到的制冷性能更接近实际应用系统。但该研究只进行了模拟分析，且其 COP 明显低于上海交通大学所研制的硅胶 – 水吸附式冷水机。

法国的普罗梅斯（PROMES）实验室安装了一套太阳能化学吸附空调系统作为试点，

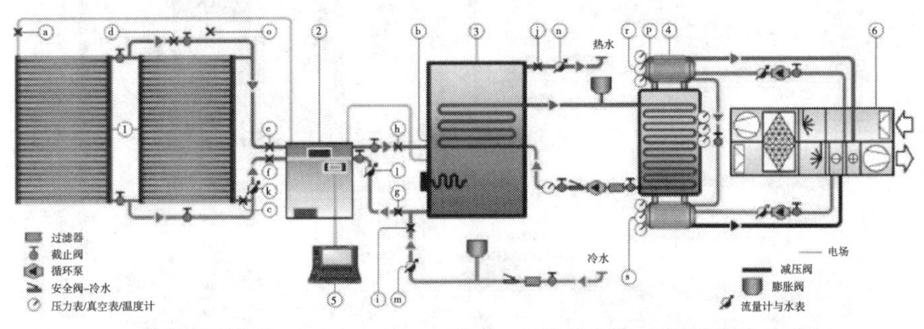

1. 太阳能集热器；2. Solarpol–Artur1模块；3. 蓄热水箱；4. 吸附制冷机；
5. 电脑及采集卡；6. 通风中心点

图 13 太阳能吸附制冷系统简图

系统一天的设计制冷量为 20 kWh。如图 14 所示，该套系统由 $20m^2$ 的平板集热器收集到的太阳辐射来驱动热化学吸附循环。白天收集到的太阳辐射一部分用于加热反应器，余下部分通过相变储热装置储存起来。储热装置中填充了 360kg 熔点为 75℃ ~80℃的相变材料，增加该储热装置的目的在于：①若解吸反应在下午日落之前结束，可用于储能多余的太阳辐射；②用于储存吸附过程中反应器所释放的部分显热；③用于储存早上太阳辐射强度还不足以驱动解吸反应的这部分能量。

热化学吸附装置包括反应器、冷凝器、蒸发器以及液氨储存装置，选用氯化钡 – 氨工质对，驱动温度为 60℃ ~70℃。白天通过切换阀门使得反应器与冷凝器或蒸发器连接，以完成相应的反应过程，储存的液氨用于晚上的制冷需求。土壤源冷却回路白天可用于带走冷凝热，夜晚可用于带走反应器内的吸附热。蒸发器侧夜晚产生 0℃ ~5℃的冷冻水，该部分冷量用另一个储能装置储存起来，内部填充的蜡状相变材料凝固点为 5℃；白天利用该相变储冷装置产生 13℃的冷冻水，送到会议室内的风机盘管。经过两年的实际运行测试，每平方米平板型太阳能集热器一天可产生 0.8~1.2 kWh 的制冷量（制冷温度为 4℃），太阳能 COP 的波动范围为 15%~23%，通过系统的优化控制，年平均太阳能 COP 可达到 18%，接近吸收式制冷系统的制冷效率 22%（吸收式制冷系统效率普遍较吸附式系统高）。

由于化学吸附在吸附量和反应热方面均优于物理吸附，因此可产生更大的制冷量。且该化学吸附制冷装置采用氨作为制冷剂，可制取温度更低的冷冻水，从而实现冷量的有效储存。该系统完全利用太阳能作为动力源，而零碳馆的太阳能空调系统与地源热泵系统协同工作方能满足需求。

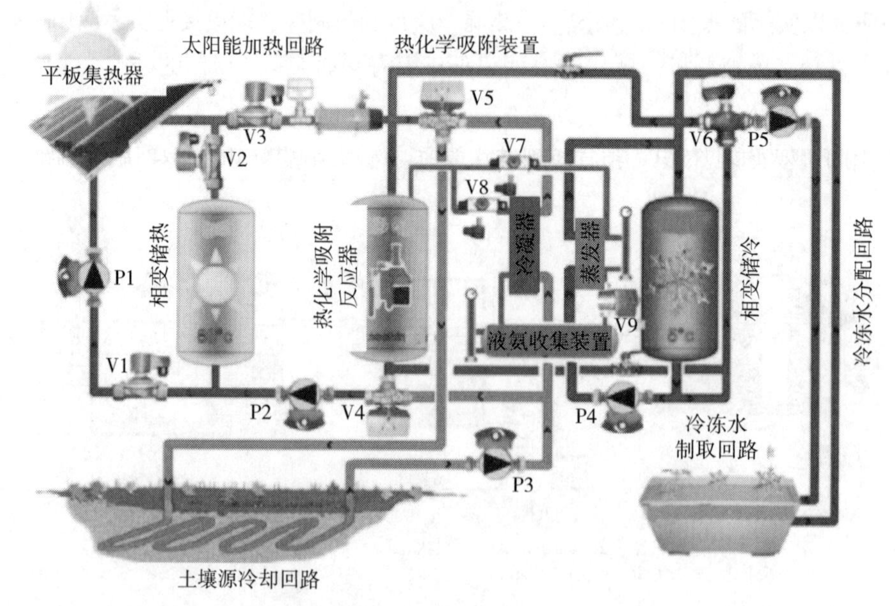

图 14　太阳能吸附空调试点系统设计

关于太阳能吸附除湿技术，意大利的ENEA研究中心和巴勒莫（Palermo）大学均安装了一套一体式的紧凑型太阳能除湿空调系统。系统主要由一个太阳能空气集热器、两个吸附床、一个冷却塔、两个板式热湿交换器、风机以及其他附件组成，选用硅胶－水工质对达到制冷与除湿的目的。冷却塔集成在系统中，用来带走除湿吸附床在除湿模式下所产生的吸附热。吸附剂的再生过程由太阳能空气集热器收集到的热量驱动，流经吸附床的热空气流量为空调区域送风量的40%，所有的用电量由三台风机和两台水泵产生。制冷量可通过改变风机的转速来进行调控。两套应用系统如图15和图16所示，系统中采用了太阳能光伏热（PVT）技术来为吸附剂的再生提供热量，一个模块的PV单元可产生的峰值功率约为170W，系统中装有两块蓄电池来储存产生的电量。若太阳能光伏所产生的电量无法满足系统运行所需，系统自动从电网取电。系统所有的用电部件都采用24V直流电，以便于直接与PV/蓄电池相连，而不需要DC/AC转换器。

发展太阳能制冷可显著降低建筑能耗，实现节能减排，是未来一种极具战略发展意义的制冷方式。

结合光伏空调的研究现状与前沿，可以判断未来光伏空调的发展趋势是光伏空调建筑一体化、多种蓄能方式结合、控制机理及运行优化。光伏空调与建筑结合密切，因此在新建筑设计中，也应把光伏空调的安装及使用需求纳入考量。而对于现有建筑，需综合分析建筑热工特性、建筑类型、光伏板可安装面积等，对建筑的光伏空调应用进行事前评估或对建筑进行相应改造。为了平滑入网能量、降低对电网安全调度影响，即使并网光伏空调也可接入蓄能装置。通过把蓄电池、蓄冷/热结合到光伏空调中，进一步保证独立及并网光伏空调系统的分布式供能可靠性，达到提升能量及经济效益，提升太阳能保证率的目标。光伏空调的供能和高能量利用率的实现依赖有效的控制策略。实现针对当地气候的控制策略将是一个重要发展趋势。此外，用光伏所发的直流电直接驱动的全直流光伏空调（即光伏直驱空调）相比于交流型光伏空调，可以省去“直流－交流－直流”的转换过程。因此，根据光伏发电的特点，结合多种形式蓄能，实现发电和用电高效匹配与直驱，从而

图15　ENEA研究中心应用系统

图16　巴勒莫大学应用系统

提高能量本地利用率将是未来研究的一个重点。

在太阳能吸收式制冷方面，近年来相关研究已经对热源的不稳定性、热源的间歇性以及系统效率低等方面进行了不同幅度的提升，为太阳能吸收式制冷连续稳定和高效的运行奠定了基础，然而当前限制太阳能吸收式制冷推广应用的主要因素还是其经济性较差。在我国大部分区域，太阳能吸收式制冷一年中能够运行的时间只集中在夏季几个月，在剩余的时间由于没有冷量需求系统无法运行，这造成了系统投资回收期过长。因此如果可以从以下几个方面进行改进则有助于改善系统经济性，并提升太阳能吸收式制冷的竞争力：①选取合适的气候区域进行太阳能吸收式制冷的实施，增加系统在一年当中的运行时长；②在制冷季节以外利用太阳热能进行供热或生活热水的制取，增加太阳能集热器在一年当中的运行时长；③将太阳能吸收式制冷与储热技术进行结合，保证太阳能吸收式制冷在一天当中的运行时长；④降低太阳能吸收式制冷在冷热供应中的功率比重，让太阳能吸收式制冷尽量在高负荷比例下运行，同时与电制冷技术和空气源热泵等技术进行耦合保证冷热的稳定供应。

太阳能吸附式制冷技术目前仍处于研发阶段，最重要的是加快匹配吸附材料、循环、系统对波动太阳能工况的适应性，针对不同地区有针对性地设计最优的吸附材料与循环。近几年吸附循环已经有了完备的发展，小型机组的功能性也得到了验证，加快大型示范机组的搭建将积极推动太阳能吸附式制冷的发展。

参考文献

[1] 赵志刚，张雪芬，刘怀灿，等．基于光伏直驱变频式离心机系统的三元换流控制方法［J］．制冷与空调，2014，14（12）：17–22.

[2] Li Y，Zhang G，Lv GZ，et al. Performance study of a solar photovoltaic air conditioner in the hot summer and cold winter zone［J］．Solar Energy，2015，117：167–79.

[3] Schibuola L，Scarpa M，Tambani C. Demand response management by means of heat pumps controlled via real time pricing［J］．Energy and Buildings，2015，90：15–28.

[4] Zhao BY，Li Y，Wang RZ，et al. A universal method for performance evaluation of solar photovoltaic air–conditioner［J］．Solar Energy，2018，172：58–68.

[5] 陈雪梅，王如竹，李勇．太阳能光伏空调研究及进展［J］．制冷学报，2016，5：1–9.

[6] Mazloumi M，Naghashzadegan M，Javaherdeh K. Simulation of solar lithium bromide–water absorption cooling system with parabolic trough collector［J］．Energy Conversion and Management，2008，49（10）：2820–2832.

[7] M. Qu，H. Yin，D.H. Archer. A solar thermal cooling and heating system for a building：experimental and model based performance analysis and design［J］．Solar energy，2010，84：166–182.

[8] Z.Y. Xu，R.Z. Wang，H.B. Wang. Experimental evaluation of a variable effect LiBr–water absorption chiller designed for high–efficient solar cooling system［J］．International Journal of Refrigeration，2015，59：135–143.

[9] Z.Y. Xu，R.Z. Wang. Comparison of CPC driven solar absorption cooling systems with single，double and variable

effect absorption chillers [J]. Solar Energy，2017，158：511-519.

[10] Z.Y. Xu. Solar-gas driven absorption system for cooling and heating in a hotel [J]. Handbook of Energy Systems in Green Buildings，2018，1795-1809.

[11] 王如竹，王丽伟，吴静怡 . 吸附式制冷理论与应用 [M]. 北京：科学出版社，2007.

[12] Ugale VD，Pitale AD. A Review on Working Pair Used in Adsorption Cooling System [J]. International Journal of Air-Conditioning and Refrigeration，2015，23 (02)：1530001.

[13] Lu ZS，Wang RZ. Performance improvement by mass-heat recovery of an innovative adsorption air-conditioner driven by 50-80℃ hot water [J]. Applied Thermal Engineering，2013，55(1-2)：113-120.

[14] Tu YD，Wang RZ，Ge TS. New concept of desiccant-enhanced heat pump [J]. Energy Conversion and Management，2018，156：568-574.

[15] Pan QW，Wang RZ，Lu ZS，et al. Experimental investigation of an adsorption refrigeration prototype with the working pair of composite adsorbent-ammonia [J]. Applied Thermal Engineering，2014，72 (2)：275-282.

撰稿人：王丽伟　徐震原　李　勇　马　涛

余热回收的热泵系统发展研究

现代生产生活中存在大量的热量需求，区域供暖、生活热水的提供需要热能，工业生产的浓缩、干燥等流程也需要热能。工业生产往往还需要大量的蒸气，蒸气的产生也需要消耗大量热能。传统热能提供的方法主要通过化石燃料的燃烧或电加热，需要耗费巨大能量，燃料燃烧还造成了环境污染，而热泵技术则可以通过消耗少量的能源从低温热源中提取能量，以热泵工质为载体将热量温度升高并供给用户，因此热泵可以比传统的加热方法节约数倍的能量消耗。目前应用于余热回收的热泵系统主要包括压缩式热泵和吸收式热泵，这些技术在包括热电和化工等行业的余热回收中扮演了重要角色。除此之外，基于特定场景的吸收式换热技术和热泵干燥技术的重要性也越来越明显，并在远距离供热和工农业干燥中发挥了重要作用。

1. 余热回收的压缩式热泵

蒸气压缩式热泵系统是最常见的热泵系统之一，具体的分类可参照图 1，其中输出温度越高应用范围越广，但技术挑战越大。当前的技术在传统热泵区域较为成熟，在高温热泵区域正在进行研发，而对于超高温热泵的研发仍然较少，这其中所需要解决的问题包括寻找新型工质和系统循环改进等多方面的工作。

1.1 高温热泵工质性能要求

高温循环工质是压缩式高温热泵的“血液”，蒸气压缩循环的关键工况点的设计与热泵工质的选型直接相关，而压缩机的选型与设计也需要首先确定热泵工质。在高温热泵系统中，对制冷剂的选型要求大多也符合对热泵工质的要求。但是，热泵工质的压力温度工作范围往往更高，对热泵工质的热物理性质要求更好。同时在余热回收中的热泵系统与制冷系统相比，往往具有更高的容量，因而对工质的环保特性和经济性要求相应也会更高，表 1 总结了高温热泵应用中最重要的评价标准。

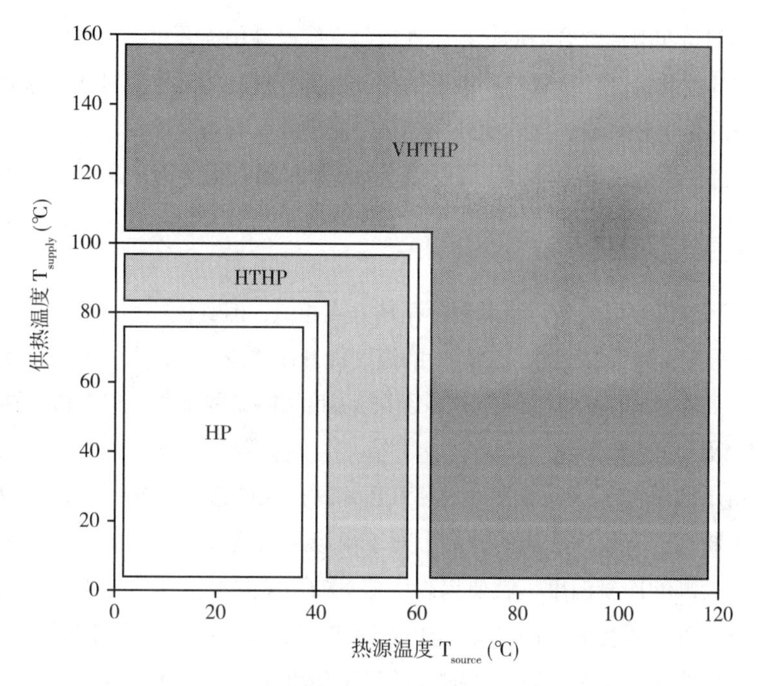

图 1　压缩热泵的温度层级发展

表 1　用于 HTTPs 的制冷剂选择标准

类别	所需特性
热力稳定性	·高临界温度（> 150℃）允许亚临界状态的热泵循环 ·低临界压力（< 30 bar） ·停运时的压力> 1 个大气压 ·低压力比
环境兼容性	·ODP = 0（无臭氧消耗） ·GWP < 150（低全球变暖值） ·依据法规的未来发展趋势
安全性	·无毒性 ·无可燃性或低可燃性
效率	·高温升下的高效率（COP） ·防止湿压缩的最小过热度 ·高体积制热能力（VHC）
可用性	·可商用 ·低价
其他因素	·在适当的润滑油溶解度 ·制冷剂 – 润滑油混合物的热稳定性 ·高温下的润滑性能 ·与铝、钢和铜的材料兼容性

同时制冷剂与润滑油混合后的热稳定性也是系统设计中需要重点考虑的因素。制冷剂与润滑油混合物的性质将进一步限制压缩机的排气温度，过高的温度有可能引起润滑油和系统其他部件材料的化学分解或焦化。此外，热泵工质需要具有与金属材料或其他化学材料良好的相容性，避免在运行过程中降解。需要相容的常见材料有铝、钢、铜，以及聚合物等。

1.2 高温热泵循环系统

高温热泵系统循环形式与传统的制冷循环方式相似，但其供热温度较高，而热源温度往往受余热条件限制，因而高温热泵循环中的温度提升往往较大。应根据具体情况，适宜地采用多级、复叠、多热源等系统循环方式，受供热温度影响某些工质还将在跨临界状态循环。

1.2.1 单级压缩热泵系统

如图 2 所示的单级压缩是最常见的蒸气压缩式热泵的系统循环形式，目前的研究主要集中在热泵工质且已有较为成熟的产品。对于单级压缩热泵系统，如果在余热源温度较低的情况下达到较高的冷凝温度，就要提高压缩机的功率并增大压比，提高压缩机的排气温度。这种方法不仅要消耗大量的电能，造成系统能效比大幅度下降；同时也对压缩机的性能提出了更高的要求，不利于系统长时间的稳定运行，多级压缩系统被认为是有效的解决措施。

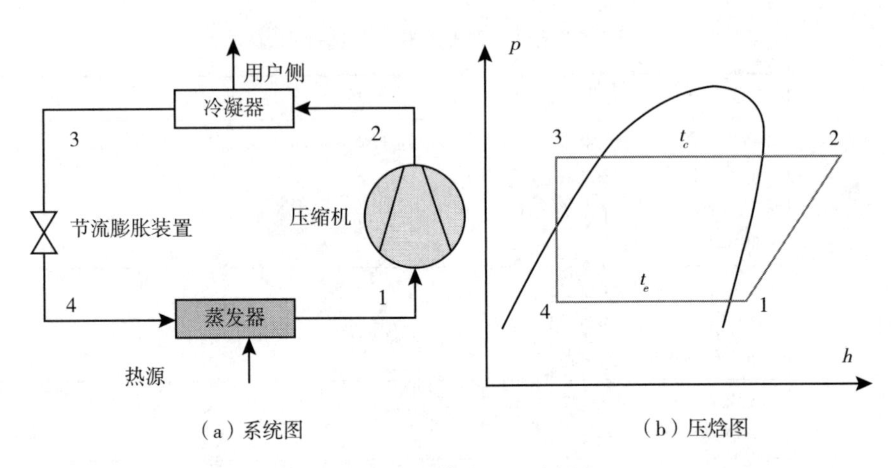

（a）系统图　　（b）压焓图

图 2　单级压缩热泵系统循环

1.2.2 双级与多级压缩系统

双级压缩系统主要应用于温度提升较大的场景，采用两级压缩机对热泵工质进行两次压缩，使其充分升温增压，然而热泵工质的压缩过程可以被近似认为是等熵绝热压缩，为了达到相应的压比往往造成排气温度过高。而用降低排气温度，双级压缩系统往往采用向高级压缩机补气的方法来降低单级压缩机的排气温度，同时还可以增大系统流量，同时利用回热器或闪蒸罐等中间换热系统，可以使流入蒸发器的工质焓值降低，使得系统可以从

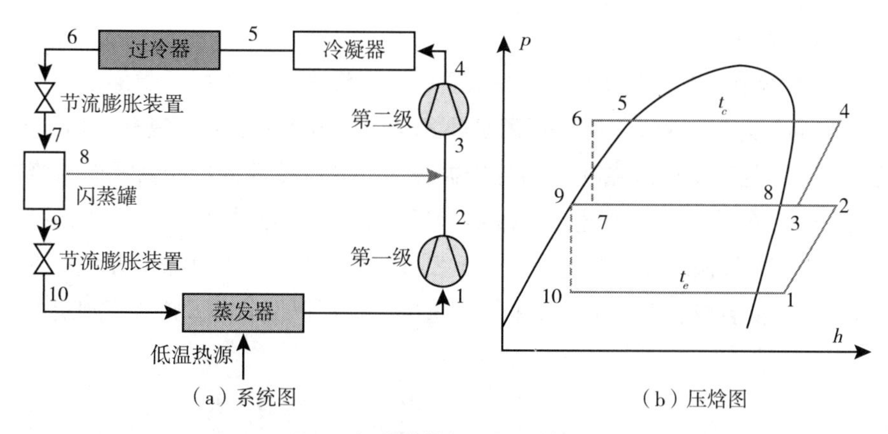

图 3　闪蒸罐补气双级压缩系统

热源提取更多的热量，提高系统循环效率。如图 3 所示为采用了闪蒸罐进行工质分离并向第二级压缩机补气的双级压缩系统，相比于单级压缩系统，双级压缩热泵系统有如下优点：双级压缩系统使用两台压缩机，并且往往配备了中间级补气回路，系统运行更加稳定，调节能力更强；同时两级压缩减轻了压缩机负担，有利于长时间运行；双级热泵系统往往有着更高的温度提升和压缩效率，通过系统中间压力等参数和级间结构的优化设计也有可能获得更高的 COP。

某些需要较高温度的场合，往往需要采用多级压缩系统来进一步增大温度提升。如图 4 所示，三级压缩系统与双级压缩系统的运行流程相似，但增加了一级压缩机后压缩过程和膨胀过程的压差进一步减小，更贴近等温压缩并减小不可逆损失。采用多级压缩系统不仅可以降低冷凝器和节流膨胀装置中的不可逆损失，同时可以提高热泵系统的温度提升并拓展应用范围。

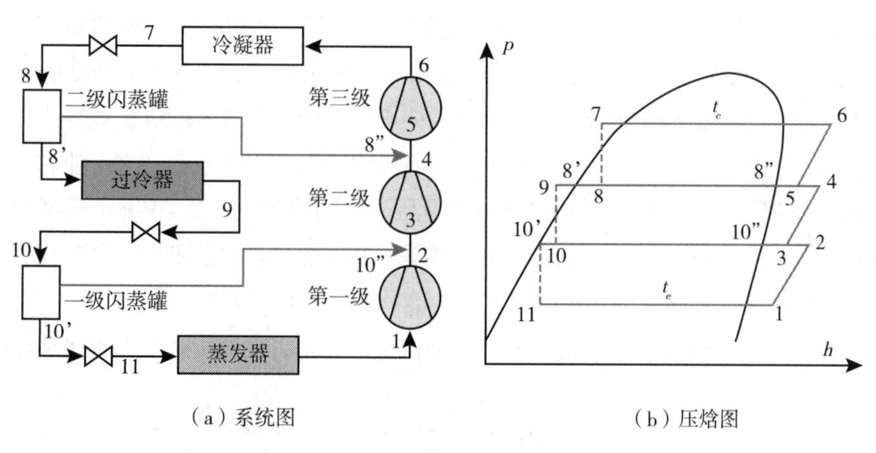

图 4　多级压缩系统

1.2.3 复叠热泵系统

在需要较大温度提升的场景，单一工质的适用温度范围往往不能覆盖整个实验工况条件，此时可以采用双级工质，利用复叠式系统实现较大的温度提升。如图 5 所示，复叠式热泵系统包括低温级循环与高温级循环，低温级循环的冷凝器同时充当高温级循环的蒸发器，在系统中称为蒸发冷凝器。不难看出复叠式热泵系统的关键问题在于低温级循环与高温级循环的连接与匹配。蒸发冷凝器的性能直接影响着复叠式热泵系统的换热效果，而低温级、高温级工质的合理选型，也可以使复叠式热泵机组更好地发挥作用。

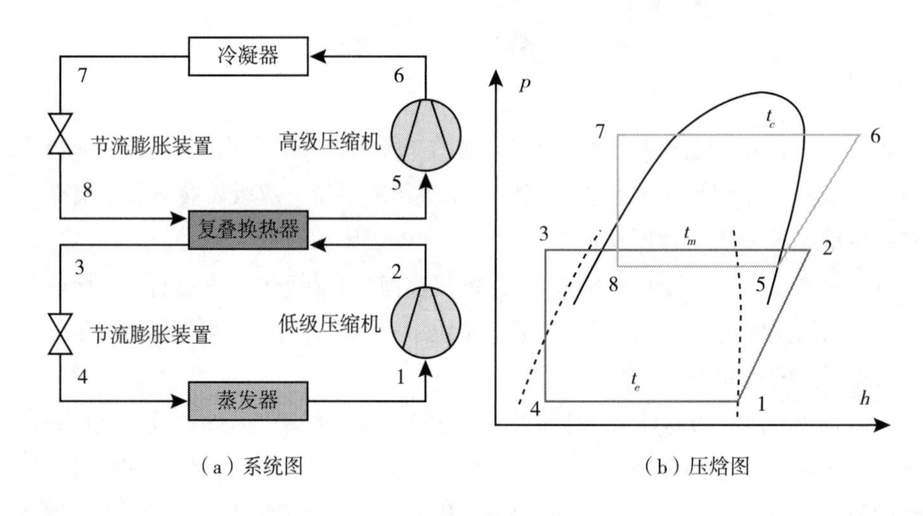

图 5　复叠式热泵系统

1.3 高温热泵技术展望

对高温热泵来说，目前的研究方向主要集中在新型制冷剂的开发和利用，系统循环形式的优化与系统供热温度的提高这几个方面。而为了实现如上目标，R1336mzz（Z）、R1233zd（E）或 Novec 649 等新工质的应用，抑或是大型离心式压缩机、螺杆式压缩机的开发都引起了学界和产业界的关注和研究。尽管高温热泵技术已经在许多工业和生活应用场景下开始发挥了作用，然而由于缺乏对工业用热的明确认识、低 GWP 环保制冷剂的匮乏以及相比与电力与化石燃料的较高的投入成本，高温热泵技术的推广仍然存在着许多困难。经过分析未来高温热泵领域的研究突破主要将集中在以下几个方面。

（1）热泵组件的优化：高效换热器和压缩机设计仍是有效减少热泵循不可逆热损失的方式。

（2）系统循环的优化：许多研究已经证明，采用喷射器或中间换热器等部件可以有效提高系统循环性能；受到余热温度的限制，在较高供热温区下热泵的性能表现还比较差，进入更高温区后的热泵系统循环形式也有很重要的研究意义。

（3）热泵系统部件材料的优化：高温热泵系统发展中将进一步提高热泵的供热温度和容量，高温工况对系统各部件材料的性能也提出了更高的挑战，稳定、耐高温的材料也是热泵技术的重要支撑。

（4）以低 GWP 值为代表的具有优异环保性能的制冷剂的开发与应用：新型环保的人造工质种类还比较少、性能也相对较差，而碳氢化合物或水等自然工质在理论研究中已经显现了良好的系统性能，但实际应用中还有一定挑战，需要进一步的深入研究。

2. 余热回收的吸收式热泵

吸收式热泵以高温蒸气、余热热水、化石能源燃烧等的热能为驱动能源，通过不同的循环方式实现热能的品位提升和体量增加等目的，在采用不同热源、余热和热泵循环时可以满足 60℃ ~150℃的温度输出，是工业余热利用的重要方式之一。与只有升温型循环的压缩式热泵不同，吸收式热泵不但具有升温型的热泵循环还具有增量型的热泵循环方式，一般增量型的吸收式热泵被称为第一类吸收式热泵，而升温型吸收式热泵被称为第二类吸收式热泵或吸收式变热器，原理如图 6 所示。吸收式热泵对于热能品位和体量的灵活转换也使得它非常适合于工业余热回收与转换。

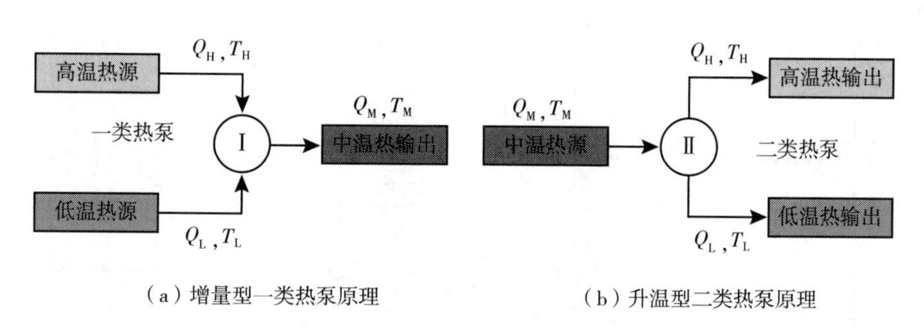

（a）增量型一类热泵原理　　（b）升温型二类热泵原理

图 6　吸收式热泵的运行原理

2.1　吸收式热泵技术的研究现状

2.1.1　第一类吸收式热泵

基本的单效一类吸收式热泵原理如图 7 所示，循环结构与单效吸收式制冷循环相同，不同之处在于热泵循环需要的是冷凝过程与吸收过程的热输出，而制冷循环需要的是蒸发过程的冷量输出。通过以上的流程，一类吸收式热泵可以在一份高温热输入的驱动下产生两份中温热输出，从而达到热能增量的目的，采用溴化锂水为工质对的单效一类吸收式热泵循环通常可以达到 1.7 左右的 COP。

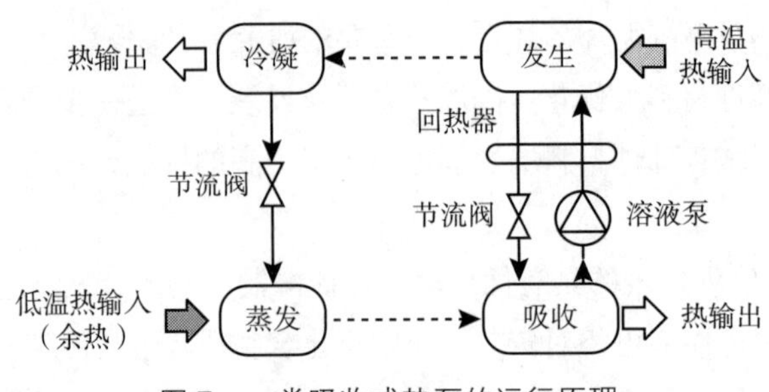

图 7　一类吸收式热泵的运行原理

由于第一类吸收式热泵追求的是对热能的增量效应，因此很多应用场景追求更高效的一类吸收式热泵循环，同时这些循环也需要更高的驱动热源温度。如图 8（a）所示为双效吸收式热泵循环，该种循环与双效吸收式制冷循环结构相同，适合采用溴化锂水溶液为工质对，循环的热输出来自低压冷凝过程 LPC 和吸收过程 A，其理论 COP 可以达到 2.7 左右。如图 8（b）所示为 GAX 吸收式热泵，适合采用氨水溶液为工质对，由于吸收过程 A 的高温段热量用于发生过程 G，因此循环的热输出来自冷凝过程 C 和吸收过程 A 的低温段。近年来，氨水吸收式热泵也逐渐开始推广应用于太阳能采暖和燃气驱动的北方煤改气采暖，具有适应低环境温度的优势，这类热泵所采用的循环就是 GAX 吸收式热泵循环。

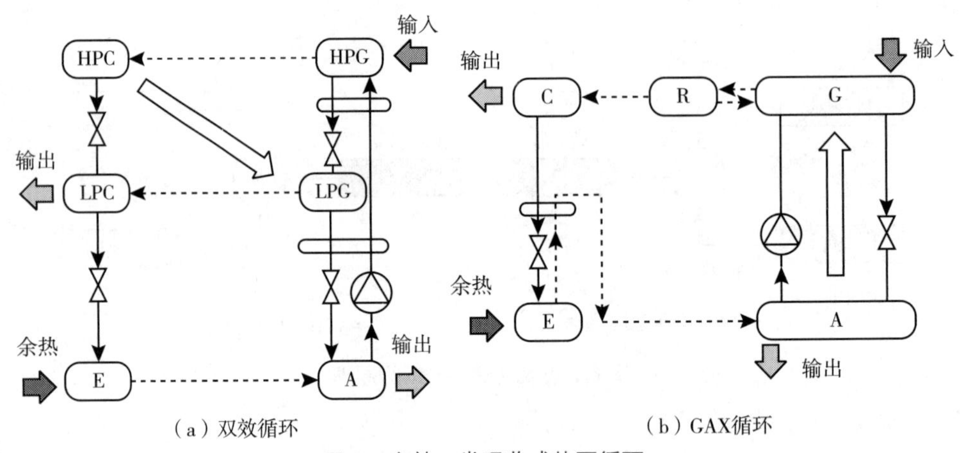

图 8　高效一类吸收式热泵循环

2.1.2　第二类吸收式热泵

图 9 所示为第二类吸收式热泵的原理，它由中温热源驱动，向高温热源和低温热源释放热量，通常情况下低温热源、中温热源和高温热源分布为环境、余热和输出。由于输出热量的温度高于输入热量的温度，所以这种循环称为升温型吸收式热泵循环或吸收式热变温器。二类吸收式热泵循环与一类吸收式热泵和吸收式制冷循环不同之处在于发生 – 冷凝过程的压力低于吸收 – 蒸发过程，因此吸收过程可以释放高温热输出；此外制冷剂从冷凝

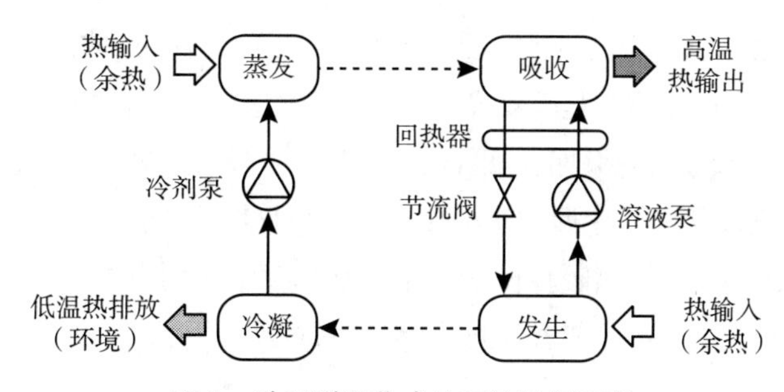

图 9 升温型吸收式热泵的运行原理

到蒸发的过程也由节流变为加压，采用溴化锂水溶液作为工质对的单级二类吸收式热泵通常可以达到 0.35 的 COP。

第二类吸收式热泵的作用主要是为了提升热能的温度，提升热泵的温升能力尤为重要，图 10 所示是为了达到大温升的一种两级二类吸收式热泵，这个循环也可以看作是 C-G-LPA-LPE 的低温二类热泵循环由外界热源加热 G 和 LPE，最后从 LPA 进行热量输出；而 C-G-HPA-HPE 的高温二类热泵循环由外界热源加热 G 并由 LPA 输出的热量加热 HPE，最后从 HPA 进行热量输出。

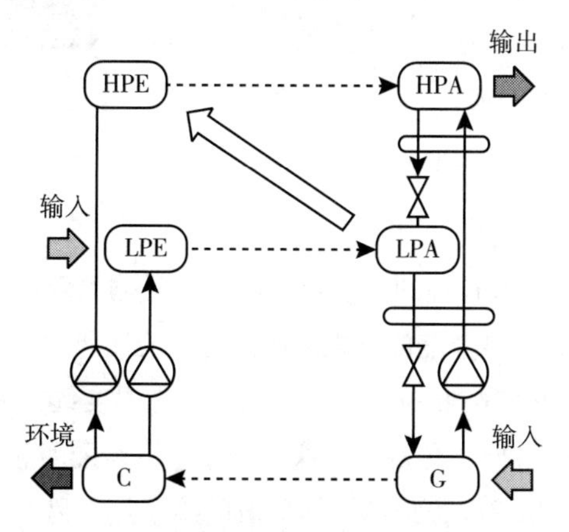

图 10 大温升型两级二类吸收式热泵循环

2.2 吸收式热泵的工业余热回收应用

以上介绍的吸收式热泵各种循环为工业余热回收提供了多种选项，也可以满足不同场景下的需求，但在实际的工业余热回收中吸收式热泵往往还需要和具体工业余热场景和用于需求进行匹配，并进行换热网络优化以达到余热最优化回收。

2.2.1 一类吸收热泵的应用

一类吸收式热泵的目的主要特点在于回收低温余热和热能增量，其热输出温度不高，且一般需要如蒸气的驱动热源，因此一类吸收式热泵较多地应用于回收含湿热空气或冷凝水等形式的余热，热输出多应用于供热、生活热水供应或工业流程的预热。如图 11 所示，本案例来自于 IEA 热泵中心的报道，是吸收式热泵应用于奥地利一家生物质能发电站。本案例中用了容量为 7.5MW 的吸收式热泵回收烟气中的余热，当吸收式热泵蒸发温度低于 50℃时即可达到烟气露点温度并从烟气中回收水的冷凝热。吸收热泵的驱动热源来自蒸汽轮机中温度为 165℃的蒸气，并向区域供暖提供 95℃的热输出。本案例中机组运行了 37000h，并达到了 1.6 的平均 COP，每年可以节省 3.96 欧元的燃料费用，投资回收期约为 5.4 年。

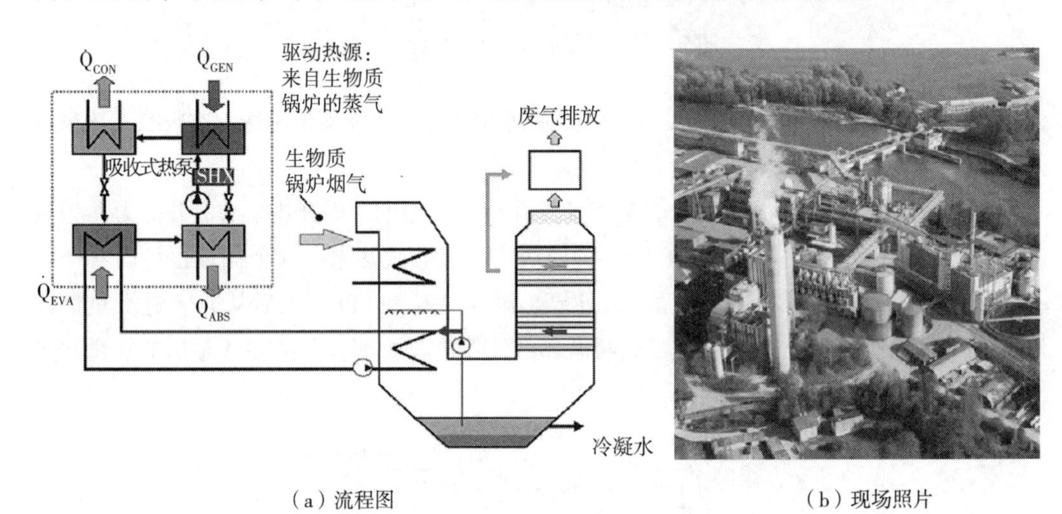

（a）流程图　　（b）现场照片

图 11　一类吸收式热泵回收生物质能电站烟气余热案例

2.2.2　二类吸收热泵的应用

二类吸收式热泵由于具有较强的温度提升能力，且输出温度高，可以和很多工业流程结合起来。如图 12 所示为双良节能的二类吸收式热泵应用于橡胶合成工业案例，反应釜顶部产生温度约为 96.5℃的热气需要被冷却从而回收其中温度约为 80℃的冷凝水，一方面反应釜底部需要持续地供给 102.5℃热输入，这部分原本需要采用蒸气进行加热。而如果采用二类吸收式热泵一方面回收反应釜顶部气体释放的冷凝热，另一方面为反应釜底部提供高温热输入就可以达到节省蒸汽的目的。经过改造后，该项目每年可节省 42400 吨蒸气输入。

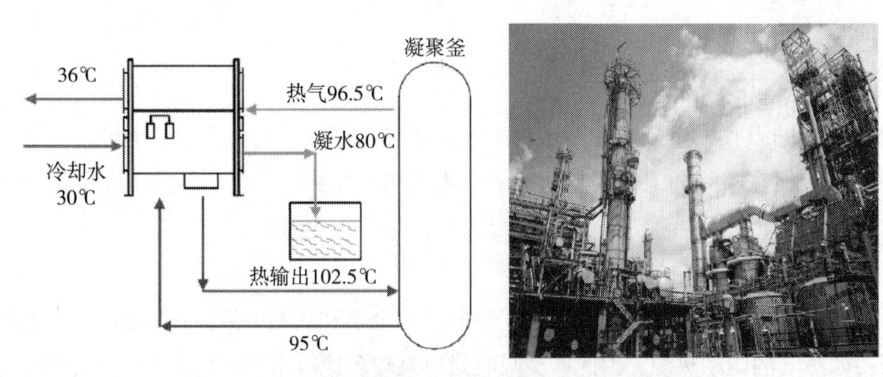

图 12　二类吸收式热泵回收橡胶合成流程余热案例

2.2.3 换热优化与吸收式热泵的结合

在现阶段的余热回收中，吸收式热泵的使用和边界参数确定往往需要和整体的余热换热网络结合考虑，以达到对余热的充分利用并减小整个换热网络中的不可逆损失，提升整体的能源利用效率。如图 13 所示为对兰州西固热电厂供暖系统进行余热回收的案例，在原有的系统中供热管网的回水全部由汽轮机的采暖抽汽加热，经过改造后吸收式热泵由汽轮机的采暖抽气驱动，回收冷凝水的余热，并将热输出将供暖回水加热。案例中共采用了六台两段溴化锂吸收式热泵机组，在余热热水进出口温度为 34.63/28.33℃和回水进出口温度为 45.94/81.34℃的工况下每台机组的平均热输出可达到 63.57MW ，COP 可到达 1.77。考虑到余热利用所减少的能源消耗和水消耗，投资回收期在 3 年以内，具有良好的经济和环境效益。

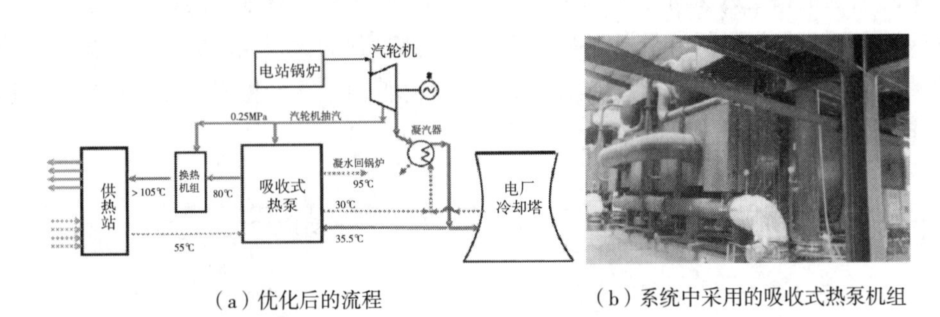

（a）优化后的流程　　（b）系统中采用的吸收式热泵机组

图 13　换热优化与吸收式热泵结合的案例

2.3 吸收式热泵技术展望

现阶段基于常规流程的吸收式热泵目前的应用已经逐渐成熟，并在工业余热回收中广泛使用，具有多种不同循环流程可供选择，一些具体实施的案例也具有可观的经济和环境效益，验证了吸收式热泵用于工业余热的可行性。虽然基于吸收式热泵的余热回收已经具备技术可行性并具有显著的节能环保特性，但其进一步推广仍然依赖于系统的经济性，因此吸收式热泵的未来发展主要在两方面：①结合余热回收的实际场景进一步提升吸收式热泵效率、适应性和整个余热回收系统的能量回收效率是进一步推广吸收式热泵的关键。②结合实际余热回收场景进行带有热能转换的复杂余热换热网络优化以及因地制宜地开发多种先进吸收式热泵技术仍然是需要高校和产业共同努力的方向。

3. 吸收式换热技术

利用热泵提取低品位余热替代常规的燃煤等化石能源是实现北方地区清洁取暖的重要途径之一。能够实现零 HFCs 排放的吸收式热泵与吸收式换热器被广泛应用在集中供热系统中，回收各类低品位的工业余热，用来实现热电联产的热电协同，还可以实现低品位热量的长距离输送等，从而使得吸收式热泵和吸收式换热器成为燃煤热源清洁化、燃气热源高效化、热电联产灵活化、热量长距离输送等重要技术中的关键设备。

3.1 吸收式换热概念的提出及其性能描述方法

3.1.1 常规集中供热系统的不匹配现象

常规集中供热系统普遍存在着严重的不匹配换热现象。以热电厂集中供热系统为例，如图 14 所示，电厂处的汽—水换热过程和热力站处的一、二次网之间的换热过程均为严重的“三角形”不匹配换热过程，换热过程两侧换热端差相差悬殊。对于该类不匹配换热，即便无限增加换热面积，仍会存在较大的传热过程的火积耗散，该火积耗散是由于两侧流量相差悬殊所导致。为满足隔压和长输供热等要求，流量相差悬殊成为工程的限制条件，如何降低流量极不匹配情况下传热过程的火积耗散成为常规供热系统节能的关键。吸收式换热的概念被提出，专门用来降低由于流量极不匹配而导致的传热过程的耗散。

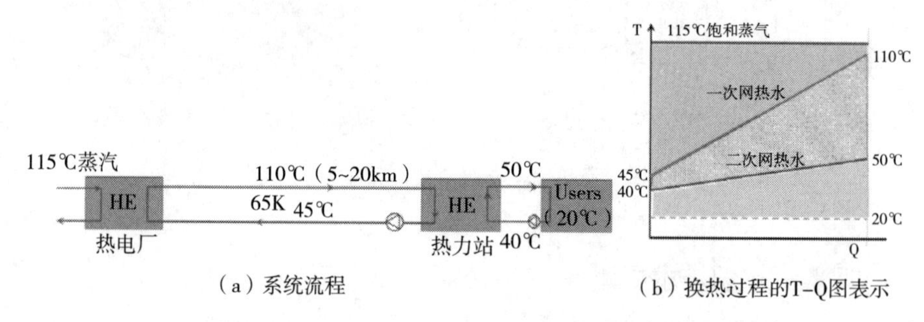

（a）系统流程　　（b）换热过程的T-Q图表示

图 14 常规集中供热系统的不匹配换热现象

3.1.2 吸收式换热器的提出及其原理

吸收式换热器分为两类。第一类吸收式换热器由付林、江亿等提出，可实现小流量侧的热源出口温度低于大流量侧热汇的进口温度，如图 15（a），热源侧出口温度 25℃，比热汇侧进口 40℃低 15K。图 15（c）给出了第一类吸收式换热器的原理，其实质上是第一类吸收式热泵与水 - 水换热器的组合，一次网水首先经过吸收式热泵的发生器作为热源，将一部分热量通过冷凝器传递给一部分二次网水，之后发生器的一次网出水进入水 - 水板式换热器，将热量进一步释放给一部分二次网水，进而板换出口的一次网水进入蒸发器进一步降温，最终实现一次网出水温度低于二次网水温。图 15（d）描述了内部各换热过程，可见，采用吸收式换热器之后，过程内部的总火积耗散大幅度减少。通过第一类吸收式换热器实现了热量自大的进出口温差变换为小的进出口温差，降温后的一次网热水可以回到热源处回收低品位余热，从而可以降低热源的品位，并且大幅度提升一次网的输热

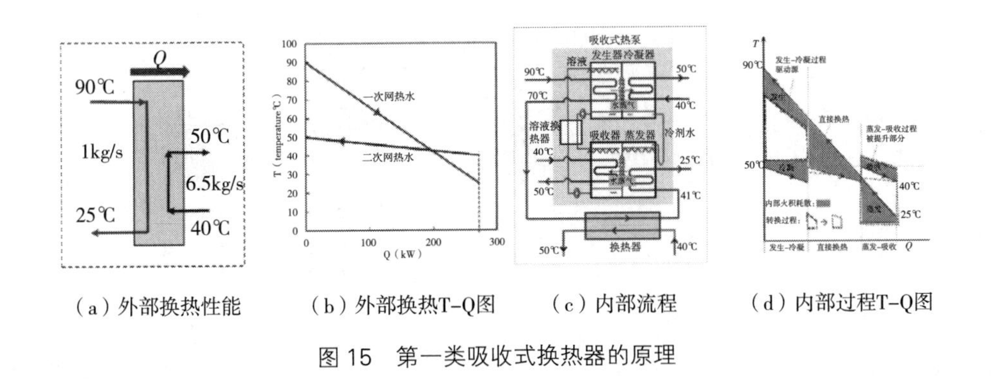

（a）外部换热性能　（b）外部换热T-Q图　（c）内部流程　（d）内部过程T-Q图

图 15　第一类吸收式换热器的原理

能力。

第二类吸收式换热器由江亿、谢晓云等提出，可以实现小流量侧热汇的出口温度高于大流量侧热源的进口温度，如图 16（a）所示，热汇侧出口温度（90℃）比热源侧进口温度（75℃）高 15K。图 16（c）给出了第二类吸收式换热器的原理，其实质上是第二类吸收式热泵与水 - 水换热器的组合。通过第二类吸收式换热器抬升了低品位热源的品位，实现了热量自小进出口温差变换为大的进出口温差，支撑低品位余热的长距离输送。

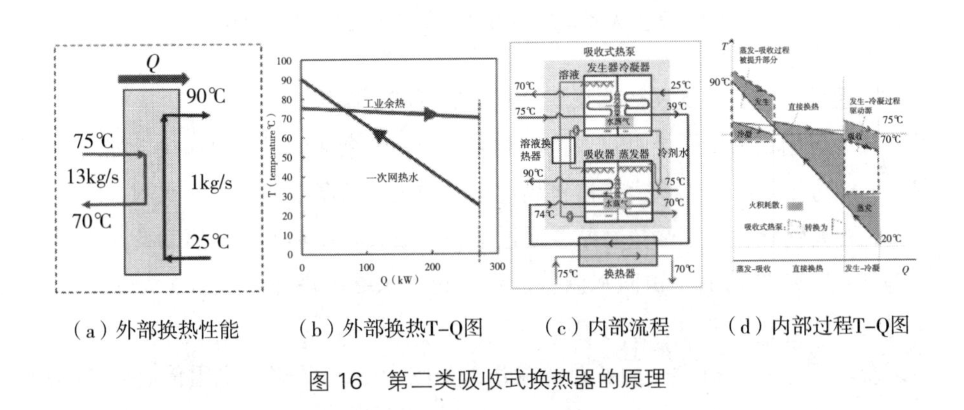

（a）外部换热性能　（b）外部换热T-Q图　（c）内部流程　（d）内部过程T-Q图

图 16　第二类吸收式换热器的原理

3.2　吸收式换热用于低品位余热回收的典型应用模式

3.2.1　基于吸收式换热的热电联产乏汽余热回收的系统

该系统由付林、江亿等提出，在热力站利用吸收式换热器降低一次网回水温度，在热电厂安装吸收式热泵，与低温的一次网回水一起回收电厂乏汽余热。该系统已经在大同、太原等多个大型热电联产余热回收的系统中被应用，实测可回收 30% 多的乏汽余热，同时使得管网输送能力提高 80%。由图 17（b）和（c），与图 17（b）相比，该系统换热过程的火积耗散大幅度降低。

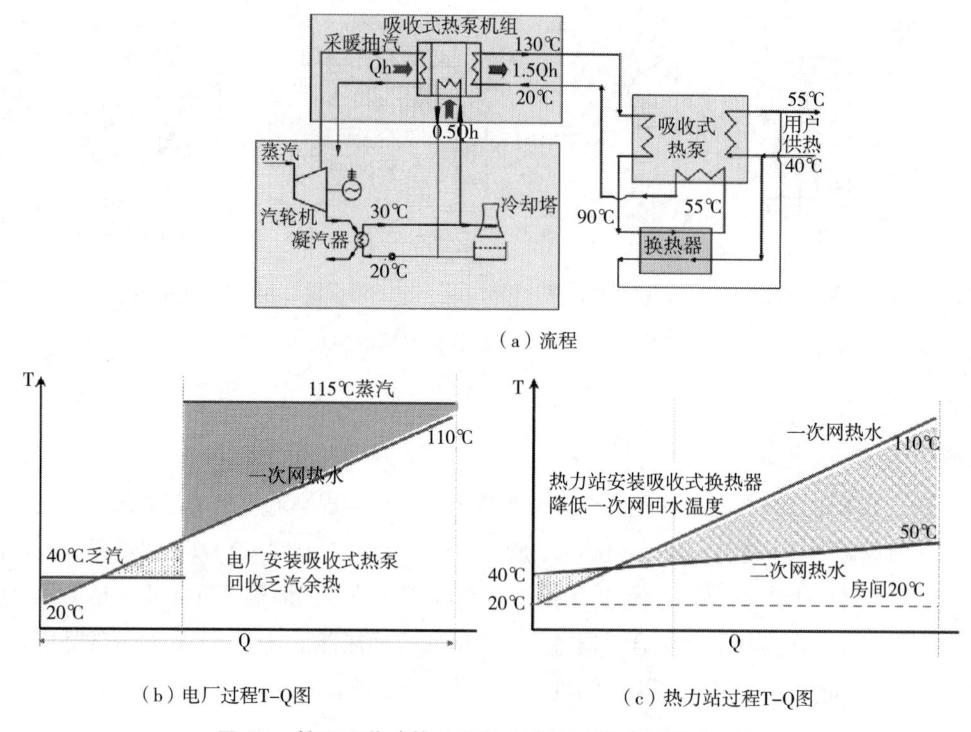

（a）流程

（b）电厂过程T-Q图

（c）热力站过程T-Q图

图 17　基于吸收式换热的热电联产乏汽余热回收系统

3.2.2　基于两类吸收式换热器实现低品位热量的长距离输送

另一典型应用是利用两类吸收式换热器实现低品位余热的长距离输送，如图 18 所示。在热源处，通过第二类吸收式换热器将热量从小的供回水温差变换为一次网大的供回水温差以进行长距离输热；在末端热力站，通过第一类吸收式换热器，将热量自一次网的大供回水温差变换为二次网的小供回水温差，用于建筑末端的供热。从而加大热量的输送温差，实现低品位工业余热的长距离输送。

该系统可用于背压机供热的长距离输送，如图 19，与常规仅采用普通换热器的系统相比，在相同的输送温差下，背压降低 40K 左右，从而可以多发电。此外，该系统还可以用于低温核供热、钢铁厂冲渣水余热的回收等，为低品位工业余热的回收和长距离输送给

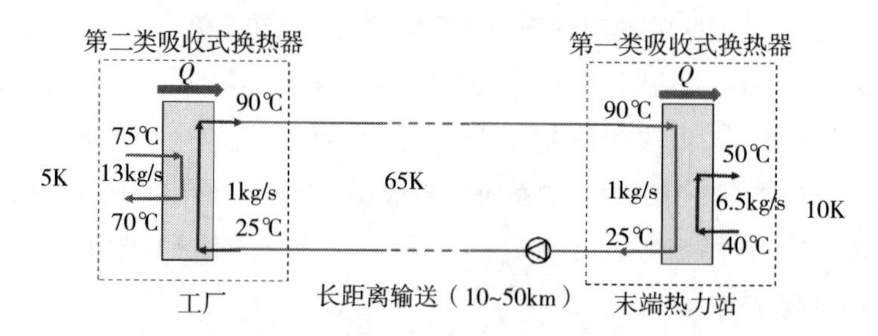

图 18　利用吸收式换热器实现低品位余热的长距离输送

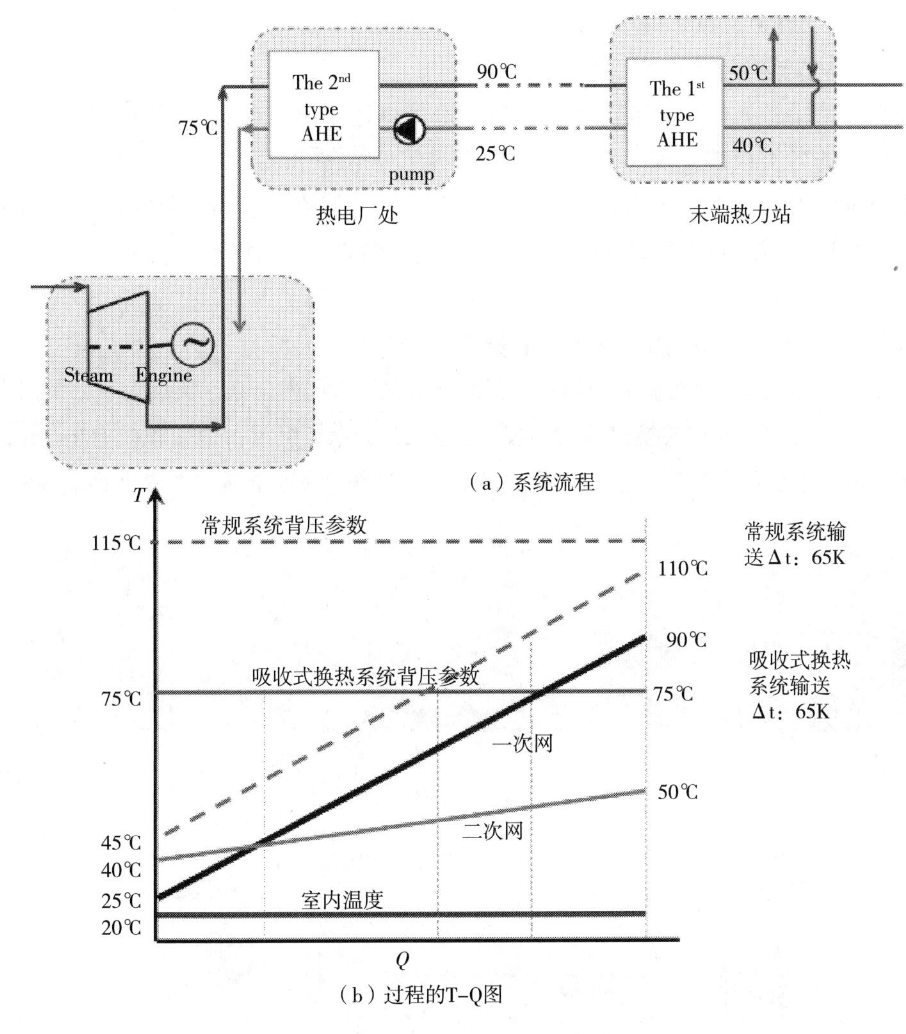

（a）系统流程

（b）过程的T-Q图

图 19　背压机供热的长距离输送

出了一条有效途径。

3.3　吸收式换热器的研究现状

与常规吸收式制冷机或吸收式热泵相比，吸收式换热器内部各器进出口温差大（10K~20K）、热源与热汇之间的温差变化大（30K~40K）、用于热力站时占地面积要求小，因此，从流程设计、工艺设计、结构设计等方面与常规吸收式热泵都有较大差别。

3.3.1　吸收式换热器的流程研究与内部参数优化

为应对源测大进出口温差的情况，多级和多段的吸收式换热器的流程被提出，进一步降低不匹配换热过程的火积耗散。除流程构建外，已有研究关注吸收式换热器的内部参数优化，包括王升等、王笑吟等利用火积耗散优化吸收式换热器内部的溶液流量、换热面积分配、最佳的二次侧流量比等。

3.3.2 吸收式换热器的动态特性研究

为了应对外部工况的大范围变化，朱超逸等搭建了全工况的动态分析模型，对吸收式换热器的各类极端工况（开机、关机、突然停电等），以及随气候的变工况等进行模拟分析，指导机组内部工艺设计和制定运行调节策略，包括吸收式换热器的重要隔压部件U型管内部的两相流动研究，为吸收式换热器内部结构和工艺设计提供了理论基础。

3.3.3 吸收式换热的新结构和新装置研发

为解决卧式机组占地面积大等问题，新的立式机组被研发出来，典型的有如下两类。

（1）立式楼宇式吸收式换热器的研发，如图20所示，机组占地面积仅有1~3m²，高度2.9~3.3m，可灵活得放置于地下车库、室外等，支撑了一种全新的集中供热末端模式 -

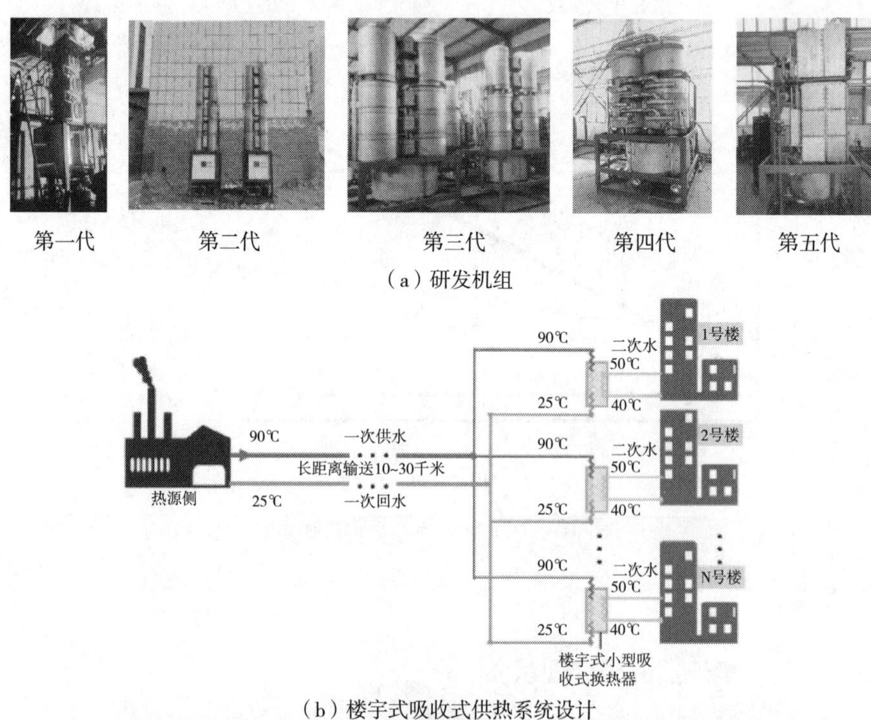

（a）研发机组

（b）楼宇式吸收式供热系统设计

（c）示范工程

图20 立式多段吸收式换热器

楼宇式吸收式供热。与常规集中热力站相比，楼宇式立式吸收式换热器取消了庭院管网，减小二次泵耗，实现单栋可调、单栋计量，已完成了多个楼宇式吸收式供热的工程应用。根据实际工程的测试结果，楼宇式吸收式换热器在一次网供水温度自严寒季的 90℃降低到末寒期的 60℃左右时，一次网回水温度保持在 30℃以下，运行性能良好。

（2）热力站用立式多级吸收式换热器的研发，如图 21 所示，性能实测结果如表 2 所示，吸收式换热器效能达到 1.3 以上，一次网出水温度达到 20℃左右，运行性能较佳。

表 2　立式多级吸收式换热器的实测性能

测试机型	负荷率	温度效率	一次网供水温度（℃）	一次网回水温度（℃）	二次网供水温度（℃）	二次网回水温度（℃）
1MW	29%	1.263	103.6	29.2	44.7	50
2MW	31.1%	1.339	107.6	19.8	42.3	49.3
6MW	43.3%	1.32	106.8	19.8	40.9	50.9
8MW	48.92%	1.363	112.9	20.1	44.8	53.7

图 21　立式多级吸收式换热器

3.4　吸收式换热技术展望

吸收式换热器的研发与应用已经取得了一定的成果，但还有很大的提升潜力，未来发展方向大致如下：①吸收式换热器的流程设计，以兼顾工艺的要求和内部传热传质过程的匹配；②吸收式换热器内部各器的传质强化，以进一步减小体积和降低成本；③全新结构的吸收式换热器的研发；④防腐蚀工艺的研究，以扩展机组选材的空间，保证安全可靠的运行；⑤第二类吸收式换热器的研究与研发。

4. 热泵干燥技术

很多发达国家干燥能耗占全国总能耗的7%~15%，因此，在保证物料干燥品质的前提下需要寻求降低能耗的方式。和传统干燥相比，热泵干燥具有更高的能源利用效率以及受外部天气因素影响小等诸多优点。

从20世纪70年代开始，西方国家相继开展了大量关于热泵干燥的研究工作。我国热泵干燥开始于80年代，上海市能源研究所从1985年开始将热泵应用于木材干燥，并于1992年开展粮食种子热泵干燥相关研究工作；自1998年起，北京林业大学研制采用双热源热泵的木材除湿干燥装置，取得了较好的节能效果。经多年发展，热泵干燥在烟草、枸杞、香菇、粮食、木材和污泥等领域做了很多推广应用，具有良好的节能效果和经济效益，并且仍具有广阔的研究和应用空间。

目前干燥系统多采用蒸汽压缩式空气源热泵，其具有更广泛的适应性。根据实际应用需求将热泵干燥技术分为如下几类：除湿型、双热源型、半开式、密闭主机室型、多级串联型和水蒸气直接压缩型。

4.1 热泵干燥技术及其研究现状

4.1.1 热泵除湿干燥技术

图22为热泵除湿干燥技术原理，经冷凝器加热后的空气进入干燥室加热物料，混入物料蒸发的水蒸气成为湿热空气，经蒸发器降温除湿后再进入冷凝器被加热。除湿过程中，湿热空气释放其中的潜热和部分显热，为蒸发器提供热量，提高热泵工作效率。

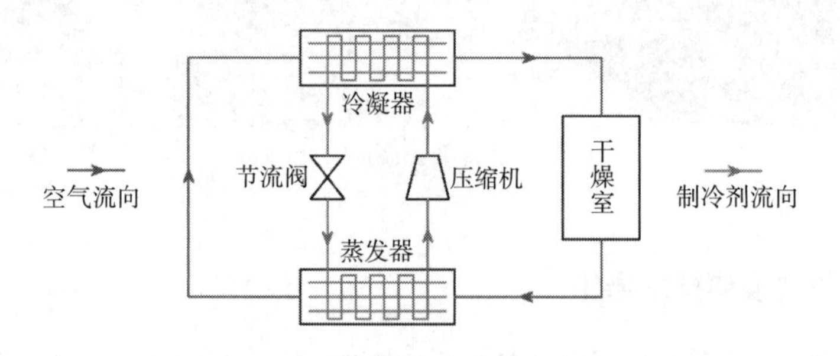

图22 热泵除湿干燥技术原理

4.1.2 双热源热泵干燥技术

图22只有一个低温热源，在热负荷较大的升温阶段，会出现供热能力不足的情形，需要辅助以电加热等其他高温热源。为降低能耗，可以在除湿蒸发器之外再设置以环境空气为低温热源的热泵蒸发器，即双热源热泵，如图23所示。

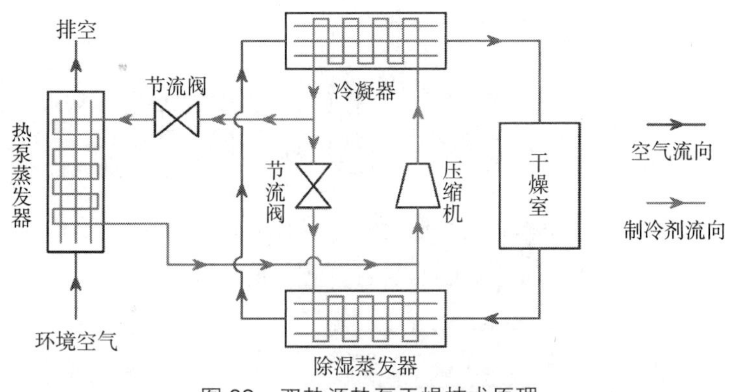

图 23　双热源热泵干燥技术原理

4.1.3　半开式热泵干燥技术

图 24 为半开式热泵干燥系统，干燥室排出的湿热空气一部分通过排湿风阀进入蒸发器除湿和提供热量，其余部分作为循环风。此外，蒸发器进入一定量的环境空气，额外补充热量。同时，通过新风阀引入与排湿空气等量的新风，与循环风汇合后进入冷凝器被加热。该类系统适合于环境温度不太低的地区，结构简单，工作效率较高。

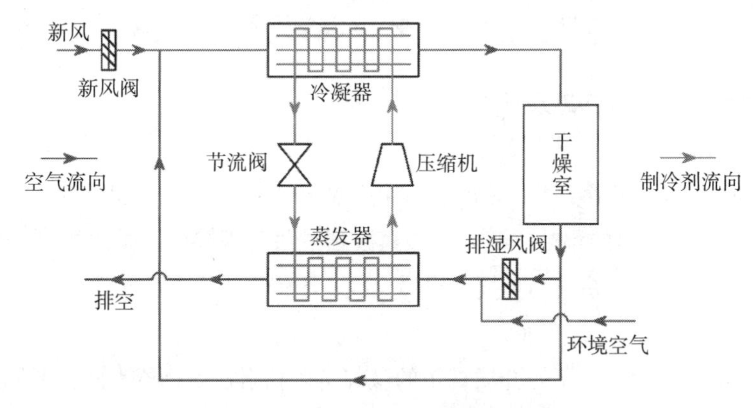

图 24　半开式热泵干燥技术原理

4.1.4　密闭主机室模式的热泵干燥技术

空气源热泵性能对环境温度较为敏感，当环境温度较低时，更适合采用闭式结构，即密闭主机室模式，如图 25（a）所示，干燥室排出的部分湿热空气进入主机室，除湿的同时为热泵提供低温热源。干燥过程存在排湿余热供需不平衡的矛盾，为解决此问题，可在排湿风阀与热泵蒸发器之间设置相变蓄热单元，如图 25（b），实现排湿余热的存储和释放，以保证系统正常运行，提高系统效率。

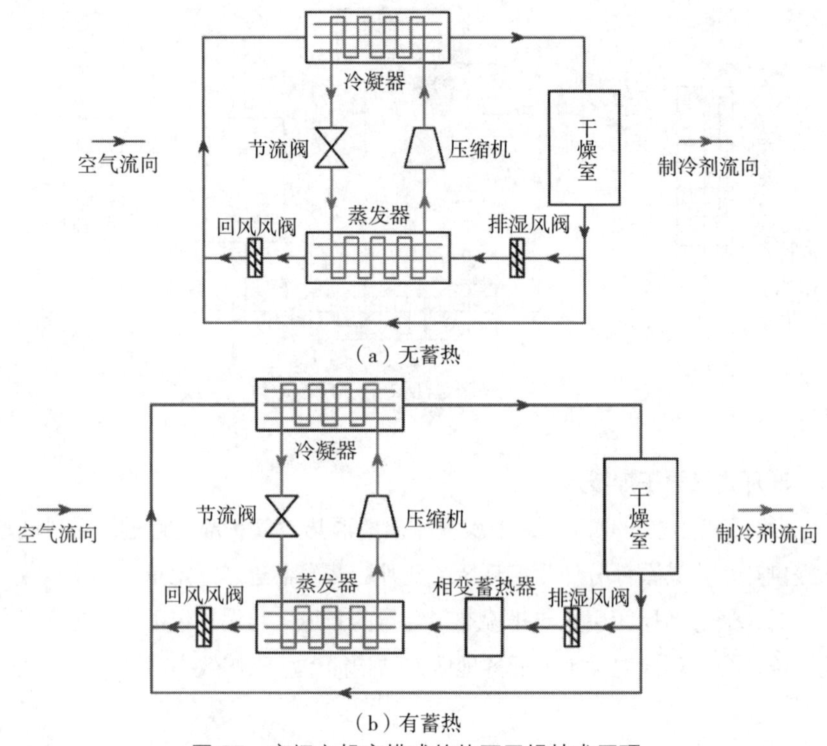

图 25 密闭主机室模式的热泵干燥技术原理

4.1.5 多级串联模式的热泵干燥技术

(1) 闭式结构

在高寒地区，可采用多级串联的闭式结构，减小各级压缩机压比，提高热泵效率，如图 26 所示，干燥室排出的湿热空气经多级蒸发器逐级降温除湿，随后再经多级冷凝器逐级加热后被送入干燥室。系统与环境无热质交换，干燥温度不受环境限制。

(2) 开式结构

部分物料清洁程度差，干燥介质携带的微细尘屑黏附在换热器表面，不易清除，影响

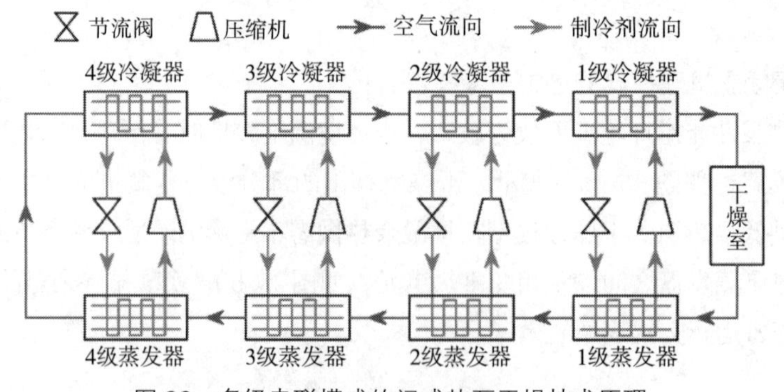

图 26 多级串联模式的闭式热泵干燥技术原理

系统正常运行，可考虑开式结构，如图 27 所示，干燥室排出的湿热空气经各级蒸发器降温除湿后直接排向环境。

4.1.6 水蒸气直接压缩型热泵干燥技术

图 28 为水蒸气直接压缩型热泵干燥系统，压缩机排出的高品位水蒸气进入干燥室为物料干燥提供热源，物料蒸发出的二次蒸汽进入固液气三相分离器，经分离后进入压缩机，完成水蒸气侧循环。进入干燥室的高品位水蒸气放热冷凝后进入冷凝水罐，经喷水泵通向压缩机进行喷水。湿物料在干燥室内经干燥脱水后变成干物料排出。

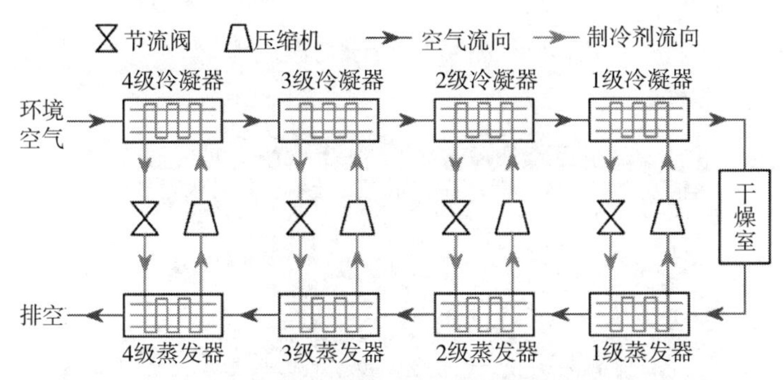

图 27 多级串联模式的开式热泵干燥技术原理

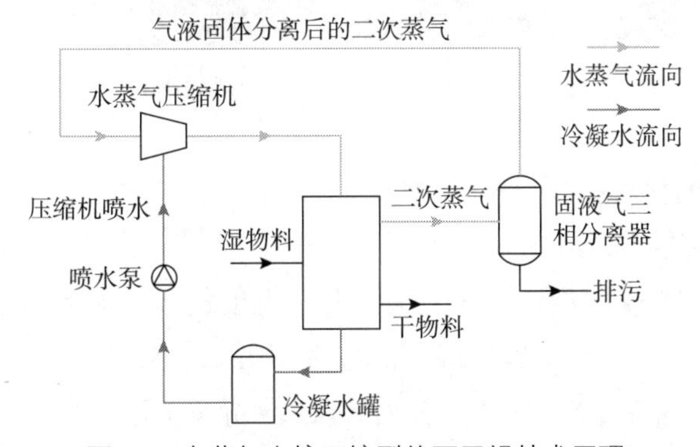

图 28 水蒸气直接压缩型热泵干燥技术原理

4.2 热泵干燥技术应用实例分析

4.2.1 半开式热泵干燥系统

图 29 和图 30 分别为半开式烟草热泵干燥系统流程图和实物图，烟草干燥通常在 6—10 月进行，环境温度适宜，热泵 COP 可达 2.6~4.5，与传统燃煤干燥相比，CO_2 排放量减少 70%，$PM_{2.5}$ 降低 99.7%，干燥质量提升 4%~8%，干烟均价提升 10.7%，人工费用节省 80%。

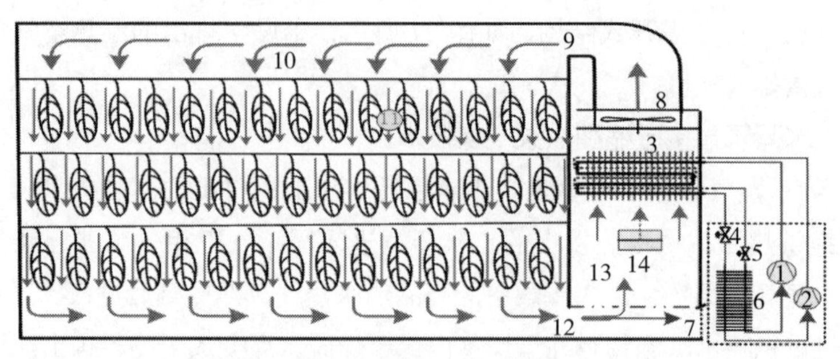

1、2-压缩机，3-冷凝器，4、5-截止阀，6-蒸发器，7-排湿口，8-冷凝风机，9-进风口，10-烤房，11-温湿度传感器，12-回风口，13-加热室，14-新风口

图 29 半开式烟草热泵干燥系统流程

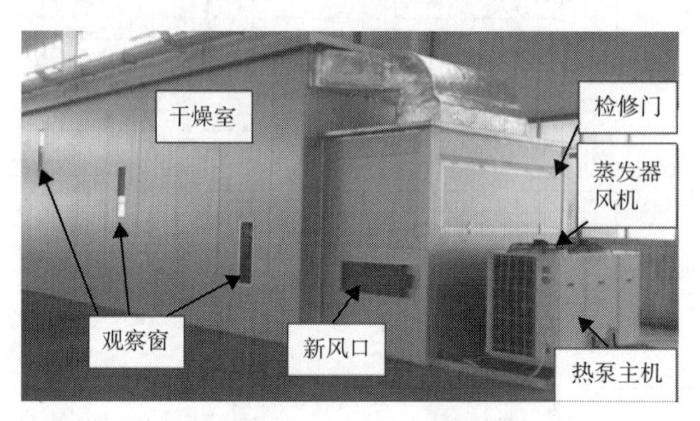

图 30 半开式烟草热泵干燥系统实物

4.2.2 密闭主机室模式的热泵干燥系统

（1）无蓄热的热泵干燥系统

以天麻为例，多在 11 月前后进行干燥，环境温度较低，适合闭式结构（图 31），干燥过程频繁排湿使得主机室维持较高的温度，系统设置全热交换器，利用排湿风预热新风，回收热量的同时避免主机室温度过高而导致热泵异常工作。

（2）有蓄热的热泵干燥系统

图 32 为引入相变蓄热的闭式中药材热泵干燥系统。相变蓄热器与蒸发器串联放置。蓄热器放热维持热泵较高的蒸发温度，避免结霜，解决干燥过程排湿余热供需矛盾，提高热泵工作效率。

4.2.3 多级串联式热泵干燥系统

以东北玉米干燥为例（图 33），利用四级热泵替代传统燃煤供热，实现系统闭式运行，烘干塔返回的湿热空气实现热量全部回收利用，节能效果显著。系统引入自循环的热管系统，显著提升系统干燥效率，除湿能耗比 SMER 达到 3.71kg/kWh。

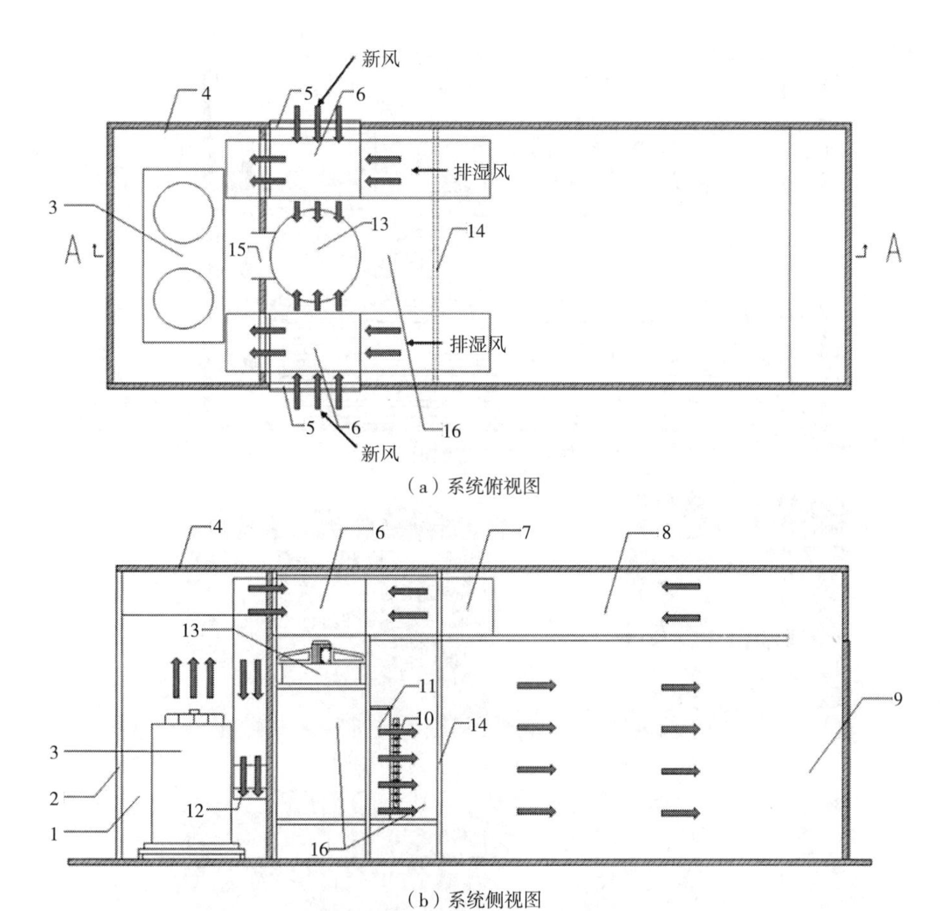

（a）系统俯视图

（b）系统侧视图

1-热泵主机室，2-自动门，3-热泵主机，4-绝热材料，5-新风阀，6-全热交换器，7-排湿风筒，8-回风道，9-干燥室，10-电加热器，11-冷凝器，12-排风风机，13-主风机，14-孔板，15-风阀，16-加热室

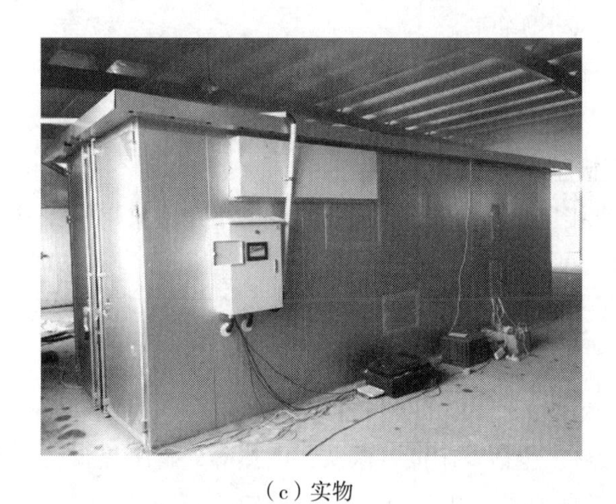

（c）实物

图 31 采用密闭主机室模式的天麻热泵干燥系统流程

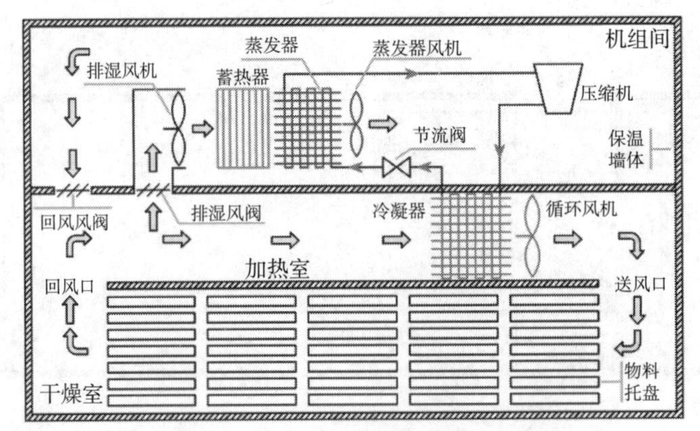

（a）热泵干燥系统流程

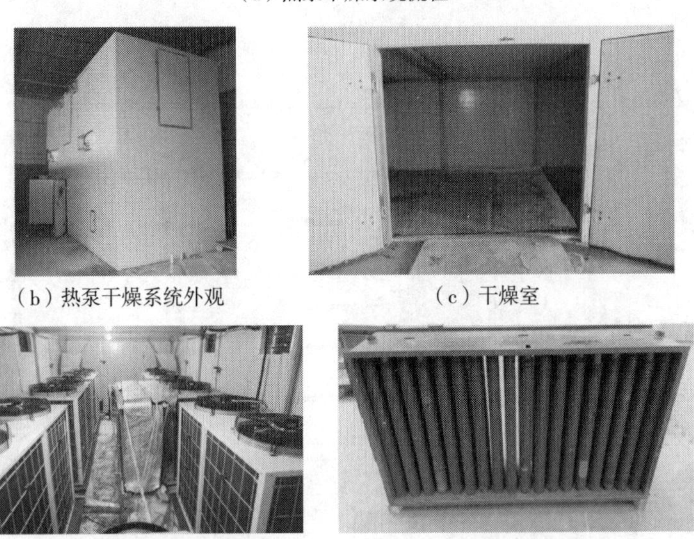

（b）热泵干燥系统外观

（c）干燥室

（d）机组间

（e）相变蓄热器

图 32　引入相变蓄热装置的封闭式热泵干燥系统流程（a）与实物（b）~（e）

4.2.4　水蒸气直接压缩型热泵干燥系统

图 34 为水蒸气直接压缩型污泥热泵干燥系统，干燥室采用浆叶干燥机，系统 COP 和 SMER 分别为 4.91 和 8.08kg/kWh。

4.3　热泵干燥技术展望

热泵干燥技术主要围绕三方面的研究开展：

（1）结合多能互补，包括太阳能、微波、电热等，解决热泵后期干燥困难和达不到 80℃以上高温的劣势，提高综合能源利用效率。已有的多能互补概念较多，但实际运行牵涉投资问题，应用案例较少。

（2）围绕热泵开发不同的干燥工艺，相关研究涵盖烟草、红枣、香菇、金银花、枸杞

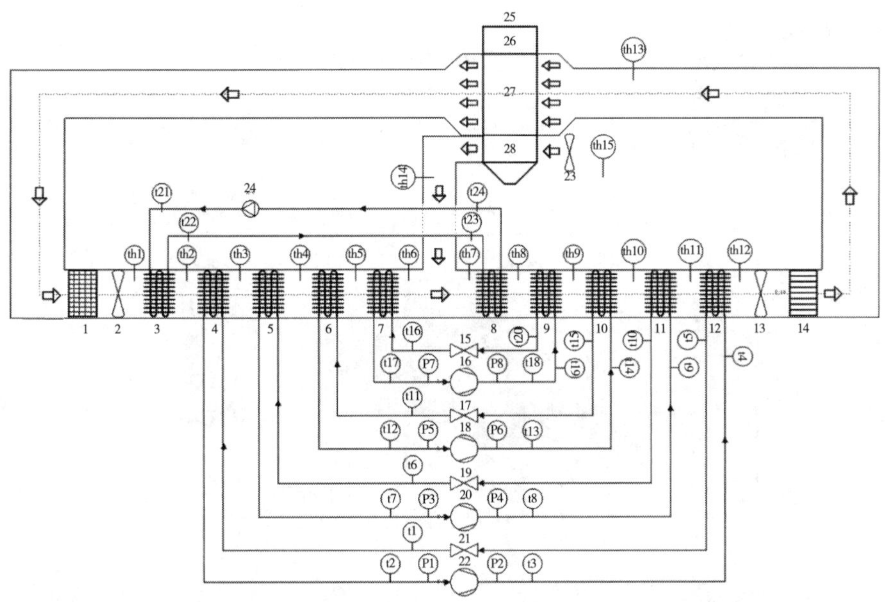

1-除尘器，2-回风风机，3-热管吸热端换热器，4-第一级热泵蒸发器，5-第二级热泵蒸发器，6-第三级热泵蒸发器，7-第四级热泵蒸发器，8-热管放热端换热器，9-第四级热泵冷凝器，10-第三级热泵冷凝器，11-第二级热泵冷凝器，12-第一级热泵冷凝器，13-送风风机，14-电加热，15-第四级热泵节流阀，16-第四级热泵压缩机，17-第三级热泵节流阀，18-第三级热泵压缩机，19-第二级热泵节流阀，20-第二级热泵压缩机，21-第一级热泵节流阀，22-第一级热泵压缩机，23-冷却风机，24-氟泵，25-烘干塔，26-烘干塔预热段，27-烘下塔干燥段，28-烘干塔冷却段

图 33　多级串联封闭式玉米热泵干燥系统流程（a）与实物（b）

等数十种物料，南方稻谷和东北玉米也在发展，工业干燥包括污泥、挂面、木材、树脂等逐渐展开。传统工业干燥废气排放愈加严格，热泵干燥有望实现近零排放，前景广阔。

（3）结合具体干燥物料有针对性的开发新技术和新装备。针对北方冬季低温场景提出密闭主机室配合空气源热泵和相变蓄热的新思路；针对东北冬季粮食干燥，开发综合多级串联除湿、梯级加热及热管回热的完整方案，获得高于南方环境条件下热泵干燥效率；围绕物料除尘问题，发展冷凝水自清洗热泵干燥方案，实现系统长期稳定运行。

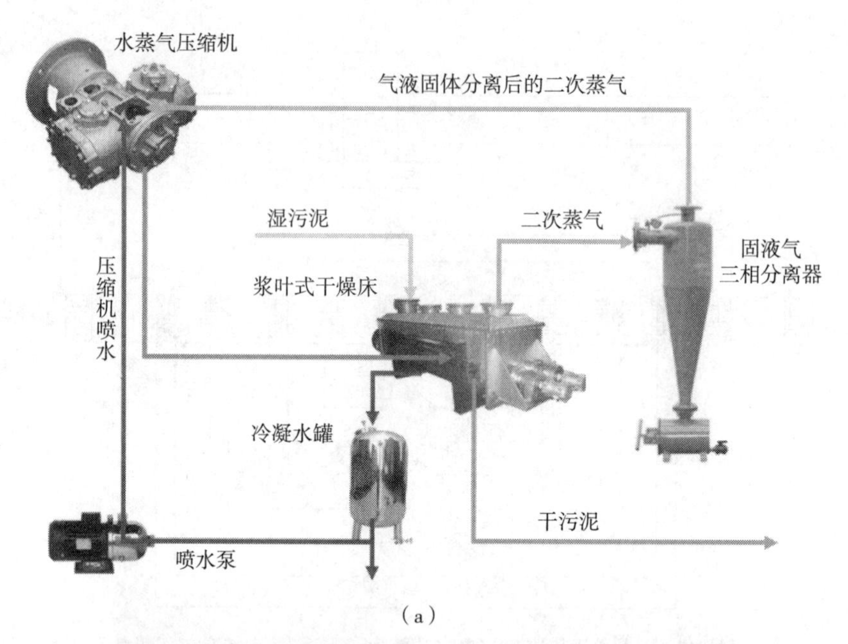

（a）

（b）

图 34　水蒸气直接压缩型污泥热泵干燥系统流程（a）与实物（b）

在核心技术开发方面，基于普通压缩机开发热泵干燥专用压缩机；开发热泵干燥专用制冷剂；结合含尘含冷凝水换热过程开发热泵蒸发器，保证系统长期稳定性。

参考文献

［1］Rieberer R. IEA Heat Pump Programme Annex 35：Anwendungsmöglichkeiten f ü r industrielle Wärmepumpen［R］. Nachhalt Berichte Aus Energie- Und Umweltforsch 17/2015，2015：1-265.

［2］IEA. Annex 35：Application of Industrial Heat Pumps，Final Report，Part 1［R］. Report No. HPP- AN35-1. 2014.

［3］Bamigbetan O，Eikevik T M，Nekså P，et al. Review of Vapour Compression Heat Pumps for High Temperature

Heating using Natural Working Fluids [J]. International Journal of Refrigeration, 2017, 80: 197-211.

[4] Arpagaus C, Bless F, Uhlmann M, et al. High temperature heat pumps: Market overview, state of the art, research status, refrigerants, and application potentials [J]. Energy, 2018, 152: 985-1010.

[5] Fukuda S, Kondou C, Takata N, et al. Low GWP refrigerants R1234ze (E) and R1234ze (Z) for high temperature heat pumps [J]. International Journal of Refrigeration, 2013, 40.

[6] CHEN. Chengmin, ZHANG. Yufeng, DENG. Na, et al, Experimental performance of moderate and high temperature heat pump charged with refrigerant mixture BY-3 [J]. Trans. Tianjin Univ. 17(2011) 386-390.

[7] Le Lostec B., Galanis N., Baribeault J., Millette J. Wood chip drying with an absorption heat pump [J]. Energy. 2008; 33 (3): 500-12.

[8] Saito K., Inoue N., Nakagawa Y. et al. Experimental and numerical performance evaluation of double-lift absorption heat transformer [J]. Science and Technology for the Built Environment, 2015, 21 (3): 312-322.

[9] Centre I.H.P. Application of industrial heat pumps [R]. IEA Heat Pump Programme Annex 35 2014.

[10] Z.Y. Xu, H.C. Mao, D.S. Liu, et al. Waste heat recovery of power plant with large scale serial absorption heat pumps [J]. Energy, 2018, 165: 1097-1105.

[11] Z.Y. Xu, R.Z. Wang. Absorption heat pump for waste heat reuse: current states and future development [J]. Frontiers in Energy, 2017, 11: 414-436.

[12] Kan Zhu, Jianjun Xia, Xiaoyun Xie, et al. Total heat recovery of gas boiler by absorption heat pump and direct contact heat exchanger [J]. Applied Thermal Engineering, 2014, 71: 213-218.

[13] 付林，江亿，吴彦廷，等.一种电力调峰热电联产余热回收装置及其运行方法[P]. 中国专利，201410071808.9，2014. 2.28.

[14] Xiaoyun Xie, Yi Jiang. Absorption heat exchangers for long-distance heat transportation [J]. Energy, 2017, 141: 2242-2250.

[15] 孙健，付林，张世钢.采用吸收式换热技术降低热网回水温度的应用分析[J]. 区域供热，2015(04)：33-37.

[16] Sheng Wang, Xiaoyun Xie, Yi Jiang. Optimization design of the large temperature lift/drop multi-stage vertical absorption temperature transformer based on the entransy dissipation method [J]. Energy, 2014, 68: 712-721.

[17] Chaoyi Zhu, Xiaoyun Xie, Yi Jiang. A multi-section vertical absorption heat exchanger for district heating systems [J]. International Journal of Refrigeration, 2016, 71: 69-84.

[18] 才华，谢晓云，江亿.多级大温差吸收式换热器的设计方法研究与末寒季性能实测[J]. 区域供热，2019，1：1-7.

[19] 朱超逸.吸收式换热器在集中供热系统中的应用研究[D]. 北京，清华大学，2019.1.

[20] 江亿，谢晓云，朱超逸.实现楼宇式热力站的立式吸收式换热器技术[J]. 区域供热，2015，4：38-44.

[21] 张艳来，尹凯丹，龙成树，等.热泵技术在我国农产品干燥中的应用及展望[J]. 农机化研究，2014 (5)：1-7.

[22] Liu SC, Li XQ, Song MJ, et al. Experimental investigation on drying performance of an existed enclosed fixed frequency air source heat pump drying system [J]. Applied Thermal Engineering, 2018, 130: 735-744.

[23] 吕君.热泵干燥系统性能优化的理论分析及热泵烤烟技术的应用研究[D]. 北京：中国科学院研究生院，2012.

[24] 魏娟.热泵干燥特性研究及在农产品干燥中的应用[D]. 北京：中国科学院大学，2014.

[25] 魏娟，杨鲁伟，张振涛，等. 塔式玉米除湿热泵连续烘干系统的模拟及应用[J]. 中国农业大学学报，2018，23 (4)：114-119.

[26] 苑亚，杨鲁伟，张振涛，等. 新型热泵干燥系统的研究及试验验证[J]. 流体机械，2018，46 (1)：62-68.

撰稿人：徐震原　胡　斌　谢晓云　杨鲁伟

电动汽车热管理发展研究

进入电动汽车时代，热管理范围、实现方式及零部件均发生了很大的改变，电动汽车不仅包括传统汽车空调系统（插电混合动力汽车还包括发动机冷却系统），而且新增电池、电机等冷却需求。从热管理需求划分，电动汽车热管理系统主要包括空调回路、电池热管理系统、电机电动冷却系统和电子设备冷却系统。与传统车热管理不同，电动汽车热管理技术核心是电池热管理系统和空调热管理系统。

1. 电动汽车电池热管理

电池是电动汽车的核心部件，其性能的好坏直接影响到汽车的稳定运行和续航里程。动力电池内部是剧烈的电化学反应，在充放电过程中会产生大量的热量，导致电池温度的急剧变化。电池温度的变化又直接影响着电池的安全性、循环寿命、放电容量及充放电效率等性能，进而影响整车的工作性能。

电池热管理系统包括电池冷却系统和电池加热系统以及控制报警系统。电池热管理系统根据传感器收集的温度信息判断系统温度分布，结合当前工况需求，选择运行冷却系统或者加热系统进行温度调节，使电池工作在合理的温度范围内并保持良好的温度一致性，从而使性能得以充分发挥。当电池温度过高且不能被有效调节时，控制报警系统开启切断能量供给。电池热管理系统旨在解决电池在温度过高或者过低情况下热失控、不能深度放电等问题，提升电池的整体性能。

1.1 电池热管理冷却技术

现阶段电池冷却技术根据传热介质的不同可分为四类：空气冷却、液体冷却、相变材料冷却以及基于热管换热的冷却方式。根据不同的放电电流倍率、周围温度等应用要求选择不同的冷却方式。

1.1.1 空气冷却

空气冷却是以低温空气为介质，系统结构简单、便于维护，在早期的电动乘用车应用广泛，如日产聆风（Nissan Leaf）、起亚 Soul EV 等。然而，Chen 等和 Kenneth J.Kelly 等利用空气强制冷却方法对丰田 Prius 和本田 Insight 混合动力车用电池进行热管理对比研究显示：随着电池电量、能量密度的逐渐提升，仅靠空气散热将很难满足电池热管理性能需求（图 1）。

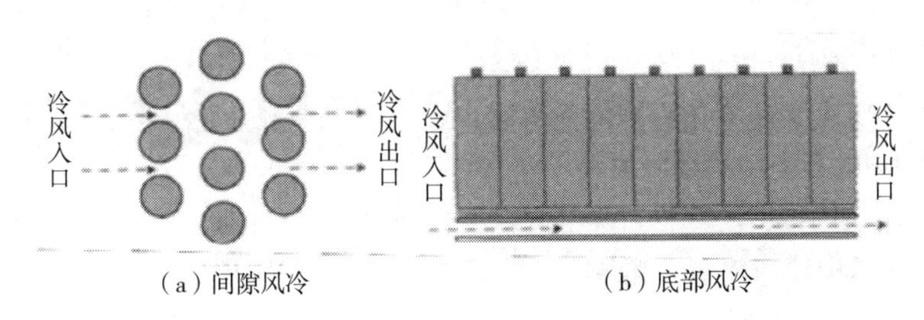

图 1　空气冷却结构示意图

1.1.2 液体冷却

液体冷却技术是通过液体对流换热降低电池温度。液体介质的换热系数高、热容量大、冷却速度快，对降低电池最高温度、提升电池组温度场一致性的效果显著；同时，热管理系统的体积也相对较小（图 2）。需要注意的是电池与液体直接接触时，液体必须保证绝缘（如矿物油），避免短路。同时，对液体冷却系统的气密性要求也较高。此外，就是机械强度，耐振动性，以及寿命要求。

液体冷却是目前许多电动乘用车的优选方案，国内外的典型产品如宝马 i3、特斯拉、通用沃蓝达（Volt）、华晨宝马之诺、吉利帝豪 EV。

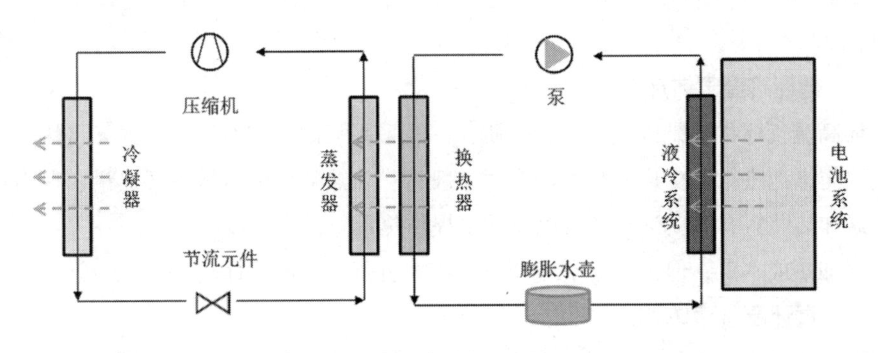

图 2　液体冷却结构示意图

1.1.3 热管冷却

热管这项技术于 1963 年在美国的洛斯阿拉莫斯（Los Alamos）国家实验室中诞生，其发明人是 G. M. 格鲁佛（G.M.Grover）。热管属于一种传热元件，充分利用了热传导原理与致冷介质的快速热传递性质，透过热管将发热物体的热量迅速传递到热源外，其导热能力已远远超过任何已知金属的导热能力。

毛圣武（Mao-SungWu）等把两个带有金属铝翅片的热管贴到电池壁面降温，验证了热管能有效降低电池的温升，斯瓦内普尔（Swanepoel）等设计了脉动热管并投入使用。北京工业大学赵耀华教授采用热管对电池进行冷却，实现了电池充放电有效冷却。

热管传热具有导热性高、等温性好、热流密度可变、热流方向可逆等优点，且热管易与其他冷却方式耦合使用，如热管－空气冷却、热管－相变材料冷却和热管－液体冷却等，这些优势使其具有良好的市场前景。然而，由于热管在管材、生产设备等方面还不成熟，目前大多处于研究阶段，尚未得以推广。

1.1.4 相变材料冷却

动力电池组中使用相变冷却是 21 世纪初哈拉杰（Al-Hallaj）和塞尔曼（Selman）等人首次提出的。相变材料冷却是一种蓄热式管理方式，该系统基本原理是将所有单体电池全部浸于相变材料中，通过相变材料在特定温度范围内自身物理形态的改变所伴随的吸热或放热，从而达到对电池组冷却或加热的目的。

相变冷却体积变化小，相变潜热较大，相变温度恒定，但是也存在热导率低、散热速度慢等缺点。

1.2 电池热管理加热技术

在低温环境下，电池功率衰减严重，且长期处在低温环境中会加速动力电池的老化，缩短使用寿命。以锂电池为例，-20℃下其可用放电容量仅为常温时的 30% 左右，其在低温环境下充电时负极表面易形成金属锂枝晶，枝晶的生长易刺穿电池隔膜，造成电池内部短路，大大降低安全性。因此，满足电池需求的低温加热技术得到了广泛的关注。

1.2.1 循环高温气体加热

循环高温气体加热是以空气作为介质，一般采用强制空气对流的方式，将热空气送入电池模块与电池进行热交换。热空气来源一般有：加热片、电机散发的热量、车内功率较大的电器加热装置，混动汽车还可以发动机提供热量。

空气加热成本低，但是其对空气调节系统的负荷大，经济性较差。

1.2.2 循环高温液体加热

与空气加热方式类似，采用水、乙二醇、油或制冷剂等作为传热介质，热传导速率远高于空气，且在复杂工况下，可以更好地满足动力电池的热管理需求。然而，目前液体加热方式对动力电池箱的密封和绝缘要求较高，会增加整个动力电池箱设计复杂程度，在可靠性方式尚有许多问题需要解决。

1.2.3　加热板、加热膜类加热法

加热板加热是指在动力包顶部或底部或之间添加电加热板，加热时，电加热板通电，加热板的一部分热量通过热传导方式直接传给动力电池。加热板一般由电阻丝、绝缘包覆层、引出导线和接插件组成，其安装位置有单侧安装、双侧安装、底部安装和间隙安装。

1.2.4　相变材料加热

低温环境下，PCM 通过从液态转变为固态过程中释放存储的能量，实现对动力电池的加热和保温。在相变过程中，PCM 温度维持在相变温度，此特性可有效解决动力电池在低温环境下温度过低的问题。但 PCM 的导热系数普遍较低，需要加入高导热材料如膨胀石墨、碳纳米管等增加其导热能力，导致成本增加。

2. 电动汽车空调系统

电动汽车空调的能耗对续航里程具有极大的影响。根据研究，夏季制冷能耗可导致续航里程下降 18%~53.7%；冬季开启暖风后，由于电阻加热器效率低下，续航里程的下降则更为明显，其续航里程可下降 60% 以上，严重影响电动汽车的使用（表 1）。

表 1　环境参数对电动车续航里程的影响

文献	车型	环境参数	循环工况			
			UDDS（%）	HWFET（%）	US06（%）	SC03（%）
H. Lohse-Busch	NISSAN LEAF	35，850 $\frac{W}{m^2}$	−18	−4	−2	—
		−7	−48	−30	−21	—
E. Samadani	FORD ESCAPE	27	−22	−14	−20	—
M. A. Jeffers 等	FORD FOCUS	27，925 $\frac{W}{m^2}$	−37	−16	—	−37
M. A. Jeffers 等	FORD FOCUS	−5	−47	−23	−20	—
D. Leighton	中型纯电动轿车	8	−40		—	—
		−2	−49		—	—
		−12	−53		—	—

在电池技术没有突破性进展的前提下，热泵空调是当前传统空调损耗续航里程问题

最好的解决方案，其最突出的优势是在制热工况下可以节省近 50% 的电耗。国外德系和日系等车型早已配置热泵空调系统，而国内新能源汽车中首次采用热泵技术成为 6 月的销量黑马，其热泵系统在 -7℃的环境下稳态 1kW 的电力可产生与 PTC 电加热器近 2kW 近似的制热效果。格力于 6 月也发布了一款采用双级增焓技术的车载热泵空调产品，可在 -30℃ ~54℃大温度区间运行，并能够降低 60% 空调耗电量，从而提升 13% 续航里程。同时三花智控的产品尤其是电子阀门也已覆盖热泵空调，其普及会扩大公司产品的市场空间。

2.1 电动汽车热泵空调系统

汽车热泵空调主要是基于蒸气压缩循环的空调系统，利用循环工质在压缩机中被压缩至高温高压的过热蒸气态，随后进入冷凝器中释放热量，经过节流装置降压变为低温低压的两相态后，在蒸发器中吸收热量，由此构成封闭的热力循环。制冷时，利用蒸发器吸收室内空气的热量，为乘员舱提供冷量；制热时，利用冷凝器加热室内空气，为乘员舱提供热量。

热泵按照使用环境温度可分为常规热泵和低温热泵。

2.1.1 常规热泵技术

相较国内，国外电动汽车热泵空调技术的相关工作起步较早，发展也更为成熟。主流主机厂、供应商，知名大学及研究机构纷纷开展了自己的研究项目，并取得了一定的成果。其中，主机厂的关注点多集中于产品开发及产业化之上，并已经推出了多款产业化热泵车型。近几年主流国外生产商的热泵电动车型如表 2 所示。

表 2　近几年国外主机厂的热泵空调车型

车型	年份	系统信息
PRIUS	2012	适用于 0℃以上环境，制冷剂为 R134a
IQ EV	2013	适用于 -10℃以上环境，制冷剂为 R134a 或 R1234yf
LEAF	2013	适用于 0℃以上环境，制冷剂为 R134a
SOUL	2014	适用于 -10℃以上环境，制冷剂为 R134a 或 R1234yf
A3 e-tron	2015	适用于 -10℃以上环境，制冷剂为 R134a 或 R1234yf

由此可见，国外主流主机厂在热泵空调系统开发上已经有一定的成功经验，热泵空调系统已经开始在电动车系统中普及。从使用条件来看，目前国外厂商所涉及的最恶劣工况是在 -10℃的环境下依然可以满足电动汽车的采暖需求，且使用常规 R134a 作为制冷剂。

由此可知，若热泵系统可满足 -10℃环境下的制热需求，则可达到国际领先水平。

在系统形式方面，国外已有产品也呈现出了一定的规律。相比于传统家用及商用热泵中的常见的四通阀系统，现有产品多采用“三换热器”的系统结构。图 3~ 图 5 展示了德系和日系车型混动版的热泵系统，可以发现主流产品中多采用了三个换热器的系统形式。

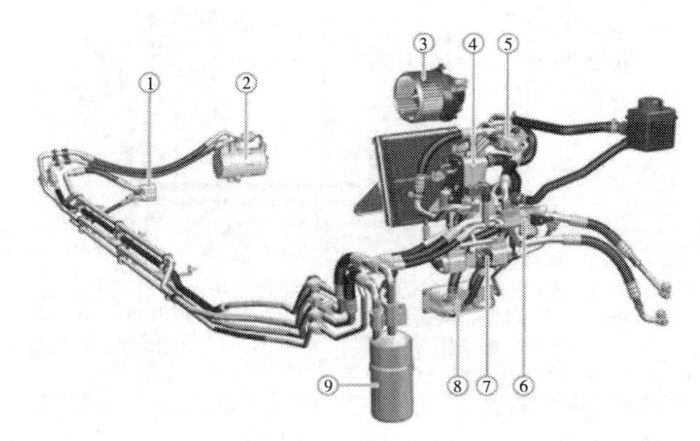

1 -在高电压蓄电池的电控膨胀阀（EXV），2- EKK，3 -鼓风机，4 -电加热器，
5 -蒸发器的电控膨胀阀（EXV），6- 冷凝器和储液干燥器之间的制冷剂截止阀，
7 -EKK和热泵换热器之间的制冷剂截止阀，8- 热泵换热器，9- 储液干燥器

图 3　带热泵的空调制冷剂管路图

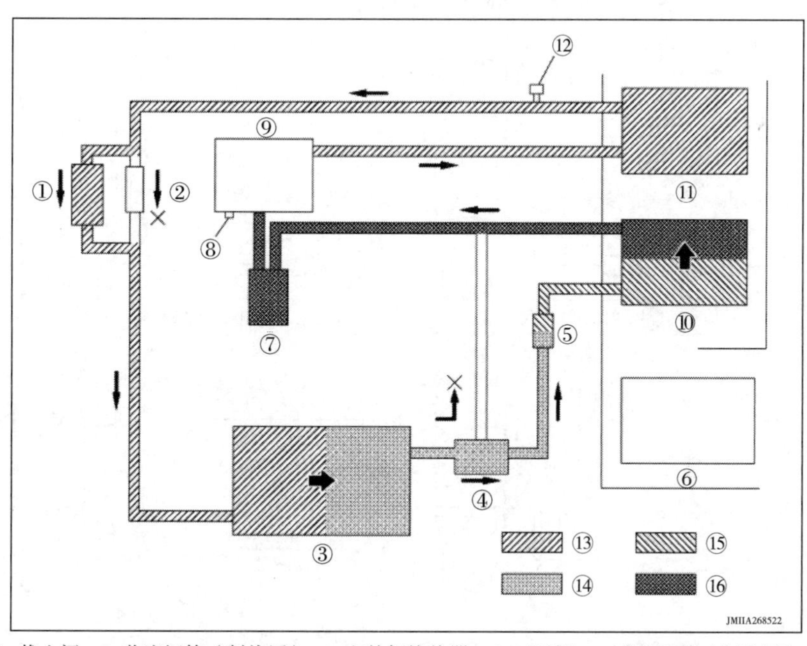

1-截止阀，2-节流短管（制热用），3-室外侧换热器，4-三通阀，5-节流短管（制冷用），
6- PTC加热器，7-气液分离器，8-泄压阀，9-电动压缩机，10-蒸发器（制冷用），
11-室内冷凝器（制热用），12-压力传感器

图 4　日系 LEAF 热泵系统结构图

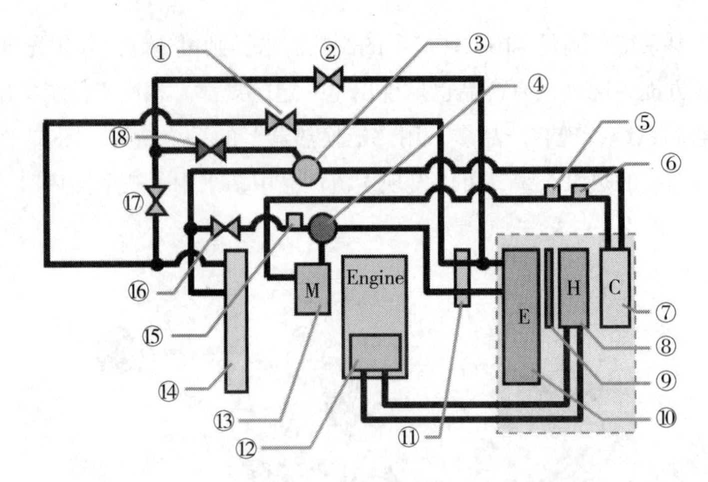

1 –高压电磁阀，2– 除湿电磁阀，3– 三通阀，4 –蓄电池，5– 制冷剂出口温度传感器，
6– A/C 压力传感器，7 –冷凝器，8– 暖风芯体，9 –空气混合阻尼器，10– ECS 蒸发器，
11– 膨胀阀，12– 电子水泵，13– 压缩机，14– 冷凝器，15– 制冷剂进口温度传感器，
16– 低压电磁阀，17– 换热器截上阀，18– 节流孔
E：制冷用蒸发器C（图中左侧）：室外侧换热器C（图中右侧）：制冷用冷凝器

图 5　日系 PRIUS 混动版热泵空调示意图

三换热器系统结构，在制热工况下，制冷剂在室内侧换热器冷凝；在制冷工况下，制冷剂在是内侧蒸发器蒸发；除雾工况下，空气先后流经是内侧蒸发器和室内侧冷凝器，实现冷热分离，不会存在冷凝水闪蒸的问题（图 6）。

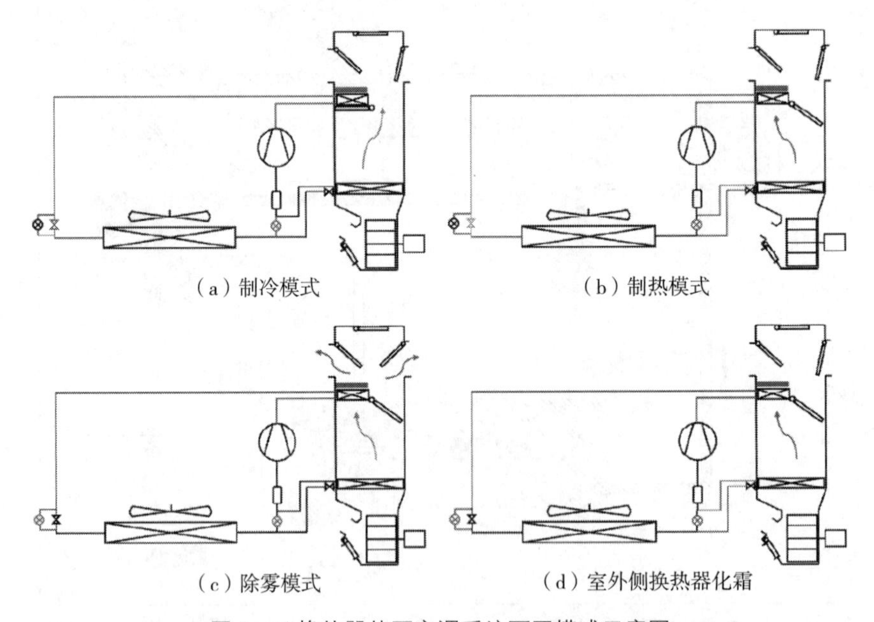

（a）制冷模式　（b）制热模式

（c）除雾模式　（d）室外侧换热器化霜

图 6　三换热器热泵空调系统不同模式示意图

2.1.2 低温补气增焓热泵系统

在冬季气温较低时（-10℃以下时），系统能力将会出现严重衰减。这是由于蒸发压力降低时，压缩机吸气的密度也会随之降低，从而导致系统中质量流量减小，制热性能衰减。同时，由于压缩机压比增大，压缩机容积效率下降，其系统的能效也会随之降低；且系统排气温度也会增加，影响系统工作的可靠性。为了弥补性能和需求之间的差异，必须使用新型的热泵循环以满足乘客舱对热量的需求。

补气增焓（Economized Vapor Injection，EVI）技术是一种可以应对极端工况的系统形式。其核心是将中间压力的制冷剂气体引入压缩机的中间级，增加系统冷凝器流量的同时冷却了被压缩的气体，使得排气温度降低，在增加系统制热量的同时保障了系统的可靠性。该技术在 1946 年由美国的一篇专利中提出，经过多年的发展，现在已经在家用机中发展成熟，用于低温环境的制热或者高温环境下的制冷。

按照系统形式的不同，补气增焓可分为经济器补气增焓系统（Economizer）和闪蒸罐（Flash Tank）补气增焓系统。图 7 展示了这两种系统的示意图。

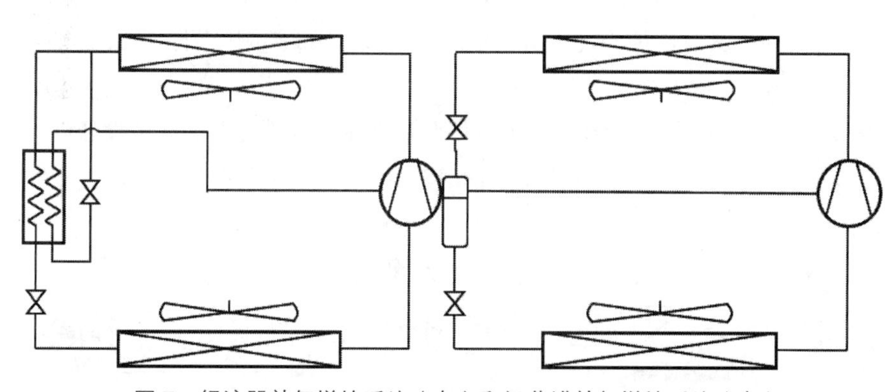

图 7　经济器补气增焓系统（左）和闪蒸罐补气增焓系统（右）

从图 7 可以看出，两种补气增焓系统的主要差别在于中间级。在经济器补气增焓系统中，中间级的制冷剂由冷凝器后面分出，经节流后在经济器中过热，然后喷射到压缩机中间级中；而在闪蒸罐补气增焓系统中，由冷凝器流出的制冷剂首先经过第一级节流，然后在闪蒸罐中实现气液分离；气相进入压缩机中间级进行补气，液相经二次节流进入蒸发器进行蒸发。从性能角度而言，这两种系统形式的制热性能没有明显差距。有文献表明闪蒸罐系统的性能要稍微优于经济器系统，但该系统的控制逻辑非常复杂。经济器系统对于补气压力的调节范围和系统的控制成本都要优于闪蒸罐系统，因此得到了较为广泛的应用。

2.2 车用环保制冷剂的替代

近年来，全球范围都制定了更为严格的制冷剂使用法规。2006 年欧盟通过的温室气体排放法案规定至2017年起所有新生产的汽车中都不能使用GWP超过150的制冷剂。2017年美国国家环境保护局EPA针对轻型客车上使用低GWP的制冷剂建立了积分奖惩制度。日本监管禁令也规定到2023年为止，在日本使用的汽车空调制冷剂其加权平均的GWP值必须小于150。全球范围内HFC类的限制使得空调制冷剂R134a的替代迫在眉睫。

2.2.1 R1234yf

目前，在汽车空调技术行业内对R1234yf替代R134a已有较大的认可度。自2009年来美国汽车工业协会也对R1234yf作为汽车空调制冷剂进行了测试和研究，认为R1234yf可以作为新一代汽车空调制冷剂在世界范围推广，欧洲、美国、日本、韩国及中国出口的新型车都部分开始采用R1234yf制冷剂。上海交通大学陈江平教授团队已与霍尼韦尔公司合作进行了大量R1234yf车用热泵系统的研究工作，在补气增焓的性能上具有较好的效果，可满足 -20℃下的制热需求。

2.2.2 R290

R290的汽化潜热为R134a的两倍，使用R290替代R134a，结果显示R290充注量远远小于R134a，然而其制冷能力优于R134a。R290属于A3类制冷剂，其安全性是研究的重点。

研究表明，R290的泄漏分为自然泄漏和强制泄漏，本课题组基于实验分析，构建了点火概率模型，并设计的二次回路系统，同时将R290系统封装在发动舱内，有效地降低了R290泄漏和着火的风险（图8）。

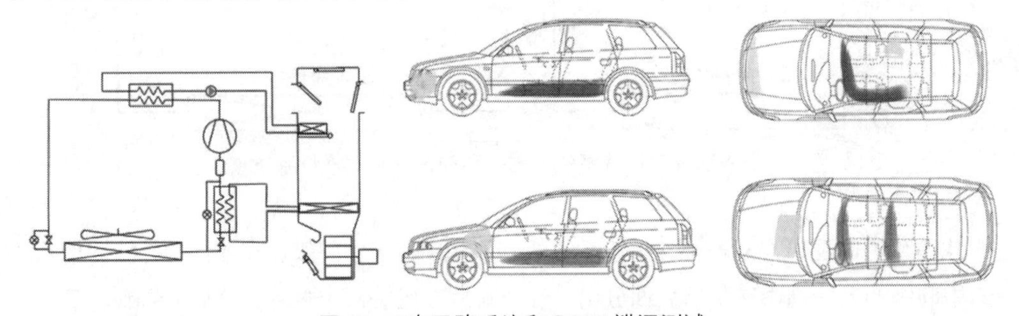

图8　二次回路系统和R290泄漏测试

2.2.3 R407c

目前，采用 CO_2 环保制冷剂的车用热泵系统受到广泛的关注，被视为新一代热泵空调技术。CO_2 车用热泵系统具有非常好的应用潜力，但是由于国内缺乏 CO_2 关键零部件的开发基础，相关的研究积累较少。随着近两年一些国内汽车零部件企业的大力投入开发，目前已逐渐具备相应的基础研究条件，可以针对性地开展深入的理论研究，并推动新一代热泵技术的发展。

陈江平课题组足某车型原R134a空间安装布局的前提下开发了一套热泵空调系统。

采用的关键零部件能够既满足实车安装要求，同时也基本满足 CO_2 系统的可靠性及运行条件要求。

3. 电动汽车热管理核心零部件

3.1 车用电动压缩机

新能源汽车中的车用空调压缩机由电机直接驱动，转速范围为 800~8600r/min，因此，压缩机排量要求降低到 30~40mL。在此排量下，涡旋压缩机可以充分发挥出容积效率高的优势。另外，电动汽车因为没有发动机废热利用，在冬季取暖模式下若采用 PTC 加热，续航里程下降超过 40%。所以，电动汽车的车用空调压缩机设计时通常需要同时考虑制冷模式和热泵模式。

此外，涡旋压缩机因其几乎没有余隙容积，不需要设置吸气阀，气体泄漏量少，容积效率高，效率比往复式高约 10%；力矩变化小，气体脉动也比较小，使用振动噪声低，同时结构简单，重量轻。因此，正逐步取代传统用的往复式和斜盘式空调压缩机。

国内车用涡旋压缩机厂家技术与国际顶尖水平存在较大差距，这导致了国内车用涡旋压缩机市场份额 90% 都被国外厂家占据。涡旋压缩机的技术难点主要在于以下三个方面：①型线设计理论，特别是型线修正；②背压设计；③油分离器设计。陈江平课题组分别进行了研究，开发了等壁厚和变壁厚型线的设计软件，并与企业合作制作原理样机；搭建了电动压缩机热力学模型，实现了压缩机的动平衡设计（图 9）。

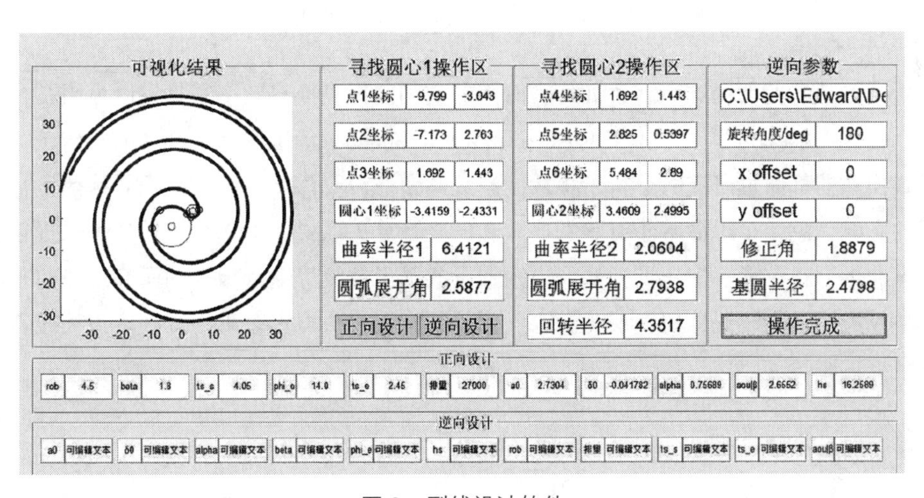

图 9　型线设计软件

3.2 电池冷却器

电池冷却器（Chiller）是纯电动或者混动汽车电池热管理的关键零部件，通过引入汽车空调系统中的冷媒来吸收电池冷却回路中冷却液的热量，主要由热交换器、电磁膨胀阀、管路接口和支架组成。其中热交换器是主要换热元件，通常采用钎焊式板式换热器，通过金属薄板将冷却液和冷媒隔开，互相形成三明治结构，在对流过程中实现换热（图10）。汉拿伟世通、美国通用汽车、马勒贝尔、美国德尔福等企业均提出包含 Chiller 的电池冷却系统专利或产品。

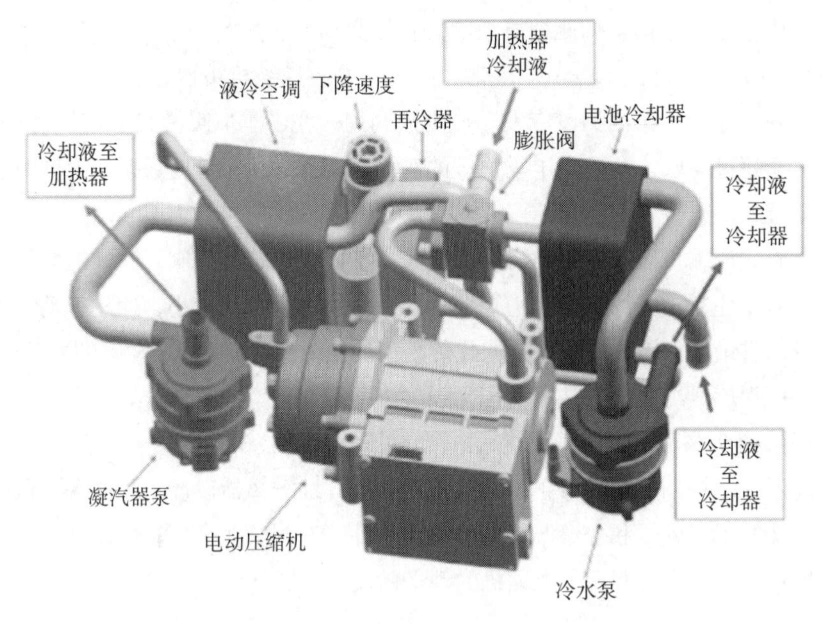

图 10 整体式热泵空调系统（Unitary HPAC System）

板式换热器的研究难点在于如何在有限的空间内提高换热效率并且控制流阻在合理范围内。福克（Focke）等，拉什（Rush）和汐见（Shiomi）等国内外研究者们对传统的人字形板式换热器都做过研究，分析了板片的波纹倾角、波纹深度、波纹间距对传热性与流动阻力的影响，总结了很多基于试验的换热和压降计算关联式。除人字形板片外，近年来也有对点波形、正弦形、三角形、梯形、矩形及椭圆形波纹等新型板片的研究。目前来说人字形波纹应用最为广泛，研究最为深入，国外的板式换热器大多采用人字形波纹或者双人字形波纹。

3.3 电子膨胀阀

制冷系统中的膨胀阀与压缩机、冷凝器、蒸发器并称为制冷系统的“四大件”，是制冷系统中必不可少的元件之一。膨胀阀最基本的功能就是节流降压来满足制冷需要的低温和调节制冷系统中制冷剂流量的变化来适应变化的制冷负荷。电子膨胀阀是一种以步进电机为驱动元件的节流装置，结构由动作阀体、核心控制单元和驱动单元组成，其中控制器是电子膨胀阀的核心。控制器对外部检测元件获得的测量参数进行演算，然后发出指令驱动步进马达来实现阀针的运动，从而控制通过阀体的流量。

目前针对电子膨胀阀的研究主要集中在电子膨胀阀的节流特性、控制电机以及系统控制品质研究。对于阀内部节流机构已经从宏观分析逐步向微观分析发展，已有学者提出了亚稳态液核、蒸发波、激波等流场物理现象，但都没有考虑电子膨胀阀阀针及其他流道结构因素存在下的节流机理；对膨胀阀流量特性的研究从较为常规的流量特性演变到了背压促发的壅塞情况下的流量特性，但还没有对所有工况参数进行全工况范围的壅塞流量特性研究，并且预测的壅塞发生时的阀后背压与实际实验值还有较大的偏差，还需寻求更合理的壅塞流动模型；对于膨胀阀流量特性经验公式的研究，针对学者们各自的研究对象和测试的实验装置具有较满意的结果，但是模型的移植性较差，通用性不强。膨胀阀复杂的流量特性必然受到多种参数的影响，但是关于膨胀阀流量特性影响因素的研究还处于初级阶段。必须通过将实验与机理分析相结合的方法才能得出反映实际流量特性的模型，以便从根本上解决膨胀阀对系统调节特性的改善问题。

参考文献

[1] 于莹潇，袁兆成，田佳林，等.现代汽车热管理系统研究进展[J]. 汽车技术，2009，8(6)：6-11.

[2] Chen D，Jiang J，Kim G H，et al. Comparison of different cooling methods for lithium ionbattery cells [J]. Applied Thermal Engineering，2016，94：846-854.

[3] Chen S C，Wan C C，Wang Y Y.Thermal analysis of lithium-ionbatteries [J]. Journal of Power Sources，2005，140：111-124.

[4] Kenneth J K，Mihalie M，Zolot M.Battery usage and ther-mal performance of the Toyota Prius and Honda Insight during chas-sis dynamometer testing XVII [C] //The Seventeenth Annual BatteryConference on Applications and Advances.US：National RenewableEnergy Laboratory，2002.

[5] Wu M S，Liu K H，Wang Y Y，et al.Heat dissipation design forlithium-ion batteries [J]. Journal of Power Sources，2002，109(1)：160-166.

[6] Swanepoel G.Thermal management of hybrid electrical vehi-cles using heat pipes [D]. Stellenbosch：Department of MechanicalEngineering University of Stellenbosch，2001.

[7] Zhang S S，Xu K，Jow T R. Electrochemical impedance study on the low temperature of Li-Ion batteries [J]. Electrochimica Acta，2002，48(3)：241-246.

[8] LiS，Li X，Liu J，et al.A low-temperature electrolyte for lithium-ion batteries [J]. Ionics，2014，21(4)：901-907.

[9] Uhlmann C，Illig J，Ender M，et al.In situ detection of lithium metal plating on graphite in experimental cells [J]. Journal of Power Sources，2015，279：428-438.

撰稿人：陈江平　施骏业　王丹东　陆冰清

液化天然气发展研究

天然气将在相当长的历史阶段扮演主体能源的角色。液化后天然气的体积缩小到原来的1/600左右，大大方便了它的储存和运输。2007—2017年，液化天然气（LNG）国际贸易量从$226.4 \times 10^9 m^3$增加到$393.4 \times 10^9 m^3$，平均年增长率为5.7%，远高于世界天然气消费量的增速，也远高于世界GDP的增速。同期，LNG国际贸易量在天然气国际贸易量中的占比从29.2%增长到34.7%。2007—2017年，中国大陆LNG进口量从$3.3 \times 10^9 m^3$增加到$52.6 \times 10^9 m^3$，平均年增长率为31.9%。2017年，进口LNG已占天然气消费量的21.9%；同年，中国LNG进口量超过韩国，成为世界第二大LNG进口国。

本文从天然气液化、LNG气化与利用、LNG换热器等方面进行综述，归纳总结国内外的技术研究进展，并对发展趋势进行展望。

1. 液化天然气

1.1　基本天然气液化循环

适用于LNG工业的制冷循环主要包括：单一工质蒸气压缩式制冷循环、混合工质蒸气压缩式制冷循环、气体膨胀制冷循环。原则上，没有一种单一工质能构成完整的天然气液化循环。以氮气、天然气以及氮气和天然气的混合物为工质构建基于逆布雷顿循环的气体膨胀制冷循环，可以实现天然气液化。因其效率不高，只用于小型LNG装置。

混合制冷剂（MR）液化流程采用氮和多种烃类组成的混合制冷剂为蒸气压缩制冷循环的工质。可以构建只由一组MR构成的单混合制冷剂（SMR）循环，BV提出的只有一种压力级别的PRICO流程是最流行的SMR流程，如图1所示。SMR流程虽然能耗较高，但流程结构和设备简单，在中小型LNG工厂中应用较多。

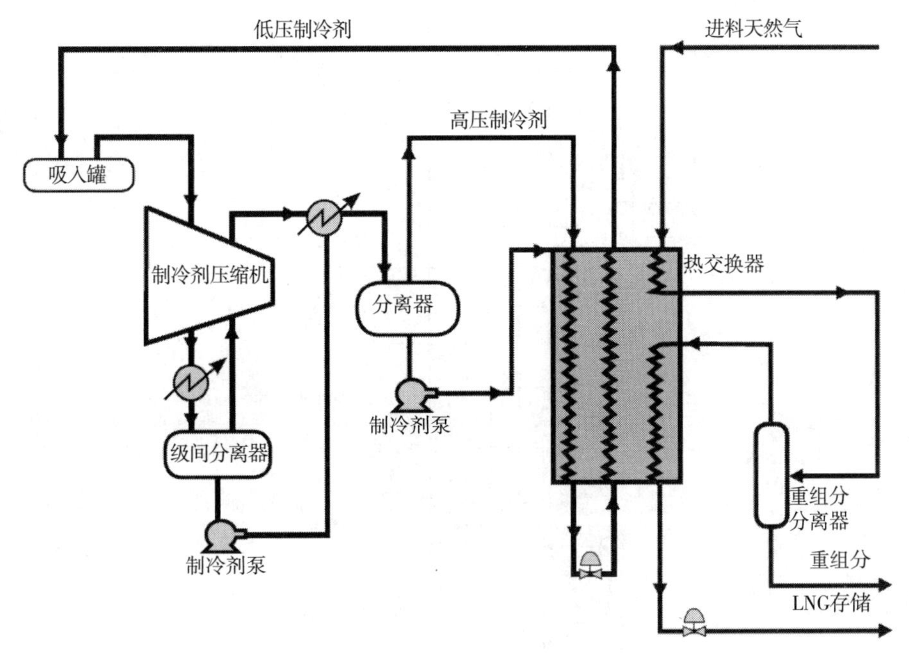

图 1　PRICO 液化流程

1.2　高效天然气液化流程

世界上大多数的 LNG，是依靠以上三种基本循环以不同方式复叠而成的高效液化流程生产出来的。

1.2.1　级联式液化流程

级联式（Cascade）液化流程由多个独立的单工质蒸气压缩式制冷循环来逐级提供冷量（图 2）。LNG 工业中常用的三级级联式循环通常采用丙烷、乙烯（乙烷）、甲烷为各级的制冷工质。康菲（Conoco Phillips）公司经多年发展，形成了 Optimized Cascade（优化级联式）流程，成为级联式液化流程的代表。2018 年，采用 Optimized Cascade 流程的 LNG 产能占世界总产能的 22%，居世界第二。

1.2.2　带丙烷预冷的混合制冷剂液化流程

考虑到任何一种混合制冷剂组合都无法实现在天然气液化的大温区内蒸发温度曲线与天然气冷却曲线始终保持小温差，APCI 公司提出了著名的带丙烷预冷的混合制冷剂循环（C3MR）液化流程，如图 3 所示。天然气首先经过一套独立的丙烷蒸气压缩式制冷系统预冷至 -35℃左右，分离重烃后进入混合制冷剂制冷系统液化和过冷。C3MR 流程因其稳定高效而获得了巨大成功，其最大单线生产能力已达到 5Mt/a。2018 年，C3MR 及改进的 C3MR/SplitMR 流程在全球 LNG 产能中的占比合计为 60%，居于绝对主流的地位。

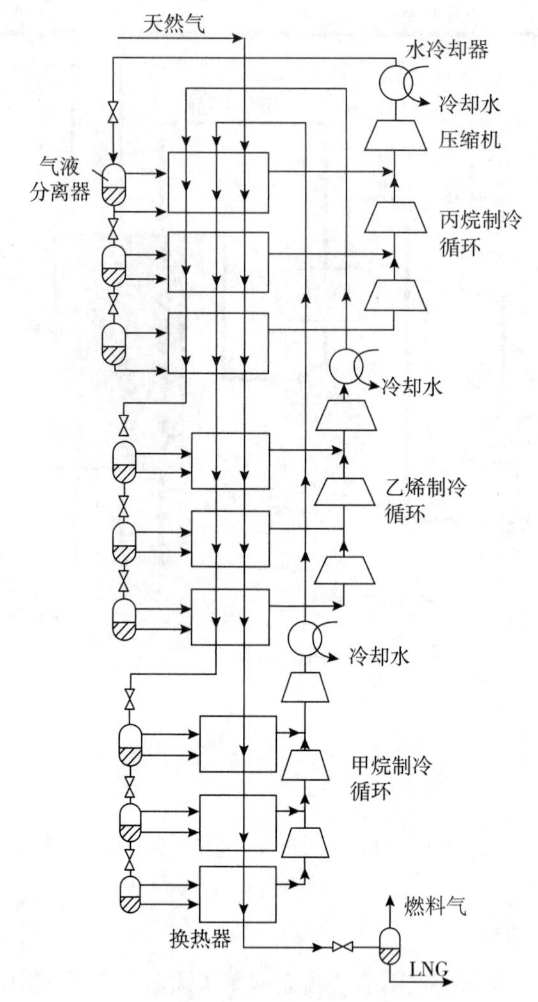

图 2　三级级联式液化流程

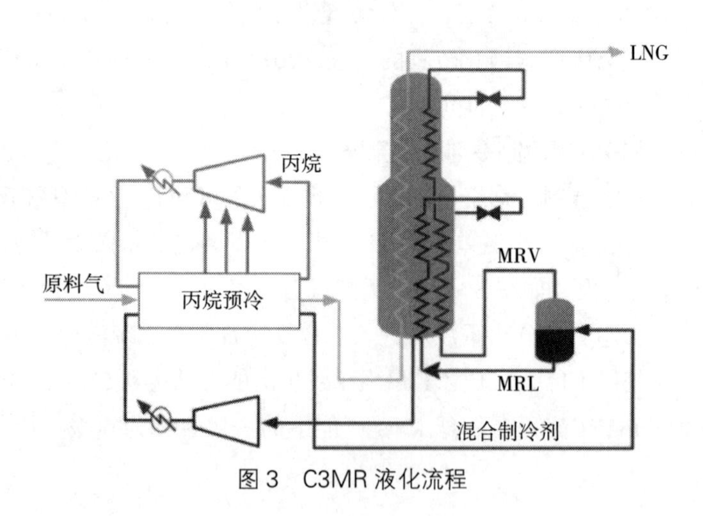

图 3　C3MR 液化流程

1.2.3 双混合制冷剂液化流程

针对 C3MR 流程丙烷预冷部分存在较大温差这一问题，APCI 和 Shell 等公司均提出了双混合制冷剂（DMR）流程，如图 4 所示为 Shell 的 DMR 流程简图。相对于 C3MR 的预冷段只能达到 -35℃，DMR 的预冷段可以达到约 -50℃。Shell 的 DMR 流程赢得了俄罗斯 Sakhalin II 项目的合同。单凭这一个项目，DMR 流程生产了 2011 年世界 LNG 产量的 3%。

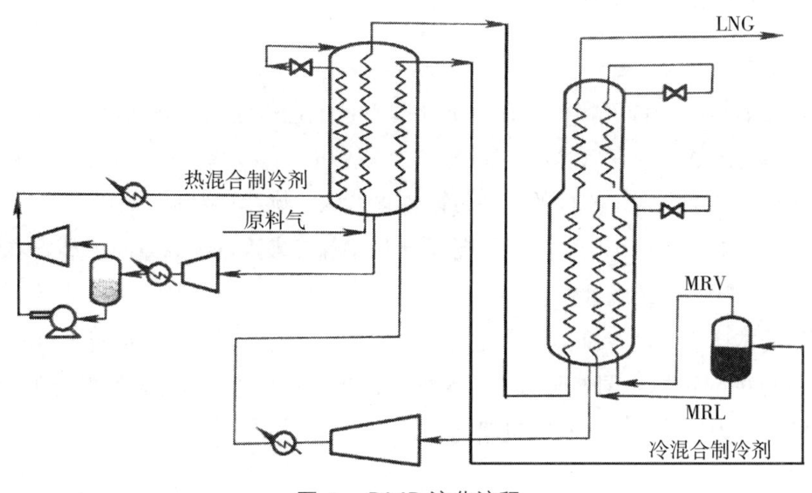

图 4　DMR 液化流程

1.2.4 C3MR 加氮膨胀的 AP-X 液化流程

AP 公司提出在 C3MR 之后增加一级氮膨胀制冷为天然气过冷提供冷量，这就形成了 AP-X 流程（图 5）。这是一种三级级联式流程，但每一级采用了不同的制冷循环。预冷

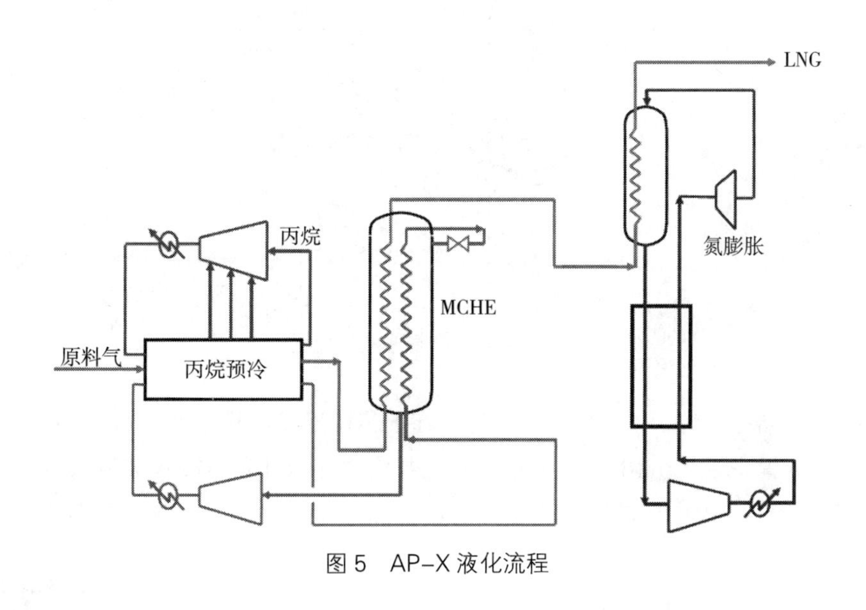

图 5　AP-X 液化流程

段采用了丙烷（C3H8）蒸气压缩式制冷循环、液化段采用混合制冷剂（MR）蒸气压缩式制冷循环、过冷段则采用了氮气膨胀制冷循环。AP-X 流程是为超大型 LNG 装置而设计的，单套生产能力达 7.8Mt/a。2018 年，该流程的 LNG 产能占世界总产能的 12%。

此外，得到过应用的大型高效流程还有林德（Linde）提出的三级混合流体级联式流程 MFC。

1.3 天然气液化新趋势

1.3.1 海上天然气液化

海洋蕴藏着丰富的油气资源。在海上浮动平台上进行浮式液化天然气（FLNG）生产是开发利用海上天然气的有效途径。

狭小而晃动的场所对 FLNG 的生产带来许多特殊的挑战，包括：①晃动对机械和两相流体两方面的影响；②狭小的空间为设备设计和布置带来困难；③空间狭小要求可燃物储存量尽可能少；④海水的腐蚀性。

由于氮的本质安全性，氮膨胀流程虽然效率不高，但对于产能不超过 1.5Mt/a 的 FLNG 装置是一种合理的选择。图 6 所示为 APCI 开发的适用于 FLNG 的氮膨胀流程 AP-N，该流程具有两个压力级别和三个膨胀机温度。

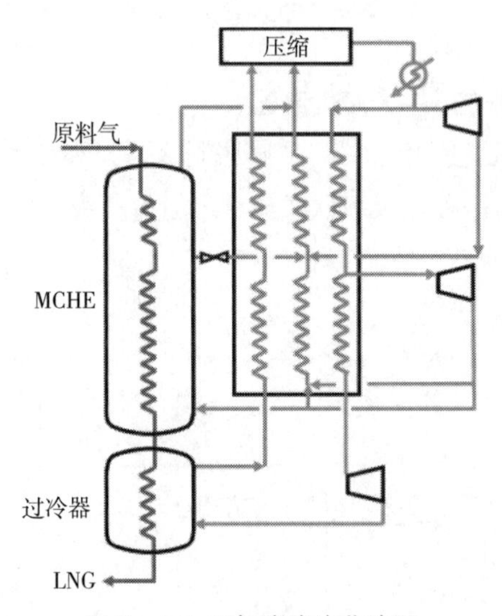

图 6　AP-N 氮膨胀液化流程

由于大量储存丙烷，C3MR 被基本排除在 FLNG 流程选择之外。对于 3Mt/a 以上的大型 FLNG 装置来说，DMR 基本上是唯一选择。对于较小的 FLNG 装置来说，如果业主倾向于高效率，SMR 是较好的选择；而业主倾向安全的话，则氮膨胀循化是最佳的答案。

1.3.2 极寒条件下天然气液化

随着 LNG 工厂模块化建造技术的成熟，在北半球高纬度地区正在形成新的 LNG 产业蓬勃发展的区域。在这样的极寒地区，虽然单工质级联式和 MFC 流程均有应用案例，但最被认可的流程还是 DMR 和 C3MR。

C3MR 和 DMR 流程在环境温度降低后都可以显著增大 LNG 产量，但 C3MR 在低于 –3℃时增幅明显减小。可以认为，在极地寒冷条件下，DMR 流程较 C3MR 流程有明显优势。注意这个结论应该在满足以下关键条件的情况下才成立：①装置采用风冷；②装置选择的所有设备都能满足最低温度时最大 LNG 产量的工况；③消费者的需求与生产能力契合。

1.3.3 非常规天然气液化

近年来，随着煤层气、页岩气等非常规天然气大量开采，世界上天然气液化工厂以常规天然气为原料的状况正在改变。

（1）贫气液化

煤层气、页岩气的一个共同特点是它们都是甲烷含量很高的贫气。在经济方面，贫气往往开采和输送成本偏高，且较少得到 LPG、NGL 等高附加值产品。在技术方面，贫气源中时常含有较多高碳重烃组分。在常规天然气液化流程中，重烃通常不设单独的脱除装置，而是随着 NGL 的分离而自然带出液化装置。但由于贫气的 NGL 含量低，因此常规天然气液化流程中分离 NGL 的多种方式，如前置的 NGL 提取装置、集成的重烃洗涤塔、预冷后部分冷凝等方式，用于贫气液化都存在一定程度的适用性。

（2）煤层气液化

对于低浓度煤层气的液化，关键在于提浓过程。低温精馏分离产品气中甲烷的纯度高、回收率高。变压吸附技术能耗低，但分离效果是制约该技术实用化的主要因素。

氧的安全性问题也是低浓度煤层气液化过程中的重要问题。可采取控制最低尾气出口温度、添加阻燃成分和预粗脱氧等技术手段控制样的爆炸问题。

一些研究人员认为含空气煤层气中的氧必须在流程最开始就以安全的方式（如燃烧脱氧）除去，而不能进入到后继的吸附、液化或精馏过程。为此，他们着重对脱氧后的煤层气（CH_4/N_2 混合物）开展了甲烷浓缩和液化的研究，构建利用吸附余压的吸附 – 液化一体化流程以及与精馏过程实现能量一体化的煤层气液化流程。考虑到大量氮的存在可能影响到 CO_2 在 LNG 中的溶解度，对 CO_2 在 CH_4+N_2 低温液体中的溶解度进行了实验和理论研究。

（3）含氢甲烷液化

工业生产过程中，经常会得到以甲烷 – 氢为主要有效成分的混合气体产品或副产品，常见的有合成天然气（SNG）、焦炉煤气（COG）和合成氨尾气等。氢的存在对甲烷液化过程造成显著影响。

针对氢含量较低的 SNG，可以利用精馏与闪蒸相结合的分离方法分离氢气并生产 LNG。针对氢含量较高的 COG，最常见的处理方法是在常温下分离甲烷和氢气，或者将其转化为SNG后再进行液化，也可直接对COG进行低温分离并生产LNG。近年来，又提出了利用COG同时生产LNG和液氢的流程。针对低温下CH_4/H_2混合物相平衡的实验和理论研究也有显著进展。

（4）天然气带压液化

带压液化天然气（PLNG）是液化后在较高压力下（1MPa~2MPa）储存的天然气，对应的液化温度为-120℃~-100℃。较高的液化温度不仅降低了液化流程的能耗，而且大大增加了LNG中CO_2的溶解度（CO_2常压下在LNG中溶解度小于100ppm，而在PLNG条件下可增大到3%~6%）。CO_2溶解度的增加使得天然气液化流程有可能去掉占地很大的预处理装置，这为场地极为有限的海上平台实施天然气液化提供了可能性。近年来，对PLNG流程进行了优化研究，提出了结合CO_2凝华分离的新型PLNG流程，使PLNG流程完全突破CO_2含量的限制并实现了天然气液化过程CO_2零排放；同时，对PLNG条件下CO_2在甲烷混合物中的霜点也开展了实验和理论。

（5）小型撬装液化装置

相比于固定建设的大型LNG工厂，具有可移动性的处理能力在几千至数万立方米/天规模的撬装液化装置在偏散气源液化集输方面具有显著优势。中科院理化所成功地研制了一系列风冷可移动式煤层气液化装置（图7），可满足10000 ~ 100000Nm^3/d的液化需求。所有设备包含主冷和预冷压缩机、配套空冷器以及预冷换热器等设备均整体组装在一个撬体上，具备良好的机动性能。系统最小比功耗为0.54 kWh/Nm^3，已经与国际上部分100000Nm^3/d调峰装置及相当部分国内100000Nm^3/d或更大规模装置能耗接近。

图7　撬装天然气液化装置及液化站

2. 液化天然气气化及利用

2.1　浮式储存再气化装置

传统的LNG接收方式是船舶靠码头把LNG卸到岸上的储罐，储罐中的LNG经加压和再气化后输送至管网。近年来，新建或将 LNG 运输船改建的浮式储存再气化装置（Floating Storage and Regasification Unit，FSRU）越来越多地被选择为 LNG 接收终端。LNG-FSRU 具有以下优点：①节省投资；②节省建设周期；③占地少，这一点在岸线资源日益紧缺甚至枯竭的背景下显得尤为重要。

一般来讲，气化装置是以模块撬装的方式布置在 FSRU 的甲板上。图 8 是 FSRU 的典型工艺流程。

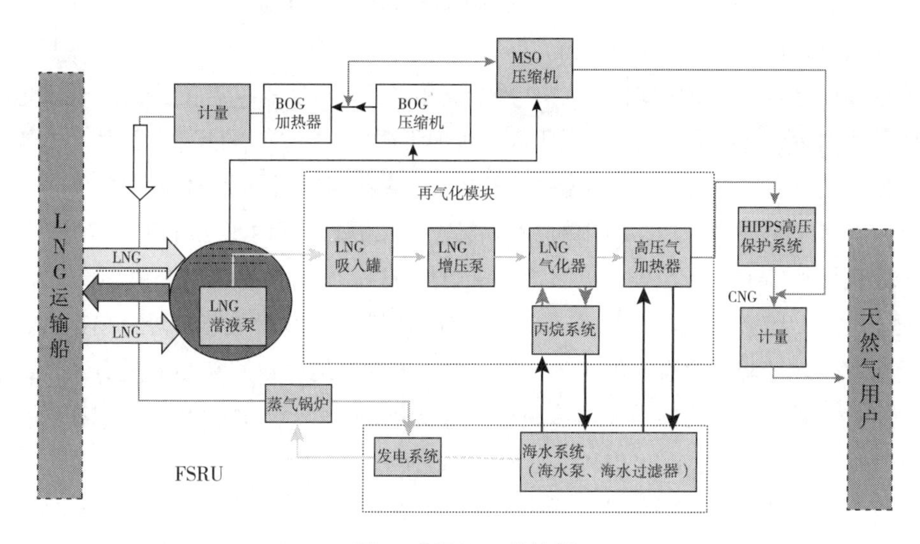

图 8　FSRU 工艺流程

2.2　液化天然气作为交通能源

根据 NGV Global 的数据，截至 2018 年 6 月，全球天然气汽车（NGV）保有量为 2613 万辆。其中中国保有量为 608 万辆，占全球保有量的 23.2%。在 NGV 中，目前 CNG 汽车占总体比例 90% 以上。随着液化天然气技术的不断提高，LNG 汽车储气量大、加气时间短、安全性高的优势日渐突出；同时，LNG 加气站具有不受管网限制、占地较小、运行成本低的特点，同样备受青睐。

国际海事组织明确要求在全球范围内船舶使用燃油的含硫量至 2020 年 1 月 1 日起降至 0.5%。为满足史上最为严苛的排放标准要求，必须在使用低硫燃油、安装洗涤器和使用 LNG 三种方式中作出抉择。相比之下，LNG 具有较好经济效益和环保效益。显然，国际海事组织的限硫规则加快了 LNG 燃料动力应用发展的步伐。

2.3　液化天然气多式联运

LNG 罐式集装箱（简称“罐箱”）运输具备灵活、低成本及标准化等特点，可以实现

LNG 从生产厂经公路、铁路、海运、内河水运等多种组合运输方式直接输送到用户的“多式联运”。

目前，LNG 罐箱整船运输在北美及欧洲地区已经得到了实际应用。与中国相关的较具影响的海外采购成功案例有中国国储的澳大利亚航线评测和中化国际的欧洲航线评测等。

2.4 液化天然气冷能利用

标准沸点下液体纯甲烷气化为标准状态甲烷气体，可以释放约 830kJ/kg 冷量，这部分冷量应加以充分利用。

冷能发电是有最多实际案例的 LNG 冷能利用形式。近年来，有关 LNG 冷能发电的研究较为关注的热点有：采用混合工质提高有机朗肯循环（ORC）的效率，采用 CO_2 跨临界循环在发电循环高温侧充分利用高温热源的热量，在高温侧耦合太阳能等新能源系统。

空气分离是另一种有较多应用的 LNG 冷能利用方式，国内也已有成功案例。最新的研究进展包括将 LNG 气化 – 空分 – 发电等多个部分进行整合的系统。

对于 C_{2+} 以上轻烃含量较高的 LNG，在接收站利用 LNG 冷能将轻烃分离出去，一方面可使天然气热值降低到合理的供气范围，另一方面高纯度乙烷和 LPG 等分离产品也具有更高的附加值，可以为接收站带来更好的经济效益。轻烃分离流程可采用在较高压力（约 4.5MPa）或较低压力（约 2.4MPa）下工作的脱甲烷塔。

LNG 冷能利用于海水淡化是属于冷冻法海水淡化的一种。某利用 LNG 冷能海水淡化的实验装置，选择 R410A 作为二次制冷剂，采用片冰机制冰，能够达到 150L/h 的设计淡水产量，冷能效率高于 2kg（淡水）/kg（LNG）。

传统上，LNG 冷能被认为可以用于制取液态 CO_2 或干冰。近年来，LNG 冷能被越来越多地考虑用于燃烧产物中的 CO_2 捕集。具体可以是单纯利用 LNG 冷能冷却除去烟气中的 CO_2，也可以同时考虑利用烟气的热量构建有机朗肯循环 ORC 系统或 CO_2 跨临界朗肯循环系统的同时实现 CO_2 液化回收。烟气可能来自发电系统，也可能来自采用 LNG 供气的其他工业系统。

LNG 冷能的波动会对冷能利用设备的运行产生不良影响，因此可考虑利用相变材料构建低温储能系统，将白天 LNG 气化时的富裕冷能储存起来，而在夜晚 LNG 冷能不足时释放冷量供给冷能利用设备。也可以在用电非高峰时段将 LNG 冷能存储在低温储能系统中，在用电高峰时段将储存的低温能量作为电能释放。

3. 液化天然气换热器

常用的 LNG 换热器按功能划分可分为气化和液化两种，气化换热器包括空温式气化换热器、开架式气化换热器、超级开架式气化换热器、带中间介质气化换热器以及浸没燃烧式气化换热器；液化换热器主要有绕管式换热器、板翅式换热器、管壳式换热器以及印刷版式换热器等。

3.1 液化天然气气化换热器研究进展

3.1.1 中小型 LNG 气化换热器

环境空气蒸发器（AAV）是典型的小型 LNG 空温式气化换热器，AAV 作用下雾云的形成、扩散和消散是目前研究的重点，有文献建立循环流化床模型用于研究达到饱和空气条件的时间，并计算湿空气与雾云之间的质量和能量传递，结果表明更高的风速可以加速雾云的消散，而更高的排放高度则会使消散距离更短。

结霜时霜冻密度和厚度是空温式气化器的一个关键指标，通过引入霜层物性参数经验公式，对结霜工况下 LNG 空温式气化器运行情况进行模拟，结果表明霜层在翅片管表面的覆盖面积可以达到 80%，除局部由于霜层的肋片作用使换热增强，绝大多数情况下霜层会使翅片管的换热效率大幅降低，最大可降低 85%。

3.1.2 大型 LNG 气化换热器

已有文献基于分布参数开发的模型，可准确预测超高压换热管的热性能；对超级开架式换热器（SuperORV）换热管内换热过程的数值模拟结果表明，采用内翅片和插入扭带进行强化换热，最小管长可以缩短 60%。

通过加装管内扰流装置，可以强化浸没燃烧式气化器换热管的换热特性，在水浴温度不变条件下可以减少 23% 的换热面积；换热管内跨临界 LNG 流动换热过程研究表明，沿 LNG 流动方向，局部流体换热系数先增大后减小，且最大值出现在拟临界温度附近，证明超临界条件下 LNG 热物性剧烈变化是引起强化换热的主要原因。

带有中间介质的换热器（IFV）是具有高效节能等优点的大型 LNG 换热器；通过建立集成 IFV 的物理以及数学模型，研究结果表明增大 LNG 入口压力会提高出口 NG 的出口温度并增大恒温器热负荷，增加 LNG 入口质量流量会使海水和 NG 出口温度均降低。

3.2 液化天然气液化换热器研究进展

（1）LNG 绕管式换热器内两相流体相变流动换热特性

LNG 绕管式换热器壳侧相变流动换热特性的实验研究表明，对于纯丙烷工质，随着干度的增加，换热系数先逐渐增大，在 0.7~0.9 的干度工况下出现极大值后急剧减小；当干度为 0.3~0.8 时，在低热流密度条件下，换热系数随热流密度增加几乎不发生变化，在高热流密度条件下，换热系数随热流密度增加而增大，而当干度为 0.9 时，换热系数随热流密度的增加而减小；对于乙烷 / 丙烷混合工质，干度小于 0.7 的工况下，换热系数随乙烷摩尔分数的增加而减小，最大减小幅值为 21%；在干度大于 0.7 的工况下，换热系数随乙烷摩尔分数的增加而增大，最大增大幅值为 27%；换热系数随干度增加先增加后急剧减小，随质流密度的变化则取决于不同流型，压降则随干度和质流密度的增加而增大；开发了换热与压降关联式，关联式误差在 ±25% 范围内。

甲烷 / 丙烷二元混合物在绕管式换热器管内冷凝换热特性的实验研究表明，换热系数随质流密度增加而增加，饱和压力从 4MPa 降低到 2MPa，换热系数增加 26%；基于实验数据对文献中已有的关联式进行了验证，并提出了基于流型的换热关联式，该关联式预测值与实验值平均误差为 10%。

（2）LNG 绕管式换热器的仿真模拟研究

已有文献基于分布参数模型，提出了一种基于图论的方法来描述不同液化过程的柔性流动回路，并开发了换热压降交替迭代算法，仿真模型换热量和出口温度的预测值与实验数据偏差分别在 ±5% 和 ±4℃以内。有文献建立了浮动 LNG 绕管式换热器在晃荡工况下热力性能的预测模型，验证结果表明，换热能力随晃荡幅度的增加而减少，在晃荡幅度从 3° 增加到 15° 时，换热能力的下降量从 2.2% 增加到 6.7%。

基于流体体积（VOF）模型对绕管式换热器壳侧烷烃沸腾过程的模拟结果表明，Chisholm 关联式能够很好地预测壳侧沸腾时的空泡系数，预测偏差在 –15%~0% 范围内。有文献基于 VOF 模型、连续表面张力模型、接触角模型，建立了绕管式换热器壳侧降膜蒸发过程流动换热的数值模型，模型计算得出的换热系数与实验数据偏差不超过 25%。

4. 发展趋势及展望

4.1 天然气液化

（1）超大型液化装置，单线产量 6Mt/a 以上：适合于大型装置的低能耗液化流程；大型换热设备（绕管式、板翅式等）；大型混合制冷剂压缩机。

（2）小型液化装置：适合于小型装置的复合净化技术；适合于小型装置的紧凑型液化流程；撬装式液化装置；小型高效流体机械（膨胀机、压缩机）和换热设备。

（3）非常规天然气的液化：适合于贫气的重烃分离；含氧煤层气的安全特性研究及氧的安全高效脱除；甲烷 / 氮的高效分离（吸附、精馏）；甲烷 / 氢的高效分离。

（4）海上天然气液化：适合于海上晃动工况的安全、紧凑的流程设计；晃动工况对液化装置性能的影响研究；LNG 在晃动软管中的输送特性研究。

（5）与天然气液化相关的基础研究：不同组分天然气的气液相平衡、溶解度、冷凝换热特性、超临界流体冷却换热特性等研究；不同混合制冷剂的气液相平衡、冷凝换热特性、蒸发换热特性等研究；压缩机等流体机械中的流动过程研究。

4.2 液化天然气气化与利用

（1）FSRU 装置：高效的再气化模块流程设计；再气化模块关键设备；再气化模块整

体布置及装置集成等。

（2）LNG 冷能利用：集成 LNG 气化 - 天然气发电（或天然气其他工业利用）-CO_2 捕集的系统；利用 LNG 冷能的海水淡化系统；LNG 冷能储能材料和系统。

（3）与天然气气化相关的基础研究：不同组分 LNG 的蒸发换热特性、超临界流体加热换热特性等研究；不同中间流体介质的换热特性等研究。

4.3 液化天然气换热器

（1）LNG 换热过程不仅涉及理想流体流动模型和传热模型，由于处于低温领域，还衍生出结霜、多相流分布等其他理论模型。

（2）目前对于 LNG 换热器强化换热的研究大多是建立在特定工况，得出的结论不具普遍的适用性，仍需进一步以数值模拟与实验分析相结合的方式，开展不同工况背景下 LNG 的多相流换热研究。

（3）中间介质换热器等换热器换热过程中混合工质微观流动状态及传热机理尚不明确，有待于进一步开展研究。

参考文献

［1］Fahmy MF M，Nabih HI，El-Nigeily M. Enhancement of the efficiency of the Open Cycle Phillips Optimized Cascade LNG process［J］. Energy Conversion and Management，2016，112：308-318.

［2］林文胜，席芳，顾安忠．炭分子筛 CH_4/N_2 吸附分离［J］．化工学报，2015，66（S2）：226-230.

［3］Lin WS，Xu JX，Zhang L，et al. Synthetic natural gas（SNG）liquefaction processes with hydrogen separation［J］. International Journal of Hydrogen Energy，2017，42（29）：18417-18424

［4］Lin WS，Zhang L，Gu AZ. Effects of hydrogen content on nitrogen expansion liquefaction process of coke oven gas［J］. Cryogenics，2014，61：149-153.

［5］Xu JX，Lin WS，Xu SL. Hydrogen and LNG production from coke oven gas with multi-stage helium expansion refrigeration［J］. International Journal of Hydrogen Energy，2018，43（28）：12680-12687.

［6］Lin WS，Xiong XJ，Gu AZ. Optimization and thermodynamic analysis of a cascade PLNG（pressurized liquefied natural gas）process with CO_2 cryogenic removal［J］. Energy，2018，161：870-877.

［7］张少增．浮式 LNG 储存及再气化装置（FSRU）浅析及国内应用推广展望［J］．石油化工建设，2018，（2）：25-28.

［8］Lin WS，Huang MB，Gu AZ. A seawater freeze desalination prototype system utilizing LNG cold energy［J］. International Journal of Hydrogen Energy，2017，42（29）：18691-18698.

［9］Xu JX，Lin WS. A CO_2 cryogenic capture system for flue gas of an LNG-fired power plant［J］. International Journal of Hydrogen Energy，2017，42（29）：18674-18680.

［10］严万波，高学农，黄晓烁，等．LNG 换热器强化传热技术研究进展［J］．高校化学工程学报，2017，31（02）：261-269.

［11］Liu SS，Jiao WL，Ren L M，et al. Dynamic heat transfer analysis of liquefied natural gas ambient air vaporizer under frost conditions [J]. Applied Thermal Engineering, 2017, 110: 999-1006.

[12] 董文平，任婧杰，韩昌亮，等. 浸没燃烧式气化器换热管内跨临界液化天然气的传热特性 [J]. 化工进展，2017（12）：65-71.

[13] Han DY, Xu QQ, Zhou D, et al. Design of heat transfer in submerged combustion vaporizer [J]. Journal of Natural Gas Science & Engineering, 2016, 31: 76-85.

[14] Xu SQ, Cheng Q, Zhuang LJ, et al. LNG vaporizers using various refrigerants as intermediate fluid: comparison of the required heat transfer area [J]. Journal of Natural Gas Science and Engineering, 2015, 25: 1-9.

[15] 丁超. 大型 LNG 绕管式换热器壳侧两相流动传热测试方法与特性研究 [D]. 上海：上海交通大学，2017.

[16] Qiu GD, Xu Zhenfei, et al. Numerical study on the condensation flow and heat transfer characteristics of hydrocarbon mixtures inside the tubes of liquefied natural gas coil-wound heat exchangers [J]. Applied Thermal Engineering, 2018, 140: 775-786.

[17] 王婷婷，丁国良，等. 基于仿真的 LNG 绕管式换热器设计方法 [J]. 制冷技术，2017（3）.

[18] Hu HT, Yang GC, Ding GL, et al. Heat transfer characteristics of mixed hydrocarbon refrigerant flow condensation in shell side of helically baffled shell-and-tube heat exchanger [J]. Applied Thermal Engineering, 2018, 133: 785-796.

撰稿人：林文胜　胡海涛

ABSTRACTS

Comprehensive Report

Advances in Refrigeration and Cryogenics

The basic task for refrigeration and cryogenics is to achieve and maintain lower temperature than the ambient. Based on the working principle of refrigeration, the technology and facility development is also the task for this subject, which makes it a complete subject covering both fundamental research and engineering application. Except for the literal meaning of "refrigeration and cryogenics", dehumidification, environment control and heat pump all fall within the boundary of this subject. Due to the great contribution to the human society development, refrigeration and air-conditioning are even selected as the 20 greatest engineering technologies in 20th century. With the past glory and fast development in recent years, refrigeration has become the fundamental technology supporting the health, transportation and food preservation of human society, and starts to contribute more to emerging fields.

With the rapid development of global economics, researches on refrigeration and cryogenics have gained much attention worldwide. Except for the technology development driven by policy and market, new technologies promoted by the new material and new working physical principles are also being developed aiming at the long-term development of this field. On one hand, the refrigeration and cryogenics have involved the results in fundamental research into its own development; on the other hand, the refrigeration and cryogenics are also applied in new application scenarios. Under such new circumstances of rapid scientific and technological development, it would be essential for the field of refrigeration and cryogenics to adjust itself according to the national demand and keep updated with the frontier research.

Thanks to the support from China Association for Science and Technology, the Chinese Association of Refrigeration launched the first progress report project on refrigeration and cryogenics in 2010-2011, together with the expert team from different institutions. New refrigeration technologies, refrigerants, cryobiology, cryogenic engineering, compressor and refrigeration facilities, heat pump and air-conditioning, adsorption refrigeration and absorption refrigeration were all involved for a compressive introduction. Considering it was the first time to prepare a progress report under the support from China Association for Science and Technology, the definition, boundary, significance and strategic development needs were also included. Since the previous progress report was accomplished long time ago, and the refrigeration and cryogenics have experienced quite a fast development in recent years, a state-of-art review of the refrigeration and cryogenics is necessary.

Currently, the development of refrigeration and cryogenics is motivated from inside due to the strict policy on environmental friendly refrigerant. Adoption of natural refrigerant and organic refrigerant with low ozone depletion potential and low global warming potential is one of the most significant topics in this area. Thermo-physical property measurement, new compressor design, efficient heat exchange and system assembly are among the hot topics regarding new refrigerants. Besides, refrigeration based on caloric effects of solid refrigerant with not refrigerant leakage is also among the most frontier research topics, but the research is still in the lab investigation stage.

Beyond the development inside refrigeration and cryogenics, the interdisciplinary fields between refrigeration and new economy is also developing rapidly. Recent years, economy development in China keeps a high speed, which is promoted by many new technologies including new energy industry and internet business. The quick development on economy also highlight the importance of fundamental research, promoting the need of large scale scientific construction project. However, problems including energy shortage and environmental pollution also begin to threaten the sustainable development due to the past extensive development. Refrigeration and cryogenics, as a basic technology of modern society, is beginning to contribute on all these mentioned aspects. For instance, driven by the environmental protection and energy saving policy, coal-to-electricity policy, hydrogen energy developing policy and the demand of Winter Olympics, many new technologies including clean heating supply, district heating capacity increase, data center cooling, cold chain for fresh food, waste heat recovery and scientific construction project based on cryogenics are being developed within the scope of refrigeration and cryogenics. These new technologies have promoted the rapid development of related areas and support the national demands.

Considering the rapid development and numerous advances of refrigeration and cryogenics in last few years, the Chinese Association of Refrigeration gathered experts from different universities and institutions together, and studied the progress of refrigeration and cryogenics. Prof. Ruzhu Wang was selected as the chief scientist of this project. During the progress research, large amount of discussions has been made and expert comments from different areas have been taken into consideration. The experts involved into the progress research project contributed together to the progress report and iterated the draft for many times, in order to include most of the state-of-art progresses for refrigeration and cryogenics. Due to the short research time, material collected based from the fast development of refrigeration and cryogenics is also limited, which might make the research not that complete. Any further suggestions are welcomed from the readers.

Written by Wang Ruzhu, YangYifan, Xu Zhenyuan

Reports on Special Topics

Report on Advances in New Generation Environmental Friendly Refrigerants

Recent studies have shown that there are signs of the recovery of ozone hole over Antarctica, and the achievement should be attributed to the Montreal Protocol, which was signed by countries around the world in 1987 and aimed at reducing CFCs with high ODP. As the substitutions, HFCs have no harm to ozone layer. However, the GWP of HFCs is very high and some are even higher than HCFCs, which make global climate change and extreme weather increase. Hence, the new environment problem about global warming makes HFCs phase out in the long term use. As early as 2016, nearly 200 countries around the world signed Kigali Amendment, which clearly pointed out the timetable of HFCs phase out for each country, and the Amendment has come into effect in January 2019. Besides, in the twenty-fourth Conference of the Parties (COP-24) to the United Nations Framework Convention on Climate Change (UNFCCC) , negotiators from nearly 200 countries agreed on a package of implementation guidelines, or a common rulebook of the landmark 2015 Paris Agreement on climate change. Therefore, it has been an increasingly important issue to reduce greenhouse gas emissions and slow down the deterioration of climate change, and it is very urgent to develop and research the new generation environmental friendly refrigerants.

In this section, author reviews the current research activities about physical properties of the new synthetic refrigerants and their blends, including vapor-liquid phase equilibrium, heat capacity and dynamic liquid viscosity. It was shown that the studies of HFOs and HCFOs got the most focus in recent years. Furthermore, most of new generation environmental friendly refrigerants possess a disadvantage of flammability, and the fundamental flammability and explosion characteristics, flame suppression, combustion mechanism and risk assessment of flammable refrigerants were being widely studied by many research institutions. Besides, for the particularity of the refrigerant's physical properties, the solubility of refrigerants and lubrication oil is also faced with challenges in the systems. The current research results indicate that the options of environmental friendly refrigerants are very limited, and R290, R1270, R744, R717, R718, HFOs, HCFOs and their blends may play the vital roles in the process of refrigerants updating. So the physical properties and technical characteristics of the above refrigerants were introduced in details. According to the different characteristics of the refrigerants, a number of manufacturers developed a series of new products. The application fields include air conditioner, heat pump water heater, vehicle air conditioner, high temperature heat pump, commercial refrigeration, cold chains and so on.

In face of environmental protection pressure and the refrigerant phase-out policies, there is no ideal solution for the choice of next-generation refrigerants. However, according to the timetable of the Kigali Amendment, the use of high GWP working fluids will be frozen in 2024. So the refrigeration industry continues to face challenges. By reviewing recent research on refrigerants, we can find that the future study should focus on the following three aspects: 1) the better application of natural refrigerants, 2) the physical properties and matching parts of HFOs refrigerant, 3) the safety use of flammable refrigerants.

Written by Yang Zhao

Report on Advances in Heat Exchangers for Refrigeration and Air Conditioning

Heat exchangers are indispensable components in refrigeration and air conditioning appliances, and their performances are the key factors for the energy efficiencies of the appliances. The main types of heat exchangers for refrigeration and air conditioning include fin-and-tube heat exchanger, plate heat exchanger, printed circuit heat exchanger, microchannel heat exchanger, micro bare-tube heat exchanger, etc. Among these types of heat exchangers, fin-and-tube heat exchanger is the most widely used type of heat exchangers, e.g. evaporators and condensers in air conditioners, while other types are also well applied because of their advantage of compactness.

The development trend of fin-and-tube heat exchangers is to reduce the diameter of heat exchanger tube. In recent years, the outside diameter of widely applied copper tubes for heat exchangers in air conditioners has been reduced to 5 mm or smaller. Smaller diameter of heat exchanger tubes brings in the advantage of lower heat exchanger cost and refrigerant charge. However, the application of heat exchanger tubes with small diameter may result in technical difficulties, and new techniques should be developed. In order to overcome the problem of too large pressure drop, the number of refrigerant paths should be increased; in order to overcome the problem of uneven distribution among refrigerant paths, new types of distributors are needed; in order to ensure the manufacture quality, forced tube expanders have to be applied in assembling the tubes with fins, which increases the manufacture cost.

Plate heat exchangers are the most widely used compact heat exchangers because of their features of compactness, effectiveness, design flexibility and low cost. A plate heat exchanger usually consists of a number of corrugated or embossed metal plates in mutual contact, and adjacent plates form the flow passages so that the two streams exchange heat while passing through alternate channels. Small size plate heat exchangers used as economizers for multi-split air conditioners are developed rapidly in recent years, which can obviously enhance the heating capacities and energy efficiencies at low temperature surroundings.

Printed circuit heat exchangers (PCHEs) have very high areal density and structural rigidity. A PCHE generally consists of diffusion-bonded stacks of plates where semicircular channels with around 1 mm hydraulic diameter are formed by chemical etching. However, PCHEs are normally more expensive than those widely applied heat exchangers, e.g. fin-and-tube exchangers and plate heat exchangers. The introduction to PCHEs in this chapter covers the manufacturing method, flow channel design as well as the heat and flow characteristics.

Microchannel heat exchangers have been widely used in automobile air conditioners, chillers, etc. because of their compactness and acceptable price, but they will meet difficulty in defrosting. The insert-plate microchannel heat exchanger shows better defrosting performance than a conventional microchannel heat exchanger. The illustration on the insert-plate microchannel heat exchanger in this chapter covers the structures as well as its performance advantages over conventional microchannel heat exchangers. Besides, the structures and application fields of micro bare-tube heat exchanger are also introduced.

The long-term performance of air-conditioners will decrease after long-term operation due to the coverage of particulate fouling in heat exchangers. This chapter summarizes the influence of dust particles on the performance degradation of heat exchanger, covering the effect of dry dust particles and the effect of wet dust particles on the air-side heat transfer and pressure drop. The long-term performance evaluation covering the evaluation standard and the testing method of long-term performance degradation, the prediction methods of particle deposition on heat exchanger including the dry particle deposition model and the wet particle deposition model, and the dust removal techniques of heat exchangers and their application fields are also introduced.

Written by Ding Guoliang, Hu Haitao, Zhuang Dawei, Zhan Feilong

Report on Advances in Refrigeration Technology

Since the 1990s, with the increasingly prominent environmental issues, the destruction of ozone layer and global climate change are the main environmental problems around the world.Due to the widely adoption of CFC/HCFC refrigerants inindustries, the world is facing a serious challenge.Nowadays, the refrigerant substitution has become a topic of widespread concern, the Kigali amendment of the Montreal protocol (taking effect from January 1, 2019) means that the refrigeration technology entered to a new stage of development.

In the first part, the report focuses on the enlargement and miniaturization researches of the refrigeration compressors. The popularization and application of magnetic levitation centrifugal compressor can effectively achieve the energy conservation and emission reduction, which is in line with China's energy development strategy and has a good development prospect. In addition to the large-scale development of screw compressor, it is another major technical breakthrough to meet the demand of high pressure-ratio by means of double stages in single machine. With the rapid development of computer technology in recent years, the compressor industry is bound to usher in a round of research on high-precision simulation, numerical model engineering and logic control strategy, and the refrigeration technology, which is closely related to compressors, will also usher in a development opportunity.

In the field of small scale compressors, scroll compressor is gradually occupied the traditional refrigeration industries, such as air conditioning, dehumidifiers, heat pump dryers, heat pump water heater and small commercial devices etc. While the researches in rolling rotor compressor mainly concentrated in structure design optimization, capacity adjustment, multistage compression, jet increases the enthalpy, fault diagnosis etc. In general, the development direction of rolling rotor compressor is the achievement of high efficiency, energy saving, intelligent capacitance, miniaturization, low noise and high reliability. In addition, the traditional piston compressor still has irreplaceable advantages in the field with low flow rate and high pressure-ratio, such as transcritical CO_2 system and refrigerator systems.

After more than two centuries of research and exploration by scholars around the world, the realization methods and principles of refrigeration technology are blossoming.This section will sketch briefly the development of the situation, the academic or the technical bottleneck and scholars in the field of industry or the manufacturer of the solution, and the future development prospect of the refrigeration technologies and equipments. The content has eight aspects including the vapor compression refrigeration, absorption refrigeration, absorption refrigeration, spray cooling, ejector refrigeration, magneto-caloric refrigeration, electro-caloric refrigeration, elasto-caloric refrigeration and radiative cooling refrigeration technology.Among them, as the most widely used refrigeration technology, vapor compression refrigeration also experienced a series of pains such as environmental pollution in the blowout development in last century. In recent years, vapor compression refrigeration technology have full technical breakthroughs in the compressor upgrade and upgrade of refrigeration system. Besides, as two kinds of green refrigeration technologies, adsorption and absorption refrigeration are in line with the general trend of coordinated development of energy and environment.Solid adsorption refrigeration and absorption refrigeration can be driven by waste heat, which is not only a reduction of the power supply, but also a meaningful utilization of the low-grade heats (waste heat, solar energy, etc.) .In addition, there is no CFCs/HCFCs problem and greenhouse effect in adsorption and absorption refrigeration systems.In addition to the above three technologies that is relatively complete in industrialization, some other special refrigeration technology will be specialized applied in some specific conditions or special requirements of the occasion.This section briefly introduces and analyzes the latest development of ejector refrigeration technology, elasto-caloric refrigeration technology, magneto-caloric refrigeration technology, power card refrigeration technology and radiation refrigeration technology in recent years.We strive to provide a comprehensive, rigorous and valuable reference for researchers, manufacturers and policymakers in the refrigeration industry.

Written by Cao Feng, Wang Liwei, Xu Zhenyuan, Qian Suxin, Qian Xiaoshi, Song Yulong

Report on Advances in Thermal and Humidity Environment Control

The thermal and humid environment is the most important content in the building environment, which has an important impact on process production, human health and working efficiency. In order to create a thermal and humid environment to meet the needs of production and life, we can take a variety of technical measures to achieve the goal of heat and humidity regulation. This report introduces the current research and application of six key technologies in the control of thermal and humidity environment.

The first is solution dehumidification. This section introduces the solution dehumidification technology from three aspects: the research and development of new dehumidification solution working medium, the enhancement and components of solution dehumidification / regeneration performance, the solution dehumidification system and its application. The second is solid dehumidification air conditioning technology. This section introduces the research progress of solid dehumidification materials, introduces the solid wheel dehumidification air conditioning technology and dehumidification air conditioning technology based on dehumidification heat exchanger, as well as the demonstration project application of these two technologies, at the same time, introduces the concept of humidity pump and the research and development of the system. The third is temperature and humidity independent control technology. This section introduces the research and application status of temperature and humidity independent control system based on independent fresh air from three aspects; sensible heat terminal device, high temperature cold source and fresh air treatment equipment. Three other forms of temperature and humidity independent control system are also introduced. The fourth is evaporation cooling technology. This section introduces the research status of direct evaporative cooling technology and indirect evaporative cooling technology. Indirect evaporative cooling technology is divided into two categories: preparing cold air and preparing cold water. It also introduces the application of indirect evaporative cooling technology in the data center.

The fifth is data center cooling technology. This section introduces the energy consumption and load characteristics of the data center, and defines the control requirements of the hot and humid environment. It introduces the heat removal process of data center, and introduces the research progress of cooling technology and system from chip level, cabinet level, column level and room level. It also introduces the research and application of energy-saving technology of data center cooling system from three aspects; data center location, natural cooling technology and artificial cooling technology. The sixth is near zero energy consumption building technology. Near zero energy consumption building improves the control objective of thermal and humidity environment. While meeting the needs of indoor thermal and humidity environment, it puts forward higher demands on building energy consumption and energy system performance. It is necessary to determine the specific technical form and path by comparing the performance indicators of a various thermal and humidity environment technologies. Comfortable thermal and humid environment and ultra-low / near zero energy consumption are the ultimate goal of building energy conservation. At the end of this repsrt, the development of each special technology is summarized and prospected, and the direction of future technology development is pointed out.

Written by Xu Wei, Yin Yonggao, Ge Tianshu, Zhang Xuejun,
Xie Xiaoyun, Shao Shuangquan, Yang Lingyan

Report on Advances in Cold Chain Equipment

For a long time, perishable food has suffered serious losses in circulation in China. The comprehensive cold chain circulation rate is only 19%. For example, the circulation decay rate of fruits, vegetables and aquatic products reaches 20%~30%, 12% and 15% respectively. The loss and deterioration of a large number of perishable foods in the process of production and marketing caused a huge waste of social resources, which resulting in a direct economic loss of 680 billion Yuan. In order to reduce the decay rate in the circulation process, we must control the temperature in the production, processing, storage, transportation and sales of perishable food. Cold chain has become the most important way to reduce the circulation loss rate of perishable food, ensure the quality of food and food safety.

Cold chain equipment is the core component and infrastructure of cold chain logistics, and the key to green and sustainable development of cold chain logistics. In recent years, along with the government and people's attention to food safety and food quality, cold chain equipment technology has become a research hotspot, and new technologies and products are constantly emerging. Based on the state of art of food refrigeration technology, this chapter systematically summarizes the cold chain equipment technology of each link of cold chain logistics; cold processing equipment, refrigeration system for refrigeration storage, refrigeration transportation technology and refrigeration sales. It points out that the key technical problems to be solved at present are: 1) precise control of the storage and transportation environment parameters to ensure the food quality; 2) environment-friendly and efficient refrigeration system; 3) safety of ammonia refrigeration system; 4) informatization of cold chain equipment. At the same time, the development direction is proposed, which can be summarized as follows: 1) high efficiency and energy saving; developing enhanced heat transfer technology under low-temperature environment, evaporator defrosting technology under low-temperature environment, physical field assisted freezing, variable capacity refrigeration, integration of heating and cooling, renewable energy and natural cold energy utilization, high efficiency cold chain equipment series for all links of the whole cold chain, energy efficiency evaluation standards and effectiveness evaluation of cold chain equipment and facilities; 2) safety and environmental protection; research on refrigeration system and cold chain equipment with zero ODP and low GWP environmentally friendly refrigerants. For flammable refrigerants (for example hydrocarbons) and flammable & toxic refrigerants (for example ammonia) , refrigerant charge reduction technology, refrigerant leakage detection and emergency disposal technology should be developed; and CO_2 refrigeration system, including transcritical, subcritical, compression-injection refrigeration system, should be further investigated and improved; 3) precision control of storage and transportation environment; the effects of storage and transportation environmental parameters and their fluctuations on perishable food quality should be further investigated and the chain equipment and facilities for environmental parameter precise control should be developed by integrating refrigerating capacity regulation, uniform cooling terminal equipment and air distribution optimization technology; 4) informatization; developing food quality perception technology, environmental parameter measurement technology, location detection technology, food traceability technology, and applying it to cold chain equipment in all links of cold chain. Establish cold chain logistics data center to realize the informatization of cold chain circulation system.

Written by Tian Changqing, Xu Hongbo, Shen Jiang

Report on Advances in Cryogenics Technology

Cryogenics technology attracts rising attention because of the rapid development of aerospace industry, superconductivity, cryobiology, and low temperature physics. The change of society principal contradiction of China indicates that cryogenics technology will experience an explosive growth in China in the following years. Among the aspects of cryogenics technology, this chapter mainly focus on the topics of cryocoolers and large scale helium liquefaction/refrigeration system, multicomponent mixed-gases Joule-Thomson refrigerators (MJTR) , cryobiology and hydrogen liquefaction.

In the part of cryocooler, it includes the regenerative cryocooler and recuperative cryocooler. Pulse tube cryocooler and Stirling cryocooler are two dominant types of regenerative cryocoolers. Since the pulse tube cryocooler was firstly invented in 1964, plenty of researchers are contributing to improve this kind of cryocooler. Investigations are conducted on both inherent cooling mechanism and engineering applications. Generally, most progression on pulse tube cryocoolers achieved recent years can be classified to minimization the size, rise the cooling power and enhance cooling efficiency through different methods like multi-stage coupling and acoustic power recovery. There are also improvements on Stirling cryocooler, which has already been applied in various engineering programs. For example, multi-stage Stirling cryocooler which is look forward to achieve lower cooling temperature is quiet attractive. Besides, miniature Stirling cooler has also bright future for cooling electronic devices. Hybrid regenerative cryocooler is an emerging type of cryocooler which combines advantages of different types of regenerative cryocoolers. Stilring/Pulse tube hybrid cryocooler is such a cryocooler with a Stirling cooler coupled with a pulse tube cryocooler. This kind of hybrid crycooler has great potential to achieve high efficiency and long life simultaneously.

For recuperative cryocooler, J-T cooler is a main component. J-T cooler overcomes the disadvantage of regenerative cryocooler which suffers from inefficient heat transfer between regenerative material and helium gas when cooling temperature below 10K. J-T cooler achieves relatively high efficiency when cooling at liquid helium temperature which makes it a common choice for obtaining liquid helium temperature in space. The cooling power and efficiency of J-T cooling could still be improved in the future.

On the other hand, efficient heat transfer method in low temperature plays an important role in cryogenics. Pulsating heat pipe is a competitive candidate whose heat transfer coefficient is hundreds of copper in the same temperature. However, the mechanism of this kind of heat pipe still requires further investigation and explanation. Also some attempts to engineering application have already conducted in cooling of electronic components.

Superconductivity cannot exist independently from cryogenic. In order to satisfy the requirement that superconductor coils stay at low temperature (below 20K) for a long time and ensure a certain temperature margin, cryogenic technology using helium as working fluid is indispensable. Since the 1980s, large scale helium liquefaction/refrigeration devices have been extensively studied and applied due to the demand of controlled nuclear fusion experimental devices, synchrotron radiation sources, free electron lasers, particle colliders and other scientific and engineering applications.

Large scale helium cryogenic system mainly includes compressor station, cold box and users. The compressor station providing helium at normal temperature and high pressure. These helium gases are cooled or liquefied in the cold box through pre-cooling, expansion and throttling, and eventually transported to the user side through pipelines. Large scale helium systems with different cooling capacity have been built in China, Japan, India, the United States, Korea, Europe and other countries and regions, such as LHC in Europe, J-T-60SA in Japan and EAST in China. This section summaries the cooling capacity of some large helium cryogenic systems built and under construction, and introduces the process of typical helium systems.

Utilizing various refrigerants with different boiling points, multicomponent mixed-gases Joule-Thomson refrigerators (MJTR) are suitable for refrigeration applications at temperatures ranging from liquid nitrogen (80K) to the lowest effective refrigeration temperature (230 K) of the single-stage vapor compression refrigeration system. There are extensive and significant requirements for this refrigeration technology in fields of biomaterials, medicine, energy, material sciences, and even the state security. This part reviews the achievements on the MJTR by domestic and foreign scholars in recent years, including component selection and thermophysic properties of mixed-refrigerants, recuperator features, cycle configuration optimization, composition shift, as well as developments of some low-temperature applications, such as cryo-chamber and skid-mounted natural gas liquefier. In further studies, the physical properties and heat transfer of the complex multicomponents mixed-refrigerants should be paid more attention to. Meanwhile, potential applications of MJTR in special refrigeration requirements, such as compact cryosurgical instrument, aerological instrument, et al., should be concerned.

Cryobiology signifies the science of life at icy temperatures. In practice, this field comprises the study of any biological material or system subjected to any temperature below normal. Applications of cryobiology include: 1) Preservation of cells and tissues for purposes of long-term storage. 2) Cryosurgery, a minimally invasive approach for destruction of unhealthy tissue. 3) Lyophilization (freeze-drying) of pharmaceuticals. 4) The study of cold-adaptation of plants and animals. During recent years, the discipline of Cryobiology continues to grow as demands for cryopreserved tissues for transplantation and biobanking of biomaterials increases. This part introduces the current development and future of cryobiology.

Hydrogen energy is regarded as the most promising clean energy in the 21st century, and hydrogen in liquid state is the most efficient distribution way. Therefore, hydrogen liquefaction plants play a major role within the hydrogen supply chain. At present, there are 15 large-scale hydrogen liquefaction plants in North America with a total capacity of more than 400 ton per day. In China, the production scale of LH_2 is small (less than 5 ton per day in total) , and the hydrogen liquefier basically depends on imports.

The core equipment of large hydrogen liquefier is hydrogen expander. At present, the most advanced hydrogen expander, hydrogen turbine expander with dynamic gas bearing, has been successfully operated on a large hydrogen liquefier for more than 16,000 hours. For up-to-date large hydrogen liquefiers, hydrogen Claude cycle with LN_2 precooling, large piston compressors, ortho-para conversion inside heat exchangers and ejector as first-stage throttling equipment are widely used, and the specific energy consumption level is about 10 kWh/kgH_2.

To meet the needs of rapid growth of clean energy applications with optimized energy efficiency, innovative technologies such as multi-stage centrifugal hydrogen compressor, two-phase hydrogen turbine expander, heat exchanger with micro-channels, magnetic refrigeration, MR refrigeration, reverse Brayton cycle with Ne-H_2-He will probably be applied to future hydrogen liquefiers. It is expected that the specific energy consumption of hydrogen liquefaction will be reduced to 5 kWh/kgH_2 in the near future.

Written by Gan Zhihua, Wang Bogong, Mao Qiang, Zhao Yanxing, Liu Baolin, Liu Jing, Zhao Gang, Xu Yi, Zhou Xinli, Liu Liqiang

Report on Advances in Air Source Heat Pump

Heat pump is a kind of energy saving device that drives heat flow from low quality heat source to high quality one, by which it could be achieve to save high quality energy. The air source heat pump is a kind of concrete embodiment of heat pump. Except for a small amount of electric energy, most of its energy resource comes from the heat contained in the ambient atmosphere, which is the solar energy from the ultimate perspective. Air, as the low quality heat source of heat pump, is inexhaustible, available everywhere and can be obtained free. In addition, compared with water source heat pump and ground source heat pump, air source heat pump does not need to extract groundwater or configure buried pipes, which makes its installation and use are more convenient.

Besides, air source heat pump based on compression refrigeration cycle is most widely used in common applications. Based on the recent changes in both refrigeration systems and refrigeration compressors due to the substitution of refrigerants, this report is carried out regarding to the state-of-the-arts of refrigeration systems including transcritical cycle, injection cycle, cascade and auto-cascade cycles etc. The utilization of environment-friendly refrigerants in the above systems is not only conducive to the construction of a low-carbon, environment-friendly, energy-saving and emission-reduction society, but also cheap, greatly reducing the production cost.

In addition, the absorption air source heat pump system can be driven by solar energy, geothermal energy, biomass energy, industrial waste heat, etc., which can also achieve heat absorption from the air source and generate hot water to meet the thermal needs of industry and residents. Using two kinds of pure natural refrigerants, water (R718) and ammonia (R717) , as operating medium, absorption air source heat pump system is highly in line with the guidelines of the international refrigerant substitution. In view of various problems that may occur in the practical application of absorption air source heat pump, scholars have put forward different structural modifications to adapt to a wider range of applications.

In the completely heating chain, in addition to the advanced methods mentioned above who can provide heat energy, the actual use of the heat dissipation end in the hot place will also have an important impact on the overall efficiency of the heating chain. Thus, the last section of this chapter focuses on the development of the radiation end in both cooling and heating.

This section briefly introduces and analyzes the latest development of the vapor compression based and absorption based air source heat pump, and the radiation end in recent years. We strive to provide a comprehensive, rigorous and valuable reference for researchers, manufacturers and policymakers in the refrigeration industry.

Written by Cao Feng, Hu Bin, Du Shuai,
Yin Yonggang, Liang Caihua, Zhai Xiaoqiang, Song Yulong

Report on Advances in Solar Energy Refrigeration

The development of solar energy refrigeration can significantly reduce building energy consumption and achieve energy conservation and pollution emissions reduction. In the solar energy refrigeration system, there are two technical routes; compression refrigeration driven by solar photovoltaic and sorption refrigeration driven by solar collector.

Combined with the research status and frontier of photovoltaic air conditioning, it can be concluded that the development trend of photovoltaic air conditioning is the integration of photovoltaic air conditioning with buildings, the combination of various energy storage methods, and operation optimization. It is necessary to comprehensively analyse the building thermal characteristics, building types, the installed area of photovoltaic panels, etc., and make a prior assessment of the application of photovoltaic air conditioning in the building or the corresponding transformation of the building. In order to smooth the grid access energy and reduce the impact on grid security scheduling, even grid connected photovoltaic air conditioning can be connected to the energy storage device. Through the combination of storage battery and cold/heat storage into photovoltaic air conditioning system, the reliability of distributed energy supply of independent and grid connected photovoltaic air conditioning system is further guaranteed, so as to achieve the goal of improving energy and economic benefits. In addition, the DC-AC-DC conversion process can be omitted compared with the AC type photovoltaic air conditioning. Therefore, combined with various forms of energy storage, to achieve efficient matching of power generation and consumption as well as direct drive so as to improve the local energy utilization rate will be a focus of the future research.

In the aspect of solar absorption refrigeration, in recent years, the related research has improved the efficiency of system under instable and intermittent heat source, which promotes the achievement of the continuous and stable operation of solar absorption refrigeration. However, the main factor limiting the application of solar absorption refrigeration is still its poor economy. In most areas of our country, solar absorption refrigeration can only operate in several months in a year, but in the rest of the year system cannot operate since there is no cooling demand, which results in a long payback period of the system investment. Therefore, it will help to improve the system economy and enhance the competitiveness of solar absorption refrigeration if the following aspects can be improved: 1) select the appropriate climate area for the implementation of solar absorption refrigeration to increase the operation time of the system in a year; 2) use solar thermal energy for heating or domestic hot water production outside the refrigeration season to increase the operation time of solar energy collector in a year; 3) combine solar absorption refrigeration with heat storage technology to ensure the operation time of solar absorption refrigeration in a day; 4) reduce the power proportion of solar absorption refrigeration in the cold and heat supply so that solar absorption refrigeration can operate at a high load ratio as much as possible.

Compared with solar absorption refrigeration, the solar solid sorption refrigeration system has simpler structure and operation control as there is no need for liquid pump or distillation device. Therefore, the operation cost of the system is low, and there are no problems such as refrigerant pollution, crystallization or corrosion. However, due to the periodicity and discontinuity of solar radiation in time distribution, solar solid sorption refrigeration system is usually equipped with auxiliary heat sources for air conditioning or refrigeration applications. At present, the research hotspot of solar solid sorption refrigeration is to accelerate the matching of sorption materials, cycles and system adaptability to fluctuating solar energy conditions, and design the optimal solid sorption materials and cycles for different regions. In recent years, solid sorption cycles have developed completely, and the functionality of small units has been verified. Accelerating the construction of large demonstration units will actively promote the development of solar solid sorption refrigeration.

Written by Wang Liwei, Xu Zhenyuan, Li Yong, Ma Tao

Report on Advances in Heat Pumps for Waste Heat Recovery

Large amount of heating demand exists in both domestic and industrial applications. The majority of the heating supply is from fossil fuel burning and small portion of it is from electricity, which mainly comes from the fossil fuel especially the coal in China. However, a high percentage of the heat consumption is dissipated into the ambient through different forms including cooling water, wasted solids, exhaust gas and etc. This causes severe energy waste, carbon emission and potential pollution issues. If the waste heat is recovered and upgrade into useful heating supply to either domestic of industrial uses, both energy saving and emission reduction could be achieved.

Heat pumps including vapor compression heat pump and absorption heat pump are among the best options to recover the waste heat, especially for the low temperature waste heat. The recovered waste heat could then be updated by the heat pumps to heat output with higher temperature and produce hot water, steam or dry air. In this report, we reviewed the recent progress of heat pumps from four aspects. 1) The high temperature vapor compression heat pump is favorable for waste heat recovery due to that high output temperature could better match the industrial heat demand. However, selections of proper refrigerant, compressor and system design are the challenges we facing. Except for the advances in technology, several demonstrations of vapor compression heat pump are also introduced. 2) Absorption heat pump has high flexibility in utilizing the waste heat due to its thermally driven property. However, different cycle configurations should be used under different heat source temperatures. In this case, various absorption heat pump cycles are discussed with their applications in industrial heat recovery. 3) Absorption heat exchanger is an emerging technology that combines waste heat recovery and long-distance heat transportation. By enlarging the temperature difference in long-distance heat transportation, larger energy transportation density could be achieved. Such technology is favorable for the current situation in China that district heating demand keeps growing. The technology details and applications of absorption heat exchanger are introduced in detail here. 4) Drying is a widely available demand, which could be fulfilled by heat pumps with or without waste heat recovery. Currently, drying with heat pump is already widely used, but its application with waste heat recovery is still rare. In this part, we introduce the technical details of heat pump drying technology under the title of waste heat recovery, to let the community to think about the future opportunity of integrating heat pump drying and waste heat recovery.

Written by Xu Zhenyuan, Hu Bin, Xie Xiaoyun, Yang Luwei

Report on Advances in Electric Vehicle Thermal Management

The electric vehicles which has low pollution and fuel consumption, is listed in the 13th Five-year Plan. Although good as it is, the range of electric vehicles is still the main barrier in its adoption. Therefore the study of energy saving technology of electric vehicles is important, especially the comprehensive management and utilization technology of thermal energy.

Different from traditional automotive thermal management system, the core of electric vehicles thermal management system is the battery thermal management and air conditioning thermal management.

Power battery is one of the most critical component of electric vehicles. In case of overcharging, acupuncture, collision and other conditions, power battery easy to cause chain exothermic reaction resulting in runaway heat, resulting in smoke, fire and even explosion, so the battery thermal management system is of vital importance in electric vehicles.

Battery thermal management system is used to ensure that the battery system works within the appropriate temperature range, mainly composed of thermal conductivity, measurement and control unit and temperature control equipment.The main functions of battery management system are as follows: 1) quick and exact measurement of battery temperature; 2) ensure the uniformity of temperature distribution in battery pack; 3) rapid heating at low temperature and rapid cooling at high temperature . At this stage, according to the different heat-transfer medium, the technology of battery management system be divided into four categories: air, liquid, heat pipe, Phase change materials.

As a main energy consumption auxiliary facilities on electric vehicles, the energy consumption of air conditioner greatly affects the range of electric vehicles. According to the research, the cooling energy consumption in summer can lead to a reduction of 18%-53.7% in the range, in winter, large amount of the energy used for heating of the cabin and wind shield (defrosting, defogging) at low temperature, the heating energy consumption caused a 60% drop of range. Therefore, it is of great significance for the promotion and application of electric vehicles to optimize the performance of air conditioning, especially reduce the energy consumption at low temperature.

Heat pump, as an efficient, energy saving technology, has already applied in household air conditioner. Presently, the technology of heat pump in household air conditioner is quite mature, through the steam-compression cycle, it moves external heat into the target environment. the coefficient of performance can reach 2-4. In electric vehicle, based on the research, the efficient can be twice that of PTC, which makes the heat pump technology become one of the most possible solutions to reduce the heating energy consumption.

However, due to the unstable performance and low heating efficiency in low temperature, the promotion and application of heat pump air conditioning technology in electric vehicles are restrained. The technology of heat pump in low temperature has been the focus and difficulty of electric vehicle research till today.

This report mainly introduces the development of thermal management, the technology of battery thermal management and heat pump air-conditioning system , and also the core component of thermal management system.

Written by Chen Jiangping, Shi Junye, Wang Dandong, Lu Bingqing

Report on Advances in Liquefied Natural Gas (LNG)

Natural gas will play the role of main energy in a long time in the future. After liquefaction, the volume of natural gas is reduced to about 1/600 of the original, which greatly facilitates its storage and transportation.

In 2007-2017, the international trade movement of liquefied natural gas (LNG) increased from $226.4\times10^9m^3$ to $393.4\times10^9m^3$, with an average annual growth rate of 5.7%, far higher than the growth rate of world natural gas consumption. In the same period, the proportion of LNG in the international trade movement of natural gas increased from 29.2% to 34.7%. By February 2019, the world's nominal LNG production capacity has reached 393 Mt/a; the world's nominal LNG gasification capacity has reached 824 Mt/a, of which the floating gasification capacity has reached 80 Mt/a.

In 2007-2017, the LNG import of mainland China increased from $3.3\times10^9m^3$ to $52.6\times10^9m^3$, with an average annual growth rate of 31.9%. In 2017, imported LNG accounted for 21.9% of the natural gas consumption; in the same year, China's LNG import exceeded that of South Korea, becoming the second largest LNG importing country in the world.

The basic refrigeration cycles used in a natural gas liquefaction process include the single refrigerant vapor compression cycle, the mixed refrigerant (MR) vapor compression cycle and the gas expansion cycle with expander. The process with only a single MR (S MR) vapor compression cycle, and the one with only a gas expansion cycle, are the simplest processes used in the LNG industry, usually for small- and medium-scale LNG plants.

Most of the LNG are produced with the high efficient processes that adopt two or three of the basic refrigeration cycles to form a cascade system. The most successful process is the C3 MR, which uses a propane precooling cycle before the MR cycle. The process producing the second largest amount of LNG is the Optimized Cascade, which is a cascade of propane, ethylene (or ethane) and methane cycles. In recent years, the dual mixed refrigerant (DMR) cycle, which is a cascade of two MR cycles, and the mixed fluid cascade (MFC) cycle, which is a cascade of three MR cycles, have been put into use in some projects. The DMR process is reported to have better performance for projects in the extremely cold regions, where natural conditions are very different from the hot regions in which the previous projects were usually located.

As for the more and more popular floating LNG (FLNG) projects, the limited space, the swaying platform and the related safety issues are the main concerns. The DMR process is recommended for the large-scale projects, and the S MR or the nitrogen expansion process are recommended for the small- and medium-scale ones.

Liquefaction of unconventional gas, such as coalbed methane (CBM) , oilfield associated gas, marginal field gas, coke oven gas (COG) , synthetic natural gas (SNG) , has raised more and more interests. At the same time, the skid-mounted liquefaction plant is considered as a good solution for the small-scale and unconventional feed gases.

On the other hand, natural gas must be re-gasified before use. Large amount of cryogenic energy is released during the LNG gasification process. Just like floating liquefaction, the floating storage and regasification unit (FSRU) projects are now widely adopted as an alternative for the traditional onshore LNG terminals.

Another important aspect of LNG related technology is to recover the large amount of cold energy released in the gasification process. Traditionally, LNG cold energy are used for cryogenic power generation, air separation, cold storage, light hydrocarbon separation, and so on. In recent years, the use of cold energy for desalination, CO_2 capture and cryogenic energy storage are paid more and more attentions.

Commonly used LNG heat exchanger can be divided into gasification and liquefaction according to their functions. Gasification heat exchanger includes air temperature vaporizer, open rack vaporizer, super open rack vaporizer, heat exchanger with intermediate medium and submerged combustion heat exchanger. Liquefaction heat exchanger includes wound tube heat exchanger, plate-fin heat exchanger, shell and tube heat exchanger and printed circuit heat exchanger. At present, the research on heat transfer of LNG heat exchanger is mainly based on numerical analysis. Numerical analysis on the heat transfer process of fluid in the heat exchanger and qualitative analysis on the influencing factors are studied by most experts and scholars using software, which provides theoretical basis for grasping the heat transfer law and optimizing the heat transfer process. Potential issues such as non-universality and qualitative rather than quantitative analysis are proposed considering research background, methods and results.

In this report, natural gas liquefaction processes, LNG gasification and utilization, LNG heat exchanger and some other aspects is reviewed, and the domestic and foreign technology research progress is summarized, and the development trend is prospected.

Written by Lin Wensheng, Hu Haitao

索 引